职业技术教育技能型人才培养“十三五”规划教材

工程测量
（含实训指导）

主　编○高　珊　张玉龙　霍如桃
副主编○樊文静　赵　群　陈佰忠

西南交通大学出版社
·成　都·

图书在版编目（CIP）数据

工程测量：含实训指导：全 2 册 / 高珊，张玉龙，霍如桃主编. —成都：西南交通大学出版社，2019.7

职业技术教育技能型人才培养“十三五”规划教材

ISBN 978-7-5643-6997-2

Ⅰ. ①工… Ⅱ. ①高… ②张… ③霍… Ⅲ. ①工程测量－高等职业教育－教材 Ⅳ. ①TB22

中国版本图书馆 CIP 数据核字（2019）第 156181 号

职业技术教育技能型人才培养“十三五”规划教材

Gongcheng Celiang（Han Shixun Zhidao）

工程测量（含实训指导）

（全 2 册）

主　编 / 高　珊　张玉龙　霍如桃

责任编辑 / 姜锡伟

封面设计 / 何东琳设计工作室

西南交通大学出版社出版发行

（四川省成都市二环路北一段 111 号西南交通大学创新大厦 21 楼　610031）

发行部电话：028-87600564　028-87600533

网址：http://www.xnjdcbs.com

印刷：成都蜀通印务有限责任公司

成品尺寸　185 mm × 260 mm

总印张　24.5　总字数　609 千

版次　2019 年 7 月第 1 版

印次　2019 年 7 月第 1 次

书号　ISBN 978-7-5643-6997-2

套价（全 2 册）　65.00 元

课件咨询电话：028-87600533

前　言

工程测量是一门实践性和理论性都很强的课程。本书较为系统地反映了铁路、公路、建筑工程各阶段测量工作的内容，实用性很强，注重深入浅出，理论联系实际，以工作任务为载体，逐步解决测量工作所必须掌握的专业知识和基本技能。本书可作为为高等学校工程测量课程教学用书，也可作为相关专业工程技术人员的参考资料。

工程测量是交通土建类专业的主干课程之一。传统的工程测量内容以光学测量仪器为基础的普通测量理论与方法为主，强调各行业的具体应用。全站仪、GPS 测量技术的普及，对传统的测量理论和测量方法构成了直接的挑战。为此，在西南交通大学出版社的大力支持下，黑龙江交通职业技术学院工程测量教学团队编写出版了这本《工程测量》教材。

本书共计 12 个教学项目，介绍了水准、角度、距离及全站仪测量工作的基本内容和方法，介绍了误差及精度评价指标的相关知识，介绍了控制测量、GPS 应用和施工测量、地形图测绘的基本内容和方法，并根据各专业的具体需要加入了专业测量内容。

本书由黑龙江交通职业技术学院高珊、张玉龙、霍如桃主编。具体编写分工如下：项目 3、项目 4、项目 7 由高珊编写，课程导入、项目 11 由张玉龙编写，项目 6、项目 12 由霍如桃编写，项目 1、项目 2 由樊文静编写，项目 5、项目 8 由赵群编写，项目 9、10 由陈佰忠编写。

由于编者水平有限，书中如有不妥和疏漏，恳请读者批评指正。

编　者

2019 年 1 月

目　录

课程导入

教学目标

通过本课程导入的学习，学生应能够了解工程测量的任务，掌握测量常用的坐标系和高程，知道常规测量工作的主要内容和原则。

课程导入概述

工程测量是测量学的组成部分，广泛应用于土木工程的勘测、设计、施工和管理的各个阶段。在土木工程中，测量是前提，也是必不可少的环节，它对整个工程的正确安全运营起着关键作用。工程测量是测绘科学与技术在国民经济和国防建设中的直接应用，是综合性的应用测绘科学与技术。

看一看

某市由于城市的迅速发展，交通压力日益加重，为此拟建一条符合高速公路标准、速度为 80 km/h 的城市快速路，线路长12 km。

图 0-1　测量

初测阶段，需测绘规划线路沿线1∶500带状地形图，宽度为规划红线外50 m，遇规划及现状路口加宽50 m，同时调查绘图范围内地下管线。

定测阶段，进行中线测量和纵横断面测量。

测绘成果采用地方坐标系和地方高程系。

想一想

- 什么是坐标系？什么是高程系？
- 什么是初测？什么是定测？

0.1　工程测量概述

0.1.1　测量学及其分类

测量学是研究获取反映地球形状，地球重力场，地球上自然和社会要素的位置、形状、空间关系、区域空间结构的数据的科学和技术。

它的主要任务有三个方面：一是研究确定地球的形状和大小，为地球科学提供必要的数据和资料；二是将地球表面的地物地貌测绘成图；三是将图纸上的设计成果测设至现场。

根据研究的具体对象及任务的不同，测量学分为大地测量学、地形测量学、工程测量学、摄影测量与遥感学、地图制图学、海洋测量学、全球卫星定位系统、遥感学、地理信息系统。

0.1.2　工程测量的作用和分类

测量学是国家经济建设的先行者。随着科学技术的飞速发展，测量学在国家经济建设和发展的各个领域中发挥着越来越重要的作用。工程测量是直接为工程建设服务的，它的服务和应用范围包括城建、地质、铁路、交通、房地产管理、水利电力、能源、航天和国防等各种工程建设部门。

工程测量学是研究在工程建设的设计、施工和管理各阶段中进行测量工作的理论、方法和技术的科学。工程测量是测绘科学与技术在国民经济和国防建设中的直接应用，是综合性的应用测绘科学与技术。

按工程建设的进行程序，工程测量可分为规划设计阶段的测量、施工兴建阶段的测量和竣工后的运营管理阶段的测量。规划设计阶段的测量主要是提供地形资料。取得地形资料的方法是在所建立的控制测量的基础上进行地面测图或航空摄影测量。施工兴建阶段的测量的主要任务是，按照设计要求在实地准确地标定建筑物各部分的平面位置和高程，作为施工与安装的依据，一般也要求先建立施工控制网，然后根据工程的要求进行各种测量工作。竣工后的运营管理阶段的测量，包括竣工测量以及为监视工程安全状况的变形观测与维修养护等测量工作。

按工程测量所服务的工程种类，工程测量可分为建筑工程测量、线路测量、桥梁与隧道测量、矿山测量、城市测量和水利工程测量等。此外，人们还将用于大型设备的高精度定位和变形观测称为高精度工程测量，将摄影测量技术应用于工程建设称为工程摄影测量，而将以电子全站仪或地面摄影仪为传感器在电子计算机支持下的测量系统称为三维工业测量。

按工作性质的不同，工程测量可分为测定工作和测设工作。测定是指使用测量仪器和工具，通过测量和计算，得到一系列测量数据或成果，从而求出各类目标点的坐标的过程，测量成果供经济建设、国防建设、规划设计及科学研究使用。测设是指使用测量仪器和工具，把图纸上规划设计好的建（构）筑物的位置信息，用一定的测量方法标定在实地上的过程，测量成果作为施工的依据。

0.1.3 工程测量的任务

以线路工程为例，铁路、公路在建造之前，为了确定一条最经济合理的路线，事先必须进行线路沿线的测量工作，由测量的成果绘制带状地形图，在地形图上进行线路设计，然后将设计路线的位置标定在地面上以便施工。待施工结束后，还要测绘竣工图，供日后扩建、改建和维修之用；对某些重要的建筑物在建成之后需要进行变形观测，以保证建筑物安全使用。

1. 规划设计阶段

规划设计阶段测量的任务是为规划、设计、开发提供相应的地形、定位等数据。该阶段的测量工作主要是测绘，即按一定的手段和方法，使用测量仪器和工具，通过测量和计算，得到一系列测量数据，或把地球表面的地形缩绘成地形图。

2. 施工阶段

施工阶段测量的任务是按照工程设计文件的要求，把图纸上规划好的建筑物或设计数据标定在地面上，作为施工和安装的依据。该阶段的测量工作称为测设或放样。

3. 运营管理阶段

工程竣工后，为监视工程的状况、保证安全，需进行周期性的重复观测，即变形观测。

0.1.4 工程测量的发展史

工程测量学是一门历史悠久的学科，是从人类生产实践中逐渐发展起来的。在古代，它与测量学并没有严格的界限。到近代，随着工程建设的大规模发展，才逐渐形成了工程测量学。

古代的测绘技术起源于水利和农业。古埃及尼罗河每年洪水泛滥，淹没了土地界线，水退以后需要重新划界，从而开始了测量工作。公元前 2 世纪，中国司马迁在《史记·夏本纪》中叙述了禹受命治理洪水的情况：“左准绳，右规矩，载四时，以开九州、通九道、陂九泽、度九山。”这说明在公元前很久，中国人为了治水，已经会使用简单的测量工具了。

工程测量学的发展在很长的一段时间内是非常缓慢的。直到 20 世纪初，由于西方的第一、二次技术革命和工程建设规模的不断扩大，工程测量学才受到人们的重视，并发展成为测绘学的一个重要分支。以核子、电子和空间技术为标志的第三次技术革命，使工程测量学获得了迅速的发展。1964 年国际测量师联合会（FIG）为了促进和繁荣工程测量，成立了工程测量委员会（第六委员会）。从此，工程测量学在国际上作为一门独立的学科开展活动。

现代工程测量已经远远突破了为工程建设服务的狭窄概念，而向所谓的“广义工程测量学”发展。苏黎世高等工业大学马西斯教授指出：“一切不属于地球测量，不属于国家地图集范畴的地形测量和不属于官方的测量，都属于工程测量。”

工程测量学的发展经历了一条从简单到复杂、从手工操作到测量自动化、从常规测量到精密测量的发展道路，它的发展始终与当时的生产力水平同步，并且能够满足大型特种精密工程对测量所提出的愈来愈高的需求。

工程测量的发展趋势为：测量内外业作业的一体化；数据获取及处理的自动化；测量过程控制和系统行为的智能化；测量成果和产品的数字化；测量信息管理的可视化；信息共享和传播的网络化。

0.2 工程测量的研究对象和方法

0.2.1 地球的形状和大小

测绘工作大多是在地球表面上进行的，测量基准的确定、测量成果的计算及处理都与地球的形状和大小有关。

1969 年 7 月 20 日，美国登月宇宙飞船“阿波罗”11 号的宇航员登上月球的时候，就看到了带蓝色的浑圆的地球，有如在地球上观月亮一样。科学家们根据以往资料和宇航员拍下的像片，认为最好把地球看作一个“不规则的球体”。

地球的自然表面是很不规则的，其上有高山、深谷、丘陵、平原、江湖、海洋等，最高的珠穆朗玛峰高出海平面 8 844.43 m，最深的太平洋马里亚纳海沟低于海平面 11 034 m，其相对高差不足 20 km，与地球的平均半径 6 371 km 相比，是微不足道的。就整个地球表面而言，陆地面积仅占 29%，而海洋面积占了 71%。因此，我们可以设想地球的整体形状是被海水所包围的球体，即设想将一静止的海洋面扩展延伸，使其穿过大陆和岛屿，形成一个封闭的曲面，如图 0-2 所示。静止的海水面称作水准面。由于海水受潮汐风浪等影响而时高时低，故水准面有无穷多个，其中与平均海水面相吻合的水准面称作大地水准面。由大地水准面所包围的形体称为大地体。通常用大地体来代表地球的真实形状和大小。

水准面的特性是处处与铅垂线相垂直。同一水准面上各点的重力位相等，故又将水准面称为重力等位面，它具有几何意义及物理意义。水准面和铅垂线就是实际测量工作所依据的面和线。

地球内部质量分布不均匀，致使地面上各点的铅垂线方向产生不规则变化，所以，大地水准面是一个不规则的无法用数学式表述的曲面，在这样的面上是无法进行测量数据的计算及处理的。因此人们进一步设想，用一个与大地体非常接近的又能用数学式表述的规则球体即旋转椭球体来代表地球的形状。如图 0-3 所示，它是由椭圆 NESW 绕短轴 NS 旋转而成。

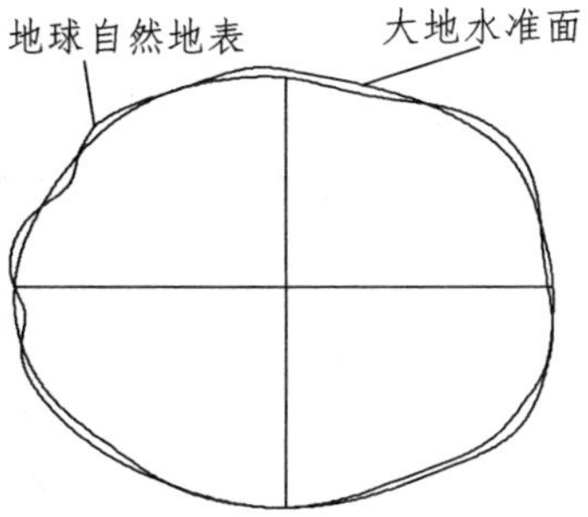

图 0-2　地球自然表面

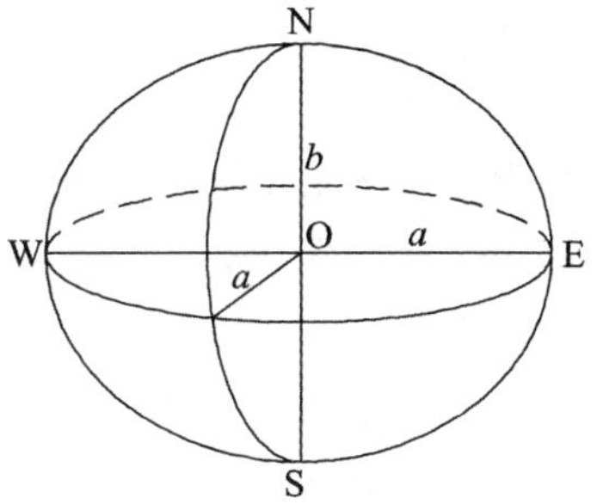

图 0-3　旋转椭球体

某一国家或地区为处理测量成果而采用与大地体的形状大小最接近，又适合本国或本地区要求的旋转椭球，这样的椭球体称为参考椭球体。确定参考椭球体与大地体之间的相对位置关系，称为椭球体定位。参考椭球体面只具有几何意义而无物理意义，它是严格意义上的测量计算基准面。

几个世纪以来，许多学者分别测算出了许多椭球体元素值，表 0-1 列出了几个著名的椭球体。我国的 1954 北京坐标系采用的是克拉索夫斯基椭球，1980 西安坐标系采用的是 1975 国际椭球，而全球定位系统（GPS）采用的是 WGS-84 椭球。

表 0-1　常用的参考椭球

椭球名称	长半轴 a/m	短半轴 b/m	扁率 α	计算年代和国家	备　注
贝塞尔	6 377 397	6 356 079	1∶299.152	1841 德国	
海福特	6 378 388	6 356 912	1∶297.0	1910 美国	1942 年国际第一个推荐值
克拉索夫斯基	6 378 245	6 356 863	1∶298.3	1940 苏联	中国 1954 年北京坐标系采用
1975 国际椭球	6 378 140	6 356 755	1∶298.257	1975 国际第三个推荐值	中国 1980 年西安坐标系采用
WGS-84	6 378 137	6 356 752	1∶298.257	1979 国际第四个推荐值	美国 GPS 采用
CGCS2000	6 378 137	6 356 752	1∶298.257	2008 年 7 月 1 日起中国全面启用	称为“2000 国家大地坐标系”

由于参考椭球的扁率很小，在小区域的普通测量中可将地（椭）球看作圆球，其半径 $R=(a+a+b)/3=6\ 371$km。

0.2.2　地面点位的表示方法

测量的实质是确定地面点的位置。地面点的位置需用平面坐标和高程三维量来确定。坐标表示地面点投影到基准面上的位置，高程表示地面点沿投影方向到基准面的距离。根据不同的需要可以采用不同的坐标系和高程系。

1. 地理坐标系统

当研究和测定整个地球的形状或进行大区域的测绘工作时，可用地理坐标来确定地面点的位置。地理坐标是一种球面坐标，视依据球体的不同而分为天文坐标和大地坐标。

（1）天文坐标。

以大地水准面为基准面，地面点沿铅垂线投影在该基准面上的位置，称为该点的天文坐标。该坐标用天文经度和天文纬度（λ，φ）表示。

如图 0-4 所示，将大地体看作地球，NS 即为地球的自转轴，N 为北极，S 为南极，O 为地球体中心。包含地面点 P 的铅垂线且平行于地球自转轴的平面称为 P 点的天文子午面。天文子午面与地球表面的交线称为天文子午线，也称经线。而将通过英国格林尼治天文台埃里中星仪的子午面称为起始子午面，相应的子午线称为起始子午线、本初子午线或零子午线，并作为经度计量的起点。过点 P 的天文子午面与起始子午面所夹的两面角就称为 P 点的天文经度。用 λ 表示，其值为 0°~180°，在本初子午线以东的叫东经，以西的叫西经。

通过地球体中心 O 且垂直于地轴的平面称为赤道面。它是纬度计量的起始面。赤道面与地球表面的交线称为赤道。其他垂直于地轴的平面与地球表面的交线称为纬线。过点 P 的铅垂线与赤道面之间所夹的线面角就称为 P 点的天文纬度。用 φ 表示，其值为 0°~90°，在赤道以北的叫北纬，以南的叫南纬。

（2）大地坐标。

以参考椭球面为基准面，地面点沿椭球面的法线投影在该基准面上的位置，称为该点的大地坐标。该坐标用大地经度和大地纬度（L, B）表示。

如图 0-5 所示，包含地面点 P 的法线且通过椭球旋转轴的平面称为 P 的大地子午面。过 P 点的大地子午面与起始大地子午面所夹的两面角就称为 P 点的大地经度，用 L 表示，其值分为东经 0°~180°和西经 0°~180°。过点 P 的法线与椭球赤道面所夹的线面角就称为 P 点的大地纬度，用 B 表示，其值分为北纬 0°~90°和南纬 0°~90°。我国 1954 北京坐标系和 1980 西安坐标系就是分别依据两个不同的椭球建立的大地坐标系。

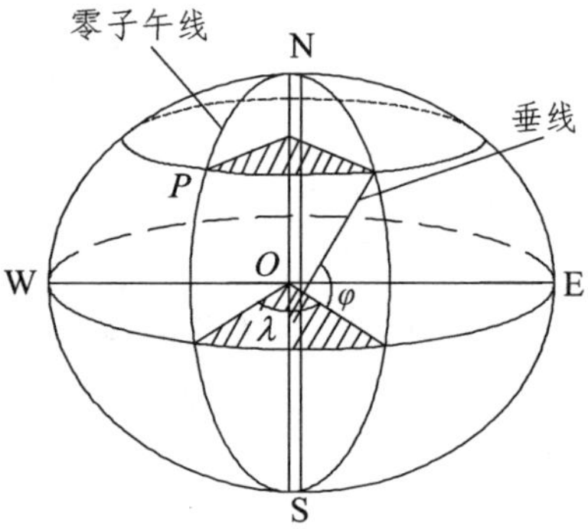

图 0-4　天文坐标

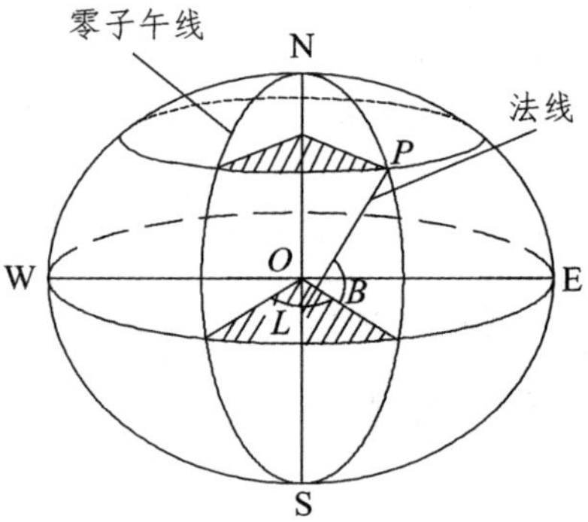

图 0-5　大地坐标

大地坐标因所依据的椭球体面不具有物理意义而不能直接测得，只可通过计算得到。它与天文坐标有如下关系式：

$$\left.\begin{aligned} L &= \lambda - \frac{\eta}{\cos\varphi} \\ B &= \varphi - \xi \end{aligned}\right\} \qquad (0\text{-}1)$$

式中：η 为过同一地面点的垂线与法线的夹角在东西方向上的垂线偏差分量；ξ 为在南北方向

上的垂线偏差分量。

2. 平面直角坐标

在实际测量工作中，用以角度为度量单位的球面坐标来表示地面点的位置是不方便的，通常是采用平面直角坐标。测量工作中所用的平面直角坐标与数学上的直角坐标基本相同，只是测量工作以 x 轴为纵轴一般表示南北方向，以 y 轴为横轴一般表示东西方向，象限为顺时针编号，直线的方向都是从纵轴北端按顺时针方向度量的，如图 0-6 所示。这样的规定，使数学中的三角公式在测量坐标系中完全适用。

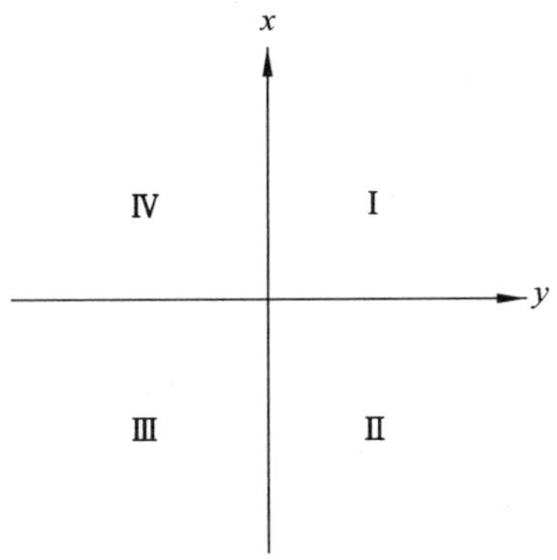

图 0-6　测量平面直角坐标系

（1）独立测区的平面直角坐标。

当测区的范围较小，能够忽略该区地球曲率的影响而将其当作平面看待时，可在此平面上建立独立的直角坐标系。一般选定子午线方向为纵轴，即 x 轴，原点设在测区的西南角，以避免坐标出现负值。测区内任一地面点用坐标（x，y）来表示，它们与本地区统一坐标系没有必然的联系而为独立的平面直角坐标系。如有必要可通过与国家坐标系联测而纳入统一坐标系。经过估算，在面积为 300 km^2 的多边形范围内，可以忽略地球曲率影响而建立独立的平面直角坐标系，当测量精度要求较低时，这个范围还可以扩大数倍。

（2）高斯平面直角坐标系。

当测区范围较大时，要建立平面坐标系，就不能忽略地球曲率的影响，为了解决球面与平面这对矛盾，必须采用地图投影的方法将球面上的大地坐标转换为平面直角坐标。目前我国采用的是高斯投影。高斯投影是由德国数学家、测量学家高斯提出的一种横轴等角切椭圆柱投影，该投影解决了将椭球面转换为平面的问题。从几何意义上看，该投影就是假设一个椭圆柱横套在地球椭球体外并与椭球面上的某一条子午线相切，这条相切的子午线称为中央子午线。假想在椭球体中心放置一个光源，通过光线将椭球面上一定范围内的物像映射到椭圆柱的内表面上，然后将椭圆柱面沿一条母线剪开并展成平面，即获得投影后的平面图形，如图 0-7 所示。

该投影的经纬线图形有以下特点：

① 投影后的中央子午线为直线，无长度变化。其余的经线投影为凹向中央子午线的对称曲线，长度较球面上的相应经线略长。

② 赤道的投影也为一直线，并与中央子午线正交。其余的纬线投影为凸向赤道的对称曲线。

③ 经纬线投影后仍然保持相互垂直的关系，说明投影后的角度无变形。

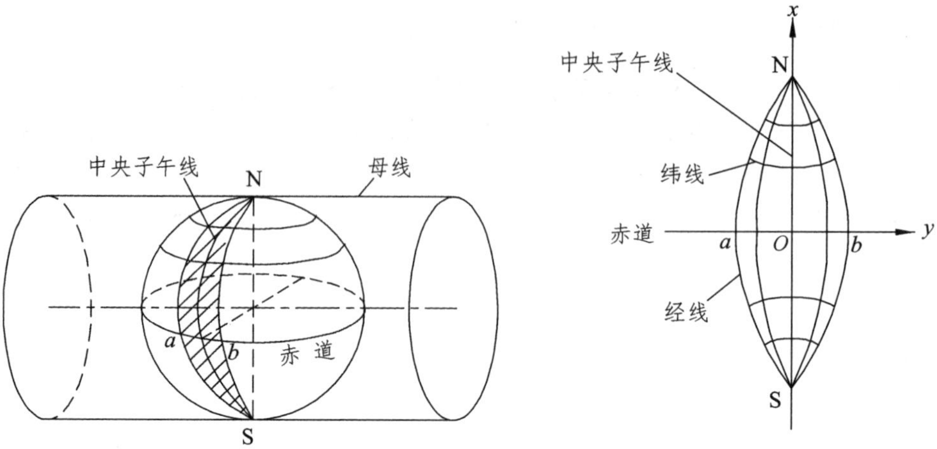

（a）　　（b）

图 0-7　高斯投影概念

高斯投影没有角度变形，但有长度变形和面积变形，离中央子午线越远，变形就越大，为了对变形加以控制，测量中采用限制投影区域的办法，即将投影区域限制在中央子午线两侧一定的范围，这就是所谓的分带投影，如图 0-8 所示。投影带一般分为 6°带和 3°带两种，如图 0-9 所示。

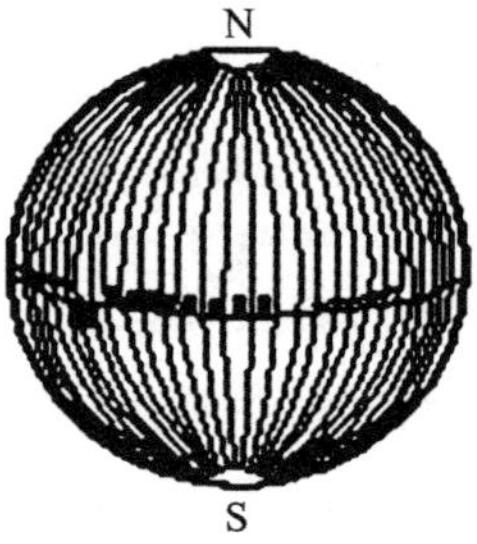

图 0-8　投影分带

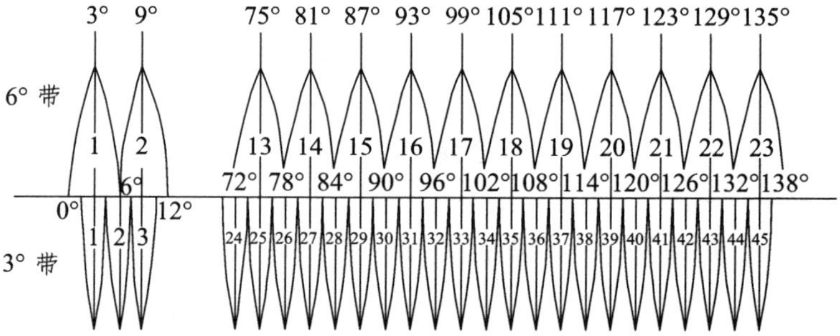

图 0-9　6°带和 3°带投影

6°带投影是从英国格林尼治起始子午线开始，自西向东，每隔经差 6°分为一带，将地球分成 60 个带，其编号分别为 1、2、…、60。每带的中央子午线经度可用下式计算：

$$L_6 = (6n - 3)° \tag{0-2}$$

式中：n 为 6°带的带号。6°带的最大变形在赤道与投影带最外一条经线的交点上，长度变形为 0.14%，面积变形为 0.27%。

3°投影带是在 6°带的基础上划分的。每 3°为一带，共 120 带，其中央子午线在奇数带时与 6°带中央子午线重合，每带的中央子午线经度可用下式计算：

$$L_3 = 3°n' \tag{0-3}$$

式中：n'为 3°带的带号。3°带的边缘最大变形现缩小为长度 0.04%，面积 0.14%。

我国领土位于东经 72°～136°，共包括了 11 个 6°投影带，即 13～23 带；22 个 3°投影带，即 24～45 带。成都位于 6°带的第 18 带，中央子午线经度为 105°。

通过高斯投影，将中央子午线的投影作为纵坐标轴，用 x 表示，将赤道的投影作为横坐标轴，用 y 表示，两轴的交点作为坐标原点，由此构成的平面直角坐标系称为高斯平面直角坐标系，如图 0-10 所示。对应于每一个投影带，就有一个独立的高斯平面直角坐标系，区分各带坐标系则利用相应投影带的带号。

在每一投影带内，y 坐标值有正有负，这对计算和使用均不方便，为了使 y 坐标都为正值，故将纵坐标轴向西平移 500 km（半个投影带的最大宽度不超过 500 km），并在 y 坐标前加上投影带的带号。如图 0-10 中的 A 点位于 18 投影带，其自然坐标为 x=3 395 451 m，y=−82 261 m，它在 18 带中的高斯通用坐标则为 X=3 395 451 m，Y=18 417 739 m。

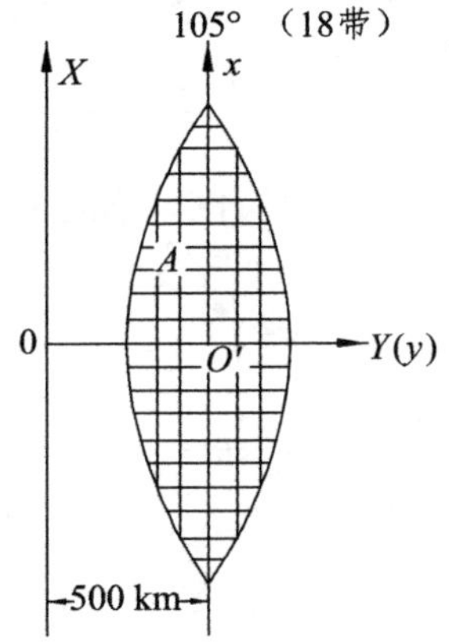

图 0-10　高斯平面直角坐标

3. 地心坐标系

卫星大地测量是利用空中卫星的位置来确定地面点的位置的。由于卫星围绕地球质心运动，所以卫星大地测量中需采用地心坐标系。该系统一般有两种表达式，如图 0-11 所示。

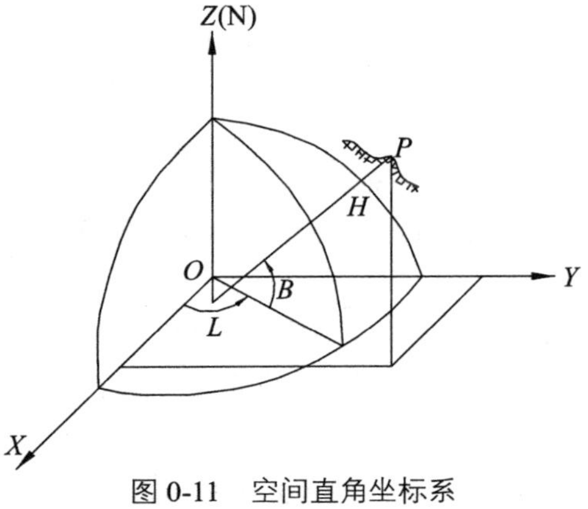

图 0-11　空间直角坐标系

地心空间直角坐标系：坐标系原点 O 与地球质心重合，Z 轴指向地球北极，X 轴指向格林尼治平子午面与地球赤道的交点 E，Y 轴垂直于 XOZ 平面构成右手坐标系。

地心大地坐标系：椭球体中心与地球质心重合，椭球短轴与地球自转轴相合，大地经度 L

为过地面点的椭球子午面与格林尼治平子午面的夹角，大地纬度 B 为过地面点的法线与椭球赤道面的夹角，大地高 H 为地面点沿法线至椭球面的距离。

于是，任一地面点 P 在地心坐标系中的坐标，可表示为（X，Y，Z）或（L，B，H）。二者之间有一定的换算关系。美国的全球定位系统（GPS）用的 WGS-84 坐标以及我国的 2000 国家大地坐标系就属这类坐标。

4. 高　程

（1）地面点高程表示。

① 绝对高程（海拔）

一般的测量工作都以大地水准面作为高程起算的基准面。因此，地面任一点沿铅垂线方向到大地水准面的距离就称为该点的绝对高程或海拔，简称高程，用 H 表示。如图 0-12 所示，图中的 H_A、H_B 分别表示地面上 A、B 两点的高程。

② 相对高程（假定高程）。

当测区附近暂没有国家高程点可联测时，也可临时假定一个水准面作为该区的高程起算面。地面点沿铅垂线至假定水准面的距离，称为该点的相对高程或假定高程。如图 0-12 中的 H'_A、H'_B 分别为地面上 A、B 两点的假定高程。

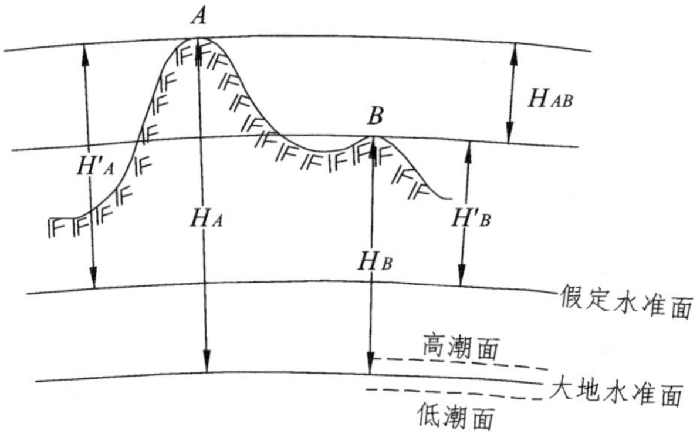

图 0-12　地面点的高程

（2）高程基准。

① 1956 黄海高程系统

我国规定以 1950—1956 年青岛验潮站多年记录的黄海平均海水面作为我国的大地水准面，由此建立的高程系统称为“1956 黄海高程系”。其水准原点的高程为 72.289 m。

② 1985 黄海高程系统。

新的国家高程基准面是根据青岛验潮站 1952—1979 年的验潮资料计算确定的，依此基准面建立的高程系统称为“1985 国家高程基准”，于 1987 年开始启用。其水准原点的高程为 72.260 m。

地面上两点之间的高程之差称为高差，用 h 表示，例如，A 点至 B 点的高差可写为：

$$h = H_B - H_A = H'_B - H'_A \tag{0-4}$$

由上式可知，高差有正、有负，并用下标注明其方向。在土木建筑工程中，又将绝对高程和相对高程统称为标高。

0.3 用水平面代替基准面的限度

测量的基准面是个水准面，大地水准面是一个曲面，但当测区范围较小时，可以把水准面看作水平面。下面讨论用水平面代替水准面对距离、角度和高差的影响，以便给出限制水平面代替水准面的限度。

0.3.1 用水平面代替基准面对水平距离的影响

如图 0-13 所示，地面上 *A*、*B* 两点在大地水准面上的投影点是 *a*、*b*，用过 *a* 点的水平面代替大地水准面，则 *B* 点在水平面上的投影为 *b*′。

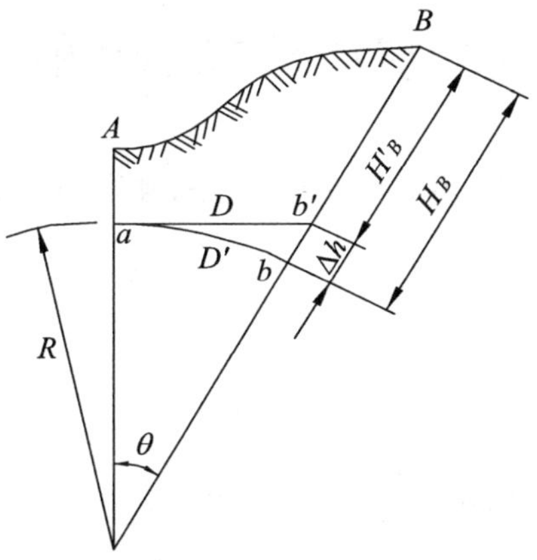

图 0-13 用水平面代替水准面对距离和高程的影响

设 *ab* 的弧长为 *D*，*ab*′的长度为 *D*′，球面半径为 *R*，*D* 所对圆心角为 θ，则以水平长度 *D*′ 代替弧长 *D* 所产生的误差 ΔD 为：

$$\Delta D = D' - D = R\tan\theta - R\theta = R(\tan\theta - \theta) \tag{0-5}$$

将 $\tan\theta$ 用级数展开为：

$$\tan\theta = \theta + \frac{1}{3}\theta^3 + \frac{2}{15}\theta^5 + \cdots$$

因为 θ 角很小，所以只取前两项代入式（0-5）得：

$$\Delta D = R(\theta + \frac{1}{3}\theta^3 - \theta) = \frac{1}{3}R\theta^3 \tag{0-6}$$

又因 $\theta = \frac{D}{R}$，则

$$\Delta D = \frac{D^3}{3R^2} \tag{0-7}$$

$$\frac{\Delta D}{D} = \frac{D^2}{3R^2} \tag{0-8}$$

取地球半径 $R = 6\ 371$ km，并以不同的距离 D 值代入式（0-7）和（0-8），则可求出距离误差 ΔD 和相对误差 $\Delta D/D$，如表 0-2 所示。

表 0-2　水平面代替水准面的距离误差和相对误差

距离 D/km	距离误差 ΔD/mm	相对误差 $\Delta D/D$
10	8	1∶1 220 000
20	128	1∶200 000
50	1 026	1∶49 000
100	8 212	1∶12 000

由上表可以得出在半径为 10 km 的范围内，进行距离测量时，可以用水平面代替水准面，而不必考虑地球曲率对距离的影响。

0.3.2　用水平面代替基准面对水平角的影响

从球面三角学可知，同一空间多边形在球面上投影的各内角和，比在平面上投影的各内角和大一个球面角超值 ε。

$$\varepsilon = \rho \frac{P}{R^2} \tag{0-9}$$

式中　ε——球面角超值（″）；

P——球面多边形的面积（km^2）；

R——地球半径（km）；

ρ——一弧度的秒值，$\rho = 206\ 265''$。

以不同的面积 P 代入式（0-9），可求出球面角超值，如表 0-3 所示。

表 0-3　水平面代替水准面的水平角误差

球面多边形面积 P/km^2	球面角超值 ε/(″)
10	0.05
50	0.25
100	0.51
300	1.52

由上表可以得出当面积为 100 km^2 时，进行水平角测量时，可以用水平面代替水准面，而不必考虑地球曲率对距离的影响。

0.3.3　用水平面代替基准面对高程的影响

如图 1-13 所示，地面点 B 的绝对高程为 H_B，用水平面代替水准面后，B 点的高程为 H_B'，

H_B与H_B'的差值，即为水平面代替水准面产生的高程误差，用Δh表示，则

$$(R+\Delta h)^2 = R^2 + D'^2$$

$$\Delta h = \frac{D'^2}{2R+\Delta h}$$

上式中，可以用D代替D'，Δh相对于2R很小，可略去不计，则

$$\Delta h = \frac{D^2}{2R} \tag{0-10}$$

以不同的距离D值代入式（0-10），可求出相应的高程误差Δh，如表0-4所示。

表0-4　水平面代替水准面的高程误差

距离 D/km	0.1	0.2	0.3	0.4	0.5	1	2	5	10
Δh/mm	0.8	3	7	13	20	78	314	1 962	7 848

由上表可以得出用水平面代替水准面，对高程的影响是很大的，因此，在进行高程测量时，即使距离很短，也应顾及地球曲率对高程的影响。

0.4　测量工作概述

测量工作的基本任务是要确定地面点的几何位置。确定地面点的几何位置需要进行一些测量的基本工作，为了保证测量成果的精度及质量需遵循一定的测量原则。

0.4.1　测量的基本工作

如图0-14所示，A、B、C、D、E为地面上高低不同的一系列点，构成空间多边形$ABCDE$，图下方为水平面。从A、B、C、D、E分别向水平面作铅垂线，这些垂线的垂足在水平面上构成多边形$abcde$，水平面上各点就是空间相应各点的正射投影；水平面上多边形的各边就是各空间斜边的正射投影；水平面上的角就是包含空间两斜边的两面角在水平面上的投影。地形图就是将地面点正射投影到水平面上后再按一定的比例尺缩绘至图纸上而成的。由此看出，地形图上各点之间的相对位置是由水平距离D、水平角β和高差h决定的，若已知其中一点的坐标（x，y）和过该点的标准方向及该点高程H，则可借助D、β和h将其他点的坐标和高程算出。因此，不论进行任何测量工作，在实地要测量的基本要素都是：

① 距离（水平距离或斜距）；

② 角度（水平角和竖直角）；

③ 直线的方向；

④ 高程（高差）。

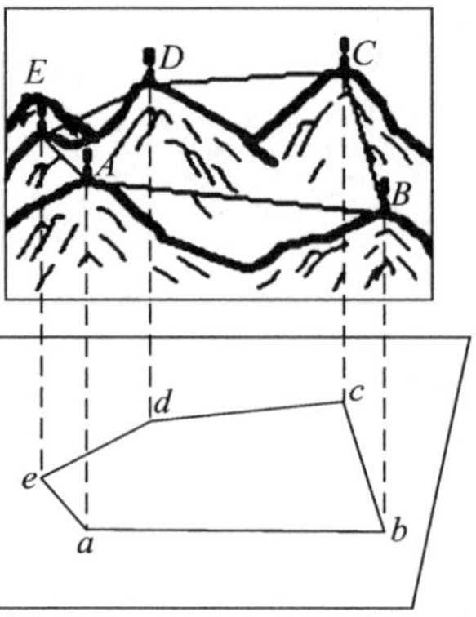

图 0-14　测量的基本工作

0.4.2　测量工作的原则

测量工作必须遵循的基本原则是“从整体到局部，先控制后碎部”“边工作边检核”的原则。

（1）“从整体到局部，先控制后碎部”的原则。

无论是测绘地形图还是施工放样，在测量过程中，为了减少误差的累积，保证测区内所测点的必要精度，首先应在测区内选择若干对整体具有控制作用的点，组成控制网，采用高精度的测量仪器和精密的测量方法，确定控制点的位置，然后以控制点为测站进行碎部测量。这样，不仅可以很好地限制误差的积累，而且可以通过控制测量将测区划分为若干个小区，同时展开几个工作面施测碎部，加快测量进度，如图 0-15 所示。

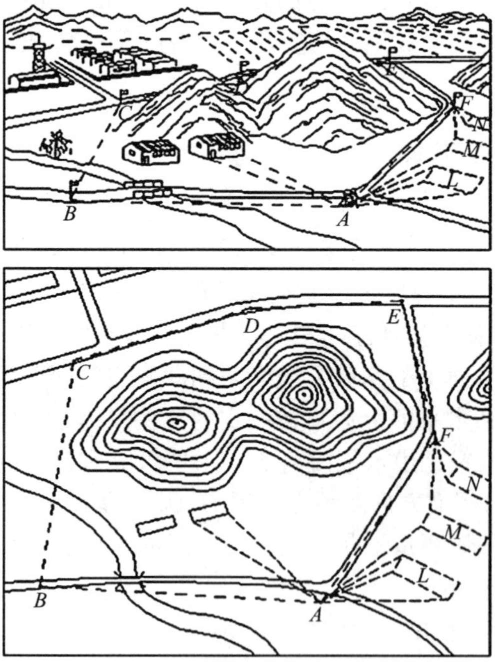

图 0-15　控制测量与碎部测量

（2）“边工作边检核”的原则。

测量工作有内业和外业之分。为了确定地面点的位置，利用测量仪器和工具在现场进行测角、量距和测高差等的测量工作，称为外业工作。将外业观测数据、资料在室内进行整理、计算和绘图等的工作，称为内业工作。测量成果的质量取决于外业，但外业又要通过内业才能得出成果。为了防止出现错误，不论外业或内业，都必须坚持“边工作边检核”的原则，这样才能保证测量成果的质量和较高的工作效率。

0.5 我国目前使用的测量坐标系

0.5.1 1954 北京坐标系

1954 北京坐标系，长轴长 6 378 245 m，短轴长 6 356 863，扁率为 1/298.3。

1954 北京坐标系为参心大地坐标系，大地上的一点可用经度 L_{54}、纬度 M_{54} 和大地高 H_{54} 定位，它是以克拉索夫斯基椭球为基础，经局部平差后产生的坐标系。

1954北京坐标系采用了苏联的克拉索夫斯基椭球参数，并与苏联1942年坐标系进行联测，通过计算建立了我国大地坐标系，定名为 1954 北京坐标系。1954 北京坐标系可以认为是苏联 1942 年坐标系的延伸。它的原点不在北京而是在苏联的普尔科沃。

0.5.2 1980 西安坐标系

1980 西安坐标系，属参心坐标系，长轴长 6 378 140 m，短轴长 6 356 755，扁率为 1/298.257 221 01。

1978 年 4 月在西安召开的全国天文大地网平差会议，确定重新定位，建立我国新的坐标系。1980 年国家大地坐标系采用地球椭球基本参数为 1975 年国际大地测量与地球物理联合会第十六届大会推荐的数据，即 IAG 75 地球椭球体。该坐标系的大地原点设在我国中部的陕西省泾阳县永乐镇，位于西安市西北方向约 60 km，故称 1980 西安坐标系，又简称西安大地原点。基准面采用青岛大港验潮站 1952—1979 年确定的黄海平均海水面（即 1985 国家高程基准）。

0.5.3 2000 国家大地坐标系

2000 国家大地坐标系属于地心坐标系，长轴长 6 378 137 m，短轴长 6 356 752.314 14 m，扁率为 1/298.257 222 101。

2000 国家大地坐标系是全球地心坐标系，其原点为包括海洋和大气的整个地球的质量中心。Z 轴指向 BIH1984.0 定义的协议极地方向（BIH 为国际时间局），X 轴指向 BIH1984.0 定义的零子午面与协议赤道的交点，Y 轴按右手坐标系确定。

0.5.4　WGS84 坐标系

WGS84 坐标系属于地心坐标系，长轴长 6 378 137.000 m，短轴长 6 356 752.314，扁率为 1/298.257 223 563。

WGS84 坐标系（Wor1d Geodetic System）是一种国际上采用的地心坐标系。坐标原点为地球质心，其地心空间直角坐标系的 Z 轴指向国际时间局（BIH）1984.0 定义的协议地极（CTP）方向，X 轴指向 BIH1984.0 的协议子午面和 CTP 赤道的交点，Y 轴与 Z 轴、X 轴垂直构成右手坐标系，称为 1984 世界大地坐标系。这是一个国际协议地球参考系统（ITRS），是目前国际上统一采用的大地坐标系。GPS 广播星历是以 WGS84 坐标系为根据的。

按照国务院关于推广使用 2000 国家大地坐标系的有关要求，之前国土资源部（现自然资源部）确定，2018 年 6 月底前完成全系统各类国土资源空间数据向 2000 国家大地坐标系的转换，2018 年 7 月 1 日起全面使用 2000 国家大地坐标系。

这意味着，1980 西安坐标系和 1954 北京坐标系将正式退出历史舞台，2008 年 7 月 1 日后自然资源系统将全面使用 2000 国家大地坐标系。

对于 2018 年 7 月 1 日以前已经开展的涉及空间数据采集工作的项目，可仍采用原先设定的坐标系，待项目完成后，再对数据进行统一的 2000 国家大地坐标系转换。

练一练

1. 数学坐标系与测量坐标系有什么区别？
2. 我国常用的坐标系有哪些？
3. 测量的原则是什么？

项目 1　高程测量

教学目标

通过本项目的学习，学生应能够掌握普通水准测量方法、三四等水准测量方法、二等水准测量方法，理解并掌握高程测量目的，具备熟练的水准测量的能力。通过学习高程测量案例，学生应完成普通水准测量、三四等水准测量、二等水准测量的测量任务，真正掌握水准测量方法。

项目概述

高程是确定地面点位置的基本要素之一，测量地面上各点高程的工作，称为高程测量，所以它是四种基本测量工作之一。高程测量的主要方法有水准测量、三角高程测量、GPS 高程测量和气压高程测量。其中水准测量是目前精度较高、最主要的方法，在高程控制测量、工程勘测和施工测量中得到广泛的应用。本项目将详细介绍如何利用水准测量方法进行高程测量。

看一看

图1-1是普通水准测量的实施方法及其视频讲解，请仔细观察视频掌握这一知识点。

普通水准测量实施

图 1-1　普通水准测量实施

想一想

- 自动安平水准仪由哪些部分组成？各部分作用是什么？
- 水准测量原理是什么？
- 四等水准测量外业施测步骤有哪些？

1.1 高程测量概述

高程是确定地面点位置的基本要素之一，所以高程测量是四种基本测量工作之一。高程测量的目的是要获得点的高程，但一般只能直接测得两点间的高差，然后根据其中一点的已知高程推算出另一点的高程。

进行高程测量的主要方法有水准测量和三角高程测量。水准测量是利用水平视线来测量两点间的高差的。由于水准测量的精度较高，所以是高程测量中最主要的方法。三角高程测量是测量两点间的水平距离或斜距和竖直角（即倾斜角），然后利用三角公式计算出两点间的高差。三角高程测量一般精度较低，只是在适当的条件下才被采用。除了上述两种方法外，还有利用大气压力的变化测量高差的气压高程测量，利用液体的物理性质测量高差的液体静力高程测量，以及利用摄影测量的测高等方法，但这些方法较少采用。

高程测量的任务是求出点的高程，即求出该点到某一基准面的垂直距离。为了建立一个全国统一的高程系统，必须确定一个统一的高程基准面，通常采用大地水准面即平均海水面作为高程基准面。1949 年后我国采用青岛验潮站 1950—1956 年观测结果求得的黄海平均海水面作为高程基准面。根据这个基准面得出的高程称为“1956 黄海高程系”。为了确定高程基准面的位置，我国在青岛建立了一个与验潮站相联系的水准原点，并测得其高程为 72.289 m。水准原点作为全国高程测量的基准点。从 1989 年起，国家规定采用青岛验潮站 1952—1979 年的观测资料，计算得出的平均海水面作为新的高程基准面，称为“1985 国家高程基准”。根据新的高程基准面，青岛水准原点的高程为 72.260 m。所以在使用已有的高程资料时，应注意到高程基准面的差异。

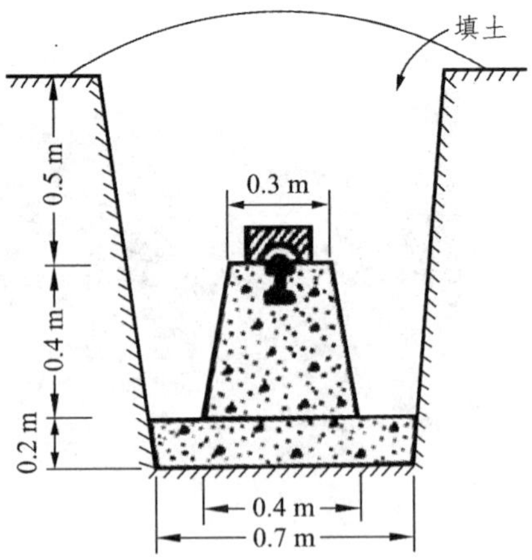

图 1-2　水准点埋石

高程测量也是按照“从整体到局部”的原则来进行。就是先在测区内设立一些高程控制点，并精确测出它们的高程，然后根据这些高程控制点测量附近其他点的高程。这些高程控制点称水准点，工程上常用 BM 来标记。水准点一般用混凝土标石制成，顶部嵌有金属或瓷质的标志（图 1-2）。标石应埋在地下，埋设地点应选在地质稳定、便于使用和便于保存的地方。在城镇居民区，也可以采用把金属标志嵌在墙上的“墙脚水准点”。临时性的水准点则可用更简便的方法来设立，例如刻凿在岩石上的或用油漆标记在建筑物上的简易标志。

1.2 水准测量原理

水准测量是利用水平视线来求得两点的高差的。例如图 1-3 中，为了求出 A、B 两点的高差 h_{AB}，在 A、B 两个点上竖立带有分划的标尺——**水准尺**，在 A、B 两点之间安置可提供水平视线的仪器——**水准仪**。当视线水平时，在 A、B 两个点的标尺上分别读得读数 a 和 b，则 A、B 两点的高差等于两个标尺读数之差。即：

$$h_{AB}=a-b \tag{1-1}$$

如果 A 为已知高程的点，B 为待求高程的点，则 B 点的高程为：

$$H_B=H_A+h_{AB} \tag{1-2}$$

读数 a 是在已知高程点上的水准尺读数，称为“后视读数”；b 是在待求高程点上的水准尺读数，称为“前视读数”。高差必须是后视读数减去前视读数。高差 h_{AB} 的值可能是正，也可能是负，正值表示待求点 B 高于已知点 A，负值表示待求点 B 低于已知点 A。此外，高差的正负号又与测量进行的方向有关，例如图 1-3 中测量由 A 向 B 进行，高差用 h_{AB} 表示，其值为正；反之由 B 向 A 进行，则高差用 h_{BA} 表示，其值为负。所以说明高差时必须标明高差的正负号，同时要说明测量进行的方向。

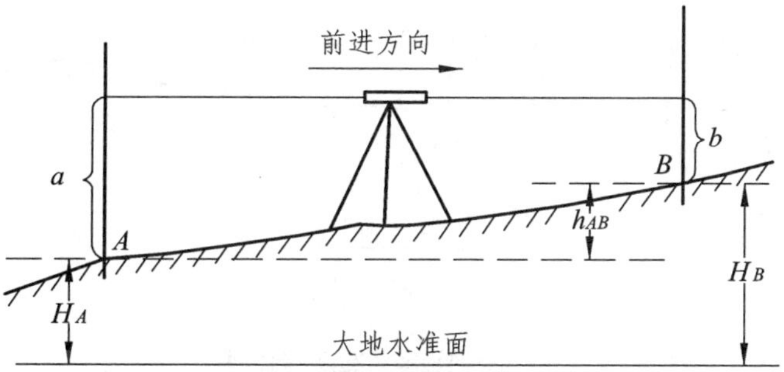

图 1-3　水准测量原理

当两点相距较远或高差太大时，则可分段连续进行，从图 1-4 中可得：

$$\begin{aligned}
h_1&=a_1-b_1\\
h_2&=a_2-b_2\\
&\cdots\cdots\\
h_n&=a_n-b_n\\
\hline
h_{AB}&=\sum h=\sum a-\sum b
\end{aligned} \tag{1-3}$$

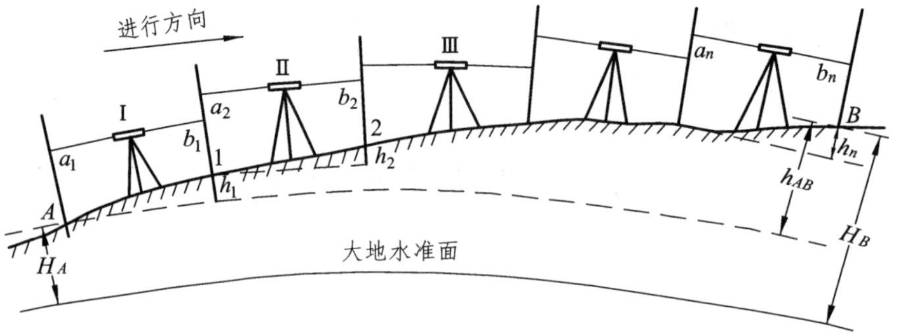

图 1-4　分段水准测量原理

即两点的高差等于连续各段高差的代数和，也等于后视读数之和减去前视读数之和。通常要同时用$\sum h$和$\left(\sum a-\sum b\right)$进行计算，用来检核计算是否有误。

图 1-4 中置仪器的点Ⅰ、Ⅱ、…称为**测站**。立标尺的点 1、2、…称为**转点**，它们在前一测站先作为待求高程的点，然后在下一测站再作为已知高程的点，转点起传递高程的作用。转点非常重要，转点上产生的任何差错，都会影响到以后所有点的高程。

从以上可见：水准测量的基本原理是利用水平视线来比较两点的高低，求出两点的高差。

当水准测量不是仅仅为了获得两点的高差，而是要求得一系列点的高程，例如测量沿线的地面起伏情况时，水准测量可按图 1-5 进行。此时，水准仪在每一测站上除了要读出后视和前视读数外，同时要对这一测站范围内需要测量高程的点上立尺读取读数，如图中在P_1、P_2等点上立尺读出c_1、c_2等读数。则各点的高程可按下列方法计算：

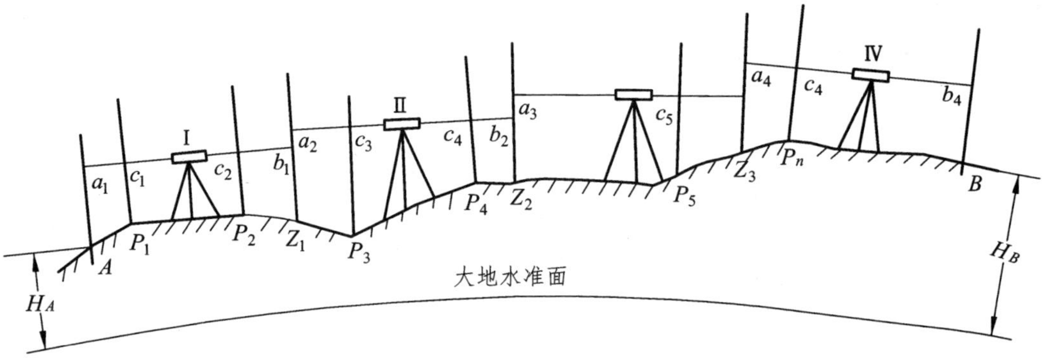

图 1-5　连续水准测量原理

仪器在测站Ⅰ：

$$H_{\mathrm{I}}=H_A+a_1 \tag{1-4}$$

$$\left.\begin{aligned}H_{P_1}&=H_{\mathrm{I}}-c_1\\H_{P_2}&=H_{\mathrm{I}}-c_2\\H_{Z_1}&=H_{\mathrm{I}}-b_1\end{aligned}\right\} \tag{1-5}$$

同法，仪器在测站Ⅱ：$H_{\mathrm{II}}=H_{Z_1}+a_2$

$$\left.\begin{aligned}H_{P_3}&=H_{\text{II}}-c_3\\H_{P_4}&=H_{\text{II}}-c_4\\H_{Z_2}&=H_{\text{II}}-b_2\end{aligned}\right\}$$

式中：H_{I}、H_{II}为仪器视线的高程，简称**仪器高**。图中Z_1、Z_2、…为传递高程的转点，在转点上既有前视读数又有后视读数。图中P_{I}、P_{II}、…称**中间点**，中间点上只有一个前视读数，也称中视读数。计算的检核仍用公式：

$$h_{AB}=\sum a-\sum b=H_B-H_A$$

1.3　水准仪的构造和使用

水准仪是进行水准测量的主要仪器，它可以提供水准测量所必需的水平视线。目前通用的水准仪从构造上可分为两大类：一类是利用水准管来获得水平视线的水准管水准仪，其主要形式称“微倾式水准仪”；另一类是利用补偿器来获得水平视线的“自动安平水准仪”。此外，尚有一种新型水准仪——电子水准仪，它配合条纹编码尺，利用数字化图像处理的方法，可自动显示高程和距离，使水准测量实现了自动化。

我国的水准仪系列标准分为DS_{05}、DS_1、DS_3和DS_{20}四个等级。D是大地测量仪器的代号，S是水准仪的代号，均取大和水两个字汉语拼音的首字母。角码的数字表示仪器的精度。其中DS_{05}和DS_1用于精密水准测量，DS_3用于一般水准测量，DS_{20}则用于简易水准测量。

水准尺用优质木材或铝合金制成，最常用的形状有杆式和箱式两种（图1-6），长度分别

（a）杆式　　　（b）箱式

图1-6　水准尺

为 3 m 和 5 m。箱式尺能伸缩，携带方便，但接合处容易产生误差；杆式尺比较坚固可靠。水准尺尺面绘有 1 cm 或 5 mm 黑白相间的分格，米和分米处注有数字，尺底为零。为了便于倒像望远镜读数，注的数字常倒写。双面水准尺是一面为黑色另一面为红色的分划，每两根为一对。两根的黑面都以尺底为零，而红面的尺底分别为 4.687 m 和 4.787 m。利用双面尺可对读数进行检核。

尺垫是用于转点上的一种工具，用钢板或铸铁制成（图 1-7）。使用时把 3 个尖脚踩入土中，把水准尺立在突出的圆顶上。尺垫可使转点稳固，防止下沉。

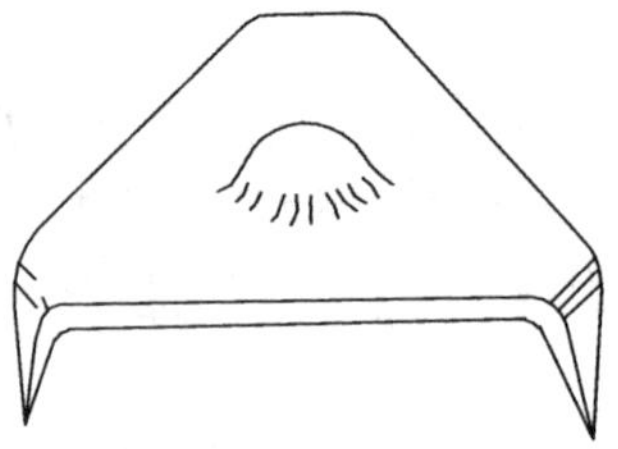

图 1-7　尺垫

1.3.1　自动安平水准仪的构造和使用

自动安平水准仪是一种不用水准管而能自动获得水平视线的水准仪（图 1-8）。由于水准管水准仪在用微倾螺旋使气泡符合时要花一定的时间，水准管灵敏度愈高，整平需要的时间愈长。在松软的土地上安置水准仪时，还要随时注意气泡有无变动。而自动安平水准仪在用圆水准器使仪器粗略整平后，经过 1 ~ 2 s 即可直接读取水平视线读数。当仪器有微小的倾斜变化时，补偿器能随时调整，始终给出正确的水平视线读数。因此它具有观测速度快、精度高的优点，被广泛地应用在各种等级的水准测量中。

1.3.1.1　自动安平水准仪的构造

图 1-8 为在一般水准测量中使用较广的自动安平水准仪，它由下列三个主要部分组成：

望远镜：它可以提供视线，并可读出远处水准尺上的读数。

水准器：用于指示仪器或视线是否处于水平位置。

基座：用于置平仪器，它支承仪器的上部并能使仪器的上部在水平方向转动。

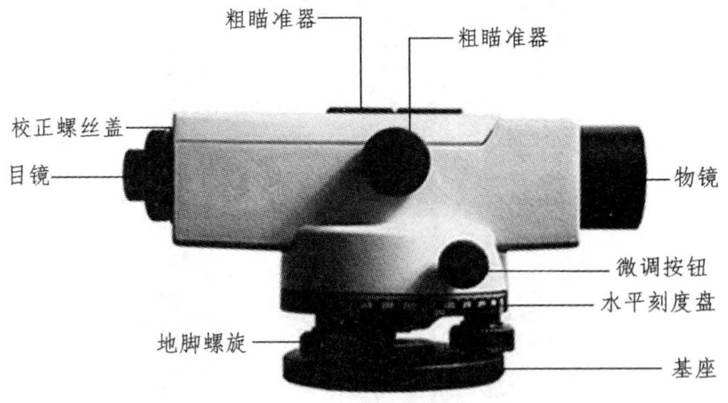

图 1-8　自动安平水准仪

水准仪各部分的名称见图 1-8。基座上有三个脚螺旋，调节脚螺旋可使圆水准器的气泡移至中央，使仪器粗略整平。望远镜和管水准器与仪器的竖轴联结成一体，竖轴插入基座的轴套内，可使望远镜和管水准器在基座上绕竖轴旋转。

下面先说明自动安平水准仪上主要的部件——望远镜和水准器的构造和性能。

1. 望远镜

最简单的望远镜由物镜和目镜组成。物镜的作用是使物体在物镜的另一侧构成一个倒立的实像，目镜的作用是使这一实像在同一侧形成一个放大的虚像（图 1-9）。为了使物像清晰并消除单透镜的一些缺陷，物镜和目镜都是用两种不同材料的透镜组合而成的（图 1-10）。

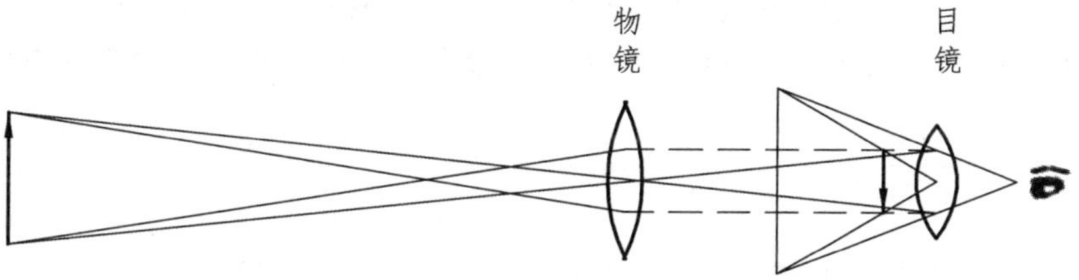

图 1-9　望远镜成像原理

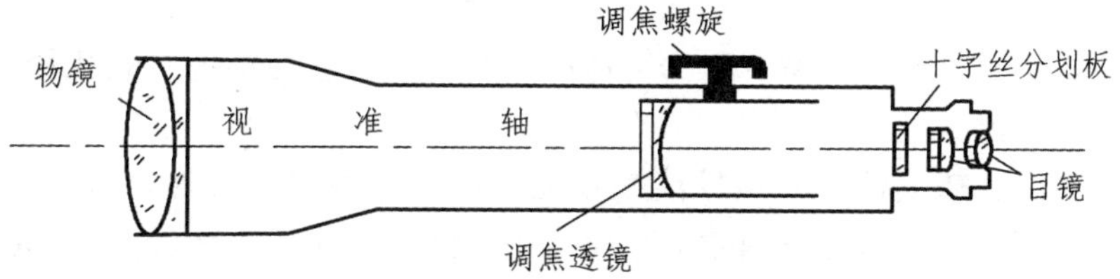

图 1-10　望远镜结构构造

测量仪器上的望远镜还必须有一个十字丝分划板，它是刻在玻璃片上的一组十字丝，被安装在望远镜筒内靠近目镜的一端。水准仪上十字丝的图形如图 1-11 所示，水准测量中用它中间的横丝或楔形丝读取水准尺上的读数。十字丝交点和物镜光心的连线称为视准轴，也就是视线。视准轴是水准仪的主要轴线之一。

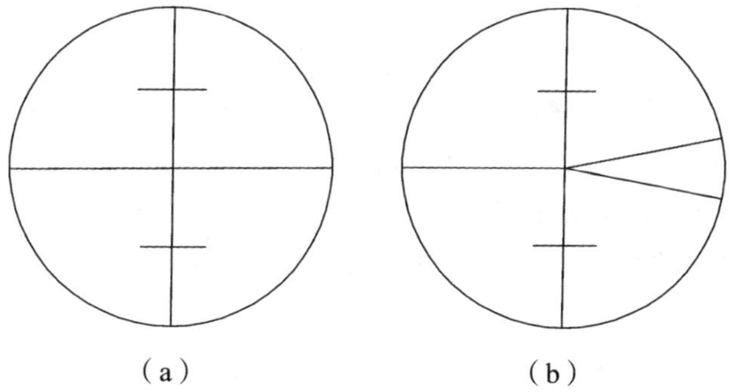

图 1-11　十字丝

为了能准确地照准目标或读数，望远镜内必须同时能看到清晰的物像和十字丝。为此必须使物像落在十字丝分划板平面上。为了使离仪器不同距离的目标能成像于十字丝分划板平面上，望远镜内还必须安装一个调焦透镜（图 1-10）。观测不同距离处的目标，可旋转调焦螺旋改变调焦透镜的位置，从而能在望远镜内清晰地看到十字丝和所要观测的目标。

望远镜的性能由以下几个方面来衡量：

（1）放大率。放大率是通过望远镜所看到物像的视角 β 与肉眼直接看物体的视角 α 之比，它近似地等于物镜焦距与目镜焦距之比，或等于物镜的有效孔径 D 与目镜的有效孔径 d 之比。即放大率为：

$$v=\frac{\beta}{\alpha}=\frac{f_{物}}{f_{目}}=\frac{D}{d} \tag{1-6}$$

（2）分辨率。分辨率是望远镜能分辨出两个相邻物点的能力，用光线通过物镜后的最小视角来表示。当小于这最小视角时，在望远镜内就不能分辨出两个物点。分辨率可用下式表示：

$$\varphi=\frac{140}{D}('') \tag{1-7}$$

式中：D 为物镜的有效孔径（mm）。

（3）视场角。视场角表示望远镜内所能看到的视野范围。这个范围是一个圆锥体，所以视场角用圆锥体的顶角来表示。视场角与放大率成反比。

（4）亮度。亮度指通过望远镜所看到物体的明亮程度。它与物镜有效孔径的平方成正比，与放大率的平方成反比。

从以上可以看出，望远镜的各项性能是相互制约的。例如增大放大率也增强了分辨率，可提高观测精度，但减小了视场角和亮度，不利于观测。所以测量仪器上望远镜的放大率有一定的限度，一般在 20 ~ 45 倍。

2. 水准器

水准器是用以置平仪器的一种设备，是测量仪器上的重要部件。水准器分为管水准器和圆水准器两种，自动安平水准仪只有圆水准器。

圆水准器是一个封闭的圆形玻璃容器，顶盖的内表面为一球面，半径可自 0.12 m 至 0.86 m，容器内盛乙醚类液体，留有一小圆气泡（图 1-12）。容器顶盖中央刻有一小圈，小圈的中心是圆水准器的零点。通过零点的球面法线是圆水准器的轴，当圆水准器的气泡居中时，圆水准器的轴位于铅垂位置。圆水准器的分划值，是顶盖球面上 2 mm 弧长所对应的圆心角值，水准仪上圆水准器的角值为 8′至 15′。

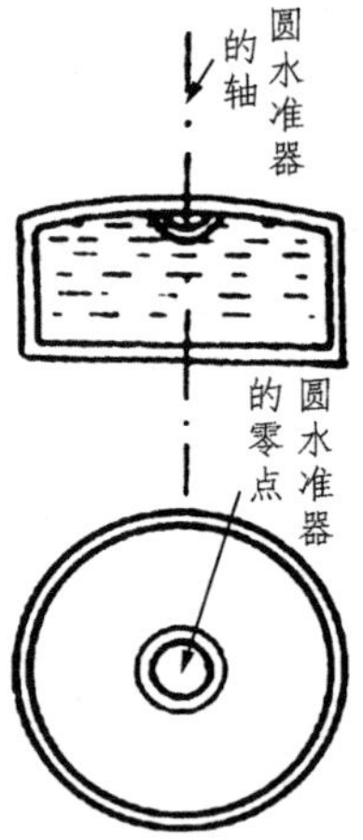

图 1-12　圆水准器

（1）自动安平原理.

自动安平水准仪自 20 世纪 50 年代初问世以来发展很快，现在各国生产的各种不同构造、不同型号的自动安平水准仪有几十种之多，但其基本原理可归纳为下列两种：

① 移动十字丝的方法。在图 1-13 中，当仪器水平时，物镜位于 O，十字丝交点位于 z_0，水平视线读数为 a_0。若仪器倾斜了一个小角 α，则十字丝交点将从 z_0 移到 z，读数将变为 a。如果在望远镜内安装一补偿器 P，并使补偿器轴线 pz 能相对于原视线反方向摆动一 β 角，从而使十字丝交点从 z 移到 z_0。由于 α 和 β 角都很小，故从图中可得：

$$zz_0 = \beta \cdot S = f \cdot \alpha$$

故
$$\frac{\beta}{\alpha} = \frac{f}{S} = v \qquad (1\text{-}8)$$

式中：f 为物镜的等效焦距；S 为补偿器到十字丝的距离；v 为补偿器的放大系数。从图 1-13 和公式（1-8）可以看出：只要保持 v 为常数，就能使水平光线经补偿器后始终通过十字丝的交点，获得水平视线读数，从而起到自动安平的作用。

② 移动像点的方法。按照同样设想，如果当望远镜倾斜 α 角时，水平光线通过补偿器后，能相对于水平线按相同方向摆动一 β' 角，从而使水平方向上的像点从 z_0 移到 z，则也能达到安平的作用。由图 1-14 可得：

$$\frac{\beta'}{\alpha} = \frac{f}{S} v' \qquad (1\text{-}9)$$

所以只要保持 v' 为常数，水平方向上的像点就能通过十字丝交点，同样起到自动安平的作用。

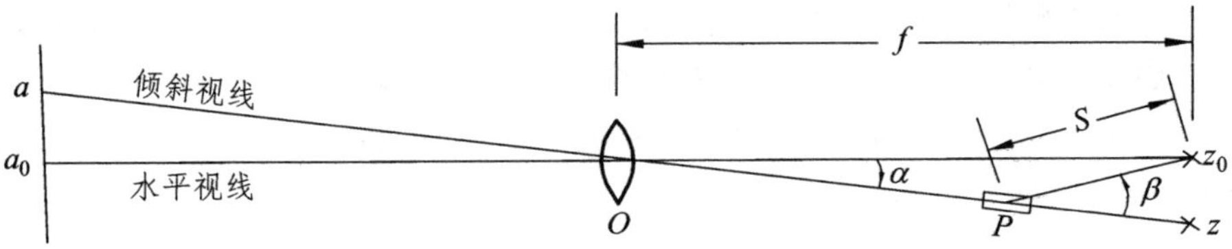

图 1-13　移动十字丝的原理

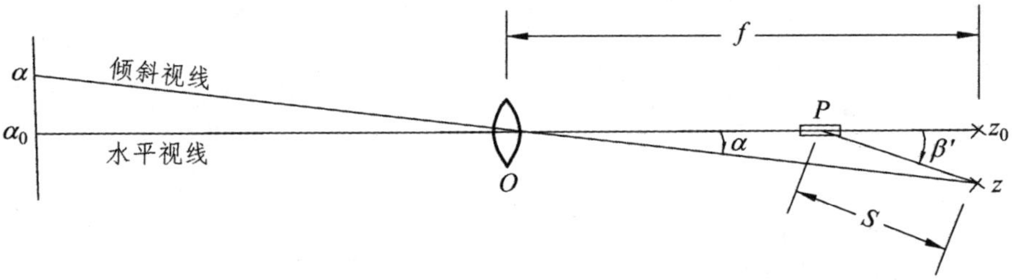

图 1-14　移动像点的原理

（2）补偿器的构造和补偿原理。

自动安平水准仪的核心部分是补偿器。下面介绍国产 DS_3-Z 型自动安平水准仪的补偿器，图 1-15 是这种仪器的构造示意图。这种结构属于轴承式补偿器，是采用移动像点的方法实现自动安平的。

图 1-15 中补偿棱镜 3 被固定在摆臂 2 的下端，摆臂的上端为轴承 1，通过一个小轴被悬挂在仪器的支架上，所以三棱镜和摆臂能在视线方向内自由摆动。三棱镜 3 实际上只起到反射镜的作用。水平光线进入物镜后，经三棱镜 3 和固定在望远镜上的反射镜 6 两次反射后，就能通过十字丝交点 7，起到自动安平的作用。三棱镜下面有一个空气阻尼器，阻尼器由活塞和气缸组成。活塞 4 和三棱镜一样固定在摆臂的下端，气缸 5 则固定在仪器的支架上。阻尼器的作用是使三棱镜的摆动能迅速地稳定。

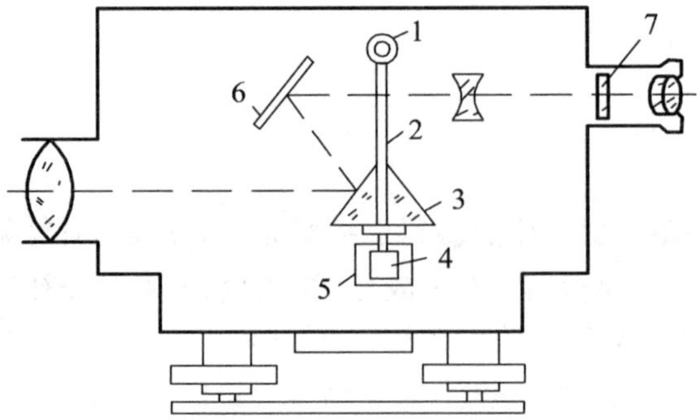

图 1-15　DS_3-Z 自动安平水准仪构造

这种补偿器的原理见图 1-16，O 代表物镜，b 代表三棱镜的反射面，c 为固定的反射镜。当望远镜水平时，三棱镜的反射面位于 b_1b_1'，反射镜位于 c_1c_1'，水平光线经 Ob_1c_1 到达十字丝交点 z_0（图中细线）；当望远镜倾斜 α 角时，三棱镜反射面移到 b_2b_2'（假定补偿器尚未起作用），反射镜移到 c_2c_2'，十字丝交点由 z_0 移到 z，十字丝读数将是 a 而不是水平视线读数 a_0（图中虚线）。当补偿器起作用时，摆臂将逆时针旋转 α 角，三棱镜反射面则由 b_2b_2' 移至 b_3b_3'，显然 b_3b_3' 平行于 b_1b_1'，而反射镜仍在 c_2c_2'。由于反射面 c_2c_2' 相对于原来位置变动了 α 角，所以水平光线经 c_2c_2' 反射后将变动 2α 角，即 $\beta' = 2\alpha$。因此只要把补偿器安装在 $f/2$ 处，就可使水平光线最终通过十字丝交点 z，即经 Ob_3c_3 而到达 z（图中粗线），从而在十字丝交点处可以读到水平视线在尺上的读数 a_0，达到自动安平的目的。

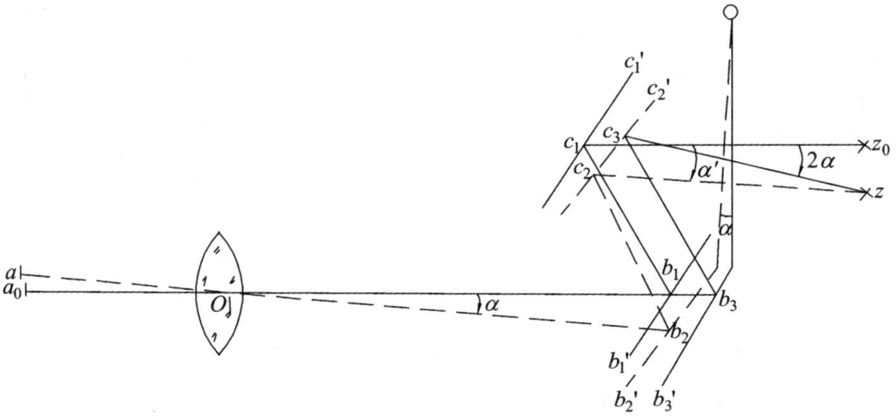

图 1-16　补偿器原理

除了上面介绍的轴承式补偿器外，目前在自动安平水准仪上所采用的补偿器尚有吊丝式、簧片式和液体式等几种。

1.3.1.2　自动安平水准仪的使用

使用水准仪的基本作业是：在适当位置安置水准仪，整平视线后读取水准尺上的读数。自动安平水准仪的操作应按下列步骤和方法进行：

1. 安置水准仪

首先打开三脚架，安置三脚架要求高度适当，拿起三脚架，松开三脚架架腿上三个伸缩螺旋，将其调整至适当高度（大致与胸口平齐），然后拧紧伸缩螺旋，使架头大致水平并牢固稳妥，在山坡上应使三脚架的两脚在坡下一脚在坡上。然后把水准仪用中心连接螺旋连接到三脚架上，如图 1-17 所示。取水准仪时必须握住仪器的坚固部位，并确认已牢固地连接在三脚架上之后才可放手。

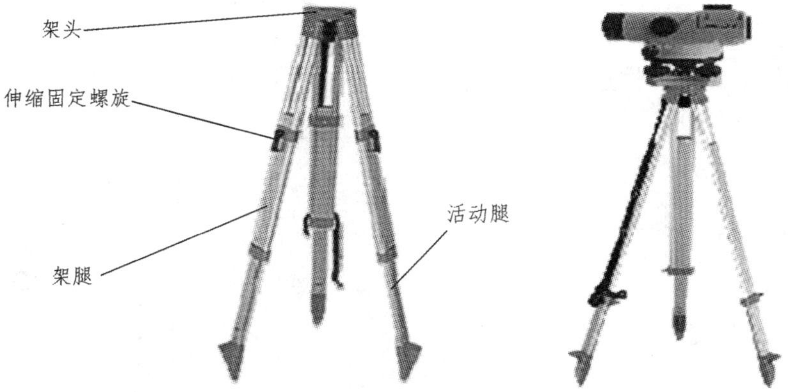

图 1-17　安置三脚架

2. 仪器的粗略整平

仪器的粗略整平是用脚螺旋使圆水准器的气泡居中（图 1-18）。不论圆水准器在任何位置，先用任意两个脚螺旋使气泡移到通过圆水准器零点并垂直于这两个脚螺旋连线的方向上，如此可使仪器在这两个脚螺旋连线的方向处于水平位置。然后单独用第三个脚螺旋使气泡居中，如此使原两个脚螺旋连线的垂线方向亦处于水平位置，从而使整个仪器置平。如仍有偏差可重复进行。操作时必须记住以下三条要领：

（1）先旋转两个脚螺旋，然后旋转第三个脚螺旋。

（2）旋转两个脚螺旋时必须作相对转动，即旋转方向应相反。

（3）气泡移动的方向始终和左手大拇指移动的方向一致。

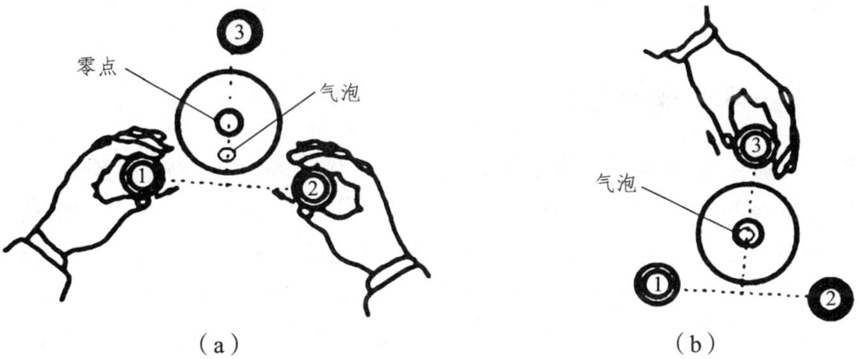

图 1-18　仪器的粗略整平

3. 照准目标

用望远镜照准目标，必须先调节目镜使十字丝清晰。然后利用望远镜上的准星从外部瞄准水准尺，再旋转调焦螺旋使尺像清晰，也就是使尺像落到十字丝平面上。这两步不可颠倒。最后用微动螺旋使十字丝竖丝照准水准尺，为了便于读数，也可使尺像稍偏离竖丝一些，如图 1-19 所示。当照准不同距离处的水准尺时，需重新调节调焦螺旋才能使尺像清晰，但十字丝可不必再调。

照准目标时必须要消除视差。当观测时把眼睛稍作上下移动，如果尺像与十字丝有相对的移动，即读数有改变，则表示有视差存在。其原因是尺像没有落在十字丝平面上［图 1-20（a）、（b）］。存在视差时不可能得出准确的读数。消除视差的方法是一面稍旋转调焦螺旋一面仔细观察，直到不再出现尺像和十字丝有相对移动为止，即尺像与十字丝在同一平面上［图 1-20（c）］。

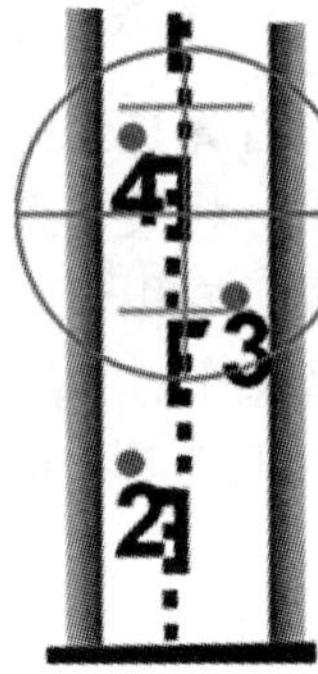

图 1-19　照准目标

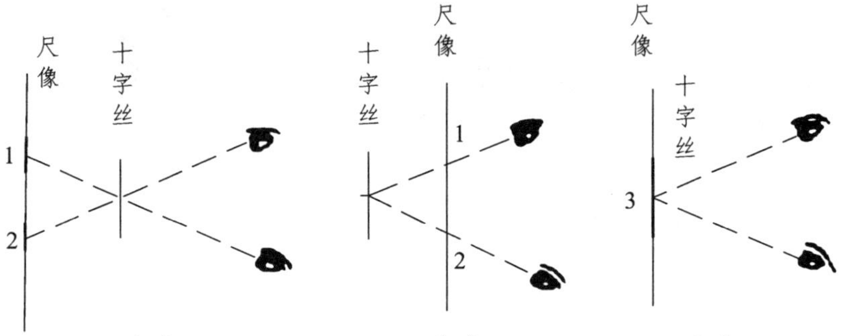

图 1-20　十字丝和尺像的相对位置

4. 读　数

用十字丝中间的横丝读取水准尺的读数。从尺上可直接读出米、分米和厘米数，并估读出毫米数，所以每个读数必须有 4 位数。如果某一位数是零，也必须读出并记录，不可省略，如 1 002 mm、0 007 mm、2 100 mm 等。从望远镜内读数时应由下向上读，即由小数向大数读。

1.3.2　电子水准仪构造和使用

1.3.2.1　电子水准仪的构造

电子水准仪又称数字水准仪，是在自动安平水准仪的基础上发展起来的。它采用条码标尺，各厂家标尺编码的条码图案不相同，不能互换使用。目前照准标尺和调焦仍需目视进行。人工完成照准和调焦之后，标尺条码一方面被成像在望远镜分化板上，供目视观测，另一方面通过望远镜的分光镜，标尺条码又被成像在光电传感器（又称探测器）上，即线阵 CCD 器件上，供电子读数。因此，如果使用传统水准标尺，电子水准仪又可以像普通自动安平水准仪一样使用。不过这时的测量精度低于电子测量的精度。

电子水准仪一般由基座、水准器、望远镜及数据处理系统组成，它的光学系统和机械系统及自动安平水准仪基本相同，其原理和操作方法也大致相同，只是读数系统不同。因各种电子水准仪操作方式大同小异，这里仅以瑞得 RL_{07} 中文电子水准仪为例介绍电子水准仪构造。图 1-21

为瑞得 RL_{07} 中文电子水准仪结构示意图，从图中可以看到电子水准仪较自动安平水准仪多了调焦发送器、补偿器监视、分光镜和线阵探测器 CCD 这 4 个部件。图 1-22 为各部件的名称。

与电子水准仪配套使用的水准尺为条形编码尺（图 1-23），该条形编码尺通常由玻璃纤维或因钢制成。在电子水准仪中装置有行阵传感器，它可识别水准标尺上的条形编码。电子水准仪摄入条形编码后，经处理器转变为相应的数字，再通过信号转换和数据化，在显示屏上直接显示中丝读数和视距。

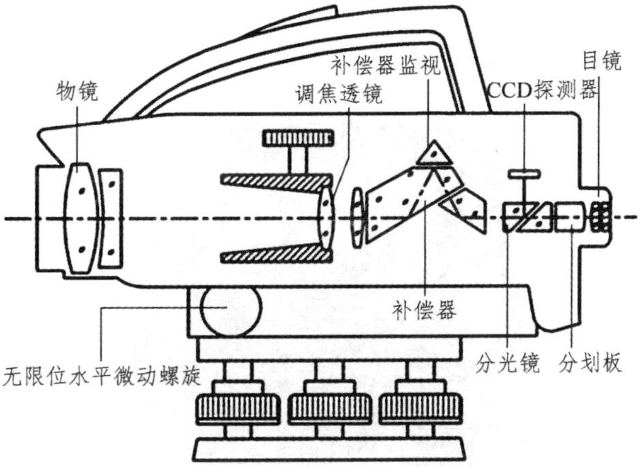

图 1-21　瑞得 RL_{07} 中文电子水准仪结构示意

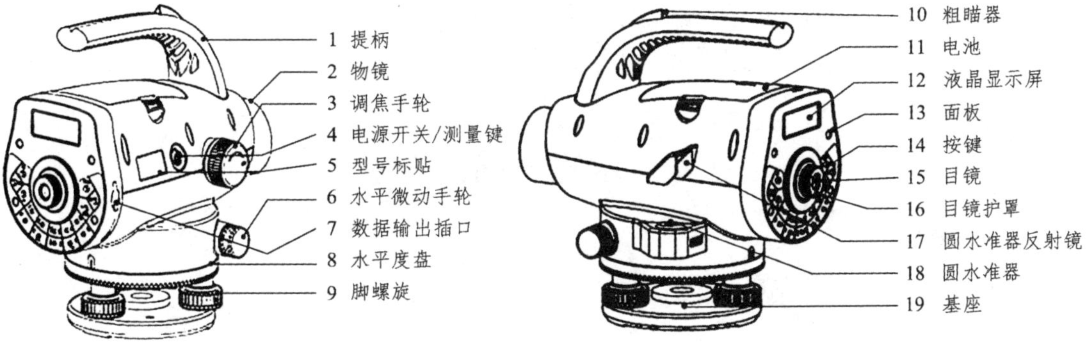

图 1-22　瑞得 RL_{07} 中文电子水准仪各部件名称

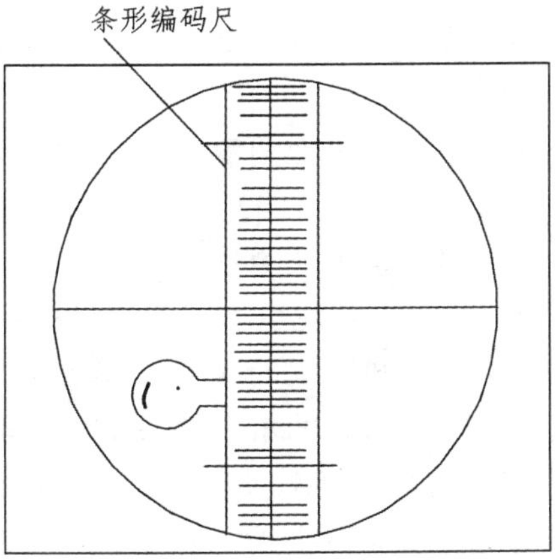

图 1-23　条形编码尺

1.3.2.2 电子水准仪的使用方法

电子水准仪的使用方法与一般水准测量大体相似，也包括以下几步：

（1）安置仪器。

（2）粗略整平。

（3）瞄准目标。

（4）观测。

值得一提的是：第（4）步只需按一下测量键即可，我们便可从电子水准仪的显示屏上看到读数，如图 1-24 所示。

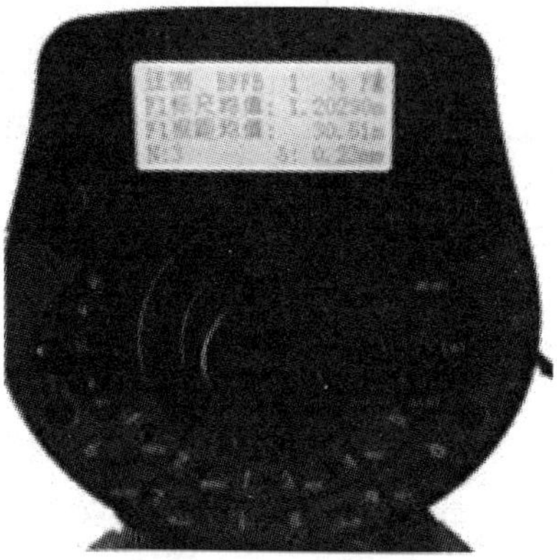

图 1-24　电子水准仪的读数

1.4　水准测量方法

1.4.1　水准路线布设形式

水准测量的任务，是从已知高程的水准点开始测量其他水准点或地面点的高程。测量前应根据要求布置并选定水准点的位置，埋设好水准点标石，拟定水准测量进行的路线。水准路线有以下几种形式：

（1）附合水准路线。附合水准路线是水准测量从一个高级水准点开始，结束于另一高级水准点的水准路线。这种形式的水准路线，可使测量成果得到可靠的检核［图 1－25（a）］。

（2）闭合水准路线。闭合水准路线是水准测量从一已知高程的水准点开始，最后又闭合到起始点上的水准路线。这种形式的水准路线也可以使测量成果得到检核［图 1－25（b）］。

（3）水准支线。水准支线是由一已知高程的水准点开始，最后既不附合也不闭合到已知高程的水准点上的一种水准路线。这种形式的水准路线由于不能对测量成果自行检核，因此必须进行往测和返测，或用两组仪器进行并测［图 1－25（c）］。

（4）水准网。水准网当几条附合水准路线或闭合水准路线连接在一起时，就形成了水准网［图 1－25（d）、（e）］。水准网可使检核成果的条件增多，因而可提高成果的精度。

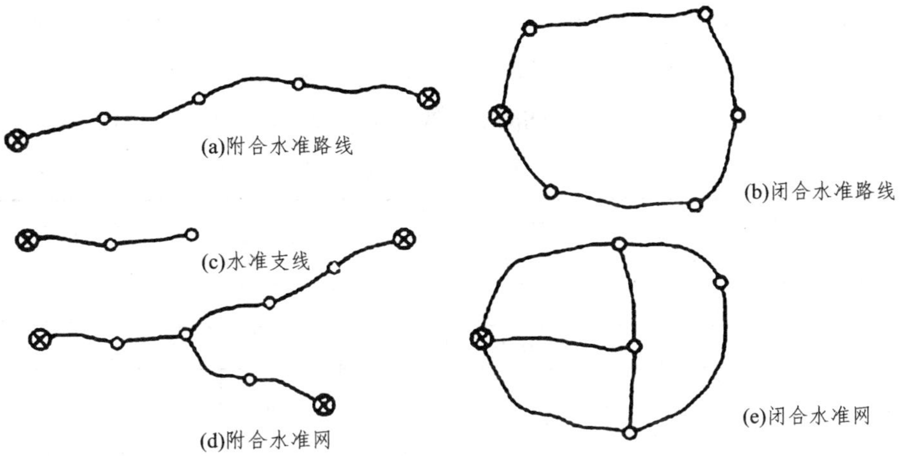

图 1-25　水准路线布设形式

1.4.2　水准测量施测方法

1.4.2.1　普通水准测量方法

普通水准测量施测方法如图 1-26 所示，图中 *A* 为已知高程的点，*B*、*C* 为待求高程的点。首先第一测段 *A* 到 *B* 点：在 *A*、*B* 两点之间大致中点处安置水准仪，*A* 点竖立水准尺作为后视尺，*B* 点上竖立水准尺作为前视尺，整平仪器，先照准起始点 *A* 上的水准尺，读取 *A* 点的后视读数 1322 填入表 1-1 普通水准测量记录手簿中，然后照准前视点 *B* 上的水准尺，读取 *B* 点的前视读数 1462 记入手簿，计算出 *A* 到 *B* 的高差−0.140 填入手簿，第一测段观测工作完成。按同样的步骤和方法完成 *B* 到 *C*、*C* 到 *D*、*D* 到 *A* 测段的观测，每测站都要读取后视读数和前视读数，并计算出高差，填入手簿，完成闭合水准路线的外业观测工作。如果两点之间距离比较长，一测站无法完成测量，则中间需要设置转点，增加测站完成测量，转点处需要放置尺垫。

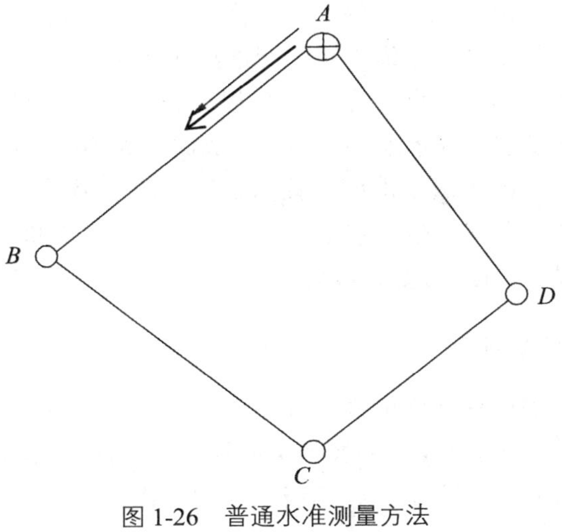

图 1-26　普通水准测量方法

观测所得每一读数应立即记入手簿，水准测量手簿格式见表 1-1。填写时应注意把各个读数正确地填写在相应的行和栏内。各测站所得的高差代数和$\sum h$，就是从起点到终点总的高差。因为测量的目的是求未知点的高程，所以各转点的高程不需计算，转点只起传递高程作用。

表 1-1 普通水准测量记录手簿

测站	测点	后视读数/mm	前视读数/mm	高差/m		高程/m	备注
				+	−		
I	A	1322			0.140		已知A点高程=100.224
	B		1462				
II	B	1516			0.001		
	C		1517				
III	C	1437			0.023		
	D		1460				
IV	D	1496		0.151			
	A		1345				
Σ							
计算检核	$\sum a-\sum b=-0.013$ m　　$\sum h=-0.013$ m						

1.4.2.2 高程控制测量

1. 高程控制测量分级

为了进行各种比例尺的测图和工程放样，除了要建立平面控制网外，还需要建立高程控制网。高程控制测量的任务，就是在测区布设一批高程控制点，即水准点，用精确方法测定它们的高程，构成高程控制网。

高程控制测量的主要方法有：二等水准测量、三四等水准测量和三角高程测量。

国家高程控制网是用精密水准测量方法建立的，所以又称国家水准网。国家水准网的布设也是采用从整体到局部，由高级到低级，分级布设逐级控制的原则。国家水准网分为一、二、三、四 4 个等级。一等水准网是沿平缓的交通路线布设成周长约 1 500 km 的环形路线。一等水准网是精度最高的高程控制网，是国家高程控制的骨干，同时也是地学科研工作的主要依据。二等水准网是布设在一等水准环线内，形成周长为 500~750 km 的环线。它是国家高程控制网的全面基础。三、四等级水准网直接为地形测图或工程建设提供高程控制点。三等水准一般布置成附合在高级点间的附合水准路线，长度不超过 200 km。四等水准均为附合在高级点间的附合水准路线，长度不超过 80 km。

2. 工程建设中的高程控制网

对于城市或工矿企业等局部地区的高程控制，也是按照由高级到低级分级布设的原则布网。按照《工程测量规范》（GB 50026—2007）的规定，高程控制网的等级分为二、三、四、五等水准及图根水准。视测区的大小，各等级水准均可作为测区的首级高程控制。首级网应布设成环形路线，加密时宜布设成附合路线或结点网。独立的首级网，应以不低于首级网的精度与国家水准点联测。水准点应有一定的密度，一般沿水准路线每 1~3 km 埋设一点，埋设后应绘制点之记。水准观测须待埋设的水准点稳定后方可进行。

各级水准测量主要技术要求见表 1-2。

表 1-2　水准测量主要技术要求

<table>
<tr><th rowspan="2">等　级</th><th rowspan="2">每千米高差中误差/mm</th><th rowspan="2">路线长度/km</th><th rowspan="2">水准仪的型号</th><th rowspan="2">水准尺</th><th colspan="2">观测次数</th><th colspan="2">往返较差、附合或环线闭合差</th></tr>
<tr><th>与已知点联测</th><th>附合路线或环线</th><th>平地/mm</th><th>山地/mm</th></tr>
<tr><td>二　等</td><td>2</td><td>—</td><td>DS_1</td><td>因瓦</td><td>往返各一次</td><td>往返各一次</td><td>$4\sqrt{L}$</td><td>—</td></tr>
<tr><td rowspan="2">三　等</td><td rowspan="2">6</td><td rowspan="2">≤50</td><td>DS_1</td><td>因瓦</td><td rowspan="2">往返各一次</td><td>往一次</td><td rowspan="2">$12\sqrt{L}$</td><td rowspan="2">$4\sqrt{n}$</td></tr>
<tr><td>DS_3</td><td>双面</td><td>往返各一次</td></tr>
<tr><td>四　等</td><td>10</td><td>≤16</td><td>DS_3</td><td>双面</td><td>往返各一次</td><td>往一次</td><td>$20\sqrt{L}$</td><td>$6\sqrt{n}$</td></tr>
<tr><td>五　等</td><td>15</td><td>—</td><td>DS_3</td><td>单面</td><td>往返各一次</td><td>往一次</td><td>$30\sqrt{L}$</td><td>—</td></tr>
<tr><td>图　根</td><td>20</td><td>≤5</td><td>DS_{10}</td><td></td><td>往返各一次</td><td>往一次</td><td>$40\sqrt{L}$</td><td>$12\sqrt{n}$</td></tr>
</table>

注：① 结点之间或结点与高级点之间，其路线的长度、不应大于表中规定的 0.7 倍；

② L 为往返测段，附合或环线的水准路线长度；n 为测站数。

1.4.2.3　二等水准测量方法

电子水准仪观测水准测量各测段测站数必须为偶数。采用单程观测，奇数站观测水准尺的顺序为：“后—前—前—后”，偶数站观测水准尺的顺序为：“前—后—后—前”。技术要求见表 1-3。

表 1-3　二等水准测量技术要求

视线长度/m	前后视距差/m	前后视距累积差/m	视线高度/m	两次读数所得高差之差/mm	数字水准仪重复测量次数	测段、环线闭合差
≥3 且≤50	≤1.5	≤6.0	≤2.80 且≥0.35	≤0.6	≥2 次	$\leqslant 4\sqrt{L}$

注：L 为闭合路线的总长度（km）。

一测站操作程序如下（以奇数站为例）：

（1）首先将仪器整平（望远镜绕垂直轴旋转，圆气泡始终位于指标环中央）。

（2）将望远镜对准后视标尺（此时，标尺应按圆水准器整置于垂直位置），用垂直丝照准条码中央，精确调焦至条码影像清晰，按测量键。

（3）显示读数后，旋转望远镜照准前视标尺条码中央，精确调焦至条码影像清晰，按测量键。

（4）显示读数后，重新照准前视标尺，按测量键。

（5）显示读数后，旋转望远镜照准后视标尺条码中央，精确调焦至条码影像清晰，按测量键。显示测站成果。测站检核合格迁站。

二等水准测量手簿记录计算参考表 1-4。

表 1-4　二等水准测量手簿示例（参考）

测站编号	后距 视距差	前距 累积视距差	方向及尺号	标尺读数：第一次读数	标尺读数：第二次读数	两次读数之差	备注
1	31.5	31.6	后 A_1	153969	153958	+11	
			前	139269	139260	+9	
	−0.1	−0.1	后−前	+014700	+014698	+02	
			h	+0.14699			
2	36.9	37.2	后	137400	137411	−11	
			前	114414	114400	+14	
	−0.3	−0.4	后−前	+022986	+023011	−25	
			h	+0.22998			
3	41.5	41.4	后	113916	143906	+10	
			前	109272	139260	+12	
	+0.1	−0.3	后−前	+004644	+004646	−02	
			h	+0.04645			
4	46.9	46.5	后	139411	139400	+11	
			前 B_1	144150	144140	+10	
	+0.4	+0.1	后−前	−004739	−004740	+01	
			h	−0.04740			

注：高差中数按 4 舍 6 进 5 前看奇偶的原则取至 0.000 01。

1.4.2.4　三四等水准测量方法

三四等水准测量是建立测区首级高程控制最常用的方法，通常用自动安平水准仪和双面水准尺进行，一般应布设成闭合环线，然后用附合水准路线和结点网进行加密。只有在山区等特殊情况下，才允许布设支线水准。

水准路线一般尽可能沿铁路、公路以及其他坡度较小、施测方便的路线布设。尽可能避免穿越湖泊、沼泽和江河地段。水准点应选在土质坚实、地下水位低、易于观测的位置。凡易受淹没、潮湿、震动和沉陷的地方，均不宜作水准点位置。水准点选定后，应埋设水准标石和水准标志，并绘制点之记，以便日后查寻。

水准路线长度和水准点的间距，可参照表 1-5 的规定。对于工矿区，水准点的距离还可适当减小。一个测区至少应埋设 3 个水准点。

表 1-5　三四等水准路线长度和水准点间距

水准点间距	建筑物	1~2 km
	其他地区	2~4 km
环线或附合于高级点水准路线的最大长度	三等	50 km
	四等	16 km

三四等水准测量使用的水准尺通常是双面水准尺，且成对使用。两根水准尺黑面的尺底均为 0，红面的尺底一根为 4 687 mm，一根为 4 787 mm，如图 1-27。

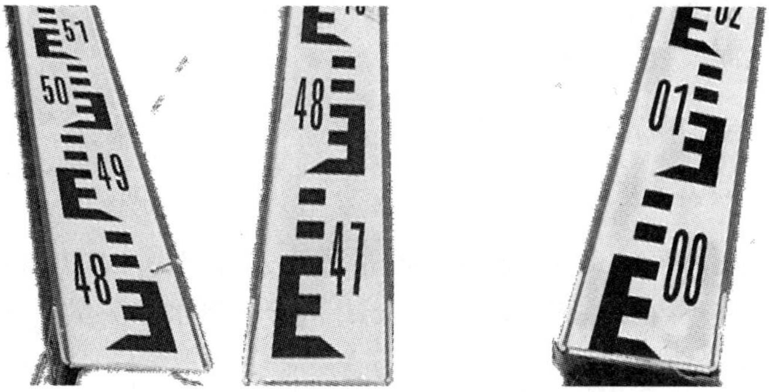

图 1-27　水准尺

1. 三四等水准测量观测方法

（1）四等水准测量。

视线长度不超过 100 m。每一测站上，按下列顺序进行观测：

① 后视水准尺的黑面，读上丝、下丝和中丝读数（1）、（2）、（3）。

② 后视水准尺的红面，读中丝读数（4）。

③ 前视水准尺的黑面，读上丝、下丝和中丝读数（5）、（6）、（7）。

④ 前视水准尺的红面，读中丝读数（8）。

以上的观测顺序称为后—后—前—前，在后视和前视读数时，均先读黑面再读红面，读黑面时读三丝读数，读红面时只读中丝读数。括号内数字为读数顺序。记录和计算格式见表 1-6，括号内数字表示观测和计算的顺序，同时也说明有关数字在表格内应填写的位置。

（2）三等水准测量。

视线长度不超过 75 m。观测顺序应为后—前—前—后。即：

① 后视水准尺的黑面，读上丝、下丝和中丝读数。

② 前视水准尺的黑面，读丝上、下丝和中丝读数。

③ 前视水准尺的红面，读中丝读数。

④ 后视水准尺的红面，读中丝读数。

2. 计算和检核

计算和检核的内容如下（表 1-6）：

（1）测站上的计算和检核。

① 视距计算。

后视距离：(9) = (1) − (2)

前视距离：(10) = (5) − (6)

前、后视距在表内均以米为单位，即：(上丝−下丝)/10

前后视距差：(11) = (9) − (10)。

对于四等水准测量，前后视距差不得超过 5 m；对于三等水准测量，不得超过 3 m。

前后视距累积差：(12) = 本站的(11) + 上站的(12)。

对四等水准测量，前后视距累积差不得超过 10 m；对于三等水准测量，不得超过 6 m。

② 同一水准尺红、黑面读数差的检核。

同一水准尺红、黑面读数差为：

$$(13) = (3) + K - (4)$$

$$(14) = (7) + K - (8)$$

K 为水准尺红、黑面常数差，一对水准尺的常数差 K 分别为 4.687 和 4.787。对于四等水准测量，红、黑面读数差不得数差不得超过 3 mm；对于三等水准测量，不得超过 2 mm。

③ 高差的计算和检核。

按黑面读数和红面读数所得的高差分别为：

$$(15) = (3) - (7)$$

$$(16) = (4) - (8)$$

黑面和红面所得高差之差(17)可按下式计算，并可用(13)−(14)来检查。式中±100 为两水准尺常数 K 之差。

$$(17) = (15) - (16) \pm 100 = (13) - (14)$$

对于四等水准测量，黑、红面高差之差不得超过 5 mm；对于三等水准测量，不得超过 3 mm。

④ 计算平均高差。

$$(18) = \frac{1}{2}[(15) + (16) \pm 100]$$

（2）总的计算和检核。

在手簿每页末或每一测段完成后，应作下列检核：

① 视距的计算和检核。

$$\text{末站的}(12) = \sum(9) - \sum(10)$$

$$\text{总视距} = \sum(9) - \sum(10)$$

② 高差的计算和检核。

当测站数为偶数时：

$$\text{总高差} = \sum(18) = \frac{1}{2}\left[\sum(15) + \sum(16)\right] = \frac{1}{2}\left\{\sum[(3) + (4)] - \sum[(7) + (8)]\right\}$$

当测站数为奇数时

$$\text{总高差} = \sum(18) = \frac{1}{2}\left[\sum(15) + \sum(16) \pm 100\right]$$

表 1-6　四等水准测量记录

测站编号	测点编号	后尺 上丝 下丝 后视距 视距差 d	前尺 上丝 下丝 前视距 $\sum d$	方向及尺号	水准尺读数（mm） 黑面	红面	K+黑减红/mm	高差中数/m	备注
		（1） （2） （9） （11）	（5） （6） （10） （12）	后 前 后−前	（3） （7） （15）	（4） （8） （16）	（13） （14） （17）	（18）	
1	A | B	1559 1491 6.8 −1.7	1457 1372 8.5 −1.7	后 6 前 7 后−前	1526 1415 +111	6212 6200 +12	+1 +2 −1	+0.112	
2	B | C	1474 1412 6.2 1.6	1562 1516 4.6 −0.1	后 7 前 6 后−前	1442 1540 −98	6229 6227 +2	0 0 0	−0.098	K_6=4687 K_7=4787
3	C | D	1538 1469 6.9 −2.0	1544 1455 8.9 −2.1	后 6 前 7 后−前	1504 1500 +4	6190 6288 -98	+1 −1 +2	+0.003	
4	C | D	1391 1335 5.6 +1.8	1397 1359 3.8 −0.3	后 7 前 6 后−前	1363 1378 −15	6148 6065 +83	+2 0 +2	−0.016	
检核	$\sum(9)=25.5$ $-\sum(10)=25.8$ −0.3 末站（12）= −0.3 总视距 = $\sum(9)+\sum(10)$ =51.3			总高差 = $\sum(18)=+0.001$					

1.4.3　水准测量成果检核

为了保证水准测量成果的正确可靠，对水准测量的成果必须进行检核。本节以普通水准测量为例介绍检核方法，检核方法有测站检核和水准路线检核两种：

1. 测站检核

为防止在一个测站上发生错误而导致整个水准路线结果的错误，可在每个测站上对观测结果进行检核，方法如下：

（1）两次仪器高法。在每个测站上一次测得两转点间的高差后，改变一下水准仪的高度，再次测量两转点间的高差。对于一般水准测量，当两次所得高差之差小于 5 mm 时可认为合格，取其平均值作为该测站所得高差，否则应进行检查或重测。

（2）双面尺法。利用双面水准尺分别由黑面和红面读数得出的高差，扣除一对水准尺的常数差后，两个高差之差小于 5 mm 时可认为合格，否则应进行检查或重测。用双面尺进行水准测量的检核方法详见高程控制测量。

2. 水准路线的检核

为了保证水准测量成果的正确可靠，对水准测量的成果除了进行必要的测站检核以外，还要进行水准路线检核。

（1）附合水准路线。为使测量成果得到可靠的检核，最好把水准路线布设成附合水准路线。对于附合水准路线，理论上在两已知高程水准点间所测得各站高差之和应等于起讫两水准点间高程之差，即：

$$\sum h = H_{终} - H_{起}$$

如果它们不能相等，其差值称为高程闭合差，用 f_h 表示。所以附合水准路线的高程闭合差为：

$$f_h = \sum h - (H_{终} - H_{起}) \tag{1-10}$$

高程闭合差的大小在一定程度上反映了测量成果的质量。

（2）闭合水准路线。在闭合水准路线上亦可对测量成果进行检核。对于闭合水准路线，因为它起讫于同一个点，所以理论上全线各站高差之和应等于零，即：

$$\sum h = 0$$

如果高差之和不等于零，则其差值即 $\sum h$ 就是闭合水准路线的高程闭合差，即：

$$f_h = \sum h \tag{1-11}$$

（3）水准支线。水准支线必须在起终点间用往返测进行检核。理论上往返测所得高差的绝对值应相等，但符号相反，或者是往返测高差的代数和应等于零，即：

$$\sum h_{往} = -\sum h_{返}$$

如果往返测高差的代数和不等于零，其值即为水准支线的高程闭合差，即：

$$f_h = \sum h_{往} + \sum h_{返} \tag{1-12}$$

有时也可以用两组并测来代替一组的往返测以加快工作进度。两组所得高差应相等，若不等，其差值即为水准支线的高程闭合差。故：

$$f_h = \sum h_1 - \sum h_2 \tag{1-13}$$

闭合差的大小反映了测量成果的精度。各种不同性质的水准测量都规定了高程闭合差的限值即容许高程闭合差，用 F_h 表示。一般水准测量的容许高程闭合差为：

$$\left.\begin{aligned} &\text{平地}F_h = \pm 40\sqrt{L}(\text{mm}) \\ &\text{山地}F_h = \pm 12\sqrt{n}(\text{mm}) \end{aligned}\right\} \tag{1-14}$$

铁路线路水准测量的容许高程闭合差则为：

$$\left.\begin{aligned} &\text{平地}F_h = \pm 30\sqrt{L}(\text{mm}) \\ &\text{山地}F_h = \pm 8\sqrt{n}(\text{mm}) \end{aligned}\right\} \tag{1-15}$$

式中：L 为附合水准路线或闭合水准路线的长度（km），在水准支线上，L 为测段的长；n 为测站数。

当实际闭合差小于容许闭合差时，表示观测精度满足要求，否则应对外业资料进行检查，甚至返工重测。

1.4.4　水准测量内业计算

本节以普通水准测量为例讲解闭合差的分配和高程的计算（三四等水准测量和二等水准测量内业计算参考普通水准测量内业计算）。

当实际的高程闭合差在容许值以内时，可把闭合差分配到各测段的高差上。显然，高程测量的误差是随水准路线的长度或测站数的增加而增加的，所以分配的原则是把闭合差以相反的符号根据各测段路线的长度或测站数按比例分配到各测段的高差上。故各测段高差的改正数为：

$$v_i = -\frac{f_h}{\sum L} \cdot L_i \tag{1-16}$$

或

$$v_i = -\frac{f_h}{\sum n} \cdot n_i \tag{1-17}$$

式中：L_i 和 n_i 分别为各测段路线之长和测站数；

$\sum L_i$ 和 $\sum n_i$ 分别为水准路线总长和测站总数。

（1）对某小组外业观测数据成果进行整理。附合水准路线上共设置了 5 个水准点，各水准点间的距离和实测高差均列于表 1-7 中。

表 1-7　水准路线的高程计算

点号	距离/km	高差/m	改正数/mm	改正后高差/m	高程/m
Ⅳ$_{21}$					63.475
	1.9	+1.241			
BM$_1$					
	2.2	+2.781			
BM$_2$					
	2.1	+3.244			
BM$_3$					
	2.3	+1.078			
BM$_4$					
	1.7	−0.062			
BM$_5$					
	2.0	−0.155			
Ⅳ$_{22}$					71.527
Σ					

步骤 1：利用公式（1-13）计算所得的附合水准路线的高程闭合差小于容许高程闭合差（表 1-8），为合格数据。

表 1-8　水准路线的高程计算

点号	距离/km	高差/m	改正数/mm	改正后高差/m	高程/m
Ⅳ$_{21}$					63.475
	1.9	+1.241			
BM$_1$					
	2.2	+2.781			
BM$_2$					
	2.1	+3.244			
BM$_3$					
	2.3	+1.078			
BM$_4$					
	1.7	−0.062			
BM$_5$					
	2.0	−0.155			
Ⅳ$_{22}$					71.527
Σ	12.2	+8.127			
$f_h=\sum h-(H_{终}-H_{起})=+8.127-(71.527-63.475)=+0.075$ m $F_h=\pm30\sqrt{L}\pm30\sqrt{12.2}=\pm105$ mm, $f_h<F_h$					

步骤 2：利用公式（1-16）计算各个高差的改正数（表 1-9），改正数总和必须等于实际闭合差，但符号相反。

表 1-9　水准路线的高程计算

点号	距离/km	高差/m	改正数/mm	改正后高差/m	高程/m
Ⅳ$_{21}$					63.475
	1.9	+1.241	−12		
BM$_1$					
	2.2	+2.781	−14		
BM$_2$					
	2.1	+3.244	−13		
BM$_3$					
	2.3	+1.078	−14		
BM$_4$					
	1.7	−0.062	−10		
BM$_5$					
	2.0	−0.155	−12		
Ⅳ$_{22}$					71.527
Σ	12.2	+8.127	−75		
$f_h=\sum h-(H_{终}-H_{起})=+8.127-(71.527-63.475)=+0.075$ m $F_h=\pm30\sqrt{L}\pm30\sqrt{12.2}=\pm105$ mm, $f_h<F_h$					

步骤 3：利用实测高差加上高差改正数计算各测段改正后的高差（表 1-10）。

表 1-10　水准路线的高程计算

点号	距离/km	高差/m	改正数/mm	改正后高差/m	高程/m
Ⅳ$_{21}$					63.475
	1.9	+1.241	−12	+1.229	
BM$_1$					
	2.2	+2.781	−14	+2.767	
BM$_2$					
	2.1	+3.244	−13	+3.231	
BM$_3$					
	2.3	+1.078	−14	+1.064	
BM$_4$					
	1.7	−0.062	−10	−0.072	
BM$_5$					
	2.0	−0.155	−12	−0.167	
Ⅳ$_{22}$					71.527
Σ	12.2	+8.127	−75	+8.052	
$f_h=\sum h-(H_{终}-H_{起})=+8.127-(71.527-63.475)=+0.075$ m $F_h=\pm30\sqrt{L}\pm30\sqrt{12.2}=\pm105$ mm, $f_h<F_h$					

步骤 4：由起点Ⅳ$_{21}$的高程累计加上各测段改正后的高差，就得出相应各点的高程（表 1-11）。最后计算出终点Ⅳ$_{22}$的高程应与该点的已知高程完全符合。

表 1-11　水准路线的高程计算

点号	距离/km	高差/m	改正数/mm	改正后高差/m	高程/m
Ⅳ$_{21}$					63.475
	1.9	+1.241	−12	+1.229	
BM_1					64.704
	2.2	+2.781	−14	+2.767	
BM_2					67.471
	2.1	+3.244	−13	+3.231	
BM_3					70.702
	2.3	+1.078	−14	+1.064	
BM_4					71.766
	1.7	−0.062	−10	−0.072	
BM_5					71.694
	2.0	−0.155	−12	−0.167	
Ⅳ$_{22}$					71.527
Σ	12.2	+8.127	−75	+8.052	
$f_h = \sum h - (H_{终} - H_{起}) = +8.127 - (71.527 - 63.475) = +0.075\ \text{m}$ $F_h = \pm 30\sqrt{L} \pm 30\sqrt{12.2} = \pm 105\ \text{mm},\ f_h < F_h$					

（2）对 1.4.2.1 中某小组的外业观测数据成果进行整理，闭合水准路线上共设置了 4 个水准点，内业计算结果见表 1-12。

表 1-12　普通水准测量成果计算表

测点	测站 n	实测高差 h/m	改正数 v /mm	改正后高差 $\bar{h} = h + v$/m	最后高程 H /m	备注
A					100.224	
	1	−0.140	3	−0.137		
B					100.087	
	1	−0.001	3	+0.002		
C					100.089	
	1	−0.023	3	−0.020		
D					100.069	
	1	+0.151	4	+0.155		
A					100.224	
Σ	4	−0.013	13	0		
辅助计算：$f_h = \sum h = -0.013\ \text{m} = -13\ \text{mm}$ $f_{h容} = \pm 12\sqrt{n} = \pm 12\sqrt{4} = \pm 24\ \text{mm}$						

1.5 水准仪的检验与校正

为保证测量工作能得出正确的成果，工作前必须对所使用的仪器进行检验和校正。下面以自动安平水准仪的检验与校正为例进行说明。

1.5.1 圆水准器轴应平行于仪器的竖轴

（1）目的：使圆水准器轴平行于仪器竖轴，圆水准器气泡居中时，竖轴便位于铅垂位置。

（2）检验方法：旋转脚螺旋使圆水准器气泡居中，然后将仪器上部在水平方向绕竖轴旋转 180°，若气泡仍居中，则表示圆水准器轴已平行于竖轴，若气泡偏离中央则需进行校正。

（3）校正方法：用脚螺旋使气泡向中央方向移动偏离量的一半，然后拨圆水准器的校正螺旋使气泡居中。由于一次拨动不易使圆水准器校正得很完善，所以需重复上述的检验和校正，使仪器上部旋转到任何位置气泡都能居中为止。

（4）圆水准器校正装置的构造常见的有两种：一种在圆水准器盒底有 3 个校正螺旋［图 1-28（a）］；盒底中央有一球面突出物，它顶着圆水准器的底板，3 个校正螺旋则旋入底板拉住圆水准器。当旋紧校正螺旋时，可使水准器该端降低，旋松时则可使该端上升。另一种构造，在盒底可见到 4 个螺旋［图 1-28（b）］，中间一个较大的螺旋用于连接圆水准器和盒底，另 3 个为校正螺旋，它们顶住圆水准器底板。当旋紧某一校正螺旋时，水准器该端升高，旋松时则该端下降，其移动方向与第一种相反。校正时，无论对哪一种构造，当需要旋紧某个校正螺旋时，必须先旋松另两个螺旋，校正完毕时，必须使三个校正螺旋都处于旋紧状态。

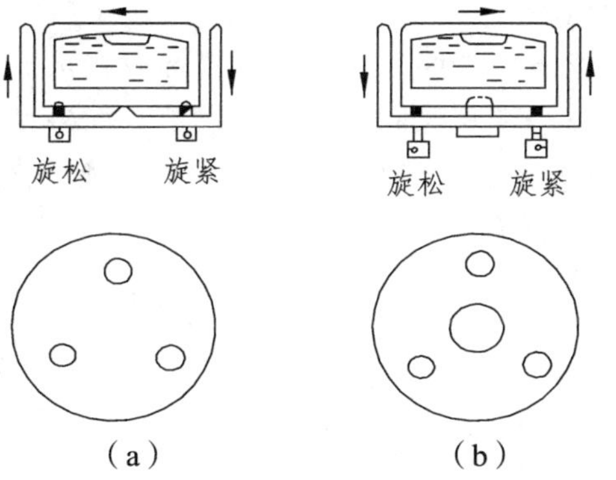

图 1-28　圆水准器校正方法

（5）检校原理：若圆水准器轴与竖轴没有平行，构成一 α 角，当圆水准器的气泡居中时，竖轴与铅垂线成 α 角［图 1-29（a）］。若仪器上部绕竖轴旋转 180°，因竖轴位置不变，故圆水准器轴与铅垂线成 2α 角［图 1-29（b）］。当用脚螺旋使气泡向零点移回偏离量的一半时，竖轴将变动一 α 角而处于铅垂方向，而圆水准器轴与竖轴仍保持 α 角［图 1-29（c）］。此时拨圆水准器的校正螺旋，使圆水准器气泡居中则圆水准器轴亦处于铅垂方向，从而使它平行于竖轴［图 1-29（d）］。

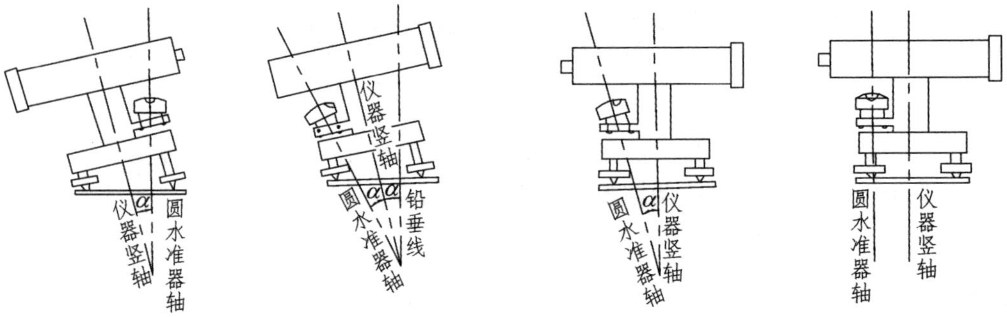

（a）（b）（c）（d）

图 1-29 圆水准器校正原理

当圆水准器的误差过大，即 α 角过大时，气泡的移动不能反映出 α 角的变化。当圆水准器气泡居中后，仪器上部平转 180°，若气泡移至水准器边缘，再按照使气泡向中央移动的方向旋转脚螺旋一至二周，若未见气泡移动，这就属于 α 角偏大的情况。此时不能按上述正常的情况，用改正气泡偏离量一半的方法来进行校正。首先应以每次相等的量转动脚螺旋，使气泡居中，并记住转动的次数，然后将脚螺旋按相反方向转动原来次数的一半，此时可使竖轴接近铅垂位置。拨圆水准器的校正螺旋使气泡居中，则可使 α 角迅速减小。然后再按正常的检验和校正方法进行校正。

1.5.2 十字丝横丝应垂直于竖轴

（1）目的：使十字丝的横丝垂直于竖轴，这样，当仪器粗略整平后，横丝基本水平，用横丝上任意位置所得读数均相同。

（2）检验方法：先用横丝的一端照准一固定的目标或在水准尺上读一读数，然后用微动螺旋转动望远镜，用横丝的另一端观测同一目标或读数。如果目标仍在横丝上或水准尺上读数不变［图 1-30（a）］，说明横丝已与竖轴垂直。若目标偏离了横丝或水准尺读数有变化［图 1-30（b）］，则说明横丝与竖轴没有垂直，应予校正。

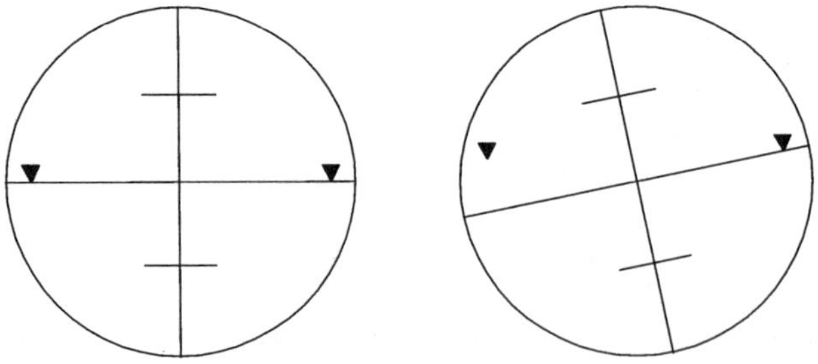
（a）（b）

图 1-30 十字丝横丝的检验

（3）校正方法：打开十字丝分划板的护罩，可见到 3 个或 4 个分划板的固定螺丝（图 1-31）。松开这些固定螺丝，用手转动十字丝分划板座，反复试验使横丝的两端都能与目标重合或使横丝两端所得水准尺读数相同，则校正完成。最后旋紧所有固定螺丝。

（4）检校原理：若横丝垂直于竖轴，横丝的一端照准目标后，当望远镜绕竖轴旋转时，横丝在垂直于竖轴的平面内移动，所以目标始终与横丝重合。若横丝不垂直于竖轴，望远镜旋转时，横丝上各点不在同一平面内移动，因此目标与横丝的一端重合后，在其他位置的目标将偏离横丝。

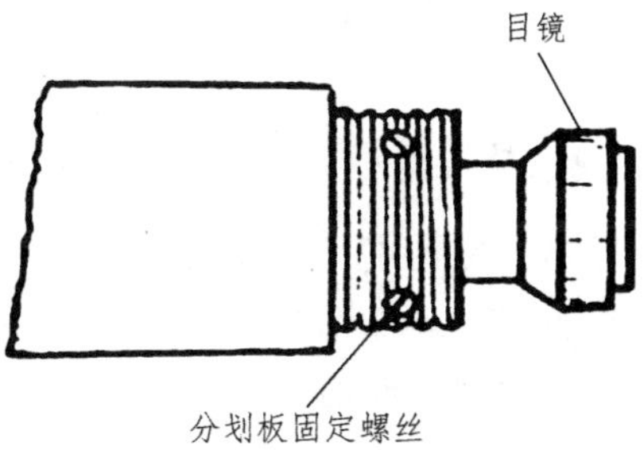

图 1-31　十字丝横丝的校正

1.5.3　水准仪在补偿范围内，应能起到补偿作用

检验方法如下：将水准仪安置在一点，在离仪器约 50 m 处立一水准尺。安置仪器时使其中两个脚螺旋的连线垂直于仪器到水准尺连线的方向。用圆水准器整平仪器，读取水准尺上读数。旋转视线方向上的第三个脚螺旋，让气泡中心偏离圆水准零点少许，使竖轴向前稍倾斜，读取水准尺上读数。然后再次旋转这个脚螺旋，使气泡中心向相反方向偏离零点并读数、重新整平仪器，用位于垂直于视线方向的两个脚螺旋，先后使仪器向左右两侧倾斜，分别在气泡中心稍偏离零点后读数。如果仪器竖轴向前后左右倾斜时所得读数与仪器整平时所得读数之差不超过 2 mm，则可认为补偿器工作正常，否则应检查原因或送工厂修理。检验时圆水准器气泡偏离的大小，应根据补偿器的工作范围及圆水准器的分划值来决定。例如补偿工作范围为±5′，圆水准器的分划值为 8′/2 mm 弧长所对之圆心角值，则气泡偏离零点不应超过 5/8×2=1.2 mm。补偿器工作范围和圆水准器的分划值在仪器说明书中均可查得。

1.5.4　视准轴经过补偿后应与水平线一致

若视准轴经补偿后不能与水平线一致，则也构成 i 角，产生读数误差。这种误差的检验方法与微倾式水准仪 i 角的检验方法相同，但校正时应校正十字丝。

1.6　水准测量的误差及其消减方法

测量工作中由于仪器、人、环境等各种因素的影响，测量成果中都带有误差。为了保证测量成果的精度，需要分析研究产生误差的原因，并采取措施消除和减小误差的影响。水准测量中误差的主要来源如下：

1.6.1 仪器误差

1. 视准轴与水准管轴不平行引起的误差

仪器虽经过校正，但 i 角仍会有微小的残余误差。当在测量时如能保持前视和后视的距离相等，这种误差就能消除。当因某种原因某一测站的前视（或后视）距离较大，那么就在下一测站上使后视（或前视）距离较大，使误差得到补偿。

2. 调焦引起的误差

当调焦时，调焦透镜光心移动的轨迹和望远镜光轴不重合，则改变调焦就会引起视准轴的改变。如果在测量中保持前视后视距离相等，就可在前视和后视读数过程中不改变调焦，避免因调焦而引起的误差。

3. 水准尺的误差

水准尺的误差包括分划误差和尺身构造上的误差，构造上的误差如零点误差和箱尺的接头误差。所以使用前应对水准尺进行检验。水准尺的主要误差是每米真长的误差，它具有积累性质，高差愈大误差也愈大。对于误差过大的应在成果中加入尺长改正。

1.6.2 观测误差

1. 气泡居中误差

视线水平是以气泡居中或符合为根据的，但气泡的居中或符合都是凭肉眼来判断的，不能绝对准确。为了减小气泡居中误差的影响，应对视线长加以限制，观测时应使气泡精确地居中或符合。

2. 估读水准尺分划的误差

水准尺上的毫米数都是估读的，估读的误差决定于视场中十字丝和厘米分划的宽度，所以估读误差与望远镜的放大率及视线的长度有关。通常在望远镜中十字丝的宽度为厘米分划宽度的十分之一时，能准确估读出毫米数。所以在各种等级的水准测量中，对望远镜的放大率和视线长的限制都有一定的要求。此外，在观测中还应注意消除视差，并避免在成像不清晰时进行观测。

3. 扶水准尺不直的误差

水准尺没有扶直，无论向哪一侧倾斜都使读数偏大。这种误差随尺的倾斜角和读数的增大而增大。例如尺有 3°的倾斜，读数为 1.5 m 时，可产生 2 mm 的误差。为使尺能扶直，水准尺上最好装有水准器。没有水准器时，可采用摇尺法，读数时把尺的上端在视线方向前后来回摆动，当视线水平时，观测到的最小读数就是尺扶直时的读数（图 1-32）。这种误差在前后视读数中均可发生，所以在计算高差时可以抵消一部分。

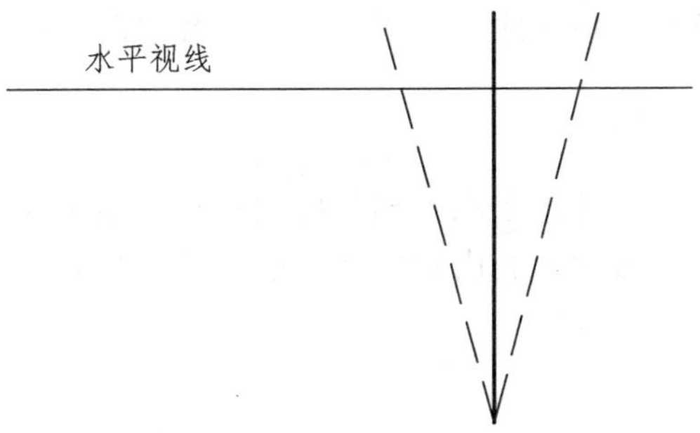

图 1-32　摇尺法

1.6.3　外界环境的影响

1. 仪器下沉和水准尺下沉的误差

（1）仪器下沉的误差。在读取后视读数和前视读数之间若仪器下沉了 Δ，由于前视读数减少了 Δ，从而高差增大了 Δ（图 1-33）。在松软的土地上，每一测站都可能产生这种误差。当采用双面尺或两次仪器高时，第二次观测可先读前视点 B，然后读后视点 A，则可使所得高差偏小，两次高差的平均值可消除一部分仪器下沉的误差。用往测、返测时，亦因同样的原因可消除部分的误差。

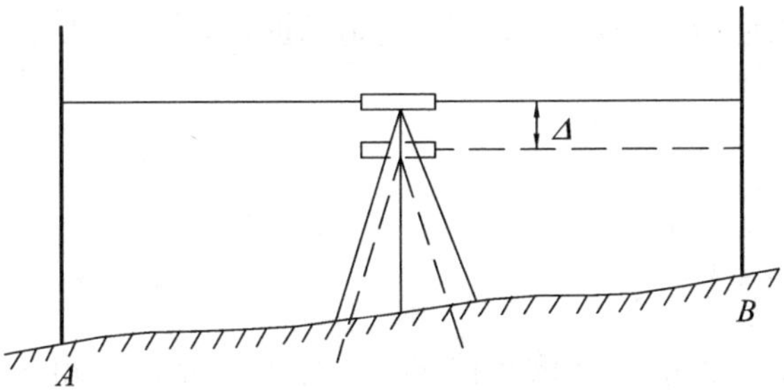

图 1-33　仪器下沉引起的误差

（2）水准尺下沉的误差。在仪器从一个测站迁到下一个测站的过程中，若转点下沉了 Δ，则使下一测站的后视读数偏大，使高差也增大 Δ（图 1-34）。在同样情况下返测，则使高差的绝对值减小。所以取往返测的平均高差，可以减弱水准尺下沉的影响。

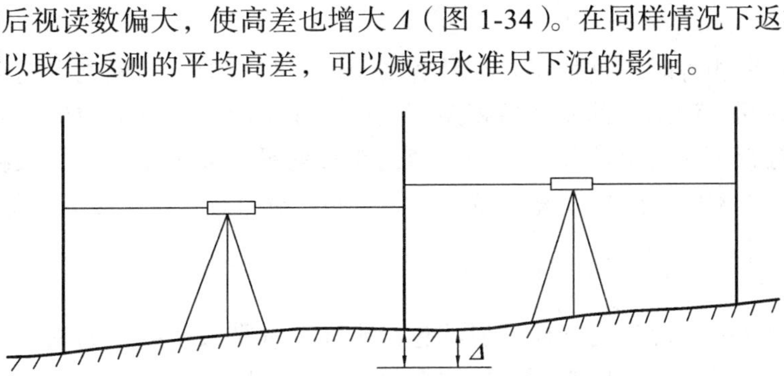

图 1-34　水准尺下沉引起的误差

当然，在进行水准测量时，必须选择坚实的地点安置仪器和转点，避免仪器和尺的下沉。

2. 地球曲率和大气折光的误差

（1）地球曲率引起的误差。理论上水准测量应根据水准面来求出两点的高差（图 1-35），但视准轴是一直线，因此使读数中含有由地球曲率引起的误差 p：

$$p=\frac{s^2}{2R}$$

式中：s 为视线长；R 为地球的半径。

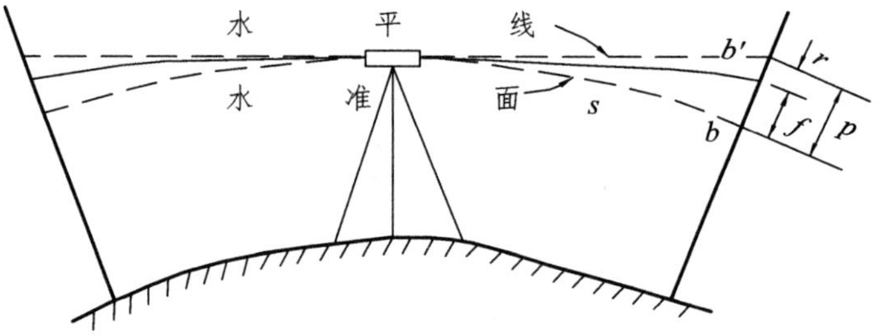

图 1-35　地球曲率和大气折光引起的误差

（2）大气折光引起的误差。水平视线经过密度不同的空气层被折射，一般情况下形成一向下弯曲的曲线，它与理论水平线所得读数之差，就是由大气折光引起的误差（图 1-35）。实验得出：大气折光误差比地球曲率误差要小，是地球曲率误差的 K 倍，在一般大气情况下，$K=\frac{1}{7}$，故

$$r=K\frac{S^2}{2R}=\frac{S^2}{14R} \tag{1-18}$$

所以水平视线在水准尺上的实际读数位于 b'，它与按水准面得出的读数 b 之差，就是地球曲率和大气折光总的影响值 f。

故
$$f=p-r=0.43\frac{S^2}{R} \tag{1-19}$$

当前视后视距离相等时，这种误差在计算高差时可自行消除。但是离近地面的大气折光变化十分复杂，在同一测站的前视和后视距离上就可能不同，所以即使保持前视后视距离相等，大气折光误差也不能完全消除。由于 f 值与距离的平方成正比，所以限制视线的长可以使这种误差大为减小，此外使视线离地面尽可能高些，也可减弱折光变化的影响。

3. 气候的影响

除了上述各种误差来源外，气候的影响也给水准测量带来误差，如风吹、日晒、温度的变化和地面水分的蒸发等。所以观测时应注意气候带来的影响。为了防止日光曝晒，仪器应打伞保护。无风的阴天是最理想的观测天气。

特别提示

1. 在普通水准测量观测中，读数之前要消除视差之后才读数，保证精度。
2. 二等水准测量奇数站和偶数站观测顺序是不一样的，要注意区分。

练一练

1. 简述二等水准测量外业施测步骤。
2. 简述四等水准测量施测方法。
3. 简述普通水准测量施测方法及内业数据处理方法。

项目 2　角度测量

教学目标

通过本项目的学习，学生应能够掌握全站仪的使用方法、水平角的测量方法、竖直角的测量方法，并养成认真负责、一丝不苟的工作作风和团结协作的精神。

项目概述

在工程测量中，为确定一点的空间位置，角度是需要测量的基本要素之一，所以角度测量是一种基本的测量工作。角度可分为**水平角**和**竖直角**。水平角是指从空间一点出发的两个方向在水平面上的投影所夹的角度；而竖直角是指某一方向与其在同一铅垂面内的水平线所夹的角度。角度测量目前主要使用全站仪。本项目将详细介绍全站仪的构造、全站仪的操作方法和使用全站仪测定水平角和竖直角的方法。

看一看

图 2-1 是全站仪安置方法及其视频讲解，请仔细观察掌握这一知识点。

全站仪安置

图 2-1　全站仪安置

想一想

全站仪对中整平步骤有哪些？
什么是水平角？
测量水平角的方法有哪些？分别是什么？

2.1　角度测量原理

如图 2-2 所示：设有从 O 点出发的 OA、OB 两条方向线，分别过 OA、OB 的两个铅垂面与水平面 H 的交线 Oa 和 Ob 所夹的 $\angle aOb$，即为 OA、OB 间的水平角 β。由于 Ob 是水平线，且与 OB 在同一铅垂面内，所以 $\angle BOb$ 即为 OB 的竖直角 α 。

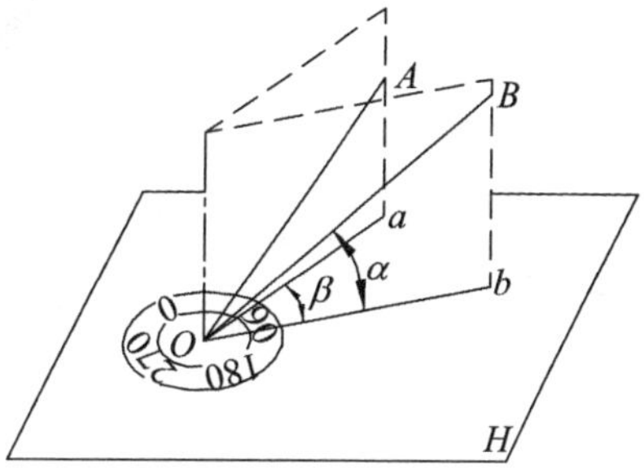

图 2-2　角度测量原理

如果在 O 点水平放置一个度盘，且度盘的刻划中心与 O 点重合，则两投影方向 Oa、Ob 在度盘上的读数之差即为 OA 与 OB 间的水平角值。同样的，在 OB 铅垂面内放置一个竖直度盘，也使 O 点与度盘刻划中心重合，则 OB 和 Ob 在竖直度盘上的读数之差即为 OB 的竖直角值。

实际上，水平度盘并不一定要放在过 O 的水平面内，而是可以放在任意水平面内，但其刻划中心必须与过 O 的铅垂线重合。因为只有这样，才可根据两方向读数之差求出其水平角值。同理，竖直度盘也不一定要在所测方向的铅垂面内，只要位于与其平行的铅垂面内，且使刻划中心位于过 O 点且垂直于该铅垂面的直线上即可。

由于竖直角是由倾斜方向与在同一铅垂面内的水平线构成的，而倾斜方向可能向上，也可能向下，所以竖直角要冠以符号。一般向上倾斜规定为正角，用“+”号表示，而向下倾斜规定为负角，用“-”号表示。

2.2　全站仪的使用

2.2.1　全站仪的构造及功能

在工程测量中，全站仪是比较普遍的仪器之一。它是将测距装置、测角装置、微处理机结合在一起的光电测量仪器，可以同时进行距离、高差、角度、坐标的测量，测量及计算的结果能自动显示在屏幕上，并可以记录、存储、输入和输出数据。

全站仪的厂家很多，主要的厂家及相应生产的全站仪系列有：瑞士徕卡公司生产的 TC 系列、日本 TOPCN（拓普康）公司生产的 GTS 系列、索佳公司生产的 SET 系列、宾得公司生产的 PCS 系列、尼康公司生产的 DMT 系列及瑞典捷创力公司生产的 GDM 系列。我国南方测绘仪器公司 20 世纪 90 年代生产的 NTS 系列全站仪填补了我国的空白，正以崭新的面貌走向国内国际市场。下面以南方测绘公司生产的南方 NTS-330 系列为例，如图 2-3 所示。

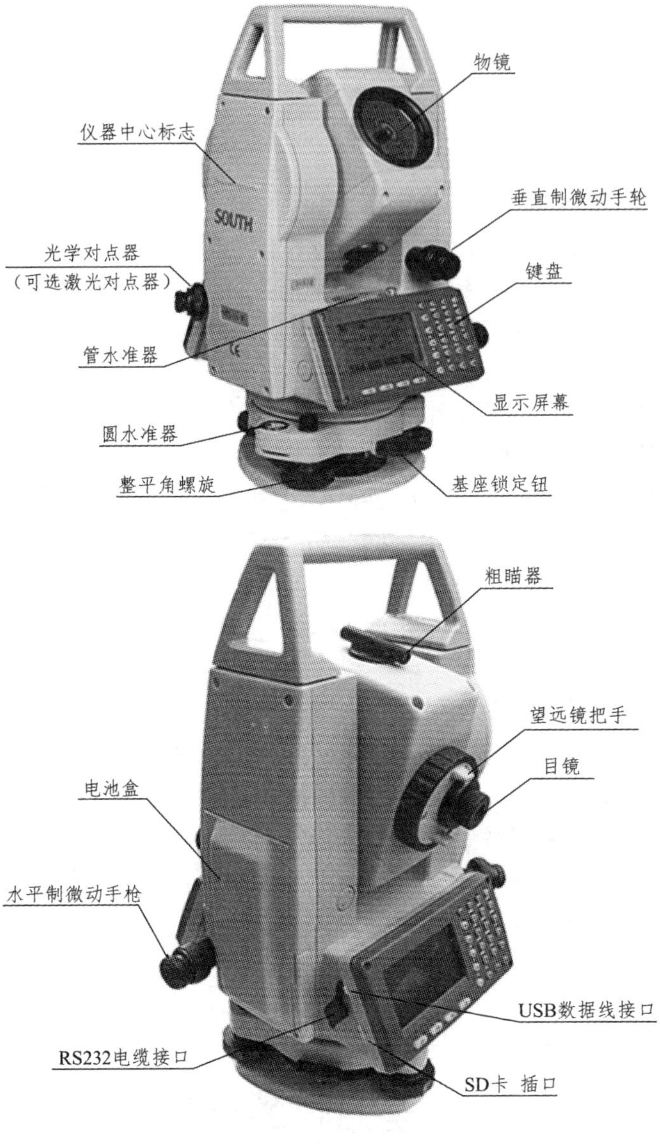

图 2-3　全站仪的构造

下面我们重点介绍一下全站仪的键盘。键盘是全站仪的显示与操作界面，熟悉键盘上各个按键的功能对于每位测量工作者都尤为重要，如图 2-4、表 2-1、表 2-2 所示。

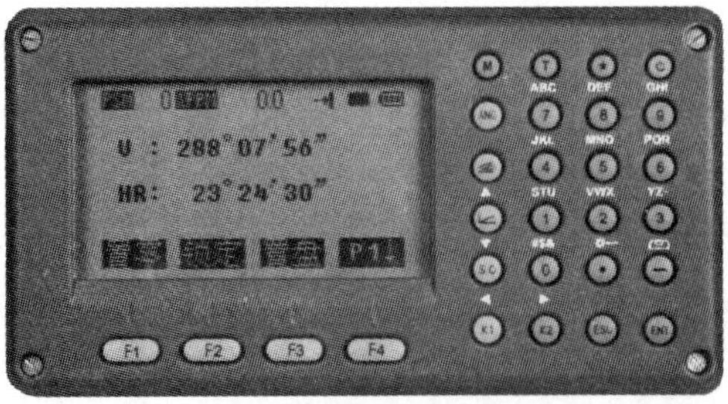

图 2-4　全站仪键盘的显示与操作界面

表 2-1　键盘各按键的名称与功能

按键	名　称	功　能
ANG	角度测量键	进入角度测量模式
	距离测量键	进入距离测量模式
	坐标测量键	进入坐标测量模式（▲上移键）
S.O	坐标放样键	进入坐标放样模式（▼下移键）
K1	快捷键 1	用户自定义快捷键 1（◀左移键）
K2	快捷键 2	用户自定义快捷键 2（▶右移键）
ESC	退出键	返回上一级状态或返回测量模式
ENT	回车键	对所做操作进行确认
M	菜单键	进入菜单模式
T	转换键	测距模式转换
★	星键	进入星键模式或直接开启背景光
⏻	电源开关键	电源开关
F1—F4	软键（功能键）	对应于显示的软键信息
0—9	数字字母键盘	输入数字和字母
—	负号键	输入负号，开启电子气泡功能（仅适用 P 系列）
·	点号键	开启或关闭激光指向功能、输入小数点

表 2-2　全站仪的显示符号

显示符号	内　　容
V	垂直角
V%	垂直角（坡度显示）
HR	水平角（右角）
HL	水平角（左角）
HD	水平距离
VD	高差
SD	斜距
N	北向坐标
E	东向坐标
Z	高程
*	EDM（电子测距）正在进行
m/ft	米与英尺之间的转换
m	以米为单位
S/A	气象改正与棱镜常数设置
PSM	棱镜常数（以 mm 为单位）
（A）PPM	大气改正值（A 为开启温度气压自动补偿功能，仅适用于 P 系列）

反光棱镜是与全站仪配套使用的测量工具，可分为单棱镜、三棱镜和对中杆棱镜（图 2-5）。在中高等级控制测量中，单棱镜应用比较广泛；而在低等级控制测量和施工放样中，对中杆棱镜应用比较广泛。

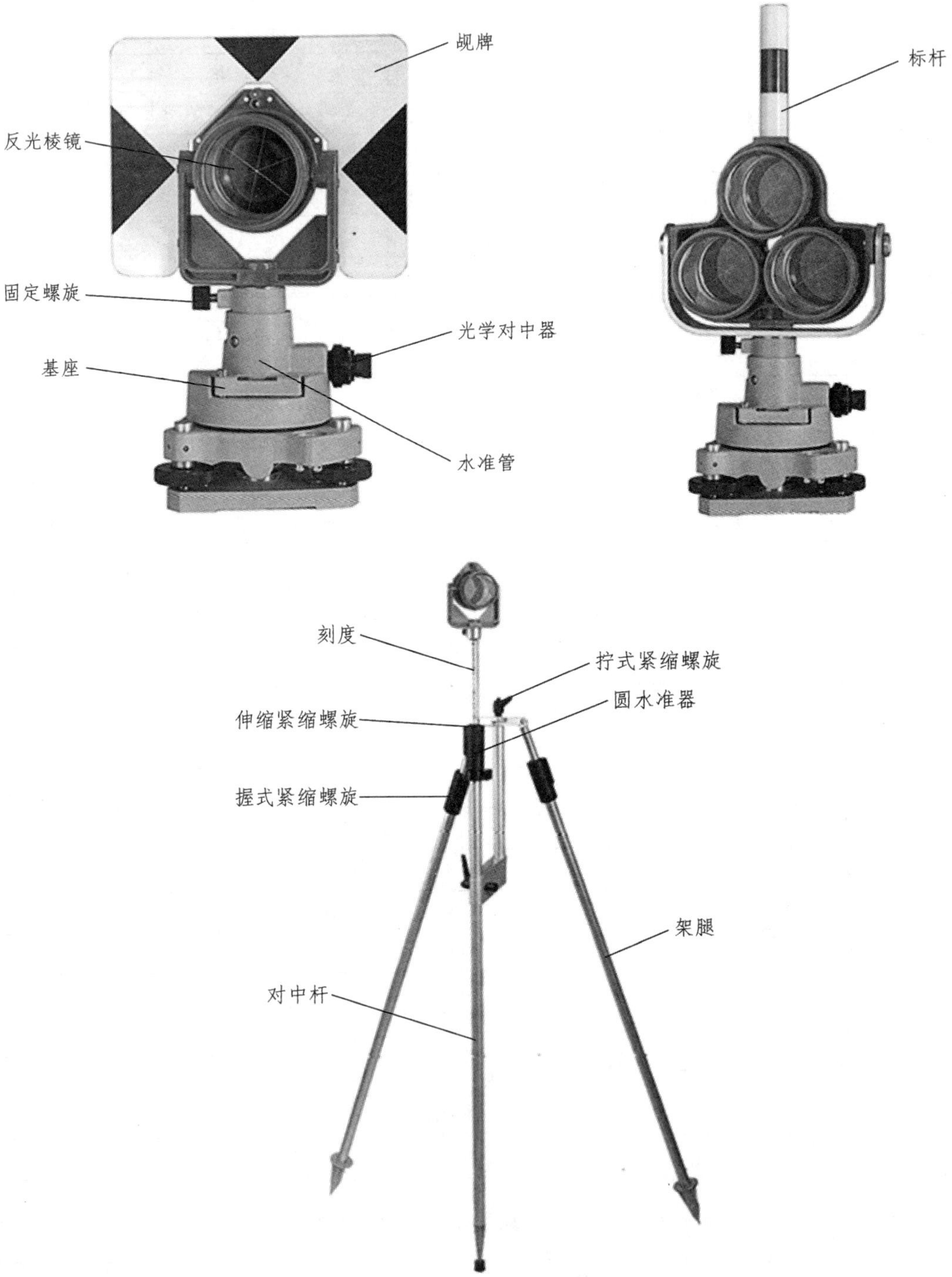

图 2-5　反光棱镜

2.2.2　全站仪的安置

在测量角度以前，首先要把全站仪安置在设置有地面标志的测站上。所谓测站，即是所测角度的顶点。安置工作包括对中、整平两项，具体步骤如下：

先将三脚架叉开，调节架腿高度适宜，目估架头大致水平，架头中心大致对准测站点的标志，使三条架腿大致置安成等边三角形，如图 2-6 所示。如果地面坡度较大，可将两条腿安置在下坡，一条腿安置在上坡，以防倾倒。安装上仪器，拧紧中心螺旋。

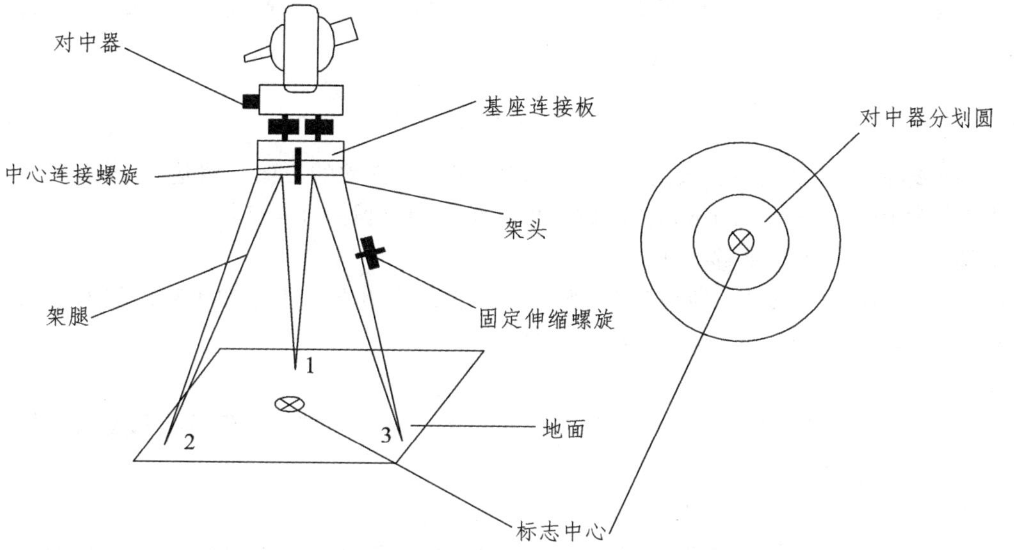

图 2-6　全站仪的安置

步骤 1：粗对中（移动架腿对中）

① 置脚架于测站点上，安装仪器，并移动脚架目估仪器中心大致在测站点的正上方。

② 先转动对中器的目镜对光螺旋，使对中器中的分划板影像清晰，拉伸对中器，使地面测站点成像清晰。

③ 将一个架脚踩入土中固定，双手握住身体两侧架腿，轻轻提起，眼睛一边观测测站点一边慢慢移动这两条架腿，当测站点进入对中器分划板中心时，轻轻收拢并放下架腿，同时注意架头大致水平，然后将这两个架腿踏实。

步骤 2：粗整平（伸缩架腿整平）

一手卡住架腿，一手松开脚架的蝶形螺旋，调节架腿高度。伸缩架腿时，应先稍微旋松伸缩螺旋，待使圆水准器气泡居中后，并注意观测管水准器气泡大致居中，然后拧紧蝶形螺旋。在此调节步骤中测站点跑位很小，但对中点又可能有所移动。

步骤 3：精整平

位于照准部上的管水准器只有一个，如图 2-7 所示，可以先使它与一对脚螺旋连线的方向平行，然后双手以相同速度相反方向旋转这两个脚螺旋，使管水准器的气泡居中。再将照准部平转 90°，用另外一个脚螺旋使气泡居中。这样反复进行，直至管水准器在任一方向上气泡都居中为止。

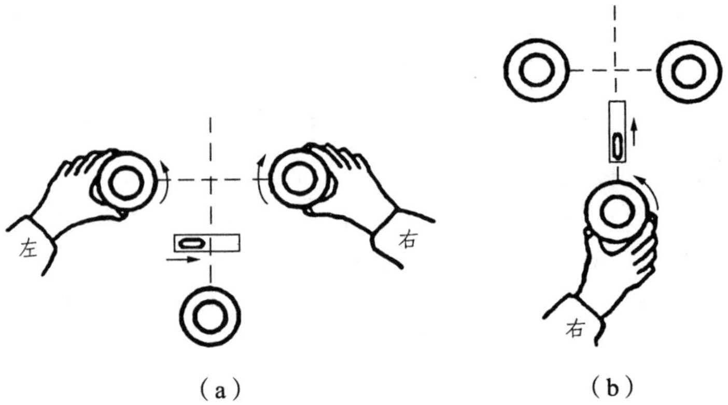

图 2-7　调整管水准器

转动脚螺旋时应掌握左手大拇指转动的方向与气泡移动的方向一致这一原则。

注意：对中容许偏差为 1 mm，即偏半格。整平容许偏差 1/4 格。

步骤 4：精确对中（平移主机对中）

松动仪器中心连接螺旋，眼睛一边观测对中器，一边在架头上双手移动仪器基座，使测站点和对中器中心重合。然后拧紧中心连接螺旋。

注意：

① 在对中时应用双手压紧架头以免在移动经纬仪时带动脚架，经纬仪移动时只能前后和左右移动，不能转动。

② 切记：精确对中后一定要拧紧中心连接螺旋。

根据仪器的结构，可用垂球对中，也可用光学对中器对中。因为光学对中器的精度较高，且不受风力影响，应尽量采用。待仪器精确整平后，仍要检查对中情况。因为只有在仪器整平的条件下，光学对中器的视线才居于铅垂位置，对中才是正确的。

重复步骤 3 与步骤 4 上述操作方法，直至水准气泡居中、对中器对中为止。

步骤 5：瞄准

角度测量时瞄准的目标一般为待测点上的测钎、花杆等。

（1）调节目镜调焦螺旋，使十字丝清晰。

（2）松开水平与竖直制动螺旋，用经纬仪粗瞄准器大致瞄准待测点上的测钎；再调节物镜调焦螺旋，使眼睛能在望远镜里最清晰地看清测钎；反复调节消除视差，最后拧紧水平和竖直制动螺旋。

（3）调节水平和竖直微动螺旋，使十字丝的竖丝与测钎重合，十字丝的横丝尽量对准测钎底部。（由于人为因素，像测钎等目标不可能完全垂直立于待测点上，这样将导致经纬仪瞄准目标上部时，投影到地面的位置与实际位置存在偏差，从而会导致角度数据不符。因此，瞄准时应尽量瞄准目标的底部以减小误差）。

步骤 6：读数

如果测量水平角就直接读取各个方向的水平度盘读数；如果测量竖直角就读取竖直度盘读数，然后进行计算，计算得到所测水平角或者竖直角。

2.3 水平角的测量方法

2.3.1 测回法测水平角

测回法是测水平角的一个基本方法，此时应有一个测站和两个目标点，即有两个观测方向。将经纬仪对中、整平后，首先用盘左观测两个目标点并计算夹角（称上半测回），然后用盘右观测两个目标点并计算夹角（称下半测回）。上半测回和下半测回合称一个测回。

测回法适用于观测由两个方向间所构成的水平角。如图 2-8（a）所示，欲测 OA、OB 两方向之间的水平角时，先安置全站仪于角顶点 O 上，进行对中、整平，并在 A、B 两点树立标杆或测钎或吊挂垂球，作为照准标志，然后即可进行测角。其观测步骤如下：

1. 盘左位置（竖盘位于望远镜目镜的左侧，又称正镜）

松开照准部制动螺旋，顺时针旋转照准部，使望远镜瞄准左侧观测点 A，固定制动螺旋，旋转照准部微动螺旋和望远镜微动螺旋，使十字丝交点精确瞄准 A 点（对光、消除视差），读取水平度盘读数 $a_{左}$，如图 2-8（b）所示设为 118°47′30″，记入记录表格内，如表 2-3 所示。

图 2-8 水平角观测与计算

2. 松开照准部制动螺旋（同时松开望远镜制动螺旋）

按顺时针方向转动照准部照准右侧观测点 B，固定制动螺旋，旋转微动螺旋，精确瞄准 B 点，读取水平度盘读数 $b_{左}$，设为 195°23′00″，记入记录表格中。则水平角等于右观测点读数减左观测点读数，即水平角

$$\beta_{左} = b_{左} - a_{左} = 195°23'00'' - 118°47'30'' = 76°35'30''$$

以上用盘左位置进行观测，称为上半个测回。为了消除仪器误差和提高测角精度，再用盘右（竖盘位于望远镜目镜的右侧，也称倒镜）观测下半个测回。

3. 纵向转望远镜成盘右位置

将望远镜纵转 180°，先瞄准右观测点 B，读取水平度盘读数 $b_{右}$，设为 15°23′20″，记入记录表格中。再顺时针方向转动照准部，瞄准左侧观测点 A，读取水平度盘读数 $a_{右}$，设为 298°47′40″，记入记录表格中。

$$\text{则水平角}\quad \beta_{右}=b_{右}-a_{右}=15°23'20''+360°-298°47'40''=76°35'40''$$

以上用盘右位置进行观测，称为下半个测回。上、下两个半测回合称为一测回。

按有关测量规范规定的限差：用全站仪测水平角，两个半测回角之较差不超过±30″。若在规定范围内，则取盘左盘右所得角值的平均值，$\beta=(\beta_{左}+\beta_{右})/2$ 即为一测回的角值。根据测角精度的要求，可以测多个测回而取其平均值，作为最后成果。观测结果应及时记入手簿，并进行计算，看是否满足精度要求。

若两个半测回之较差超过规定限值，则不合格，需要重新测量。在计算角 β 值时，若右方向读数小于左方向读数，则应先加 360°后再减，因为水平角不会是负值。

如果以左边方向的读数减去右边方向的读数，所得的则是∠AOB 的外角。

观测手簿的格式如表 2-3 所示。

表 2-3　测回法观测手簿

测站	测点	盘位	水平度盘读数	半测回角值	一测回角值	备　注
1	2	3	4	5	6	7
O	A	左	118°47′30″	76°35′30″	76°35′35″	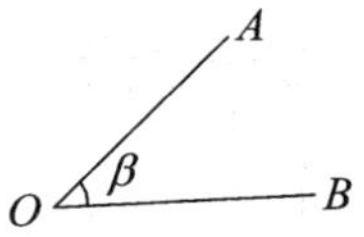
	B		195°23′00″			
	B	右	15°23′20″	76°35′40″		
	A		298°47′40″			

2.3.2　方向观测法测水平角

当在一个测站上需观测多个方向时，采用方向观测法（又称为全圆测回法）进行观测。

方向观测法应首先选择一起始方向作为零方向。如图 2-9 所示，设 A 方向为零方向。要求零方向应选择距离适中、通视良好、成像清晰稳定、俯仰角和折光影响较小的方向。

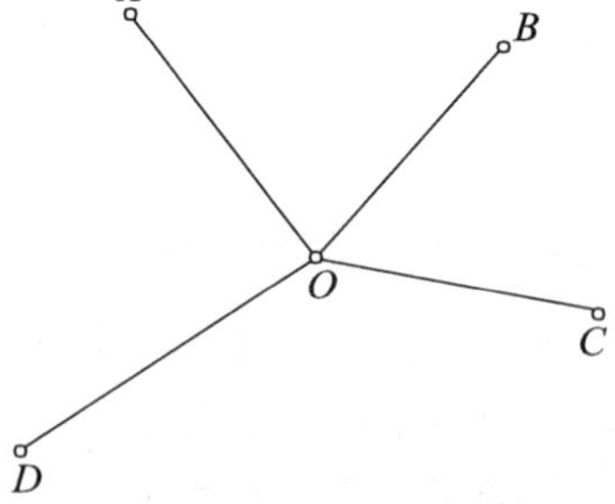

图 2-9　方向观测法

将经纬仪安置于 O 站，对中整平后按下列步骤进行观测：

（1）盘左位置，瞄准起始方向 A，转动度盘变换旋钮使水平度盘读数稍大于 0°，而后再松开制动，重新照准 A 方向，读取水平度盘读数 a，并记入方向观测法记录表 2-4 中。

（2）按照顺时针方向转动照准部，依次瞄准 B、C、D 目标，分别读取水平度盘读数为 b、

c、d，并记入记录表中。

（3）最后回到起始方向 A，再读取水平度盘读数为 a'。这一步称为“归零”。a 与 a' 之差称为“归零差”，其目的是检查水平度盘在观测过程中是否发生变动。“归零差”不能超过允许限值。

以上操作称为上半测回观测。

（4）盘右位置，按逆时针方向旋转照准部，依次瞄准 A、D、C、B、A 目标，分别读取水平度盘读数，记入记录表中，称为下半测回。上、下两个半测回合称为一测回。

（5）计算 $2c$ 值，并算出盘右的“归零差”。同一方向各测回归零方向值之差，即测回差，也不能超过限值要求。表中第 5 栏为同一方向上盘左盘右读数之差，名为 $2c$，意思是二倍的照准差，它是由于视线不垂直于横轴的误差引起的，$2c$=盘左读数−（盘右读数±180°）。在同一测回中各方向 $2c$ 误差（也就是盘左、盘右两次照准误差）的差值，即 $2c$ 互差不能超过限差要求。第 6 栏是盘左盘右的平均值。起始方向经过了两次照准，要取两次结果的平均值作为结果。从各个方向的盘左盘右平均值中减去起始方向两次结果的平均值，即得各个方向的方向值。

它的直接观测结果是各个方向相对于起始方向的水平角值，也称为方向值。相邻方向的方向值之差，就是它的水平角值。观测记录及计算如表 2-4 所示。

表 2-4　方向法观测手簿

测站	测点	水平度盘读数		左−右	（左+右）/2	方向值	水平角值
		盘左	盘右	2c			
		° ′ ″	° ′ ″	″	° ′ ″	° ′ ″	° ′ ″
1	2	3	4	5	6	7	
O	A	0　02　42	180　02　42	0	**0　02　38** 0　02　42	0　00　00	
	B	60　18　42	240　18　30	+12	60　18　36	60　15　58	60　15　58
	C	116　40　18	296　40　12	+6	116　40　15	116　37　37	56　21　39
	D	185　17　30	05　17　36	−6	185　17　33	185　14　55	68　37　18
	A	00　02　30	180　02　36	−6	00　02　33		

当在同一测站上观测几个测回时，为了减少度盘分划误差的影响，每测回起始方向的水平度盘读数值应配置为$\left(\dfrac{180^\circ}{n}+\dfrac{60'}{n}\right)$的倍数（$n$ 为测回数），并且对各项操作都规定了限差。例如在《工程测量规范》中，各项限差的规定如表 2-5 所示：

表 2-5　水平角方向观测法的技术要求

仪器型号	半测回归零差/（″）	一测回内 2c 互差/（″）	同一方向值各测回较差/（″）
DJ_2	12	18	12
DJ_6	18	—	24

2.4　竖直角的测量方法

2.4.1　竖盘的构造

为测竖直角而设置的竖直度盘（简称竖盘）固定安置于望远镜旋转轴（横轴）的一端，其刻划中心与横轴的旋转中心重合。所以在望远镜作竖直方向旋转时，度盘也随之转动。另外有一个固定的竖盘指标，以指示竖盘转动在不同位置时的读数，这与水平度盘是不同的。

竖直度盘的刻划也是在全圆周上刻为 360°，但注字的方式有顺时针及逆时针两种。通常在望远镜方向上注以 0°及 180°，如图 2-10 所示。在视线水平时，指标所指的读数为 90°或 270°。竖盘读数也是通过一系列光学组件传至读数显微镜内读取的。

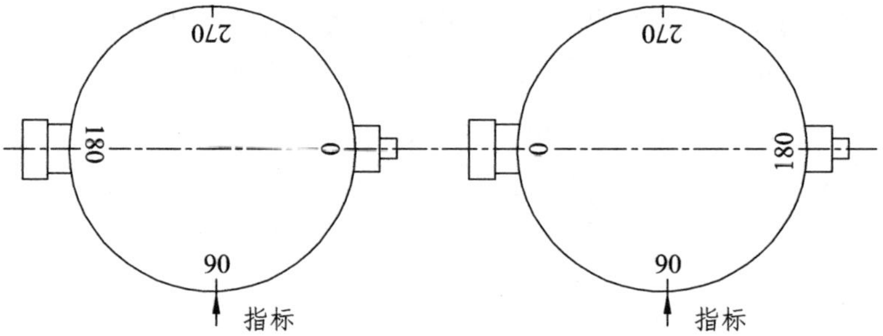

（a）顺时针　　（b）逆时针

图 2-10　竖盘刻划

对竖盘指标的要求，是始终能够读出与竖盘刻划中心在同一铅垂线上的竖盘读数。为了满足这个要求，它有两种构造形式：一种是借助于与指标固连的水准器的指示，使其处于正确位置，早期的仪器都属此类；另一种是借助于自动补偿器，使其在仪器整平后，自动处于正确位置。

1. 指标带水准器的构造

这种构造如图 2-11 所示。指标装在一个支架上，支架套在横轴的一端，因而可以绕横轴旋转。在支架上方安装一个水准器，下方安装一个微动螺旋。旋转微动螺旋，指标可绕横轴作微小转动，同时水准器的气泡也发生移动。当气泡居中时，指标即居于正确位置。

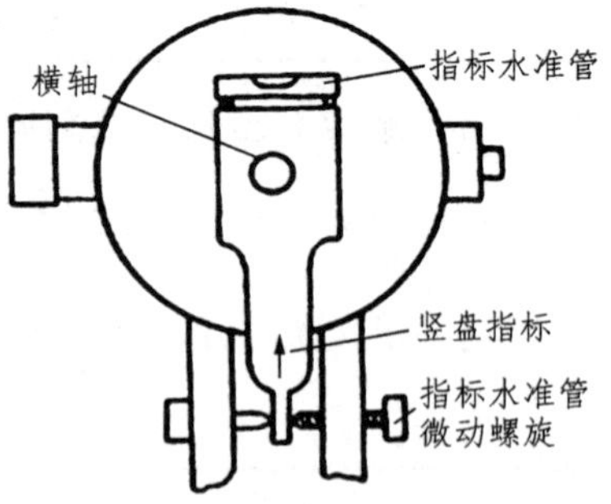

图 2-11　指标水准器构造

2. 指标带补偿器的构造

补偿器的构造有两类形式，但都是借助重力作用，以达到自动补偿而读出正确读数的目的。一类是液体补偿器，利用液面在重力作用下自动水平，以达到补偿的目的；另一类是利用吊丝悬挂补偿元件，在重力作用下稳定于某个位置，以达到补偿的目的。现只对液体补偿器的补偿原理加以说明。

液体补偿器的构造原理如图 2-12 所示。补偿原件是一个盛有透明液体的容器。如果仪器的竖轴位于铅垂位置，则容器内的液体表面水平，容器的底也是水平的；液体相当于一块平面平行玻璃板，而指标 1 也位于过竖盘刻划中心的铅垂线上，如图 2-12（a），当视线水平时，指标成像于竖盘的 90°处。如果仪器有少许倾斜，如图 2-12（b），则指标 1 偏离过竖盘刻划中心的铅垂线，液体容器的底也发生倾斜，但液体表面仍处于水平位置。所以这时液体实际形成了一个光楔，如果视线是水平的，则指标 1 的成像通过光楔的折射，仍然成像于度盘的 90°处，这就达到了自动补偿的目的。

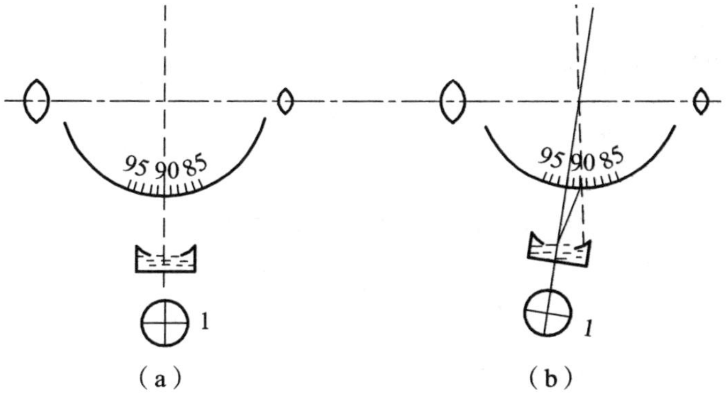

图 2-12　液体补偿器的构造原理

2.4.2　竖直角的观测方法

由竖直角的定义已知，它是倾斜视线与在同一铅垂面内的水平视线所夹的角度。由于水平视线的读数是固定的，所以只要读出倾斜视线的竖盘读数，即可求算出竖直角值。但为了消除仪器误差的影响，同样需要用盘左、盘右观测。其具体观测步骤为：

（1）在测站上安置仪器，对中，整平。

（2）以盘左照准目标，如果是指标带水准器的仪器，则必须用指标微动螺旋使水准器气泡居中，然后读取竖盘读数 L，这称为上半测回。

（3）将望远镜倒转，以盘右用同样方法照准同一目标，使指标水准器气泡居中后，读取竖盘读数 R，这称为下半测回。

如果用指标带补偿器的仪器，在照准目标后即可直接读取竖盘读数，根据需要可测多个测回。

2.4.3　竖直角的计算

竖直角的计算方法，因竖盘刻划的方式不同而异。但现在已逐渐统一为全圆分度，顺时针增加注字，且在视线水平时的竖盘读数为 90°。现以这种刻划方式的竖盘为例，说明竖直角的计算方法；如遇其他方式的刻划，可以根据同样的方法推导其计算公式。

如图 2-13 所示，当在盘左位置且视线水平时，竖盘的读数为 90°［图 2-13（a）］，如照准高处一点 A［图 2-13（b）］，则视线向上倾斜，得读数 L。按前述的规定，竖直角应为“+”值，所以盘左时的竖直角应为：

$$\alpha_{左}=90°-L \tag{2-1}$$

当在盘右位置且视线水平时，竖盘读数为 270°［图 2-13（c）］，在照准高处的同一点 A 时［图 2-13（d）］，得读数 R。则竖直角应为：

$$\alpha_{右}=R-270° \tag{2-2}$$

取盘左、盘右的平均值，即为一个测回的竖直角值，即：

$$\alpha=\frac{\alpha_{左}+\alpha_{右}}{2}=\frac{R-L-180°}{2} \tag{2-3}$$

如果测多个测回，则取各个测回的平均值作为最后成果。

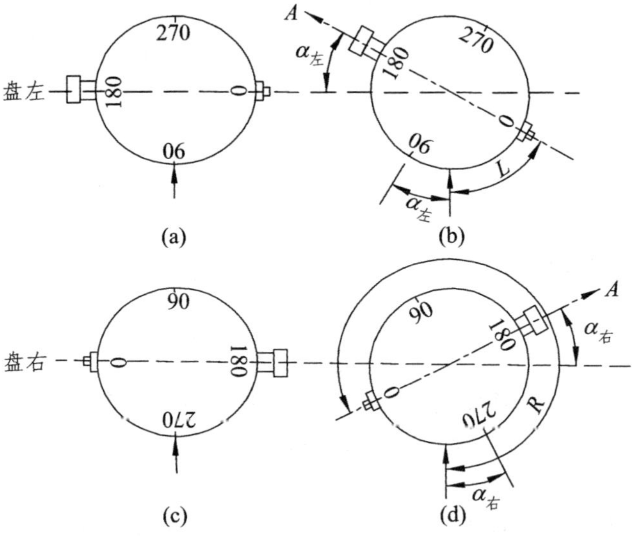

图 2-13　竖直角的计算

2.4.4　竖盘指标差

如果指标不位于过竖盘刻划中心的铅垂线上，则如图 2-14 所示，视线水平时的读数不是 90°或 270°，而相差 x，这样用一个盘位测得的竖直角值，即含有误差 x，这个误差称为**竖盘指标差**。为求得正确角值 α，需加入指标差改正。即：

$$\alpha=\alpha_{左}+x \tag{2-4}$$

$$\alpha=\alpha_{右}-x \tag{2-5}$$

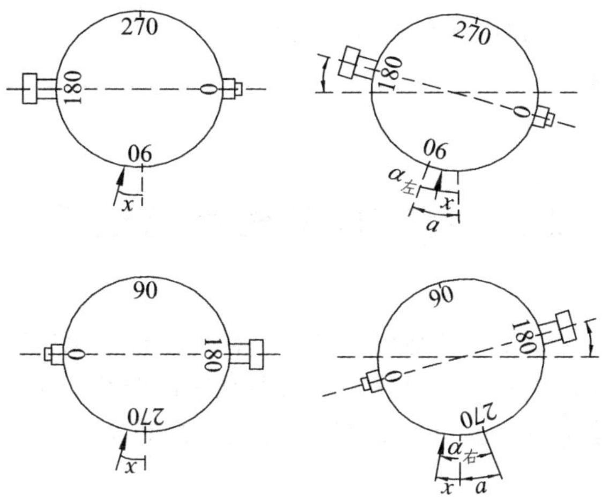

图 2-14　竖盘指标差

解上两式可得：

$$\alpha = \frac{\alpha_{右} - \alpha_{左}}{2} \tag{2-6}$$

$$x = \frac{\alpha_{右} - \alpha_{左}}{2} \tag{2-7}$$

从式（2-6）可以看出，取盘左、盘右结果的平均值时，指标差 x 的影响已自然消除。将式（2-1）、（2-2）代入式（2-7），可得：

$$x = \frac{R + L - 360^\circ}{2} \tag{2-8}$$

即利用盘左、盘右照准同一目标的读数，可按上式直接求算指标差 x。如果 x 为正值，说明视线水平时的读数大于 90°或 270°，如果为负值，则情况相反。

观测结果应及时记入手簿，手簿的格式如表 2-6 所示：

表 2-6　竖直角观测手簿

日期　　　　　　　　仪器型号　　　　　　　　观测

天气　　　　　　　　仪器编号　　　　　　　　记录

测站	测点	盘位	竖盘度数	竖直角	平均角值	指标差
			° ′ ″	° ′ ″	° ′ ″	″
O	*A*	左	80　05　20	+9　54　40	+9　54　30	−10
		右	279　54　20	+9　54　20		

以上各公式是按顺时针方向注字的竖盘推导的，同理也可推导出逆时针方向注字竖盘的计算公式。

在竖直角测量中，常常用指标差来检验观测的质量，即在观测的不同测回中或不同的目标时，指标差的较差应不超过规定的限值。例如用 DJ_6 级经纬仪做一般工作时，指标差的较差要求不超过 25″。此外，在单独用盘左或盘右观测竖直角时，按（2-4）或（2-5）式加入指标差 x，仍可得出正确的角值。

2.5 全站仪的检验与校正

按照计量法的要求，全站仪与其他测绘仪器一样，必须定期送法定检测机关进行检测，以评定仪器的性能和状态。但在使用过程中，仪器状态也会发生变化，因而仪器的使用者应经常利用室外方法进行检验和校正，以使仪器经常处于理想状态。

2.5.1 全站仪应满足的主要条件

从测角原理已知：为了能正确地测出水平角和竖直角，仪器要能够精确地安置在测站点上；仪器竖轴能安置在铅垂位置；视线绕横轴旋转时，能够形成一个铅垂面；当视线水平时，竖盘读数应为 90°或 270°。

为满足上述要求，仪器应具备下述的理想关系：

1. 照准部的水准管轴应垂直于竖轴

如满足这一关系，需利用水准管整平仪器后，竖轴才可以精确地位于铅垂位置。

2. 圆水准器轴应平行于竖轴

如满足这一关系，则利用圆水准器整平仪器后，仪器竖轴才可粗略地位于铅垂位置。

3. 十字丝竖丝应垂直于横轴

如满足这一关系，则当横轴水平时，竖丝位于铅垂位置。这样，一方面可利用它检查照准的目标是否倾斜，同时也可利用竖丝的任一部位照准目标，以便于工作。

4. 视线应垂直于横轴

如满足这一关系，则在视线绕横轴旋转时，可形成一个垂直于横轴的平面。

5. 横轴应垂直于竖轴

如满足这一关系，则当仪器整平后，横轴即水平，视线绕横轴旋转时，可形成一个铅垂面。

6. 光学对中器的视线应与竖轴的旋转中心线重合

如果满足这一关系，则利用光学对点器对中后，竖轴旋转中心才位于过地面点的铅垂线上。

7. 视线水平时竖盘读数应为 90°或 270°

如果这一条件不满足，则有指标差存在，给竖直角的计算带来不便。

2.5.2 全站仪的检验方法

全站仪检验的目的，就是检查上述的各种关系是否满足。如果不能满足，且偏差超过允许的范围时，则需进行校正。检验和校正应按一定的顺序进行，确定这些顺序的原则是：

（1）如果某一项不校正好，会影响其他项目的检验时，则这一项先做。

（2）如果不同项目要校正同一部位，则会互相影响，在这种情况下，应将重要项目在后边检验，以保证其条件不被破坏。

（3）有的项目与其他条件无关，则先后均可。

现分别说明各项检验与校正的具体方法。

1. 照准部的水准管轴垂直于竖轴

检验：先将仪器粗略整平后，使水准管平行于一对相邻的脚螺旋，并用这一对脚螺旋使水准管气泡居中，这时水准管轴 LL' 已居于水平位置。如果两者不相垂直［图 2-15（a）］，则竖轴 VV' 不在铅垂位置。然后将照准部平转 180°，由于它是绕竖轴旋转的，竖轴位置不动，则水准管轴偏移水平位置，气泡也不再居中，如［图 2-15（b）］。如果两者不相垂直的偏差为 α，则平转后水准管轴与水平位置的偏移量为 2α。

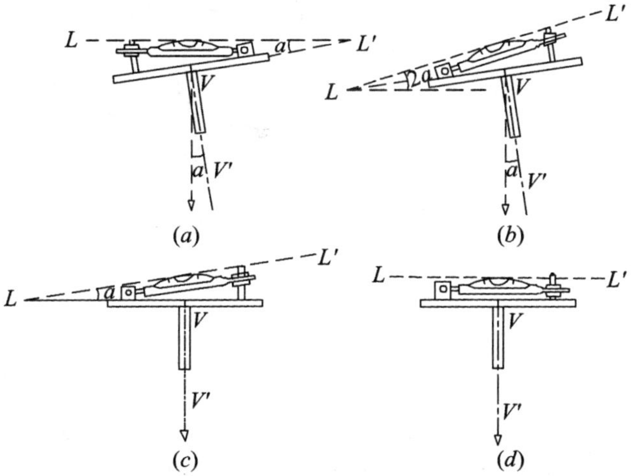

图 2-15 照准部的水准管轴不垂直于竖轴的校正

校正：校正时用脚螺旋使气泡退回原偏移量的一半，则竖轴便处于铅垂位置，如图 2-15（c）。再用校正装置升高或降低水准管的一端，使气泡居中，则条件满足，如图［2-15（d）］。水准管校正装置的构造如图 2-16 所示。如果要使水准管的右端降低，则先顺时针转动下边的螺旋，再顺时针转动上边的螺旋；反之，则先逆时针转动上边的螺旋，再逆时针转动下边的螺旋。校正好后，应以相反的方向转动上下两个螺旋，将水准管固紧。

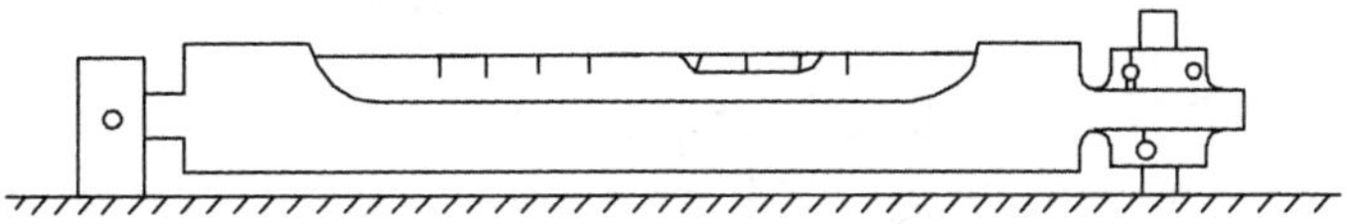

图 2-16 水准管校正装置

2. 圆水准器轴平行于竖轴

检验：利用已校好的照准部水准管将仪器整平，这时竖轴已居铅垂位置。如果圆水准器的理想关系满足，则气泡应该居中，否则需要校正。

校正：在圆水准器盒的底部有三个校正螺丝，如图 2-17 所示。根据气泡偏移的方向，将其旋进或旋出，直至气泡居中则条件满足。校正好后，应将三个螺丝旋紧，使其紧固。

图 2-17　圆水准器校正装置

3. 十字丝竖丝垂直于横轴

检验：以十字丝竖丝的一端照准一个小而清晰的目标点，再用望远镜的微动螺旋使目标点移动到竖丝的另一端，如图 2-18 所示。如果目标点到另一端时仍位于竖丝上，则理想关系满足。否则，需要校正。

校正：校正的部位为十字丝分划板，它位于望远镜的目镜端。将护罩打开后，可看到 4 个固定分划板的螺旋，如图 2-19 所示。稍微拧松这 4 个螺旋，则可将分划板转动。待转动至满足理想关系后，再旋紧固定螺旋，并将护罩上好。

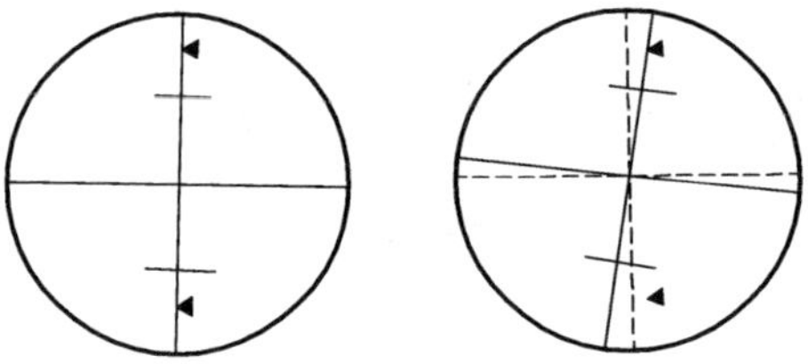

（a）　（b）

图 2-18　十字丝竖丝垂直于横轴的检验

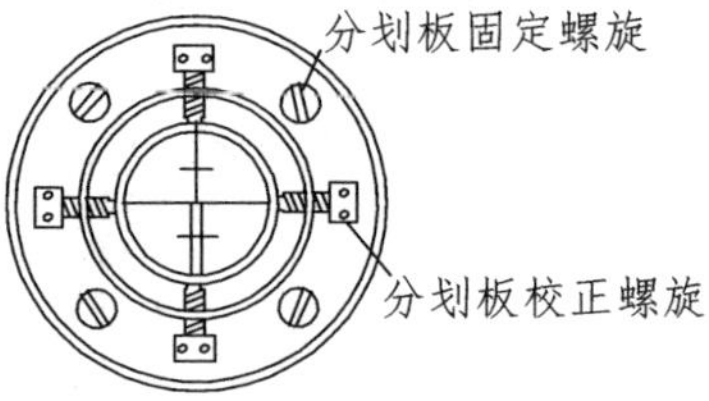

图 2-19　十字丝分划板校正装置

4. 视线垂直于横轴

检验：选一长约 100 m 的平坦地面，将仪器架设于中间 O 处，并将其整平。如图 2-20 所示，先以盘左位置照准设于离仪器约 50 m 的一点 A。再固定照准部，将望远镜倒转 180°，改为盘右，并在离仪器约 50 m 于视线上标出一点 B_1。如果仪器理想关系满足，则 A、O、B_1 三点必在同一直线上。当用同样方法以盘右照准 A 点，再倒转望远镜后，视线应落于 B_1 点上。如果第二次的视线未落于 B_1 点，而是落于另一点 B_2，即说明理想关系不满足，需要进行校正。

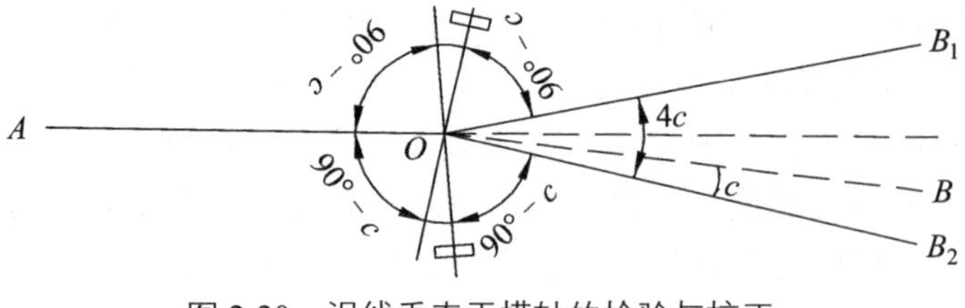

图 2-20　视线垂直于横轴的检验与校正

校正：由图 2-20 可以看出，如果视线与横轴不相垂直，而有一偏差角 c，则 $\angle B_1BO_2=4c$。将 B_1B_2 距离分为 4 等份，取靠近 B_2 点的等分点 B，则可近似地认为 $\angle BOB_2=c$。在照准部不动的条件下，将视线从 OB_2，校正到 OB，则理想关系可得到满足。

由于视线是由物镜光心和十字丝交点构成的，所以校正的部位仍为十字丝分划板。在图 2-19 中，校正分划板左右两个校正螺旋，则可使视线左右摆动。旋转校正螺旋时，可先松一个，再紧另一个。待校正至正确位置后，应将两个螺旋旋紧，以防松动。

5. 横轴垂直于竖轴

检验：在竖轴位于铅垂的条件下，如果横轴不与竖轴垂直，则横轴倾斜。如果视线已垂直横轴，则绕横轴旋转时构成的是一个倾斜平面。根据这一特点，在作这项检验时，应将仪器架设在一个高的建筑物附近。当仪器整平以后，在望远镜倾斜约 30°左右的高处，以盘左照准一清晰的目标点 *A*，然后将望远镜放平，在视线上标出墙上的一点 *B*，如图 2-21（a）所示。再将望远镜改为盘右，仍然照准 *A* 点，并放平视线，在墙上标出一点 *C*，如图 2-21（b）。如果仪器理想关系满足，则 *B*、*C* 两点重合。否则，说明这一理想关系不满足，需要校正。

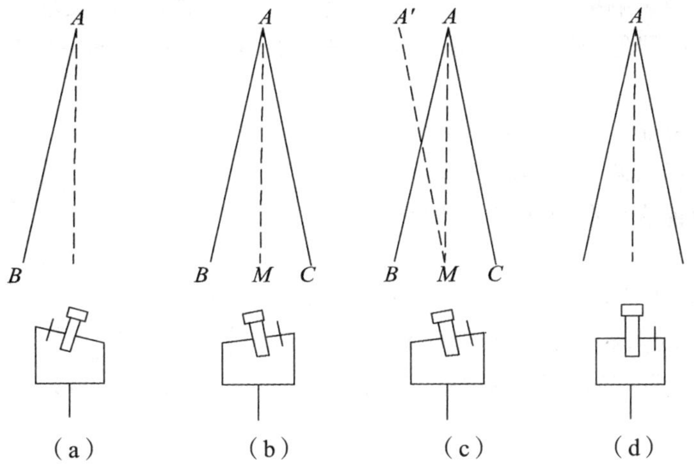

图 2-21　横轴垂直于竖轴的检校

校正：由于盘左盘右倾斜的方向相反而大小相等，所以取 *B*、*C* 的中点 *M*，则 *A*、*M* 在同一铅垂面内。然后照准 *M* 点，将望远镜抬高，则视线必然偏离 *A* 点，而落在 *A′*处，如图 2-21（c）所示。在保持仪器不动的条件下，校正横轴的一端，使视线落在 *A* 上，如图 2-21（d），则完成校正工作。

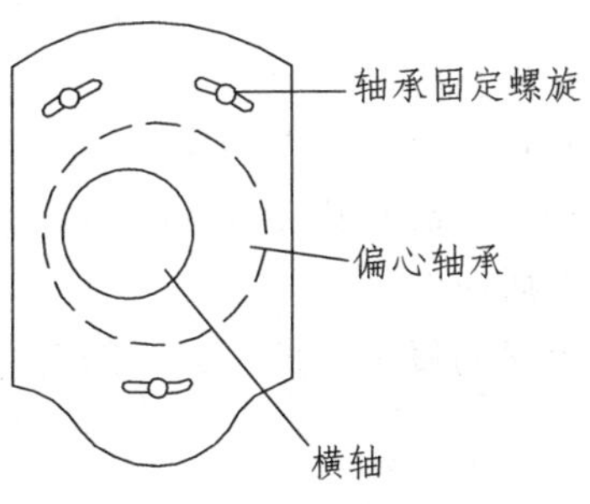

图 2-22　横轴校正装置

在校正横轴时，需将支架的护罩打开。其内部的校正装置如图 2-22 所示，它是一个偏心轴承，当松开三个轴承固定螺旋后，轴承可作微小转动，以迫使横轴端点上下移动。待校正好后，要将固定螺旋旋紧，并上好护罩。

由于这项校正需打开支架护罩，所以一般不宜在野外进行。

6. 光学对中器的视线与竖轴旋转中心线重合

检验：如果这一理想关系满足，光学对中器的望远镜绕仪器竖轴旋转时，视线在地面上照准的位置不变。否则，视线在地面上照准的轨迹为一个圆圈。

由于光学对中器的构造有在照准部上和基座上两种，所以检验的方法也不同。

对于安装在照准部上的光学对中器，将仪器架好后，在地面上铺以白纸，在纸上标出视线的位置，然后将照准部平转 180°，如果视线仍在原来的位置，则理想关系满足，否则需要校正。

对于安装在基座上的光学对中器，由于它不能随照准部旋转，不能采用上述的方法。可将仪器平置于稳固的桌子上，使基座伸出桌面。在离仪器 1.3 m 左右的墙面上铺以白纸，在纸上标出视线的位置，然后在仪器不动的条件下将基座旋转 180°，如果视线偏离原来的位置，则需校正。

校正：造成光学对中器误差的原因有二：一是在直角棱镜上视线的折射点不在竖轴的旋转中心线上；二是望远镜的视线不与竖轴的旋转中心线垂直，或者直角棱镜的斜面与竖轴的旋转中心线不成 45°。

由于前一种原因影响极小，所以都校正后者。不同厂家生产的仪器，可校正的部位也不同。有的是校正对中器的望远镜分划板，如北光的 DJ_2E；有的则是校正直角棱镜，如上三光的 DJK-6 即是。

由于检验时所得前后两点之差是由二倍误差造成的，因而在标出两点的中间位置后，校正有关的螺旋，使视线落在中间点上即可。对中器分划板的校正与望远镜分划板的校正方法相同。直角棱镜的校正装置位于两支架的中间，图 2-23 为上三光 DJK-6 校正装置的示意图。调节螺旋 1，则视线前后移动，调节螺旋 2、3，则视线左右移动。

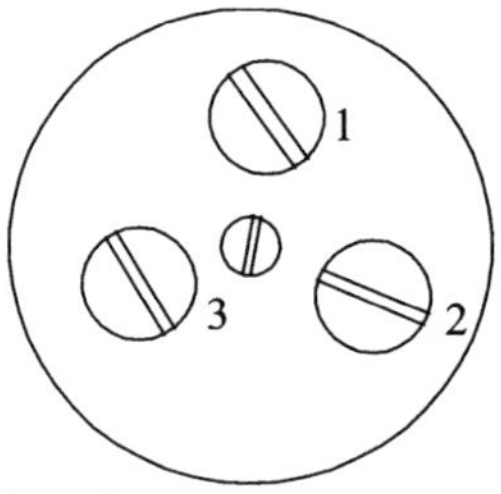

图 2-23　上三光 DK-6 光学对中器校正装置

7. 竖盘指标差

检验：检验竖盘指标差的方法，是用盘左、盘右照准同一目标，并读得其读数 L 和 R 后，即可计算其指标差值。

校正：保持盘右照准原来的目标不变，这时的正确读数应为 $R-x$。用指标水准管微动螺旋将竖盘读数安置在 $R-x$ 的位置上，这时水准管气泡必不再居中，调节指标水准管校正螺旋，使气泡居中即可。

上述的每一项校正，一般都需反复进行几次，直至其误差在容许的范围以内。

2.6　角度测量误差分析

在角度测量中，多种原因会使测量的结果含有误差。研究这些误差产生的原因、性质和大小，以便设法减少其对成果的影响。同时也有助于预估影响的大小，从而判断成果的可靠性。

影响测角误差的因素有三类，即仪器误差、观测误差、外界条件的影响。

2.6.1 仪器误差

仪器虽经过检验及校正，但总会有残余的误差存在。仪器误差的影响，一般都是系统性的，可以在工作中通过一定的方法予以消除或减小。

主要的仪器误差有：水准管轴不垂直于竖轴、视线不垂直于横轴、横轴不垂直于竖轴、照准部偏心、光学对中器视线不与竖轴旋转中心线重合及竖盘的指标差等。

1. 水准管轴不垂直于竖轴

这项误差影响仪器的整平，即竖轴不能严格铅垂，横轴也不水平。但安置好仪器后，它的倾斜方向是固定不变的，不能用盘左盘右消除。如果存在这一误差，可在整平时于一个方向上使气泡居中后，再将照准部平转 180°，这时气泡必然偏离中央。然后用脚螺旋使气泡移回偏离值的一半，则竖轴即可铅垂。这项操作要在互相垂直的两个方向上进行，直至照准部旋转至任何位置时，气泡虽不居中，但偏移量不变为止。

2. 视线不垂直于横轴

如图 2-24 所示：如果视线与横轴垂直时的照准方向为 AO，当两者不垂直而存在一个误差角 c 时，则照准点为 O_1。如要照准 O，则照准部需旋转 c' 角。这个 c' 角就是由于这项误差在一个方向上对水平度盘读数的影响。由于 c' 是 c 在水平面上的投影，从图 2-24 可知：

$$c' = \frac{BB_1}{AB}\cdot\rho \tag{2-9}$$

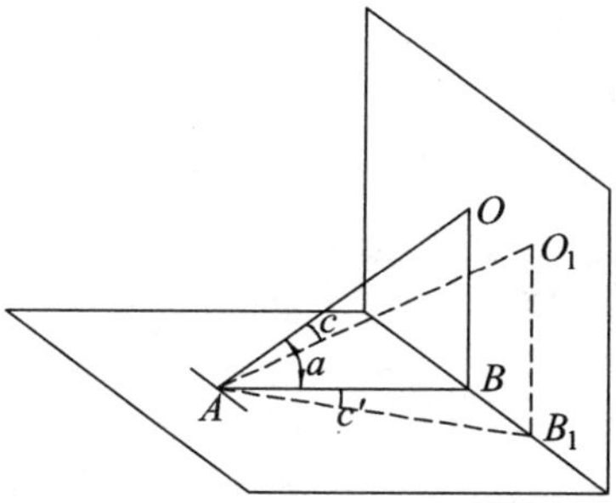

图 2-24　视线不垂直于横轴的影响

而
$$AB = AO\cos\alpha, BB_1 = OO_1$$

所以
$$c'\frac{OO_1}{AO\cos\alpha}\cdot\rho = \frac{c}{\cos\alpha} = c\cdot\sec\alpha \tag{2-10}$$

由于一个角度是由两个方向构成的，则它对角度的影响为：

$$\Delta c = c_2' - c_1' = c(\sec\alpha_2 - \sec\alpha_1) \tag{2-11}$$

式中：α_2、α_1 为两个方向的竖直角。

由上式可知，在一个方向上的影响与误差角 c 及竖直角 α 的正割的大小成正比；对一个角度而言，则与误差角 c 及两方向竖直角正割之差的大小成正比，如两方向的竖直角相同，则影响为零。

因为在用盘左、盘右观测同一点时，其影响的大小相同而符号相反，所以在取盘左盘右的平均值时，可自然抵消。

3. 横轴不垂直于竖轴

因为横轴不垂直于竖轴，则仪器整平后竖轴居于铅垂位置，横轴必发生倾斜。视线绕横轴旋转所形成的不是铅垂面，而是一个倾斜平面，如图 2-25 所示。过目标点 O 作一垂直于视线方向的铅垂面，O' 点位于过 O 的铅垂线上。如果存在这项误差，则仪器照准 O 点，将视线放平后，照准的不是 O' 点而是 O_1 点。如果照准 O'，则需将照准部转动 ε 角。这就是在一个方向上，由于横轴不垂直于竖轴，而对水平度盘读数的影响，倾斜直线 OO_1 与铅垂线之间的夹角 i 与横轴的倾角相同，从图 2-25 可知：

$$\varepsilon = \frac{O'O_1}{AO'} \cdot \rho \tag{2-12}$$

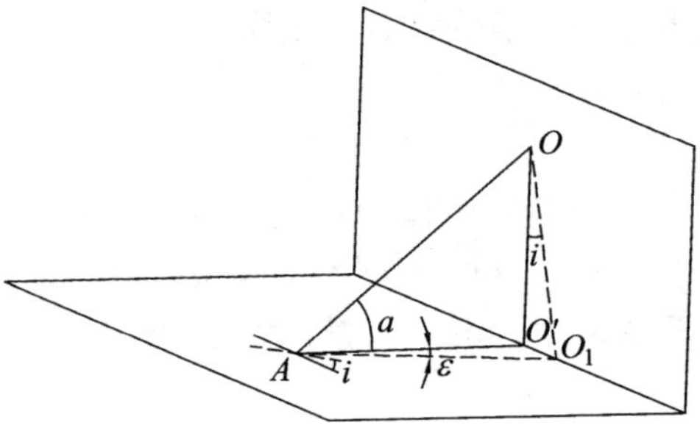

图 2-25　横轴不垂直于竖轴的影响

因

$$O'O_1 = \frac{i}{\rho} \cdot OO'$$

故

$$\varepsilon = i \cdot \frac{OO_1'}{AO'} = i \cdot \tan\alpha \tag{2-13}$$

式中　i——横轴的倾角；

α——视线的竖直角。

它对角度的影响为：

$$\Delta\varepsilon = \varepsilon_2 - \varepsilon_1 = i(\tan\alpha_2 - \tan\alpha_1) \tag{2-14}$$

由上式可见，它在一个方向上对水平度盘读数的影响，与横轴的倾角及目标点竖直角的正切成正比；它对角度的影响，则与横轴的倾角及两个目标点的竖直角正切之差成正比。当两方向的竖直角相等时，其影响为零。

由于对同一目标观测时，盘左盘右的影响大小相同而符号相反，所以取平均值可以得到抵消。

4. 照准部偏心

所谓照准部偏心，即照准部的旋转中心与水平盘的刻划中心不相重合。这项误差只有在直径一端有读数的仪器才有影响，而采用对径符合读法的仪器，可将这项误差自动消除。

如图 2-26 所示，设度盘的刻划中心为 O，而照准部的旋转中心为 O_1。当仪器的照准方向为 A 时，其度盘的正确读数应为 a。但由于偏心的存在，实际的读数为 a_1。$a_1 - a$ 即为这项误差的影响。

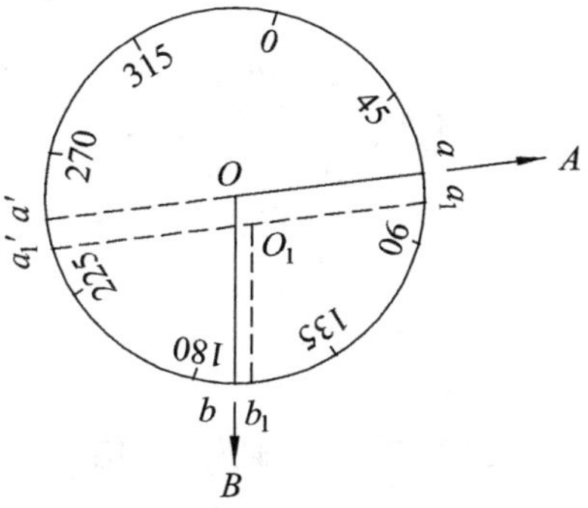

图 2-26　照准部偏心的影响

照准部偏心影响的大小及符号是依偏心方向与照准方向的关系而变化的。如果照准方向与偏心方向一致，则其影响为零；两者互相垂直时，影响最大。在图 2-26 中，照准方向为 A 时，读数偏大，而照准方向为 B 时，则读数偏小。

当用盘左、盘右观测同一方向时，是取了对径读数，其影响值大小相等而符号相反，在取读数平均值时，可以抵消。

5. 光学对中器视线不与竖轴旋转中心线重合

这项误差影响测站偏心，将在后边详细说明，如果对中器是附在基座上的，则在观测测回数的一半时，可将基座平转 180°再进行对中，以减少其影响。

6. 竖盘指标差

这项误差影响竖直角的观测精度。如果工作时预先测出，在用半测回测角的计算时予以考虑，或者用盘左、盘右观测取其平均值，则可得到抵消。

2.6.2　观测误差

造成观测误差的原因有二：一是工作时不够细心；二是受人的器官及仪器性能的限制。观测误差主要有：测站偏心、目标偏心、照准误差及读数误差。对于竖直角观测，则有指标水准器的调平误差。

1. 测站偏心

测站偏心的大小，取决于仪器对中装置的状况及操作的仔细程度。它对测角精度的影响如图 2-27 所示。设 O 为地面标志点，O_1 为仪器中心，则实际测得的角为 β' 而非应测的 β，两者相差为：

$$\Delta\beta = \beta - \beta' = \delta_1 + \delta_2 \tag{2-15}$$

由图中可以看出，观测方向与偏心方向越接近 90°，边长越短，偏心距 e 越大，则对测角的影响越大。所以在测角精度要求一定时，边越短，则对中精度要求越高。

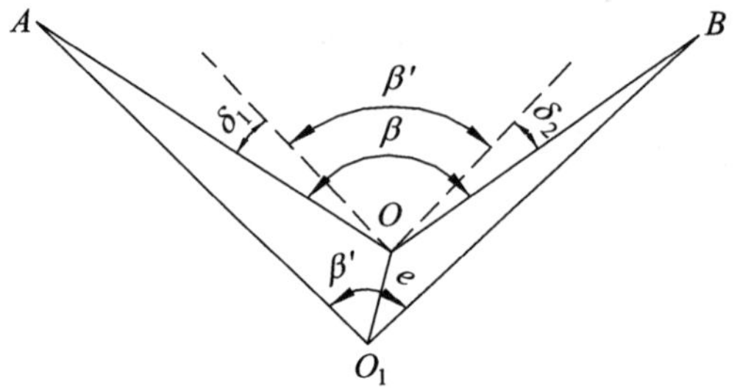

图 2-27　测站偏心的影响

2. 目标偏心

在测角时，通常都要在地面点上设置观测标志，如花杆、垂球等。造成目标偏心的原因可能是标志与地面点对得不准，或者标志没有铅垂，而照准标志的上部时使视线偏移。

与测站偏心类似，偏心距越大，边长越短，则目标偏心对测角的影响越大。所以在短边测角时，尽可能用垂球作为观测标志。

3. 照准误差

照准误差的大小，取决于人眼的分辨能力、望远镜的放大率、目标的形状及大小和操作的仔细程度。

人眼的分辨能力一般为 60″；设望远镜的放大率为 v，则照准时的分辨能力为 $60''/v$。我国统一设计的 DJ_6 及 DJ_2 级光学经纬仪放大率为 28 倍，所以照准时的分辨力为 2.14″。照准时应仔细操作，对于粗的目标宜用双丝照准，细的目标则用单丝照准。

4. 读数误差

对于分微尺读法，主要是估读最小分划的误差，对于对径符合读法，主要是对径符合的误差所带来的影响，所以在读数时宜特别提示。DJ_6 级仪器的读数误差最大为 ± 12″，DJ_2 级仪器为±（2″ ~ 3″）。

5. 竖盘指标水准器的整平误差

在读取竖盘读数以前，须先将指标水准器整平。DJ_6 级仪器的指标水准器分划值一般为 30″，DJ_2 级仪器一般为 20″。这项误差对竖直角的影响是主要因素，操作时宜分外注意。

2.6.3　外界条件的影响

外界条件的因素十分复杂，如天气的变化、植被的不同、地面土质松紧的差异、地形的起伏以及周围建筑物的状况等，都会影响测角的精度。有风会使仪器不稳，地面土松软可使仪器下沉，强烈阳光照射会使水准管变形，视线靠近反光物体则有折光影响。这些在测角时，应注意尽量予以避免。

特别提示

1. 全站仪对中整平操作中精对中之后需要重复精整平和精对中步骤，直至全站仪完全对中整平。

2. 观测水平角分成盘左观测和盘右观测，顺序不要混淆。

练一练

简述全站仪测回法测量水平角的步骤。

项目3　距离及直线方向测量

教学目标

通过本项目的学习，学生应能够熟悉并掌握钢尺量距的一般方法、视距测量的实施及计算，了解距离测量误差的影响及消除、减弱方法。通过学习和实践操作，学生还应能够正确领会光电测距仪原理及其操作方法，提高其在学习过程中的主动性、创新性意识和学会自主、探索、合作的学习方式。

项目概述

距离是确定地面点位置的基本要素之一。测量工作中要求的距离是指两点间的水平距离。（简称平距）如图3-1，$A'B'$ 的长度就代表了地面点 A、B 之间的水平距离。若测得的是倾斜距离（简称斜距），还须将其改算为平距。水平距离测量的方法很多，按所用测距工具的不同，测量距离的方法有一般有钢尺量距、视距测量、光电测距、全站仪测距等。

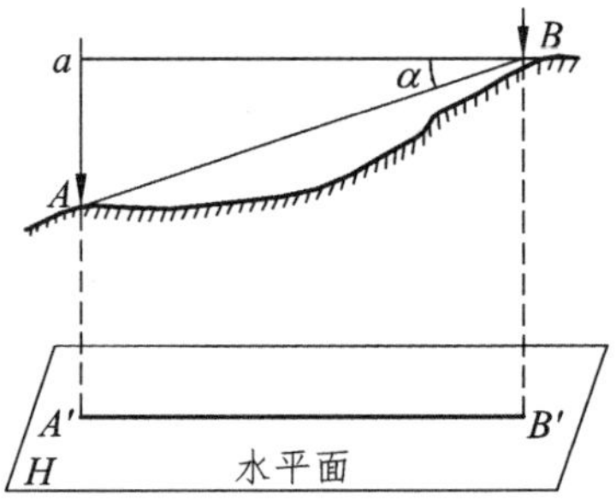

图3-1　两点间的水平距离

看一看

图3-2是施工现场导线测量过程中进行的距离测量工作及其视频讲解。操作仪器为全站仪和配套的棱镜。

图3-2　距离测量

距离测量方法

想一想

距离测量有哪些方法？

距离测量方法中，哪种方法精度高？各应用于哪些情境？

3.1 钢尺量距的方法

钢尺量距方法简便，又能满足工程建设必需的精度，是工程测量中最常用的距离测量方法。本节要求学生能够用钢尺完成实际地面的距离测量。

顾名思义，钢尺量距就是利用具有标准长度的钢尺直接量测两点间的距离。按丈量方法的不同，它分为一般量距和精密量距。一般量距读数至厘米，精度可达 1/3 000；精密量距读数至亚毫米，精度可达 1/3 万（钢卷带尺）及 1/100 万（因瓦线尺）。由于光电测距的普及，在现今的测量工作中已很少使用钢尺量距，只是在精密的短距测量中偶尔用到，下面仅就精密短距测量的有关问题作简要介绍。

3.1.1 量距工具

3.1.1.1 钢 尺

钢尺分为普通钢卷带尺和因瓦尺两种。普通钢卷带尺，尺宽 10 ~ 15 mm，长度有 20 m、30 m 和 50 m 数种，卷放在圆形盒或金属架上，见图 3-3。钢尺的分划有几种，有以厘米为基本分划的，有的则在尺端第一分米内刻有毫米分划；也有将整尺都刻出毫米分划的。后两种适用于精密量距。较精密的钢尺，制造时有规定的温度及拉力，如在尺端刻有“30 m、20 ℃、100 N”字样。它表示在检定该钢尺时的温度为 20 ℃，拉力为 100 N，30 m 为钢尺刻线的最大注记值，通常称之为名义长度。

因瓦尺是用镍铁合金制成的，尺线直径 1.5 mm，长度为 24 m，尺身无分划和注记，在尺两端各连一个三棱形的分划尺，长 8 cm，其上最小分划为 1 mm。因瓦线尺全套由 4 根主尺、1 根 8 m（或 4 m）长的辅尺组成。不用时卷放在尺箱内。钢尺量距的辅助工具有测钎、花杆、垂球、弹簧秤和温度计。

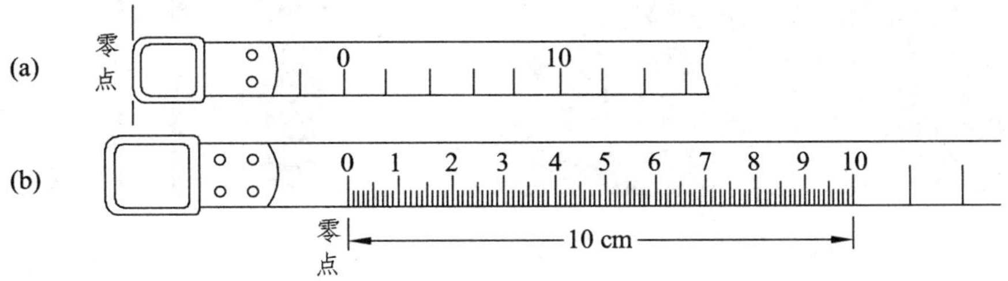

图 3-3 普通钢卷带尺

钢尺是用薄钢片制成的带状尺，卷放在圆形盒内的称为盒装钢卷尺，如图 3-4（a）所示；卷放在金属架或塑料架内的称为摇把式钢卷尺，如图 3-4（b）所示。钢尺的宽度一般为 10~15 mm，厚度约 0.4 mm，长度有 20 m、30 m、50 m 等几种。钢尺一般以尺的起始点的某一刻度线作为零点，量距时要注意钢尺零点位置，以免出错。

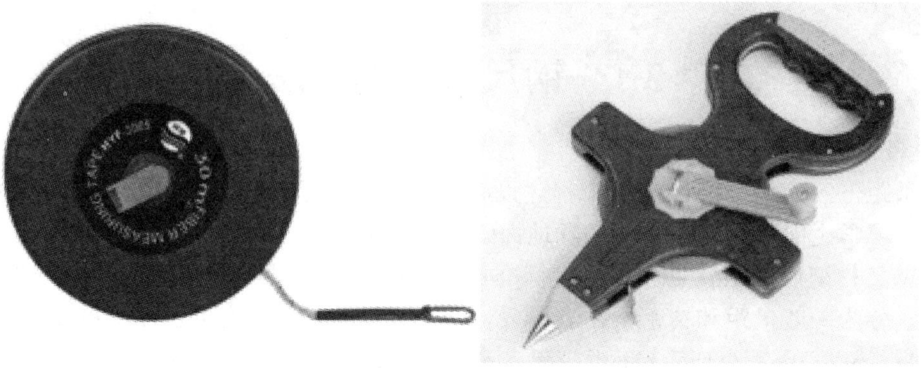

（a）盒装钢卷尺　　　　（b）摇把式钢卷尺

图 3-4 钢尺

3.1.1.2　测　钎

测钎是由粗铁丝或细钢筋加工制成的，长 30 ~ 40 cm，一般 6 根或 11 根为一组，见图 3-5。在距离测量中，测钎主要用于标定各整尺段端点位置。

3.1.1.3　标　杆

标杆又称花杆，直径约 3 cm，长 2 ~ 3 m，杆身用油漆涂成红白相间的条纹，见图 3-6。在距离测量中，标杆主要用于标定测量的起点和终点位置。

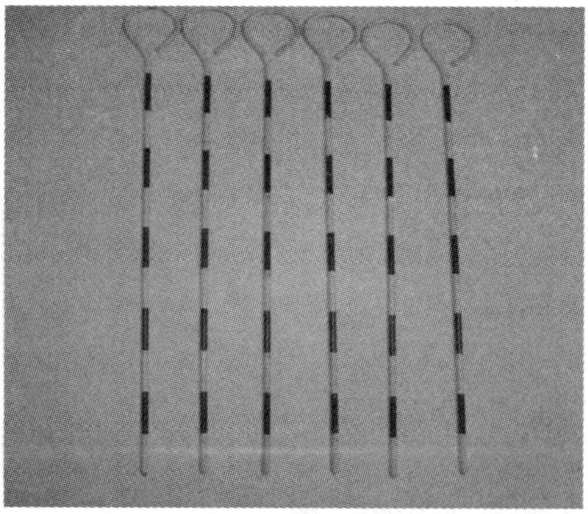

图 3-5　测钎

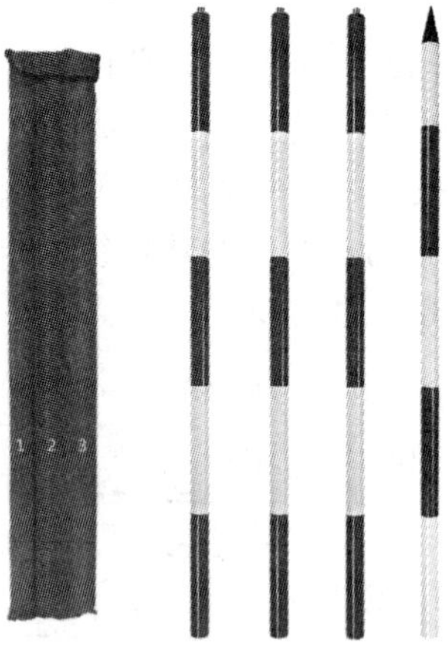

图 3-6　标杆

3.1.2　直线定线

当地面两点间距离较远或起伏较大时，就需要在直线方向上分成若干段进行丈量。

这种将多个分段点标定在待测直线上的工作称为直线定线。直线定线又可分为目估定线和经纬仪定线两种方法。其中，普通精度量距时可采用目估定线，精密量距时应使用经纬仪定线。

3.1.2.1　目估定线

要测量线段 AB 的距离，用眼睛在直线 AB 上标出分段点 1、2…n，这种方法称为目估定线，如图 3-7 所示。目估定线的方法是：在 A、B 两点上各竖直插入一个标杆，甲站在 A 点后 1 ~ 2 m，从 A 点标杆的一侧瞄向 B 点标杆的同一侧；乙在 AB 两点之间距 A 点大约一整尺长（钢尺的实际长度）的位置，持标杆或测钎侧身站在选取的位置附近左右移动，直到 3 支标杆或测钎的同一侧处于同一直线上，最后乙把标杆或测钎竖直插入地上，标记分段点 1 点。接下来用同样方法标记其他分段点。

图 3-7　目估定线

3.1.2.2　经纬仪定线

要测量线段 AB 的距离，用经纬仪在直线 AB 上标出分段点 1、2…n，这种方法称为经纬仪定线。经纬仪定线的方法是：甲在 A 点架设经纬仪，对中、整平。松开水平与竖直制动螺旋，转动望远镜，使望远镜十字丝的竖丝瞄准 B 点，拧紧水平制动螺旋（竖直制动螺旋不用拧紧）；乙在 AB 两点之间距 A 点大约一整尺长的位置，持标杆或测钎站在选取的位置附近左右移动。甲转动望远镜向下俯视，使乙进入望远镜视野，然后指挥乙移动标杆或测钎，直到标杆或测钎与望远镜十字丝竖丝重合，将标杆插入地下。接下来用同样的方法标记其他的分段点，如图 3-8 所示。

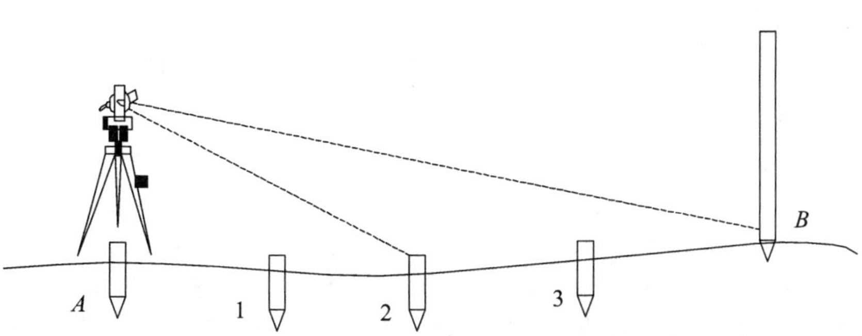

图 3-8　经纬仪定线

3.1.3　直线定线钢尺量距的方法及精度要求

3.1.3.1　一般钢尺量距

要丈量平坦地面上 *AB* 两点间的距离，其做法是，先在标定好的 *AB* 两点立标杆，进行直线定线，然后进行丈量。钢尺因刻划误差、使用中的变形、丈量时的温度变化和拉力不同的影响，其实际长度往往不等于尺上所标记的长度（即名义长度）。因此，在精密量距时，测量时应对钢尺进行检定，求出在标准温度下和标准压力下的实际长度，以便对丈量结果加以改正。为了检核距离测量错误和提高成果精度，我们通常采用往返测量进行比较，符合精度要求时，往返测量平均值作为测量结果，则

$$D_{平均}=1/2（D_{往}+D_{返}）\tag{3-1}$$

距离测量的精度一般用相对误差 *K* 表示，则 *K* 为

$$K=\frac{\left|D_{往}-D_{返}\right|}{D_{平均}}=\frac{1}{?}\tag{3-2}$$

相对误差的分母越大，则 *K* 值越小，精度越高；反之，精度越低。平坦地区测量时一般相对误差 ≤1∶2 000。一般钢尺量距记录表见表 3-1。

表 3-1　量距记录表

工程名称：		日期：		量距：	单位：m	
测线		整尺段	零尺段	较差	精度 *K*	平均值
AB	往	5×30	13.861	0.068	1/2400	163.827
	返	5×30	13.793			

【例 3-1】用钢尺丈量两点间的直线距离，往测距离为 217.30 m，返测距离为 217.38 m，根据规范要求，试问所丈量成果是否满足精度要求？

【解】由题意知：

$$D_{平均}=（D_{往}+D_{返}）/2=217.34\ \text{m}$$

$$K=\frac{\left|D_{往}-D_{返}\right|}{D_{平均}}=1/2\ 700<1/2\ 000，丈量结果满足精度要求。$$

3.1.3.2　精密短距测量

所谓短距测量，是指被测距离不大于整尺全长的量距工作。这在不便安置测距仪的精密工程测量中时有出现。其测量方式和成果整理方法同样适用于长距离测量。

量距前首先标定被测距离的端点位置，通过端点分别划一垂直于测线的短线作为丈量标志。丈量组一般由 5 人组成，使用检定过的基本分划为毫米的钢尺，2 人拉尺，2 人读数，1 人指挥兼记录和读温度。丈量时，一人手拉挂在钢尺零分划端的弹簧秤，另一人手拉钢尺另

一端，将尺置于被测距离上，张紧尺子，待弹簧秤上指针指到该尺检定时的标准拉力时，两端的读尺员同时读数，估读至 0.5 mm。每段距离要移动钢尺位置丈量 3 次，移动量一般在 1 cm 以上，3 次量距较差一般不超过 3 mm。每次读数的同时，读记温度，精确至 0.5 ℃。

精密量距中的量距结果需进行尺长改正、温度改正及倾斜改正，求出改正后的平距。

1. 尺长改正

钢尺在标准拉力、标准温度下的检定长度 l' 与钢尺的名义长度 l_0 一般不相等，其差数 Δl 为整尺段的尺长改正数，即

$$\Delta l = l' - l_0$$

任一丈量长度 l 的尺长改正数为

$$\Delta l_d = \frac{\Delta l}{l_0} l \qquad (3\text{-}3)$$

2. 温度改正

钢尺长度受温度的影响会伸缩。当量距时的温度 t 与检定钢尺时的温度 t_0 不一致时，需进行温度改正，其公式为

$$\Delta l_t = \alpha(t - t_0)l \qquad (3\text{-}4)$$

式中：α 为钢尺的线膨胀系数。

3. 倾斜改正

如图 3-9 所示，设 l 为量得的斜距，h 为距离两端点间的高差，要将 l 改算成平距 d，需加入倾斜改正 Δl_h，即

$$\Delta l_h = d - l = \sqrt{l^2 - h^2} - l = l\left[\left(1 - \frac{h^2}{l^2}\right)^{1/2} - 1\right] \qquad (3\text{-}5)$$

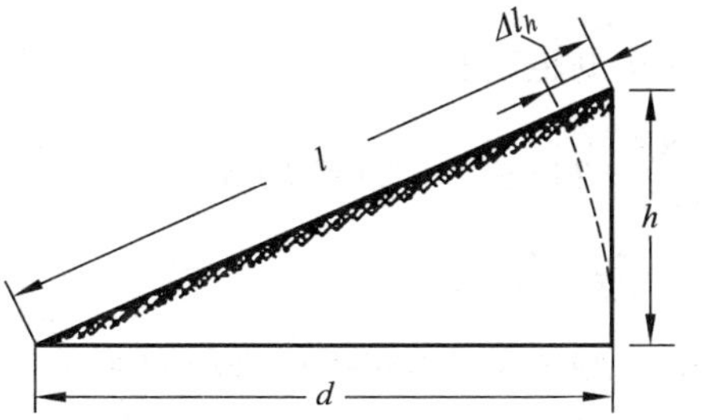

图 3-9　斜距改算平距

将 $\left(1 - \frac{h^2}{l^2}\right)^{1/2}$ 展成级数，并顾及 h 与 l 之比值很小，则有

$$\Delta l_h = -\frac{h^2}{2l} \tag{3-6}$$

倾斜改正数永为负值。

经三项改正后的平距为

$$d = l + \Delta l_d + \Delta l_t + \Delta l_h \tag{3-7}$$

在标准拉力和标准温度下检定的钢尺，可将它的尺长改正和温度改正表示成实际长度的函数，称为尺长方程式，即

$$d = l + \Delta l_d + \alpha(t - t_0)l_0 \tag{3-8}$$

有了钢尺的尺长方程式，就可对用该钢尺测得之距离作尺长和温度改正计算。

【例 3-2】某尺段实测距离为 29.865 5 m，量距所用钢尺的尺长方程式为：l=30+0.005+0.000 012 5×30(t−20℃)m，丈量时温度为 30 ℃，所测高差为 0.238 m，求水平距离。

【解】方法 1：

① 尺长改正

$$\Delta l_d = \frac{0.005}{30} \times 29.865\,5 = 0.005\,0\ \text{m}$$

② 温度改正

$$\Delta l_t = 0.000\,012\,5 \times (30 - 20) \times 29.865\,5 = 0.003\,7\ \text{m}$$

③ 倾斜改正

$$\Delta l_h = -\frac{0.238^2}{2 \times 29.865\,5} = -0.000\,9\ \text{m}$$

④ 水平距离为

$$d = 29.865\,5 + 0.005\,0 + 0.003\,7 - 0.000\,9 = 29.873\,3\ \text{m}$$

方法 2：

① 由尺长方程算出在 30℃时整尺（30 m）经尺长温度改正后的长度

$$l' = 30 + 0.005 + 0.000\,012\,5 \times 30(30 - 20) = 30.008\,8\ \text{m}$$

② 经尺长温度改正后的实测距离长度

$$l = \frac{30.008\,8}{30} \times 29.865\,5 = 29.874\,3\ \text{m}$$

③ 加倾斜改正后的水平距离

$$d = l - \Delta l_h = 29.874\,3 - 0.000\,9 = 29.873\,4\ \text{m}$$

特别提示

影响量距成果的主要原因：

1. 对点投点不准

丈量时用测钎在地面上标志尺端点位置，若前后尺手配合不好，插测钎不直，很容易造成3～5 mm的误差。如在倾斜地区丈量，用垂球投点，误差可能更大。在丈量中应尽力做到对点准确，配合协调，尺要拉平，测钎应直立，投点要准。

2. 尺身不直

3. 定线不直

定线不直使得丈量沿着折线进行，其影响和尺身不水平的误差一样。在起伏较大的山地或直线较长或精度要求较高时应用经纬仪定线。

4. 拉力不均

钢尺的标准拉力大小多是98 N，故一般丈量中只要保持拉力均匀即可。

5. 丈量中出现的错误

丈量中出现的错误主要有认错尺的零刻线和注字，记错尺段数。读数时，由于精力集中于小数，对分米、米有所疏忽，容易把数字对错或将记录颠倒，记录员听错、记错。为防止错误就要认真校核，提高操作水平，加强工作责任心。

练一练

1. D_{AB}=125.34 m，D_{BA}=125.29 m，D_{CD}=236.56 m，D_{DC}=236.61 m，哪段距离测量的精度高？

2. 用30 m长的钢尺，丈量结果为往测4尺段，余长为10.250 m，返测4尺段，余长为10.210 m，试进行精度校核，若精度合格，求出水平距离。（精度要求$K_{容}$=1/2 000）

3.2　视距测量

视距测量是利用测量仪器望远镜中的视距丝并配合视距尺，根据几何光学及三角学原理，同时测定两点间的水平距离和高差的一种方法。此法操作简单，速度快，不受地形起伏的限制，但测距精度较低，一般可达 1/200，故常用于地形测图。视距尺一般可选用普通塔尺。

3.2.1　视距测量原理

3.2.1.1　视线水平时的视距测量公式

欲测定 A、B 两点间的水平距离，如图 3-10 所示，在 A 点安置经纬仪，在 B 点竖立视距尺，当望远镜视线水平时，视准轴与尺子垂直，经对光后，通过上、下两条视距丝 m、n 就可读得尺上 M、N 两点处的读数，两读数的差值 L 称为视距间隔或视距。f 为物镜焦距，p 为视距丝间隔，δ 为物镜至仪器中心的距离，由图可知，A、B 点之间的平距为：

$$D = d + f + \delta$$

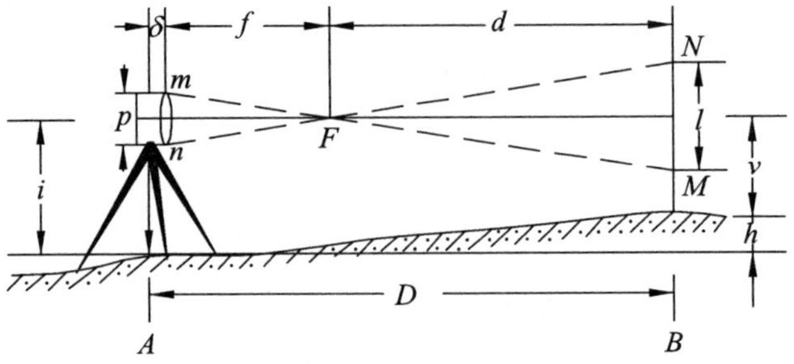

图 3-10 水平视距测量

其中：d 由两相似三角形 MNF 和 mnF 求得

$$\frac{d}{f} = \frac{l}{p}$$

因此
$$d = \frac{f}{p} l$$

$$D = \frac{f}{p} l + (f + \delta)$$

令 $\frac{f}{p} = K$，称为视距乘常数，$f + \delta = c$，称为视距加常数，则

$$D = Kl + c \tag{3-9}$$

在设计望远镜时，适当选择有关参数后，可使 K=100，c=0。于是，视线水平时的视距公式为

$$D = 100l \tag{3-10}$$

两点间的高差为

$$h = i - v \tag{3-11}$$

式中：i 为仪器高；v 为望远镜的中丝在尺上的读数。

3.2.1.2 视线倾斜时的视距测量公式

当地面起伏较大时，必须将望远镜倾斜才能照准视距尺，如图 3-11 所示，此时的视准轴不再垂直于尺子，前面推导的公式就不适用了。若想引用前面的公式，则测量时必须将尺子置于垂直于视准轴的位置，但那是不太可能的。因此，在推导倾斜视线的视距公式时，必须加上两项改正：视距尺不垂直于视准轴的改正；倾斜视线（距离）化为水平距离的改正。

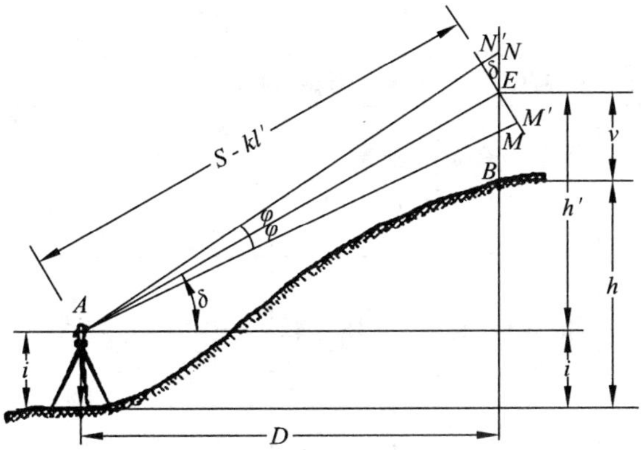

图 3-11 倾斜视距测量

在图 3-11 中，设视准轴倾斜角为 δ，由于 φ 角很小，略为 17′，故可将∠$NN'E$ 和∠$MM'E$ 近似看成直角，则∠NEN'=∠MEM'=δ，于是

$$
\begin{aligned}
l' &= M'N' = M'E + EN' = ME\cos\delta + EN\cos\delta \\
&= (ME + EN)\cos\delta = l\cos\delta
\end{aligned}
$$

根据（3-11）式得倾斜距离

$$S = Kl' = Kl\cos\delta$$

化算为平距为

$$D = S\cos\delta = Kl\cos^2\delta \tag{3-12}$$

A、B 两点间的高差为

$$h = h' + i - v$$

式中 $h' = S\sin\delta = Kl\cos\delta\cdot\sin\delta = \dfrac{1}{2}Kl\sin 2\delta$

称为初算高差。故视线倾斜时的高差公式为

$$h = \frac{1}{2}Kl\sin 2\delta + i - v \tag{3-13}$$

3.2.2 视距测量方法

（1）安置仪器于测站点上，对中、整平后，量取仪器高 i 至厘米。

（2）在待测点上竖立视距尺。

（3）转动仪器照准部照准视距尺，在望远镜中分别用上、下、中丝读得读数 M、N、V；再使竖盘指标水准管气泡居中，在读数显微镜中读取竖盘读数。

（4）根据读数 M、N 算得视距间隔 L；根据竖盘读数算得竖角 δ；利用视距公式（3-12）和（3-13）计算平距 D 和高差 h。记录及计算见表 3-2。

表 3-2　视距测量记录

测站：A　测站高程：+45.37m　仪器高：1.45m　仪器：DJ_6									
测点	下丝读数 上丝读数 尺间隔 L/m	中丝读数 v/ m	竖盘读数 L (° ′ ″)	垂直角 δ (° ′ ″)	水平距离 D/ m	除算高差 h'/ m	高差 h/ m	高程 H/ m	备注
1	2.237 0.663 1.574	1.45	87　41　12	+2　18　48	157.14	+6.35	+6.35	+51.72	盘左位置
2	2.445 1.555 0.890	2.00	95　17　36	−5　17　36	88.24	−8.18	−8.73	+36.64	

【例 3-3】以表 3-2 中的已知数据和测点 1 的观测数据为例，计算 A、1 两点间的水平距离和 1 点的高程。

【解】

$$D_{A1} = Kl\cos^2\alpha = 100\times1.574\ \text{m}\times[\cos(+2°18'48'')]^2 = 157.14\ \text{m}$$

$$h_{A1} = \frac{1}{2}Kl\sin2\alpha + i - v$$

$$= \frac{1}{2}\times100\times1.574\ \text{m}\times\sin[2\times(2°18'48'')] + 1.45\ \text{m} - 1.45\ \text{m} = +6.35\ \text{m}$$

$$H_1 = H_A + h_{A1} = 45.37\ \text{m} + 63.5\ \text{m} = +51.72\ \text{m}$$

特别提示

1. 为减少垂直折光的影响，观测时尽可能使视线高离地面1 m以上。
2. 作业时，要将水准尺竖直，并尽量采用带水准器的水准尺。
3. 水准尺一般是厘米刻划的整体尺。如果使用塔尺应注意检查各节尺的接头是否准确。
4. 要在成像稳定的情况下进行观测。

练一练

1. 用水准仪完成视距测量，读取上丝读数为1.325 m，下丝读数为1.126 m，两点水平距离多少？
2. 什么是视距丝？
3. 根据表3-3数据进行计算（仪器高为1.560 m）。

表 3-3 平距测量及计算（单位：m）

点号	上丝读数	中丝读数	下丝读数	水平距离	高差	高差
1	1.845	1.400	0.960			
2	2.165	1.400	0.635			
3	1.880	1.561	1.242			

3.3 光电测距

在地势起伏地区，往往不采用钢尺量距和视距测量。要进行这种地形的距离测量要采取光电测距的方法。本节介绍用光电测距的方法完成实际地面距离的测量。

与钢尺量距的烦琐和视距测量的低精度相比，电磁波测距具有测程长、精度高、操作简便、自动化程度高的特点。电磁波测距按精度可分为Ⅰ级（$m_D \leqslant 5$ mm）、Ⅱ级（5 mm < $m_D \leqslant 10$ mm = 和Ⅲ级（$m_D > 10$ mm）；按测程可分为短程（ < 3 km）、中程（3~5 km）和远程（ > 15 km）。按采用的载波不同，可分为利用微波作载波的微波测距仪、利用光波作载波的光电测距仪。光电测距仪所使用的光源一般有激光和红外光。

3.4 直线方向的测量

3.4.1 直线定向

确定直线的方向简称直线定向。为了确定地面点的平面位置，不但要已知直线的长度，并且要已知直线的方向。直线的方向也是确定地面点位置的基本要素之一，所以直线方向的测量也是基本的测量工作。确定直线方向首先要有一个共同的基本方向，此外要有一定的方法来确定直线与基本方向之间的角度关系。

3.4.1.1 直线定向的基本方向

作为直线定向用的基本方向有下列三种。

1. 真子午线方向

过地球上某点及地球的北极和南极的半个大圆称为该点的真子午线（图 3-12）。

真子午线方向指出地面上某点的真北和真南方向。真子午线方向要用天文观测方法、陀螺经纬仪和 GPS 来测定。由于地球上各点的真子午线都向两极收敛而会集于两极，所以，虽然各点的真子午线方向都是指向真北和真南，然而在经度不同的点上，真子午线方向互不平行。

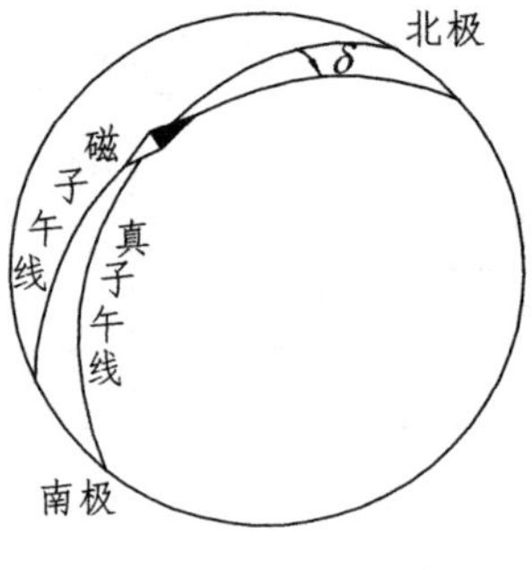

图 3-12　真子午线

两点真子午线方向间的夹角称为子午线收敛角。子午线收敛角可近似地计算如下：图 3-13 中将地球看成是一个圆球，其半径为 R，设 A、B 为位于同一纬度 φ 上的两点，相距为 S。A、B 两点真子午线的切线就是 A、B 两点的真子午线方向，它们与地轴的延线相交于 D，它们之间的夹角 γ 就是 A、B 两点间的子午线收敛角。从直角三角形 BOD 中可得

$$\gamma = S \cdot \rho / BD \tag{3-14}$$

又因

$$BD = \frac{R}{\tan\varphi} \tag{3-15}$$

故

$$\gamma = \rho \cdot \frac{S}{R} \tan\varphi \tag{3-16}$$

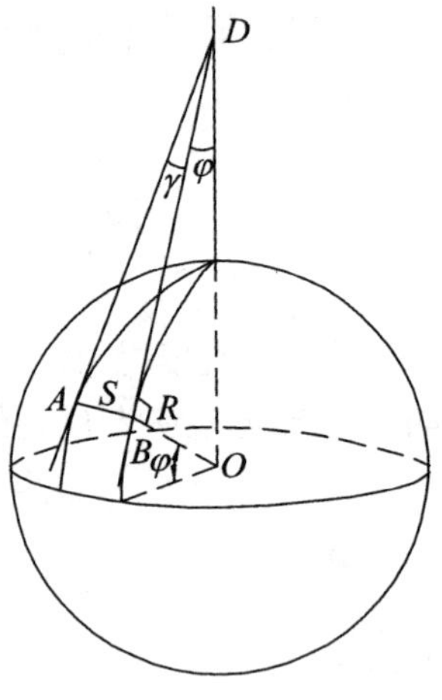

图 3-13　子午线收敛角计算示意

从式（3-16）中可以看出：子午线收敛角随纬度的增大而增大，并与两点间的距离成正比。当 A、B 两点不在同一纬度时，可取两点的平均纬度代入 φ，并取两点的横坐标之差代入 S。

2. 磁子午线方向

过地球上某点及地球南北磁极的半个大圆称为该点的磁子午线，所以自由旋转的磁针静

止下来所指的方向，就是磁子午线方向。磁子午线方向可用罗盘来确定。

由于地磁的两极与地球的两极并不一致，北磁极约位于西经 100.0°、北纬 76.1°，南磁极约位于东经 139.4°、南纬 65.8°，所以同一地点的磁子午线方向与真子午线方向不能一致，其夹角称为磁偏角，用符号 δ 表示（图 3-12）。磁子午线方向北端在真子午线方向以东时为东偏，δ 定为“+”，在西时为西偏，δ 定为“－”。磁偏角的大小随地点、时间而异，在我国磁偏角的变化约在+6°（西北地区）到−10°（东北地区）之间。由于地球磁极的位置不断地在变动，以及磁针受局部吸引等影响，所以磁子午线方向不宜作为精确定向的基本方向。但由于用磁子午线定向方法简便，所以在独立的小区域测量工作中仍可采用。

3. 坐标纵轴方向

不同点的真子午线方向或磁子午线方向都是不平行的，这使直线方向的计算很不方便。采用坐标纵轴方向作为基本方向，这样各点的基本方向都是平行的，所以使方向的计算十分方便。

通常取测区内某一特定的子午线方向作为坐标纵轴，在一定范围内部以坐标纵轴方向作为基本方向。图 3-14 中以过 O 点的真子午线方向作为坐标纵轴，所以任意点 A 或 B 的真子午线方向与坐标纵轴方向间的夹角就是任意点与 O 点间的子午线收敛角 γ，当坐标纵轴方向的北端偏向真子午线方向以东时，γ 定为“+”，偏向西时 γ 定为“－”。

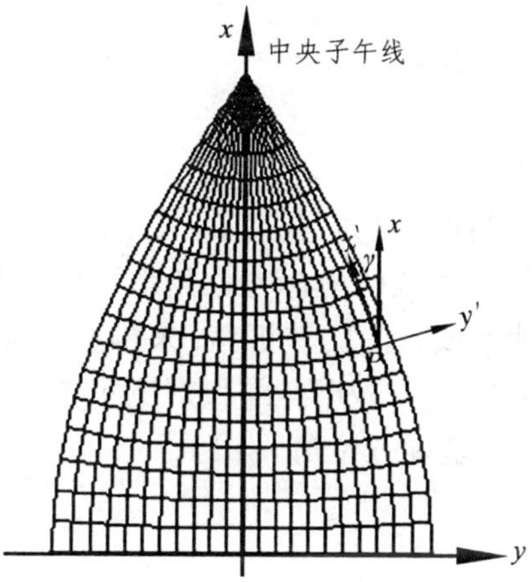

图 3-14　坐标纵轴方向

3.4.1.2　确定直线方向的方法

确定直线方向就是确定直线和基本方向之间的角度关系，有下面两种方法；

1. 方位角

由基本方向的指北端起，按顺时针方向量到直线的水平角为该直线的方位角（Azimuth），用 A 表示。所以方位角的定义域为[0°, 360°)，如图 3-15 中 $O1$、$O2$、$O3$ 和 $O4$ 的方位角分别为 A_1、A_2、A_3 和 A_4。

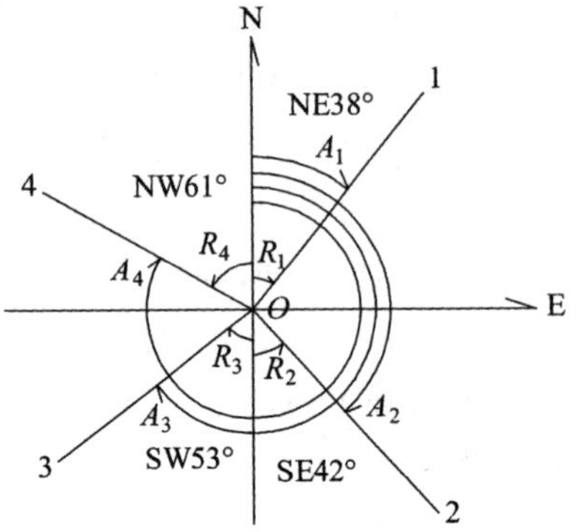

图 3-15 方位角

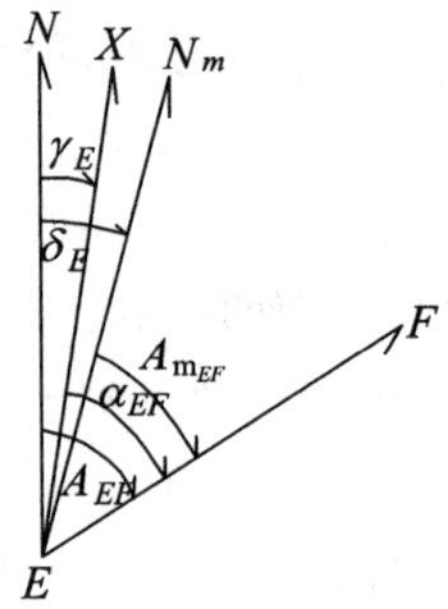

图 3-16 确定直线的方位角

确定一条直线的方位角，首先要在直线的起点作出基本方向（图 3-16）。如果以真子午线方向作为基本方向，那么得出的方位角称真方位角，用 A 表示；如果以磁子午线方向为基本方向，则其方位角称为磁方位角，用 A_m 表示；如果以坐标纵轴方向为基本方向，则其角称为坐标方位角，用 α 表示。由于一点的真子午线方向与磁子午线方向之间的夹角是磁偏角 δ，真子午线方向与坐标纵轴方向之间的夹角是子午线收敛角 γ，所以从图 3-16 不难看出：真方位角和磁方位角之间的关系为；

$$A_{EF} = A_{mEF} + \delta_E \tag{3-17}$$

真方位用和坐标方位角的关系为：

$$A_{EF} = \alpha_{EF} + \gamma_E \tag{3-18}$$

式中：δ 和 γ 的值东偏时为“+”，西偏时为“－”。

在实际测量工作中，并非每条直线的坐标方位角都要实地测定，通常是根据一条直线的已知坐标方位角和该直线与其他直线之间的转折角，来推算其他直线的坐标方位角。如图 3-17 所示，已知直线 12 的坐标方位角 α_{12}，若用经纬仪观测了 2 点的左角（测量前进方向左侧的水平角）$\beta_{左}$，则推算出直线 23 的坐标方位角 α_{23} 为

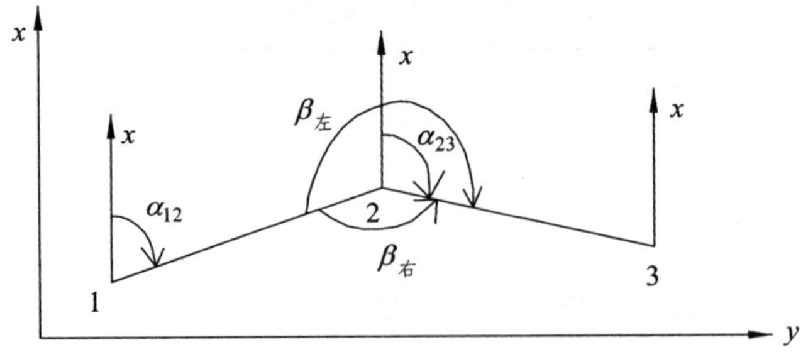

图 3-17 坐标方位角的推算示意图

$$\alpha_{23}=\alpha_{12}+\beta_{左}-180° \tag{3-19}$$

若用经纬仪观测了 2 点的右角（测量前进方向右侧的水平角）$\beta_{右}$，则推算出直线 23 的坐标方位角 α_{23} 为

$$\alpha_{23}=\alpha_{12}-\beta_{右}+180°\qquad(3\text{-}20)$$

2. 象限角

直线与基本方向构成的锐角称为直线的象限角，即坐标纵轴的北端或南端顺时针或逆时针起转至直线的锐角称为坐标象限角，用 R 表示（图 3-18）。其角度变化从 0°到 90°。为了表示直线的方向，应分别注明北东、北西或南东、南西。显然，如果知道了直线的方位角，就可以推算出它的象限角。反之，知道了象限角也就可以推算出方位角。

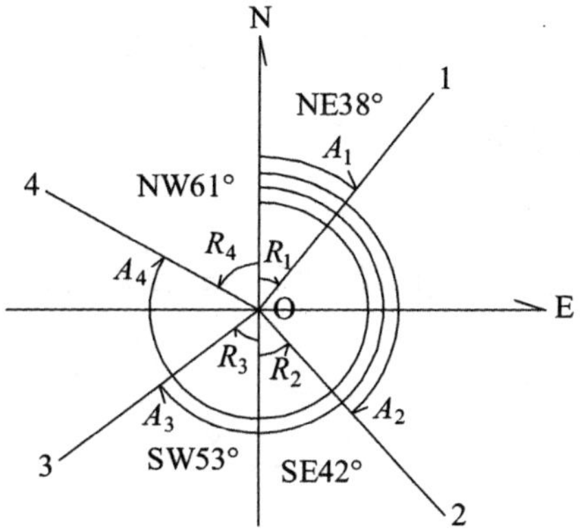

图 3-18　象限角示意图

3.4.1.3　坐标方位角与象限角的关系

坐标方位角与象限角的关系见表 3-4。

表 3-4　坐标方位角与象限角的关系

直线方向	象　限	象限角与方位角的关系
北东	一	$\alpha=R$
南东	二	$\alpha=180°-R$
南西	三	$\alpha=180°+R$
北西	四	$\alpha=360°-R$

3.4.1.4　直线的正反方向

一条直线有正反两个方向，在直线起点量得的直线方向称直线的正方向，反之在直线终点量得的该直线的方向称直线的反方向（图 3-19）。

例如在图 3-19 中，直线由 E 到 F，在起点 E 得直线的方位角为 A_{EF} 或 α_{EF}，而在终点 F 得直线的方位角为 A_{FE} 或 α_{FE}，A_{FE} 或 α_{FE} 是直线 EF 的反方位角。同一直线的正反真方位角的关系为：

$$A_{FE}=A_{EF}\pm180°+\gamma_F\qquad(3\text{-}21)$$

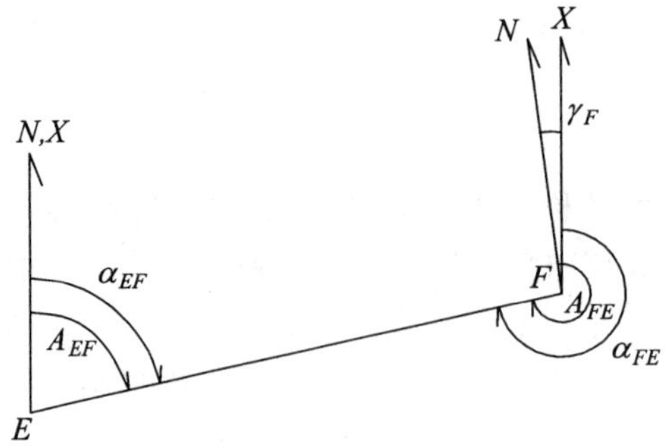

图 3-19　直线的正反方向

γ 为 EF 两点间的子午线收敛角。而正反坐标方位角的关系为：

$$\alpha_{FE} = \alpha_{EF} \pm 180° \tag{3-22}$$

由以上的变换关系可以看出，采用坐标方位角计算最为方便，因此在直线定向中一般均采用坐标方位角。

3.4.1.5　坐标的计算

1. 坐标正算

根据已知点坐标、已知直线边长和直线坐标方位角，计算未知点坐标的方法，称为坐标正算。设 A 点的已知坐标为（x_A，y_A），已知 A 点到 B 点的边长为 D_{AB}，直线 AB 的坐标方位角为 α_{AB}，求 B 点坐标（x_B，y_B），如图 3-20 所示。

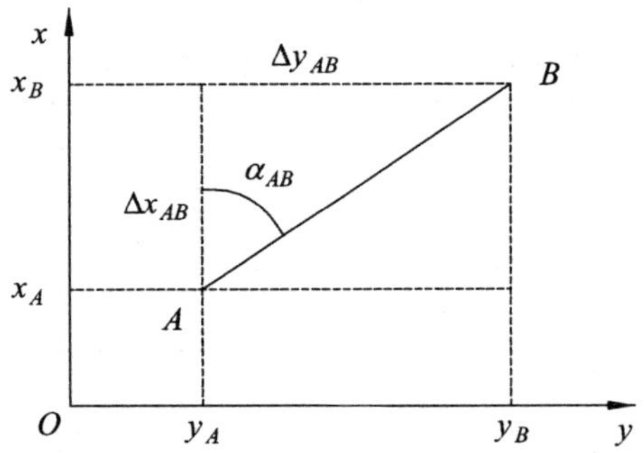

图 3-20　坐标计算示意图

由图中关系可知，计算 Δx_{AB}（A 点到 B 点的横坐标增量）和 Δy_{AB}（A 点到 B 点的纵坐标增量）的公式为：

$$\Delta x_{AB} = D_{AB} \cos \alpha_{AB} \tag{3-23}$$

$$\Delta y_{AB} = D_{AB} \sin \alpha_{AB} \tag{3-24}$$

则 B 点坐标的计算公式为：

$$x_B = x_A + \Delta x_{AB} \tag{3-25}$$

$$y_B = y_A + \Delta y_{AB} \tag{3-26}$$

2. 坐标反算

根据两个已知点的平面直角坐标计算两点间水平距离和坐标方位角的方法，称为坐标反算。设 A 点的已知坐标为（x_A，y_A），B 点坐标为（x_B，y_B），求 A 点到 B 点的边长为 D_{AB} 和坐标方位角 α_{AB}，如图 3-20 所示。坐标反算的计算顺序与上述的坐标正算计算顺序相反，由图中关系可知，A 点到 B 点的边长 D_{AB} 为

$$D_{AB}=\sqrt{\Delta x_{AB}{}^{2}+\Delta y_{AB}{}^{2}} \qquad (3\text{-}27)$$

直线 AB 的坐标方位角 α_{AB} 为

$$\alpha_{AB}=\arctan\frac{\Delta y_{AB}}{\Delta x_{AB}} \qquad (3\text{-}28)$$

全站仪可同时观测水平距离、水平角和垂直角，并可以根据上面公式自动计算平面坐标（x，y）和高程 H，在显示屏上同时显示（x，y，H），即可测定点位的三维坐标。x、y 和 H 在全站仪显示屏上分别显示为 N、E 和 Z。

练一练

1. 为什么要确定直线的方向？怎样来确定直线的方向？
2. 定向的基本方向有哪几种？确定直线与基本方向之间的关系有哪些方法？
3. 正反坐标方位角的关系是什么？
4. 如图3-21所示，已知12边坐标方位角α_{12}=38°00′42″，试求23、34、45 各边的坐标方位角。

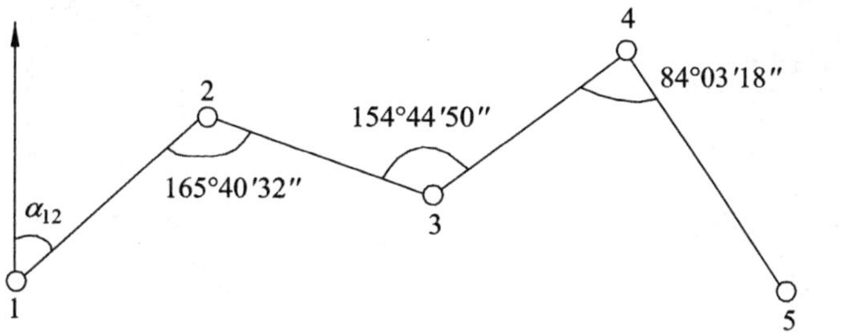

图 3-21　坐标方位角计算

5. 已知直线AB的反象限角、AC的正象限角、AD的反方位角、AE的正方位角，不考虑子午线收敛角的影响，试计算表3-5中的空白部分。

表 3-5　方位角计算

直线名称	正方位角	反方位角	正象限角	反象限角
AB				南西24°32′
AC			南东52°56′	
AD		60°12′		
AE	338°14′			

3.4.2 其他方位角的确定方法

罗盘仪是用来测定直线磁方位角的仪器。其精度虽然不高，但具有结构简单、使用方便等特点，在普通测量中使用较广泛。我们应该掌握罗盘仪的使用，并能准确进行方位角的测量。了解真方位角的两种测量方法，以便更较深刻地理解方位角的概念。

3.4.2.1 用罗盘仪测量直线的磁方向

罗盘仪是测量直线磁方位角或磁象限角的一种仪器，主要由望远镜（或照准觇板）、磁针和度盘三部分组成（图 3-22）。

望远镜 1 是照准用设备，它安装在支架 5 上，而支架则连接在度盘盒 3 上，可随度盘一起旋转。磁针 2 支承在度盘中心的顶针上，可以自由转动，静止时所指方向即为磁子午线方向。为保护磁针和顶针，不用时应旋紧制动螺旋 4，可将磁针托起压紧在玻璃盖上。一般磁针的指北端染成黑色或蓝色，用来辨别指北或指南端。由于受两极不同磁场强度的影响，在北半球磁针的指北端向下倾斜，倾斜的角度称“磁倾角”。为使磁针水平，在磁针的指南端加上一些平衡物，这也有助于辨别磁针的指南或指北端。

度盘安装在度盘盒内，随望远镜一起转动。度盘上刻有 1°或 0.5°的分划，其注记是自 0°起按逆时针方向增加至一周 360°，过 0°和 180°的直径和望远镜视准轴方向一致，我用这种仪器可直接读出直线的磁方位角，所以我们称之为方位罗盘仪（图 3-23）。

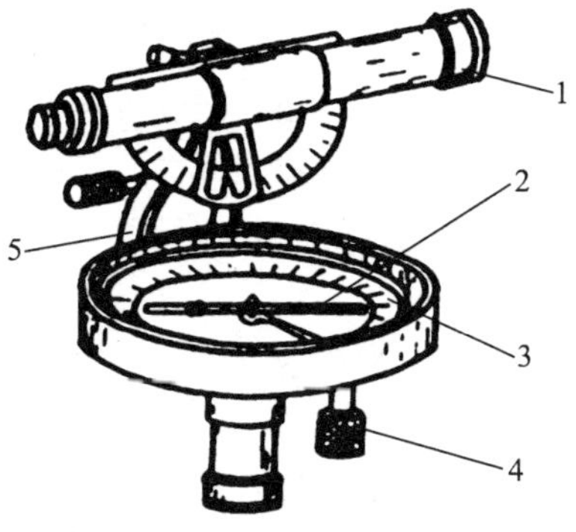

图 3-22　罗盘仪

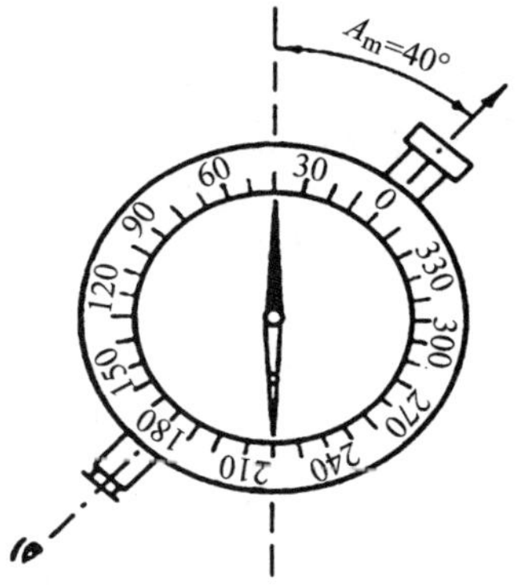

图 3-23　方位罗盘仪

用罗盘仪测量直线方向时，将罗盘仪安置在直线的起点。对中、整平后，照准直线的另一端，然后放松磁针，当磁针静止后，即可进行读数。读数规则如下：

如果观测时物镜靠近 0°，目镜靠近 180°，则用磁针的北端直接读出直线的磁方位角。反之则用磁针的南端读出。如图 3-23 所示，读得磁方位角为 40°。

使用罗盘仪测量时应注意使磁针能自由旋转，勿触及盒盖或盒底；测量时应避开钢轨、高压线等，仪器附近不要有铁器。

3.4.2.2 用天文观测法测量直线的真方位角

天文方位角测量的基本原理如图 3-24 所示。

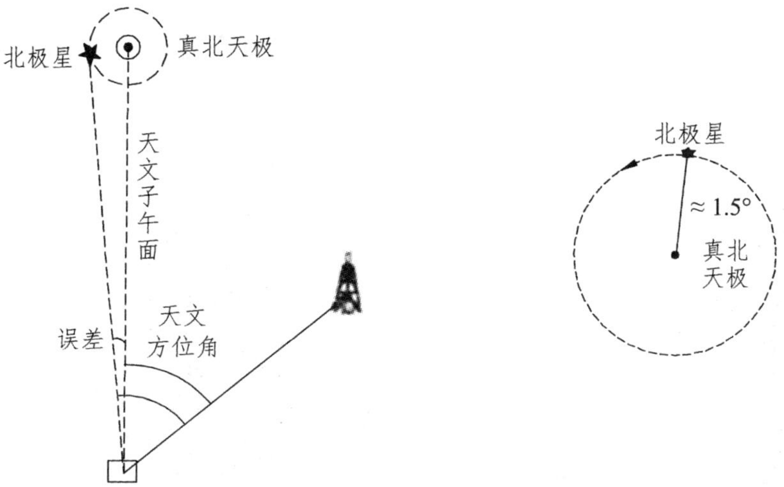

图 3-24　天文方位角测量的基本原理

紫金山天文台、上海天文台每年年末公布下一年的天文年历、天文简历，可计算来年内任一时刻的北极星与真北天极间的方位角改正数。天文方位角的主要观测方法：太阳高度法、北极星法、天文纬度测量和天文纬度测量。

3.4.2.3　用陀螺经纬仪测量直线的真方位角

用天文方法测量真方位角受到天气、时间和地点等许多条件的限制，观测和计算也较麻烦，用陀螺经纬可以避免这些缺点，特别是用于某些地下工程中。

陀螺经纬仪是由陀螺仪和经纬仪组合而成的一种定向用仪器。陀螺是一个悬挂着的能作高速旋转的转子。当转子高速旋转时，陀螺仪有两个重要的特性：一是陀螺仪定轴性，即在无外力作用下，陀螺轴的方向保持不变；另一个是陀螺仪的进动性，即在陀螺轴受外力作用时，陀螺轴将按一定的规律产生进动。因此在转子高速旋转和地球自转的共同作用下，陀螺轴可以在测站的真北方向两侧作有规律的往复转动，从而可以得出测站的真北方向。

陀螺经纬仪的构造：

陀螺经纬仪由经纬仪、陀螺仪和电源箱三大部分组成。图 3-25 是国产 JT-15 型陀螺经纬仪，其陀螺方位角的测定精度为±15″，经纬仪属 DJ_6 级。

陀螺仪的构造由以下几部分组成（图 3-26）。

1. 灵敏部

陀螺仪的核心部分是陀螺电机 1，它的转速为 21 500 r/min，安装在密封充氢的陀螺房 2 中，通过悬挂柱 3 由悬挂带 4 悬挂在仪器的顶部，有两根导流丝 5 和悬挂带 4 及旁路结构为电机供电，悬挂柱上装有反光镜 6，它们共同组成陀螺仪的灵敏部。

2. 光学观测系统

与支架固连的光标线 7，经过反射棱镜和反光镜反射后，通过透镜成像在分划板 8 上。在目镜内可见到图 3-27 所示的影像。光标像在视场内的摆动反映了陀螺灵敏部的摆动。

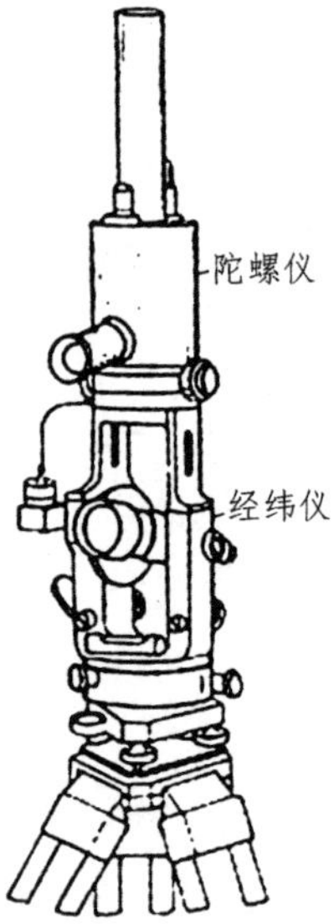

图 3-25　JT-15 型陀螺经纬仪

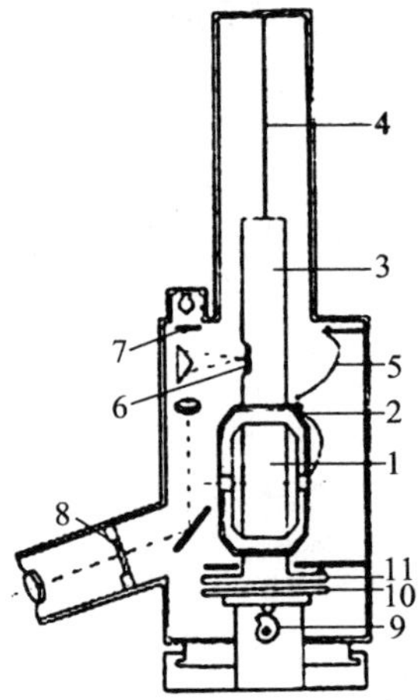

图 3-26　陀螺经纬仪的组成

1—陀螺电机；2—陀螺房；3—悬挂柱；4—悬挂带；
5—导流丝；6—反光镜；7—光标线；8—分划权；
9—凸轮；10—锁紧限幅装置；11—灵敏部底座

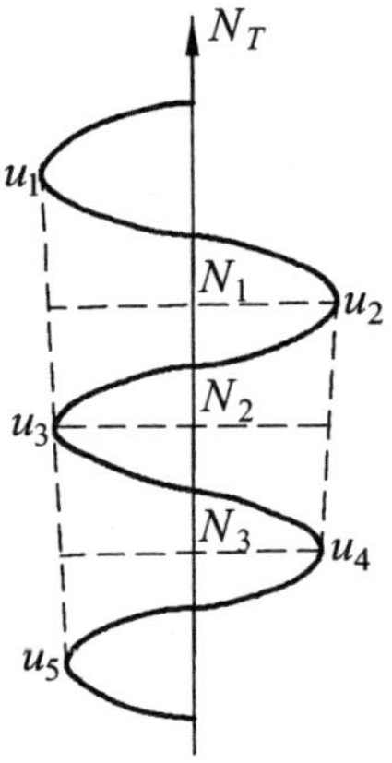

图 3-27　陀螺仪经纬目镜中观察到的图像

3. 锁紧和限幅装置

锁紧和限幅装置用于固定灵敏部或限制它的摆动。转动仪器的外部手轮，通过凸轮 9 带动锁紧限幅装置 10 的升降，使陀螺仪灵敏部被托起（锁紧）或放下（摆动）。

仪器外壳的内壁有磁屏蔽罩，用于防止外界磁场的干扰，陀螺仪的底部与经纬仪的桥形支架相连。

练一练

1. 不考虑子午线收敛角，计算表3-6中空白部分。

表 3-6　方位角和象限角的换算

直线名称	正方位角	反方位角	正象限角	反象限角
AB				SE4°32′
AC			SW72°56′	
AD		123°12′		
AE	138°14′			

2. 什么叫标准方向？标准方向有哪几种？

项目 4　测量误差理论

教学目标

通过本项目的学习，学生应能够根据测量数据计算误差，能够判定测量数据的精度，并且能掌握观测误差的特性、衡量精度的指标和误差传播定律，提高自身的动手计算能力和团队合作能力。

项目概述

研究测量误差的来源、性质及其产生和传播的规律，解决测量工作中遇到的实际问题而建立起来的概念和原理的体系，称为测量误差理论。

看一看

图4-1是工程控制网平差软件设置界面。平差软件带有多种数据处理功能并提供多种定权方案，能进行方差一致性检验以及具有较高运算效率。

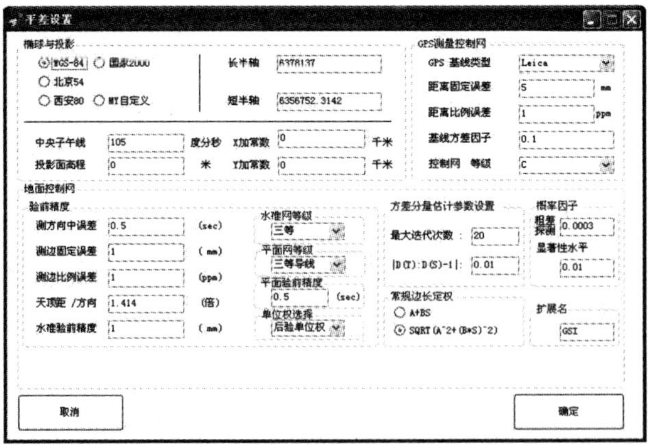

图 4-1　平差软件平差设置

想一想

在实际的测量工作中我们发现：当对某个确定的量进行多次观测时，所得到的各个结果之间往往存在着一些差异，例如重复观测两点的高差，或者是多次观测一个角或丈量若干次一段距离，其结果都互有差异。另一种情况是，当对若干个量进行观测时，如果已经知道在这几个量之间应该满足某一理论值，实际观测结果往往不等于其理论上的应有值。例如，一个平面三角形的内角和等于180°，但三个实测内角的结果之和并不等于180°，而是有一差异。这些差异称为不符值。这种差异是测量工作中经常而又普遍发生的现象，这是观测值中包含有各种误差的缘故。

任何测量都是利用特制的仪器、工具进行的，由于每一种仪器只具有一定限度的精密度，因此测量结果的精确度受到了一定的限制。且各个仪器本身也有一定的误差，使测量结果产生误差。测量是在一定的外界环境条件下进行的，客观环境包括温度、湿度、风力、大气折光等因素，客观环境的差异和变化也使测量的结果产生误差。测量是由观测者完成的，人的感觉器官的鉴别能力有一定的限度，人们在仪器的安置、照准、读数等等方面都会产生误差。此外，观测者的工作态度、操作技能也会对测量结果的质量（精度）产生影响。

4.1 误差概述

4.1.1 产生误差的原因

1. 观测者

观测者由于其感觉器官的鉴别能力的局限性，在仪器安置、照准、读数等工作中都会产生误差。同时，观测者的技术水平及工作态度也会对观测结果产生影响。

2. 测量仪器（surveying instrument）

测量工作所使用的测量仪器都具有一定的精密度，从而使观测结果的精度受到限制。另外，仪器本身构造上的缺陷，也会使观测结果产生误差。

3. 外界观测条件（field observation condition）

外界观测条件是指野外观测过程中，外界条件的因素，如天气的变化、植被的不同、地面土质松紧的差异、地形的起伏、周围建筑物的状况以及太阳光线的强弱、照射的角度大小等。

有风会使测量仪器不稳，地面松软可使测量仪器下沉，强烈阳光照射会使水准管变形，太阳的高度角、地形和地面植被决定了地面大气温度梯度，观测视线穿过不同温度梯度的大气介质或靠近反光物体，都会使视线弯曲，产生折光现象。因此，外界观测条件是保证野外测量质量的一个重要因素。

观测者、测量仪器和观测时的外界条件是引起观测误差的主要因素，通常称为观测条件。观测条件相同的各次观测，称为等精度观测。观测条件不同的各次观测，称为非等精度观测。

任何观测都不可避免地要产生误差。为了获得观测值的正确结果，就必须对误差进行分析研究，以便采取适当的措施来消除或削弱其影响。

4.1.2　误差的分类

观测误差按其性质，可分为系统误差、随机误差和粗差。

1. 系统误差

系统误差由仪器制造或校正不完善、观测员生理习性、测量时外界条件、仪器检定时不一致等原因引起。在同一条件下获得的观测列中，其数据、符号或保持不变，或按一定的规律变化。系统误差在观测成果中具有累计性，对成果质量影响显著，应在观测中采取相应措施予以消除。

2. 随机误差

它的产生取决于观测进行中的一系列不可能严格控制的因素（如湿度、温度、空气振动等）的随机扰动。在同一条件下获得的观测列中，其数值、符号不定，表面看没有规律性，实际上是服从一定的统计规律的。随机误差又可分两种：一种是误差的数学期望不为零，称为“随机性系统误差”；另一种是误差的数学期望为零，称为偶然误差。这两种随机误差经常同时发生，须根据最小二乘法原理加以处理。

3. 粗　差

粗差是一些不确定因素引起的误差，国内外学者在粗差的认识上还未有统一的看法，目前的观点主要有几类：一类是将粗差看作与偶然误差具有相同的方差，但期望值不同；另一类是将粗差看作与偶然误差具有相同的期望值，但其方差十分巨大；还有一类是认为偶然误差与粗差具有相同的统计性质，但有正态与病态的不同。以上的理论均建立在把偶然误差和粗差归于连续型随机变量范畴的基础上。还有一些学者认为粗差属于离散型随机变量。

当观测值中剔除了粗差，排除了系统误差的影响，或者与偶然误差相比系统误差处于次要地位后，占主导地位的偶然误差就成了我们研究的主要对象。从单个偶然误差来看，其出现的符号和大小没有一定的规律性，但对大量的偶然误差进行统计分析，就能发现其规律性，误差个数愈多，规律性愈明显。

例如，在相同的观测条件下，对 358 个三角形的内角进行了观测。由于观测值含有偶然误差，致使每个三角形的内角和不等于 180°。设三角形内角和的真值为 X，观测值为 L，其观测值与真值之差为真误差 Δ，用下式表示为：

$$\Delta = L_i - X \quad (i=1,\ 2,\ \cdots,\ 358) \tag{4-1}$$

由（4-1）式计算出 358 个三角形内角和的真误差，并取误差区间为 0.2″，以误差的大小和正负号，分别统计出它们在各误差区间内的个数 V 和频率 V/n，结果列于表 4-1。

表 4-1　偶然误差的区间分布

误差区间 dΔ（″）	正误差		负误差		合计	
	个数 V	频率 V/n	个数 V	频率 V/n	个数 V	频率 V/n
0.0～0.2	45	0.126	46	0.128	91	0.254
0.2～0.4	40	0.112	41	0.115	81	0.226
0.4～0.6	33	0.092	33	0.092	66	0.184
0.6～0.8	23	0.064	21	0.059	44	0.123
0.8～1.0	17	0.047	16	0.045	33	0.092
1.0～1.2	13	0.036	13	0.036	26	0.073
1.2～1.4	6	0.017	5	0.014	11	0.031
1.4～1.6	4	0.011	2	0.006	6	0.017
1.6 以上	0	0	0	0	0	0
合计	181	0.505	177	0.495	358	1.000

从表 4-1 中可看出，最大误差不超过 1.6″，小误差比大误差出现的频率高，绝对值相等的正、负误差出现的个数近于相等。大量试验统计结果证明了偶然误差具有如下特性：

（1）在一定的观测条件下，偶然误差的绝对值不会超过一定的限度。

（2）绝对值小的误差比绝对值大的误差出现的可能性大。

（3）绝对值相等的正误差与负误差出现的机会相等。

（4）当观测次数无限增多时，偶然误差的算术平均值趋近于零，即：

$$\lim_{n\to\infty}\frac{[\Delta]}{n}=0 \tag{4-2}$$

上述第（4）个特性说明，偶然误差具有抵偿性，它是由第（3）个特性导出的。

如果将表 4-1 中所列数据用图 4-2 表示，可以更直观地看出偶然误差的分布情况。图中横坐标表示误差的大小，纵坐标表示各区间误差出现的频率除以区间的间隔值。当误差个数足够多时，如果将误差的区间间隔无限缩小，则图 4-2 中各长方形顶边所形成的折线将变成一条光滑的曲线，称为误差分布曲线。在概率论中，我们把这种误差分布称为正态分布。

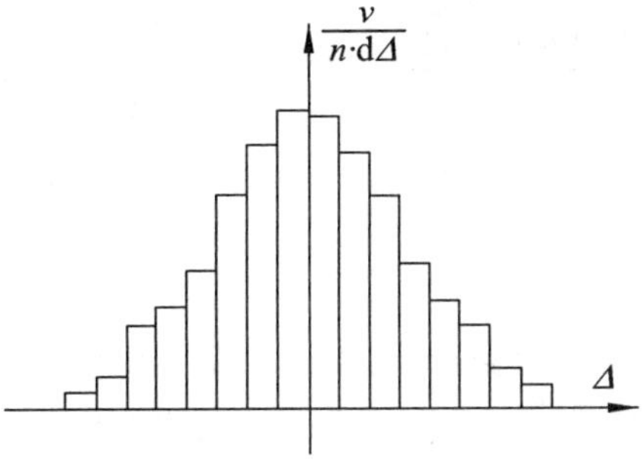

图 4-2　误差分布直方图

掌握了偶然误差的特性，就能根据带有偶然误差的观测值求出未知量的最可靠值，并衡量其精度。同时，也可应用误差理论来研究最合理的测量工作方案和观测方法。

练一练

1. 产生误差的原因是什么？
2. 测量误差分哪些？各有何特性？

4.2 衡量精度的标准

测量工作必须获得可靠的数据，即符合精度要求的数据才能作为设计或施工的依据。所谓精度，指的是误差分布的密集或离散的程度。若各观测值之间差异很大，则精度低；差异很小，则精度高。衡量观测值精度的指标有中误差、容许误差和相对误差。本节需要掌握评定精度的 3 个指标的计算。

4.2.1 中误差

在等精度观测列中，各真误差平方的平均数的平方根，称为中误差，也称均方误差，即

$$m=\pm\sqrt{\frac{[\Delta\Delta]}{n}} \tag{4-3}$$

【例 4-1】设有两组等精度观测列，其真误差分别为

第一组：−3″、+3″、−1″、−3″、+4″、+2″、−1″、−4″；

第二组：+1″、-5″、−1″、+6″、−4″、0″、+3″、−1″。

试求这两组观测值的中误差。

【解】$m_1=\pm\sqrt{\frac{9+9+1+9+16+4+1+16}{8}}=2.9''$

$$m_2=\pm\sqrt{\frac{1+25+1+36+16+0+9+1}{8}}=3.3''$$

比较 m_1 和 m_2 可知，第一组观测值的精度要比第二组高。

必须指出，在相同的观测条件下所进行的一组观测，由于它们对应着同一种误差分布，因此，对于这一组中的每一个观测值，虽然各真误差彼此并不相等，有的甚至相差很大，但

它们的精度均相同，即都为同精度观测值。

4.2.2 容许误差

由偶然误差的第一特性可知，在一定的观测条件下，偶然误差的绝对值不会超过一定的限值。这个限值就是容许误差或称极限误差。此限值有多大呢？根据误差理论和大量的实践证明，在一系列的同精度观测误差中，真误差绝对值大于中误差的概率约为 32%；大于 2 倍中误差的概率约为 5%；大于 3 倍中误差的概率约为 0.3%。也就是说，大于 3 倍中误差的真误差实际上是不可能出现的。因此，通常以 3 倍中误差作为偶然误差的极限值。在测量工作中一般取 2 倍中误差作为观测值的容许误差，即

$$\Delta_{容} = 2m \tag{4-4}$$

当某观测值的误差超过了容许的 2 倍中误差时，将认为该观测值含有粗差，而应舍去不用或重测。

4.2.3 相对误差

对于某些观测结果，有时单靠中误差还不能完全反映观测精度的高低。例如，分别丈量了 100 m 和 200 m 两段距离，中误差均为±0.02 m。虽然两者的中误差相同，但就单位长度而言，两者精度并不相同，后者显然优于前者。为了客观反映实际精度，常采用相对误差。

观测值中误差 m 的绝对值与相应观测值 S 的比值称为相对中误差。它是一个无名数，常用分子为 1 的分数表示，即

$$K = \frac{|m|}{S} = \frac{1}{S/|m|} \tag{4-5}$$

上例中前者的相对中误差为 $\frac{1}{5\,000}$，后者为 $\frac{1}{10\,000}$，表明后者精度高于前者。

对于真误差或容许误差，有时也用相对误差来表示。例如，距离测量中的往返测较差与距离值之比就是所谓的相对真误差，即

$$\frac{|D_{往} - D_{返}|}{D_{平均}} = \frac{1}{D_{平}/\Delta D} \tag{4-6}$$

与相对误差对应，真误差、中误差、容许误差都是绝对误差。

练一练

1. 用什么标准来衡量一组观测结果的精度？

2. 中误差与真误差的区别是什么？

3. 什么是极限误差？什么是相对误差？

4.3 误差传播定律

当对某量进行了一系列的观测后，观测值的精度可用中误差来衡量。但实际工作中，往往会遇到某些量的大小不是直接测定的，而是由观测值通过一定的函数关系间接计算出来的。本节任务就是掌握如何通过误差传播定律来间接计算某些量的中误差。

例如，水准测量中，在一测站上测得后、前视读数分别为 a、b，则高差 $h=a-b$，这时高差 h 就是直接观测值 a、b 的函数。当 a、b 存在误差时，h 也受其影响而产生误差，这就是所谓的误差传播。阐述观测值中误差与观测值函数中误差之间关系的定律称为误差传播定律。

4.3.1 倍数函数

设有函数

$$z = kx \tag{4-7}$$

式中：k 为常数；x 为直接观测值，其中误差为 m_x。现在求观测值函数 z 的中误差 m_z。

设 x 和 z 的真误差分别为 Δ_x 和 Δ_z，由（4-7）式知它们之间的关系为

$$\Delta_z = k\Delta_x$$

若对 x 共观测了 n 次，则

$$\Delta_{z_i} = k\Delta_{x_i} \quad （i=1，2，\cdots，n）$$

将上式两端平方后相加，并除以 n，得

$$\frac{\left|\Delta_z^2\right|}{n} = k^2 \frac{\left|\Delta_x^2\right|}{n} \tag{4-8}$$

按中误差定义可知

$$m_z^2 = \frac{\left|\Delta_z^2\right|}{n} \qquad m_x^2 = \frac{\left|\Delta_x^2\right|}{n}$$

所以（4-8）式可写成

$$m_z^2 = k^2 m_x^2$$

或

$$m_z = k m_x \tag{4-9}$$

即观测值倍数函数的中误差，等于观测值中误差乘倍数（常数）。

【例 4-2】 用水平视距公式 $D=k\cdot l$ 求平距，已知观测视距间隔的中误差 $m_l=\pm1$ cm，$k=100$，则平距的中误差 $m_D=100\cdot m_l=\pm1$ m。

4.3.2 和差函数

设有函数

$$z=x\pm y \tag{4-10}$$

式中：x、y 为独立观测值，它们的中误差分别为 m_x 和 m_y。设真误差分别为 $\varDelta_x$ 和 $\varDelta_y$，由（4-10）式可得

$$\varDelta_z=\varDelta_x\pm\varDelta_y$$

若对 x、y 均观测了 n 次，则

$$\varDelta_{z_i}=\varDelta_{x_i}\pm\varDelta_{y_i}\quad(i=1,2,\cdots,n)$$

将上式两端平方后相加，并除以 n 得

$$\frac{[\varDelta_z^2]}{n}=\frac{[\varDelta_x^2]}{n}+\frac{[\varDelta_y^2]}{n}\pm2\frac{[\varDelta_x\varDelta_y]}{n}$$

上式中各项均为偶然误差。根据偶然误差的特性，当 n 愈大时，式中最后一项将趋近于零，于是上式可写成

$$\frac{[\varDelta_z^2]}{n}=\frac{[\varDelta_x^2]}{n}+\frac{[\varDelta_y^2]}{n} \tag{4-11}$$

根据中误差定义，可得

$$m_z^2=m_x^2+m_y^2 \tag{4-12}$$

即观测值和差函数的中误差平方，等于两观测值中误差的平方之和。

【例 4-3】在△ABC 中，$\angle C=180°-\angle A-\angle B$，$\angle A$ 和 $\angle B$ 的观测中误差分别为 3″和 4″，则 $\angle C$ 的中误差 $m_C=\pm\sqrt{m_A^2+m_B^2}=\pm5''$。

4.3.3 线性函数

设有线性函数

$$z=k_1x_1\pm k_2x_2\pm\cdots\pm k_nx_n \tag{4-13}$$

式中：x_1、x_2、…、x_n 为独立观测值；k_1、k_2、…、k_n 为常数。则综合（4-9）式和（4-12）式

可得：

$$m_z^2=(k_1m_1)^2+(k_2m_2)^2+\cdots+(k_nm_n)^2 \tag{4-14}$$

【例 4-4】有一函数 $z=2x_1+x_2+3x_3$，其中 x_1、x_2、x_3 的中误差分别为±3 mm、±2 mm、±1 mm，则 $m_z=\pm\sqrt{6^2+2^2+3^2}=\pm7.0''$。

4.3.4 一般函数

设有一般函数

$$z=f(x_1,x_2,\cdots,x_n) \tag{4-15}$$

式中：x_1、x_2、…、x_n 为独立观测值，已知其中误差为 m_i（i=1，2，…，n）。

当 x_i 具有真误差 $\varDelta_i$ 时，函数 z 则产生相应的真误差 $\varDelta_z$，因为真误差 $\varDelta$ 是一微小量，故将式（4-15）取全微分，将其化为线性函数，并以真误差符号“$\varDelta$”代替微分符号“d”，得

$$\varDelta_z=\frac{\partial f}{\partial x_1}\varDelta_{x_1}+\frac{\partial f}{\partial x_2}\varDelta_{x_2}+\cdots+\frac{\partial f}{\partial x_n}\varDelta_{x_n}$$

式中：$\dfrac{\partial f}{\partial x_i}$ 是函数对 x_i 取的偏导数并用观测值代入算出的数值，它们是常数，因此，上式变成了线性函数。按（4-14）式得

$$m_z^2=\left(\frac{\partial f}{\partial x_1}\right)^2m_1^2+\left(\frac{\partial f}{\partial x_2}\right)^2m_2^2+\cdots+\left(\frac{\partial f}{\partial x_n}\right)m_n^2 \tag{4-16}$$

上式是误差传播定律的一般形式。前述的（4-9）、（4-12）、（4-14）式都可看成上式的特例。

【例 4-5】 某一斜距 $S=106.28\text{ m}$，斜距的竖角 $\delta=8°30'$，中误差 $m_S=\pm5\text{ cm}$、$m_\delta=\pm20''$，求改算后的平距的中误差 m_D。

【解】$D=S\cdot\cos\delta$

全微分化成线性函数，用“$\varDelta$”代替“d”，得

$$\varDelta_D=\cos\delta\cdot\varDelta_S-S\sin\delta\varDelta_\delta$$

应用（4-16）式后，得

$$\begin{aligned}m_D^2&=\cos^2\delta m_S^2+(S\cdot\sin\delta)^2\left(\frac{m_\delta}{\rho}\right)^2\\&=(0.989)^2(\pm5)^2+(1570.918)^2\left(\frac{20}{2062665}\right)^2\\&=24.45+0.02=24.47\end{aligned}$$

$$m_D = 4.9\ \text{cm}$$

在上式计算中，单位统一为厘米，$\left(\dfrac{m_\delta}{\rho}\right)$是将角值的单位由秒化为弧度。

练一练

在三角形ABC中，已测出$\angle A=30°00' \pm 2'$，$\angle B=60°00' \pm 3'$，求$\angle C$及中误差？

4.4　算术平均值及其中误差

在相同观测条件下，对某量进行多次重复观测，根据偶然误差特性，取算术平均值作为最终结果。

设在相同的观测条件下对某量进行了 n 次等精度观测，观测值为 L_1、L_2、…、L_n，其真值为 X，真误差为 Δ_1、Δ_2、…、Δ_n。由（4-1）式可写出观测值的真误差公式为

$$\Delta_i = L_i - X \qquad (i = 1, 2, \cdots, n)$$

将上式相加后，得

$$[\Delta] = [L] - nX$$

故

$$X = \frac{[L]}{n} - \frac{[\Delta]}{n}$$

若以 x 表示上式中右边第一项的观测值的算术平均值，即

$$X = \frac{[L]}{n} \qquad (4\text{-}17)$$

则

$$X = x - \frac{[\Delta]}{n}$$

上式右边第二项是真误差的算术平均值。由偶然误差的第（4）特性可知，当观测次数 n 无限增多时，$\dfrac{[\Delta]}{n} \to 0$，则 $x \to X$，即算术平均值就是观测量的真值。

在实际测量中，观测次数总是有限的。根据有限个观测值求出的算术平均值 x 与其真值 X 仅差一微小量 $\dfrac{[\Delta]}{n}$。故算术平均值是观测量的最可靠值，通常也称为最或是值（most probable value）。

由于观测值的真值 X 一般无法知道，故真误差 Δ 也无法求得。所以不能直接应用（4-3）

式求观测值的中误差，而是利用观测值的最或是值 x 与各观测值之差 V 来计算中误差，V 被称为改正数，即

$$V=x-L \tag{4-18}$$

实际工作中利用改正数计算观测值中误差的实用公式称为白塞尔公式，即

$$m=\pm\sqrt{\frac{[VV]}{n-1}} \tag{4-19}$$

利用$[V]=0$，$[VV]=[LV]$检核式，可作计算正确性的检核。

在求出观测值的中误差 m 后，就可应用误差传播定律求观测值算术平均值的中误差 M，推导如下：

$$x=\frac{[L]}{n}=\frac{L_1}{n}+\frac{L_2}{n}+\cdots,\frac{L_n}{n}$$

应用误差传播定律有

$$\begin{aligned}M_x^2&=\left(\frac{1}{n^2}\right)^2 m^2+\left(\frac{1}{n}\right)^2 m^2+\cdots+\left(\frac{1}{n}\right)^2 m^2=\frac{1}{n}m^2\\ M_x&=\pm\frac{m}{\sqrt{n}}\end{aligned} \tag{4-20}$$

由上式可知，增加观测次数能削弱偶然误差对算术平均值的影响，提高其精度。但因观测次数与算术平均值中误差并不是线性比例关系，所以，当观测次数达到一定数目后，即使再增加观测次数，精度也提高得很少。因此，除适当增加观测次数外，还应选用适当的观测仪器和观测方法，选择良好的外界环境，才能有效地提高精度。

【例 4-6】 对某段距离进行了 5 次等精度观测，观测结果列于表 4-2，试求该段距离的最或是值、观测值中误差及最或是值中误差。计算见表 4-2。

表 4-2 等精度观测计算

序号	L/m	V/cm	VV/cm	精 度 评 定
1	251.52	−3	9	$m=\pm\sqrt{\frac{20}{4}}=2.2\ \text{mm}$ $M=\frac{m}{\sqrt{n}}=\sqrt{\frac{[VV]}{n(n-1)}}=\sqrt{\frac{20}{5\times 4}}=1\ \text{cm}$
2	251.46	+3	9	
3	251.49	0	0	
4	251.48	−1	1	
5	251.50	+1	1	
	$x=\frac{[L]}{n}=251.49$	$[V]=0$	$[VV]=20$	

最后结果可写成 $x=251.49\pm0.01$（m）。

练一练

对某一距离进行了6次等精度观测，其结果为：398.772 m、398.784 m、398.776 m、398.781 m、398.802 m、398.779 m。试求其算术平均值、一次丈量中误差、算术平均值中误差和相对中误差。

4.5 加权平均值及其中误差

在不同观测条件下，对某量进行多次重复观测，不能按照算术平均值进行计算，应根据观测值的不同权重进行加权平均值的计算。

此时当各观测量的精度不相同时，不能按算术平均值式（4-17）和中误差式（4-19）及式（4-20）来计算观测值的最或是值和评定其精度。计算观测量的最或然值应考虑到各观测值的质量和可靠程度，显然对精度较高的观测值，在计算最或然值时应占有较大的比重，反之，精度较低的应占较小的比重，为此的各个观测值要给定一个数值来比较它们的可靠程度，这个数值在测量计算中被称为观测值的权（**weight**）。显然，观测值的精度愈高，中误差就愈小，权就愈大，反之亦然。

在测量计算中，给出了用中误差求权的定义公式

$$P_i = \frac{\mu^2}{m_i^2} \quad (i = 1, 2, \cdots, n) \tag{4-21}$$

式中：P 为观测值的权；μ 为任意常数；m 为各观测值对应的中误差。在用上式求一组观测值的权 P_i 时，必须采用同一 μ 值。

当取 P=1 时，μ 就等于 m，即 $\mu=m$，通常称数字为 1 的权为单位权，单位权对应的观测值为单位权观测值。单位权观测值对应的中误差 μ 为单位权中误差。

当已知一组非等精度观测值的中误差时，可以先设定 μ 值，然后按式（4-21）计算各观测值的权。

例如：已知三个角度观测值的中误差分别为 $m_1=\pm 3''$、$m_2=\pm 4''$、$m_3=\pm 5''$，它们的权分别为：

$$P_1 = \mu^2 / m_1^2 \qquad P_2 = \mu^2 / m_2^2 \qquad P_3 = \mu^2 / m_3^2$$

若设 $\mu = \pm 3''$　　　则　$P_1=1$，　　$P_2=9/16$，　　$P_3=9/25$

若设 $\mu = \pm 1''$　　　则　$P'_1=1/9$，　　$P'_2=1/16$，　　$P'_3=1/25$

上例中 $P_1 : P_2 : P_3 = P'_1 : P'_2 : P'_3 = 1 : 0.56 : 0.36$。可见，$\mu$ 值取得不同，权值也不同，但不影响各权之间的比例关系。当 $\mu = \pm 3''$ 时，P_1 就是该问题中的单位权，$m_1=\pm 3''$就是单位权中误差。

中误差是用来反映观测值的绝对精度的，而权是用来比较各观测值相互之间的精度高低的。因此，权的意义在于它们之间所存在的比例关系，而不在于它本身数值的大小。

对某量进行了 n 次非等精度观测，观测值分别为 L_1、L_2、⋯、L_n，相应的权为 P_1、P_2、⋯、P_n，则加权平均值 x 就是非等精度观测值的最或是值，计算公式为

$$x=\frac{P_1L_1+P_2L_2+\cdots+P_nL_n}{P_1+P_2+\cdots+P_n}=\frac{[PL]}{[P]} \tag{4-22}$$

显然，当各观测值为等精度时，其权为 $P_1=P_2=\cdots=P_n=1$，上式就与求算术平均值的式（4-17）一致。

设 L_1、L_2、⋯、L_n 的中误差为 m_1、m_2、⋯、m_n，则根据误差传播定律，由式（4-22）可导出加权平均值的中误差为

$$M^2=\frac{P_1^2}{[P]^2}m_1^2+\frac{P_2^2}{[P]^2}m_2^2+\cdots+\frac{P_n^2}{[P]^2}m_n^2 \tag{4-23}$$

而 $m_i^2=\dfrac{M^2}{P_i}$

由式（4-21），有 $P_im_i^2=\mu^2$，代入上式得

$$M_x^2=\frac{\mu^2}{[P]^2}(P_1+P_2+\cdots+P_n)=\frac{\mu^2}{[P]}$$

$$M_x=\pm\frac{\mu}{\sqrt{[P]}} \tag{4-24}$$

实际计算时，上式中的单位权中误差 μ 一般用观测值的改正数来计算，其公式为：

$$\mu=\pm\sqrt{\frac{[PVV]}{n-1}} \tag{4-25}$$

【例 4-7】 如图 4-3 所示，从已知水准点 A、B、C 经三条水准路线，测得 E 点的观测高程 H_i 及水准路线长度 S_i。求 E 点的最或是高程及其中误差。

计算见表 4-3，计算中的定权公式为 $P_i=1/S_i$。

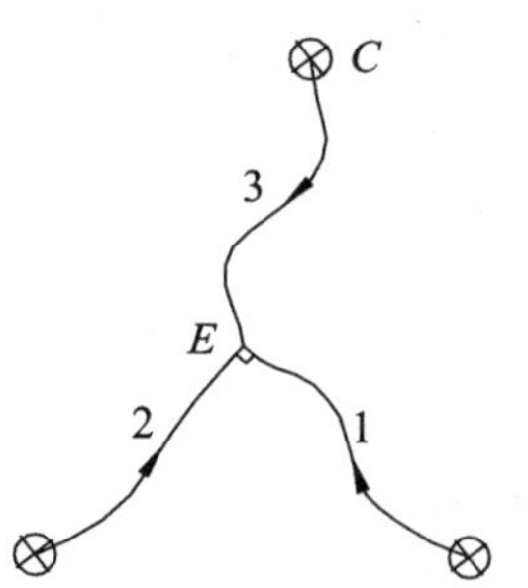

图 4-3 水准路线

表 4-3 非等精度观测平差计算

<table>
<tr><th>路线</th><th>E 点高程 H/m</th><th>路线长/km</th><th>$P=\frac{1}{S}$</th><th>V/mm</th><th>PVV</th><th>精 度 评 定</th></tr>
<tr><td>1</td><td>527.459</td><td>4.5</td><td>0.22</td><td>10</td><td>22.00</td><td rowspan="4">$\mu=\pm\sqrt{\frac{122}{2}}=7.81\text{ mm}$
$M_F=\pm\frac{7.81}{\sqrt{0.78}}=8.84\text{ mm}$</td></tr>
<tr><td>2</td><td>527.484</td><td>3.2</td><td>0.31</td><td>−15</td><td>69.75</td></tr>
<tr><td>3</td><td>527.458</td><td>4.0</td><td>0.25</td><td>11</td><td>30.25</td></tr>
<tr><td></td><td>x=527.469</td><td></td><td>0.78</td><td></td><td>122</td></tr>
</table>

最后结果可写成 H_E=527.469±0.009（m）。

练一练

1. 用同一台经纬仪分三次观测同一角度，其结果为$\beta_1=30°24'36''$（6测回），$\beta_2=30°24'34''$（4测回），$\beta_3=30°24'38''$（8测回）。试求单位权中误差、加权平均值中误差、一测回观测值的中误差。

4.6 平差软件简介

工程控制网平差软件（Engineering Control Network Adjustment Software，ECNAS）是一套针对常见工程控制网，带有多种数据处理功能并提供多种定权方案，能进行方差一致性检验以及具有较高运算效率的控制网数据处理软件，能实现常见工程施工控制测量和建（构）筑物变形监测数据的精准化、自动化处理。下面将从软件的主要架构与功能、软件的对比测试、软件的主要优势等方面进行详细介绍。

4.6.1 主要架构和功能

ECNAS 包括“项目设置”“水准网数据处理”“平面网数据处理”“全站仪三维网数据处理”“GPS 网数据处理”“坐标转换”和“工具”等 7 部分，其中四大类常见工程控制网（水准网、平面网、全站仪三维网和 GPS 网）的数据预处理和平差计算是本软件的核心内容。见图 4-4 所示。

1. 项目设置

（1）新建工程：根据用户指定位置新建工程集合，集合内部自动分成若干子集。

（2）打开工程：方便用户对上次建立的工程项目进行查看、修改和另存。

（3）参数设置：对控制网的验前精度、仪器的标称精度、控制网的等级、工程椭球、投影面、中央子午线和显著性水平等进行设置，如图 4-5 所示。

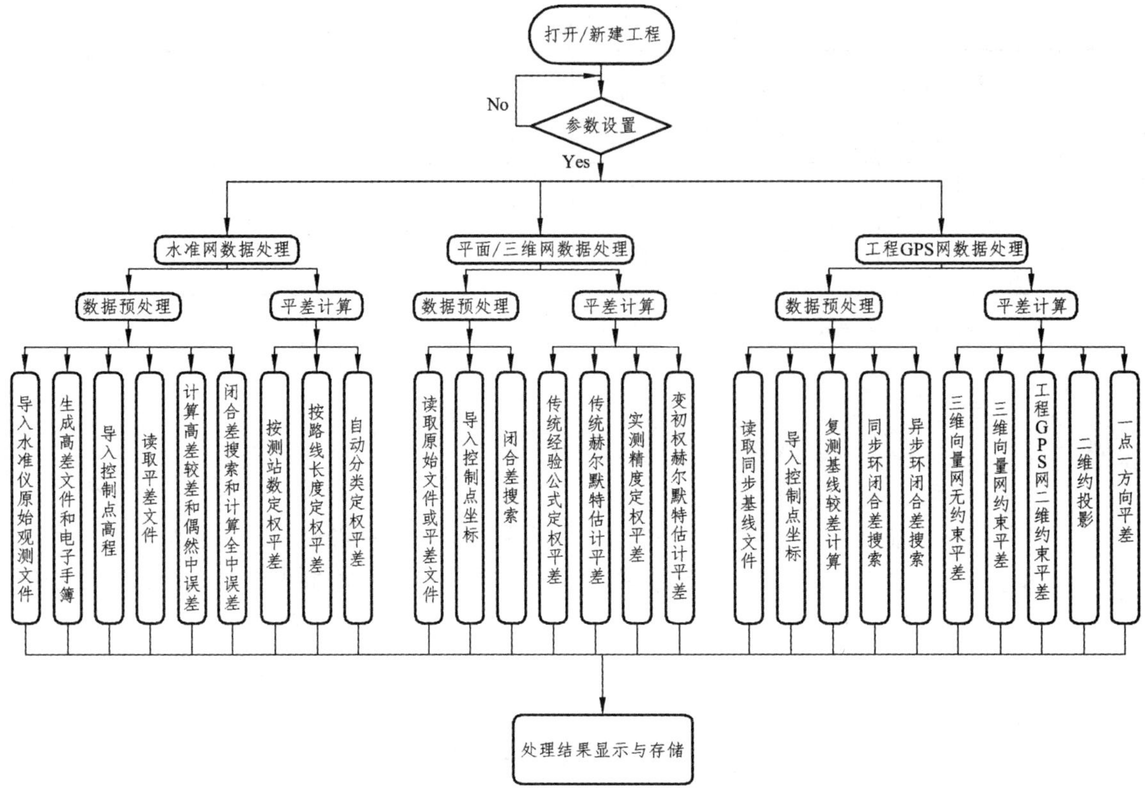

图 4-4　ECNAS 的核心架构

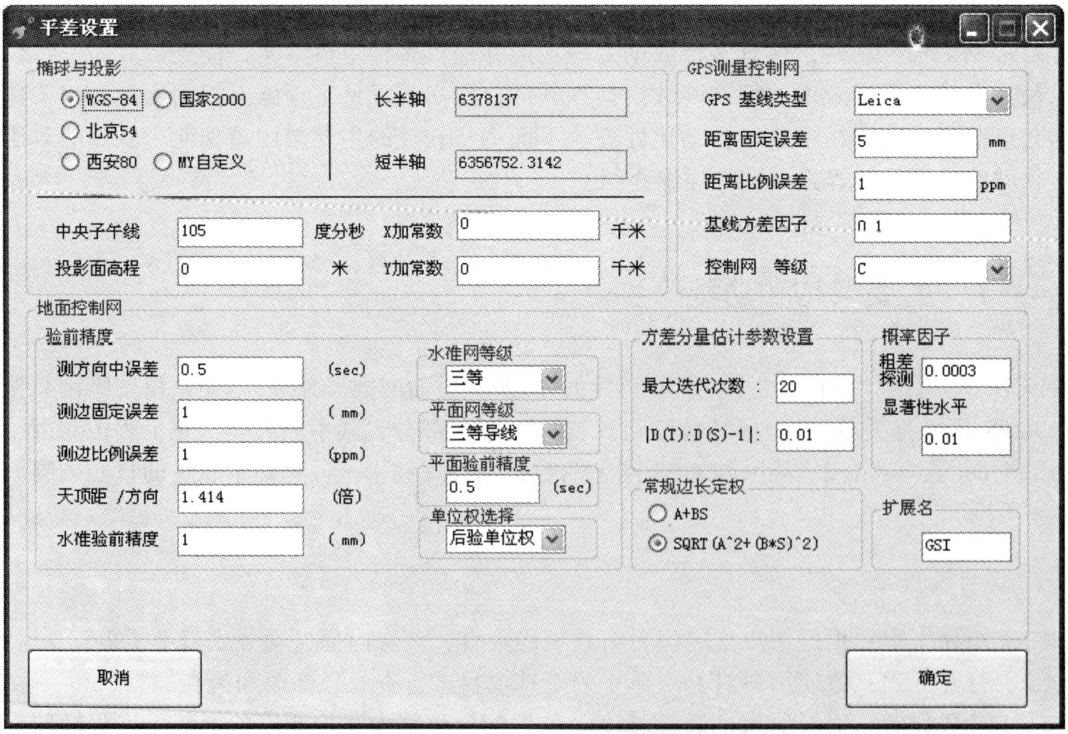

图 4-5　ECNAS 参数设置对话框

2. 水准网数据处理

（1）导入观测文件：读取主流电子水准仪（Trimble DINI 型或 Leica DNA 型）的各种观测形式（BF、aBF、BFFB 和 aBFFB）的原始文件，如图 4-6 所示。

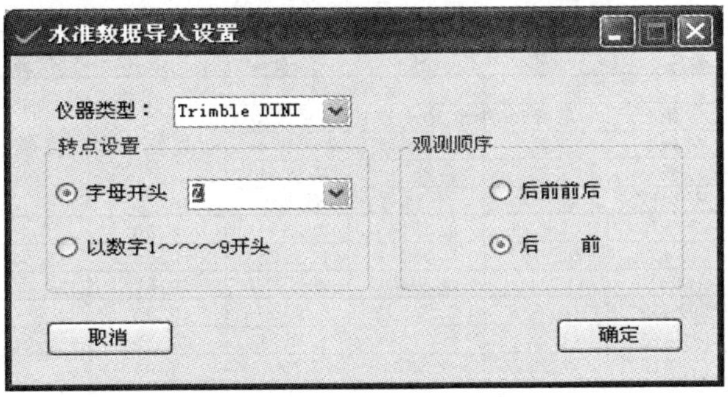

图 4-6　导入数据对话框

（2）生成高差文件：根据软件提示，自动执行用户指令，处理转点，生成高差文件（图 4-7），并自动生成“按测站数定权”“按距离定权”和“分类定权”这三种定权方法的高程网平差文件。

测站	后视	前视	后尺读数1	后视距1	前尺读数1	前视距1	后尺读数2	后视距2	前尺读数2
Start-Line									
1	306026	Z01	0.60521	24.653	0.97348	25.170	0.60521	24.654	0.97351
2	Z01	GCPII0561	1.79591	49.069	1.09224	49.671	1.79594	49.084	1.09200
End-Line									
Start-Line									
3	GCPII0561	Z01	1.09189	49.665	1.79606	49.089	1.09199	49.671	1.79606
4	Z01	306026	0.95115	24.357	0.58327	25.317	0.95116	24.358	0.58313
End-Line									
Start-Line									
5	306217	Z01	0.59047	12.595	1.58749	11.352	0.59041	12.591	1.58745
6	Z01	Z02	0.94595	10.659	1.51214	11.676	0.94590	10.658	1.51214
7	Z02	Z03	1.31593	49.168	1.38053	49.033	1.31602	49.177	1.38034
8	Z03	Z04	1.54648	48.271	1.45293	48.166	1.54647	48.268	1.45298
9	Z04	Z05	1.54729	46.598	1.28535	46.352	1.54733	46.600	1.28533
10	Z05	Z06	1.41250	49.250	1.44155	49.413	1.41260	49.246	1.44146
11	Z06	Z07	0.70687	12.943	1.53802	13.120	0.70686	12.942	1.53800
12	Z07	Z08	0.55464	9.999	1.77499	10.649	0.55464	9.999	1.77500
13	Z08	Z09	0.55337	8.530	1.56223	8.602	0.55339	8.531	1.56223
14	Z09	Z10	1.75823	49.796	1.21493	49.515	1.75814	49.812	1.21487
15	Z10	Z11	1.38507	18.241	1.47879	18.391	1.38506	18.242	1.47882
16	Z11	CPI0241	0.83253	4.688	1.71430	4.576	0.83253	4.686	1.71433
End-Line									
Start-Line									
17	CPI0241	Z01	1.71432	4.584	0.83251	4.690	1.71432	4.583	0.83253
18	Z01	Z02	1.50066	23.538	1.50332	22.991	1.50071	23.538	1.50336

图 4-7　高差显示

（3）输出 Excel 观测手簿：根据相应规范要求，自动生成 Excel 外业电子观测手簿，保存外业数据采集的原始记录，如图 4-8 所示。

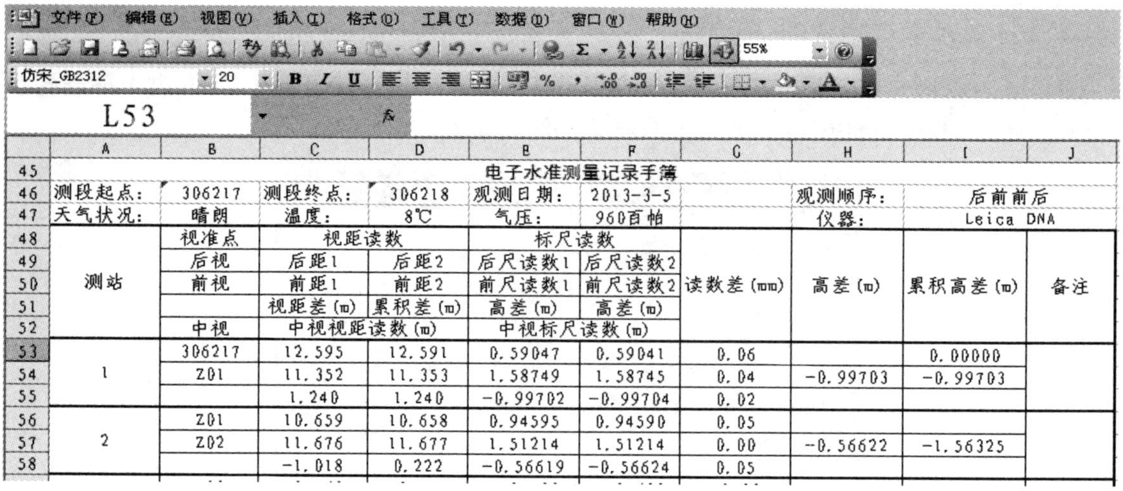

	A	B	C	D	E	F	G	H	I	J
45	电子水准测量记录手簿									
46	测段起点：	306217	测段终点：	306218	观测日期：	2013-3-5		观测顺序：	后前前后	
47	天气状况：	晴朗	温度：	8℃	气压：	960百帕		仪器：	Leica DNA	
48	测站	视准点	视距读数		标尺读数		读数差(mm)	高差(m)	累积高差(m)	备注
49		后视	后距1	后距2	后尺读数1	后尺读数2				
50		前视	前距1	前距2	前尺读数1	前尺读数2				
51			视距差(m)	累积差(m)	高差(m)	高差(m)				
52		中视	中视视距读数(m)		中视标尺读数(m)					
53	1	306217	12.595	12.591	0.59047	0.59041	0.06		0.00000	
54		Z01	11.352	11.353	1.58749	1.58745	0.04	-0.99703	-0.99703	
55			1.240	1.240	-0.99702	-0.99704	0.02			
56	2	Z01	10.659	10.658	0.94595	0.94590	0.05			
57		Z02	11.676	11.677	1.51214	1.51214	0.00	-0.56622	-1.56325	
58			-1.018	0.222	-0.56619	-0.56624	0.05			

图 5　水图 4-8 准测量 Excel 电子手簿

（4）往返测高差计算：对于有往返测高差的测段，统计往返测高差较差，按规范要求判断各往返测段的高差较差是否超限，并根据高差较差自动计算每千米水准测量的偶然中误差，如图 4-9 所示。

往返测较差情况

序号	起点	终点	测段长度(km)	高差较差(mm)	二等限差(mm)	是否超限
----------注意：一定是按线路长度定权，下面的限差、偶然中误差才有意义！！！------------						
20	306127	306128	0.052	-0.02	1.26	合格
21	306129	306130	0.049	0.08	1.26	合格
22	306131	306132	0.052	0.28	1.26	合格
23	306133	306134	0.051	0.08	1.26	合格
24	306135	306136	0.041	-0.39	1.26	合格
25	306137	306138	0.031	0.78	1.26	合格
26	306139	306140	0.049	-0.13	1.26	合格
27	306201	306202	0.051	0.09	1.26	合格
28	306203	306204	0.051	-0.11	1.26	合格
29	306205	306206	0.052	0.21	1.26	合格
30	306207	306208	0.051	0.24	1.26	合格
31	306209	306210	0.049	0.09	1.26	合格
32	306211	306212	0.050	0.45	1.26	合格
33	306213	306214	0.052	-0.15	1.26	合格
34	306216	306215	0.048	-0.01	1.26	合格
35	306034	306033	0.043	-0.17	1.26	合格
36	306032	306031	0.047	0.11	1.26	合格
37	306027	306028	0.038	0.03	1.26	合格
38	306030	306029	0.040	0.05	1.26	合格
39	GCPII0561	306022	0.199	0.35	1.78	合格
40	306024	306023	0.039	-0.07	1.26	合格
41	306026	306025	0.033	0.25	1.26	合格
42	306114	CPII057	0.146	-0.06	1.53	合格
43	306115	406115	0.022	-0.40	1.26	合格
44	406115	306116	0.022	-0.24	1.26	合格
45	406115	306116	0.027	0.22	1.26	合格
46	306118	306117	0.037	0.53	1.26	合格

由测段较差计算每公里高差中数的偶然中误差为：　0.79　mm

图 4-9　往返测高差计算示意图

（5）闭合差计算：根据“间接平差转条件平差”的算法，自动搜索水准控制网内的附合和闭合路线的闭合差，根据相应规范要求，判断闭合环的观测质量，当水准路线的环闭合差达到 20 个时，还能自动计算每千米水准测量的全中误差，如图 4-10 所示。

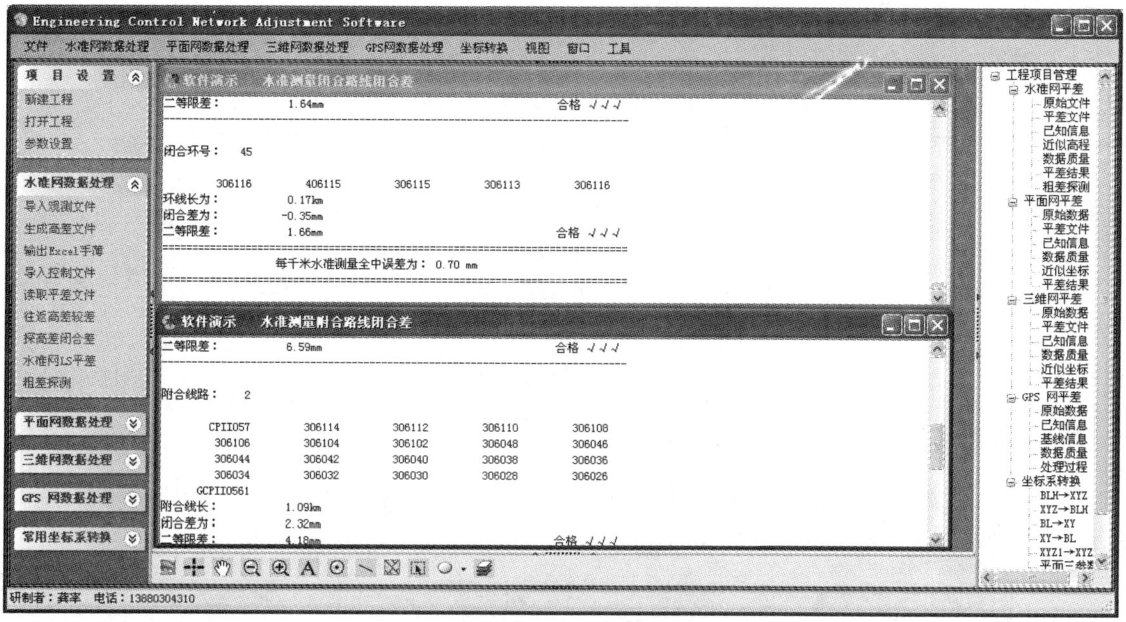

图 4-10　高差闭合差计算示意图

（6）水准网平差计算：根据“最小二乘”原理实现水准网的严密约束网平差，输出高程和高差的平差结果及其精度信息，如图 4-11 所示。

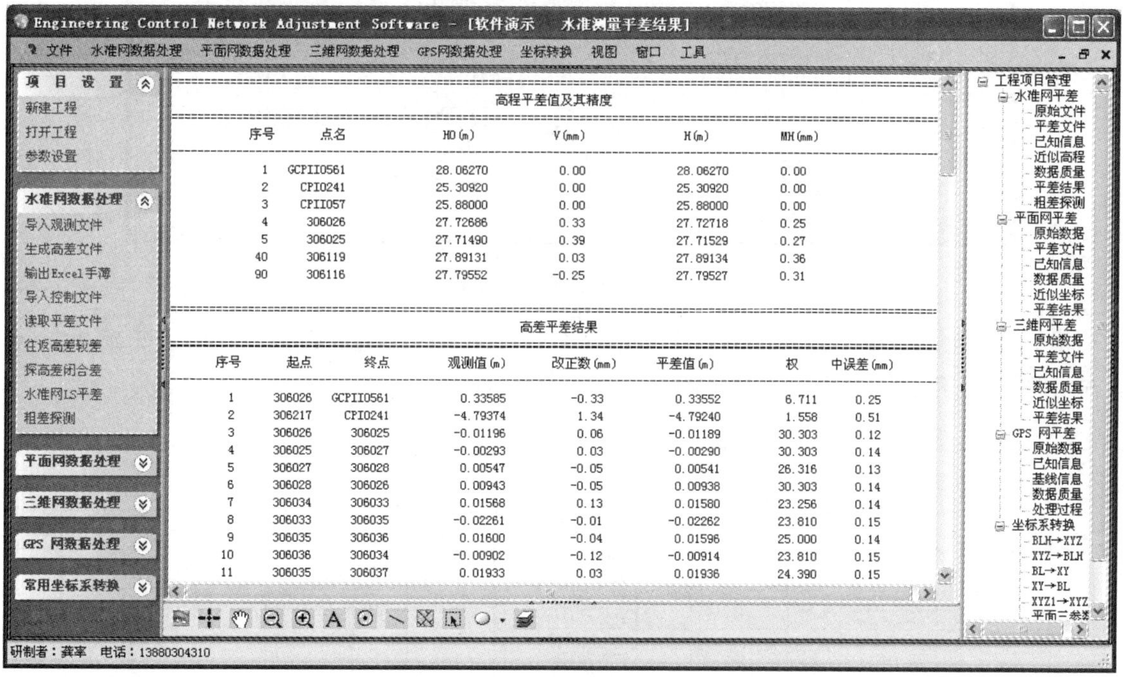

图 4-11　高程网平差示意图

（7）方差一致性检验：根据假设检验判断高程网平差的随机模型的优劣性，如图 4-12 所示。

高程控制网总体信息			
已知点个数：	3	未知点个数：	87
高差观测值数：	134	PVV：	37.25
先验单位权中误差为：	1.00	后验单位权中误差为：	0.89

平差模型的方差一致性检验	
先验单位权中误差为：	1.00 mm
后验单位权中误差为：	0.89 mm
卡方检验统计量为：	37.2465
显著性水平为：	0.0100
卡方上限：	75.7041
卡方下限：	25.7744
方差一致性检验通过√√√√√	

图 4-12　高差控制网的方差一致性检验

3. 平面网数据处理

（1）导入观测文件：读取测量机器人机载数据采集软件的原始文件（*.SUC），如图 4-13 所示，并自动生成平面网通用平差文件。

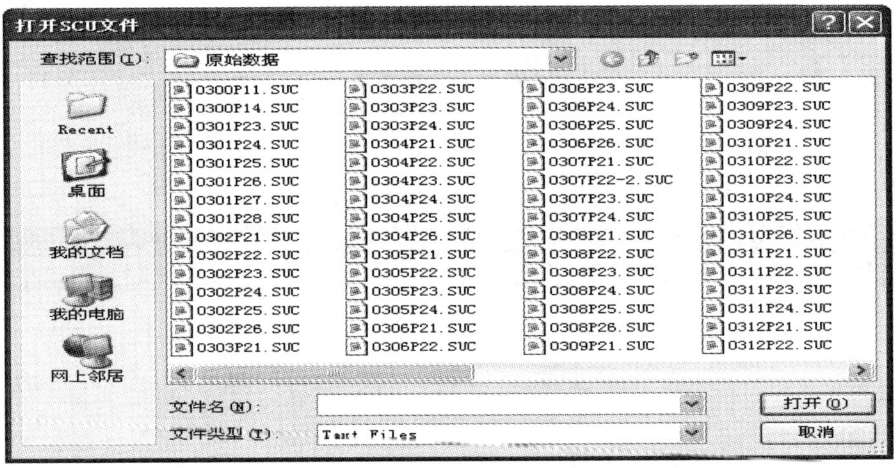

图 4-13　打开采集软件原始文件

（2）输出 Excel 电子观测手簿：完整记录全站仪测量的各观测数据，并自动计算 2C、水平方向偏差、i 角、天顶距偏差、平距偏差等，如图 4-14 示。

0303P22站外业观测手簿

观测日期：2011-08-04　天气：　成像：　仪器型号：

测站点：0303P22　仪器高：0m　后视点：0302P26　开始时间：22:30:47　结束时间：22:37:29

测回	目标点	盘位	水平盘读数 (° ′ ″)	2C ″	归零方向值 (° ′ ″)	偏差 ″	竖盘读数 (° ′ ″)	i ″	天顶角 (° ′ ″)	偏差 ″	斜距 m	平距 m	偏差 mm	觇标高 m	备注
1	0302P26	I	23.552796	0.94	0.000000	0.00	90.211287	4.48	90.210840	0.47	400.21946	400.21198	-0.19	0.000	
		II	203.552702				269.385608				400.21936				
	0302P25	I	24.342530	0.64	0.385782	-1.15	90.212379	3.52	90.212027	-0.36	400.28816	400.28059	-0.11	0.000	
		II	204.342466				269.384325				400.28816				
	0303P23	I	203.162036	-0.77	179.205359	-0.96	89.393427	3.20	89.393107	0.13	400.52596	400.51876	-0.09	0.000	
		II	23.162113				270.203213				400.52606				
	0303P24	I	203.551244	-0.61	179.594559	-1.17	89.391204	3.47	89.390857	0.39	400.45126	400.44365	-0.06	0.000	
		II	23.551305				270.205490				400.45106				
	0302P26	I	23.552745	1.26	0.000000	0.00	90.211175	3.91	90.210785	-0.08	400.21936	400.21204	-0.13	0.000	
		II	203.552619				269.385606				400.21956				

图 4-14　全站仪外业测量 Excel 电子手簿

（3）读取平差文件：读取平面网通用格式的平差文件，自动统计往返测边长较差，并自动计算规范要求的“一次测距中误差”，如图 4-15 所示。

往返测边长较差统计情况

序号	起点	终点	平距1(m)	平距2(m)	较差(mm)
1	0300P11	0300P14	250.52758	250.52995	2.36
2	0301P24	0301P25	250.67653	250.67670	0.17
3	0301P23	0301P25	250.56251	250.56291	0.41
4	0301P24	0301P26	250.29140	250.29166	0.27
5	0301P23	0301P26	250.25033	250.25080	0.47
181	0300P11	ZD2	274.27917	274.27915	0.03
182	0301P23	ZD3	251.69520	251.69441	0.80
183	0301P24	ZD3	251.84315	251.84215	1.00
184	ZD2	ZD3	310.08685	310.08603	0.82
185	ZD1	ZD3	313.06577	313.06436	1.42
186	0301P23	ZD4	251.66650	251.66727	0.76
187	0301P24	ZD4	251.79230	251.79283	0.54
188	ZD2	ZD4	310.20548	310.20452	0.96
189	ZD1	ZD4	313.19967	313.19868	0.99

一次测量距离的中误差为：　0.44 mm

每千米距离测量中误差为：　0.73 mm

图 4-15　往返测边长较差统计结果

（4）闭合环搜索：根据“深度优先和广度优先”相结合的算法，搜索平面网内的附合与闭合路线闭合差，并根据菲列罗公式自动计算控制网的实际测角中误差，如图 4-16 和 4-17 所示。

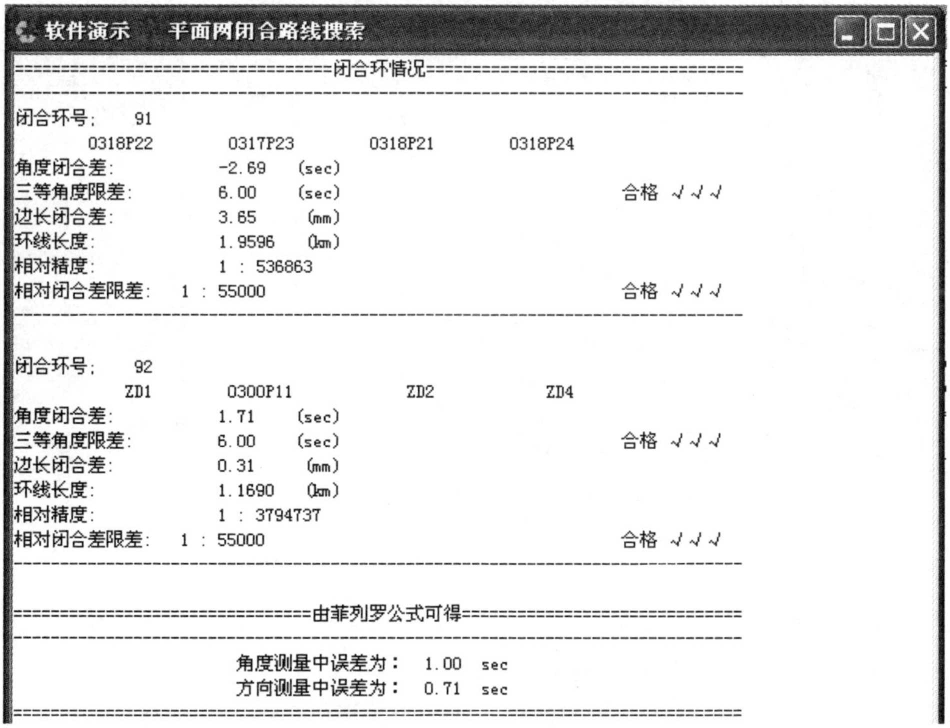
软件演示　平面网闭合路线搜索

闭合环情况

闭合环号：　91
0318P22　0317P23　0318P21　0318P24
角度闭合差：　-2.69　(sec)
三等角度限差：　6.00　(sec)　合格 √√√
边长闭合差：　3.65　(mm)
环线长度：　1.9596　(km)
相对精度：　1 : 536863
相对闭合差限差：　1 : 55000　合格 √√√

闭合环号：　92
ZD1　0300P11　ZD2　ZD4
角度闭合差：　1.71　(sec)
三等角度限差：　6.00　(sec)　合格 √√√
边长闭合差：　0.31　(mm)
环线长度：　1.1690　(km)
相对精度：　1 : 3794737
相对闭合差限差：　1 : 55000　合格 √√√

由菲列罗公式可得

角度测量中误差为：　1.00　sec
方向测量中误差为：　0.71　sec

图 4-16　闭合路线闭合差

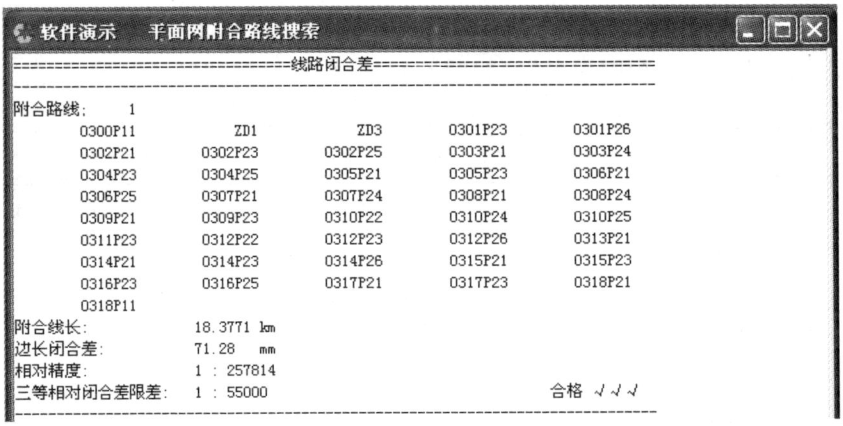

图 4-17 附合路线闭合差

（5）近似坐标计算：可以自动推算常规平面控制网的近似坐标，对于不能计算近似坐标的特殊网，提供用户自动输入近似坐标对话框，为后续平差计算提供便利。ECNAS 不会出现“武大科傻（CCOSA）”软件由于无法推算近似坐标，不能进行下一步平差计算的问题，也不会出现推算错误的近似坐标，而导致平差错误的问题。

（6）经验定权平差：根据用户输入的仪器测边测方向的先验精度定边长和方向的权，按“最小二乘”原理进行平面控制网的严密平差计算，并自动将平差结果生成 Word 文档，极大方便用户的数据使用，如图 4-18 所示。

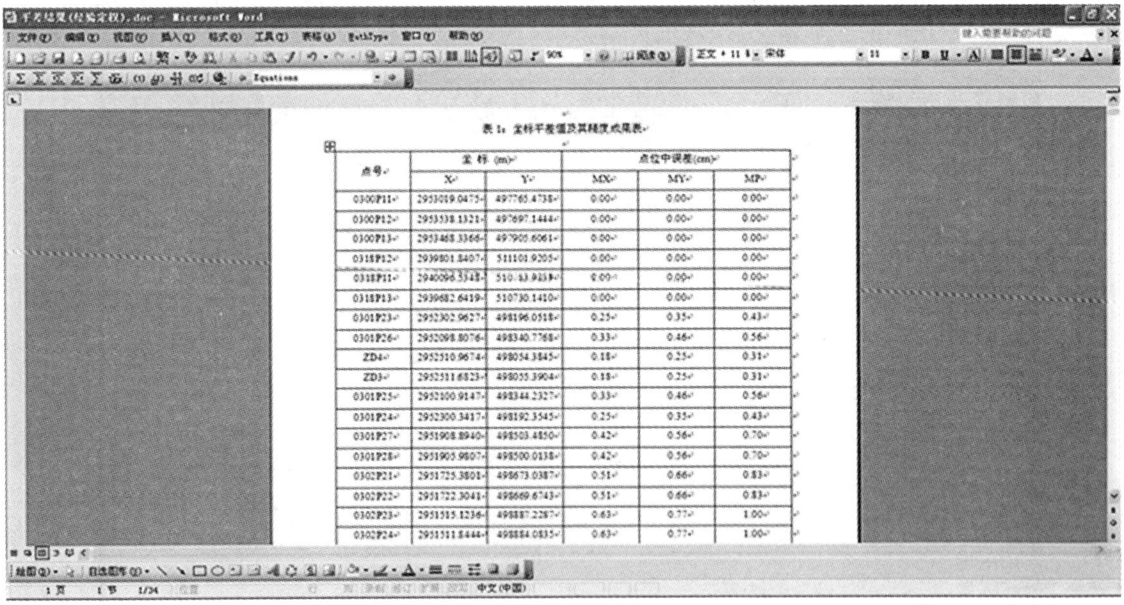

图 4- 18 平面网平差结果的 Word 输出文档

（7）方差分量估计：为解决经验定权中不同类观测值权的匹配不合理的问题，根据赫尔默特方差分量估计原理，迭代计算观测值的合理权，并平差计算。

（8）网图显示：ECNAS 具有精致的图形界面，不仅提供控制网图的显示功能，还提供缩放、平移、量距和基本属性查询等功能，如图 4-19 所示。

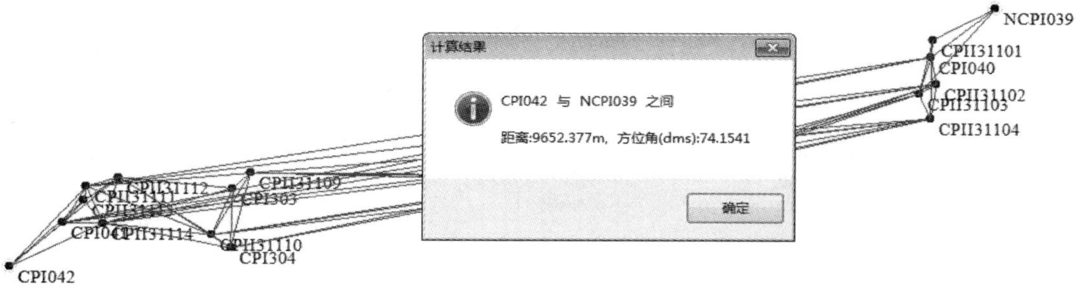

图 4-19　网图显绘

（9）平差结果的统计与方差一致性检验：对平面控制网的总体信息、坐标中误差、点位中误差、方向改正数、方向中误差、边长改正数、边长中误差和相对中误差进行系统的统计；此外，ECNAS 还具有方差一致性检验功能，方便用户选择最优的定权方案，如图 4-20 所示。

平面控制网总体信息

已知点个数:	6	未知点个数:	95
方向观测值数:	383	边长观测值数:	194

精度信息统计汇总

St_Type:	MX (mm)	MY (mm)	MP (mm)	VL (Sec)	ML (Sec)	VS (mm)	MS (mm)	S/MS	RMp (mm)
Average:	9.26	9.19	13.05	0.29	0.81	1.66	1.00	309932	2.22
Max:	15.01	14.72	21.02	2.07	0.91	3.90	1.92	149423	2.61
NO.Max:	0309P24	0309P23	0309P24	132	55	6	185	1	358

平差模型的方差一致性检验

先验单位权中误差为:	0.60 Sec
后验单位权中误差为:	0.59 Sec
卡方检验统计量为:	464.0485
显著性水平为:	0.0100
卡方上限:	567.8926
卡方下限:	407.6172

方差一致性检验通过√√√√√

方差分量估计结果

单位权方差之比 D(T):D(S)

1	1	:	4.651
2	1	:	1.434
3	1	:	1.023
4	1	:	1.001

TYPE	[PVV]	R	D
T	65.676	190.35	0.35
S	34.420	99.65	0.35

图 4-20　平差结果的统计及方差一致性检验

4. 全站仪三维网数据处理

能进行全站仪三维网的严密平差计算，提供控制点可靠的三维坐标平差结果及其精度。经多次实验可以证明在小范围内对测量机器人所采集的斜距、天顶距和水平方向等观测量进行三维平差，其平面精度可以达到变形观测二级以上精度要求，高程精度可以到达二等水准测量的要求。因此，在保证测量精度的情况下，用三维测量技术代替“平面测量+水准测量”的传统“2+1”模式，大大节约了测量成本、提高测量效率，如图 4-21 所示。

平差坐标及其精度								
序号	点名	X (m)	Y (m)	Z (m)	MX (mm)	MY (mm)	MZ (mm)	MP (mm)
1	301	150.65670	-4.90830	-0.47200	0.00	0.00	0.00	0.00
2	303	90.91570	0.00000	-0.56520	0.00	0.00	0.00	0.00
3	304	89.46300	-14.70120	-0.60070	0.00	0.00	0.00	0.00
4	305	31.14390	4.90070	-0.72710	0.00	0.00	0.00	0.00
5	306	29.59430	-9.77610	-0.73620	0.00	0.00	0.00	0.00
6	307	-28.66010	9.82480	-0.78680	0.00	0.00	0.00	0.00
7	308	-30.27120	-4.93630	-0.78000	0.00	0.00	0.00	0.00
8	309	-88.39900	14.71330	-0.61960	0.00	0.00	0.00	0.00
9	310	-90.10870	-0.02570	-0.62230	0.00	0.00	0.00	0.00
10	L11	27.64738	0.23547	-0.98441	0.30	0.26	0.18	0.43
11	L12	21.15605	0.76726	-0.99534	0.35	0.20	0.25	0.48
12	L13	14.68517	1.27962	-1.00051	0.36	0.23	0.36	0.56
13	L14	8.21723	1.78764	-1.00469	0.36	0.27	0.46	0.64
14	L15	1.72561	2.30218	-1.05634	0.36	0.29	0.51	0.69
15	L16	-4.74985	2.81186	-1.06429	0.36	0.29	0.52	0.70
16	L17	-11.22837	3.35902	-1.06290	0.36	0.26	0.47	0.65
17	L18	-17.70337	3.89453	-1.04850	0.36	0.21	0.38	0.57
18	L19	-24.20094	4.37140	-1.04112	0.36	0.17	0.27	0.48
19	L20	-30.66497	4.90752	-1.02027	0.33	0.20	0.20	0.44
20	H3-2	31.07875	-2.35850	0.26270	0.06	0.13	0.11	0.18
21	L10	34.12228	-0.27836	-0.96589	0.31	0.25	0.18	0.44
22	L09	40.60262	-0.80325	-0.94963	0.36	0.18	0.24	0.47
23	L08	47.07187	-1.33268	-0.93468	0.36	0.23	0.35	0.55
24	L07	53.57543	-1.83246	-0.90156	0.36	0.27	0.45	0.64
25	L06	60.04841	-2.36488	-0.89494	0.36	0.29	0.51	0.69
26	L05	66.51311	-2.90500	-0.87753	0.36	0.29	0.51	0.69
27	L04	72.99516	-3.44201	-0.86162	0.36	0.26	0.46	0.64
28	L03	79.47515	-3.97363	-0.83180	0.36	0.22	0.38	0.56
29	L02	85.96065	-4.49679	-0.82308	0.35	0.19	0.27	0.48
30	L01	92.42466	-5.04229	-0.80124	0.31	0.24	0.20	0.44
31	H3-3	96.15327	-7.63048	0.43907	0.08	0.14	0.14	0.21
32	h3-1	-34.93521	2.82184	0.26940	0.08	0.13	0.13	0.20

图 4-21　全站仪三维网平差

5. 工程 GPS 网数据处理

（1）读取同步基线：读取主流软件（如 Trimble TBC 和 Leica LGO）所解算的基线文件。

（2）重复基线较差统计：统计控制网内重复基线较差，并根据相应规范要求判定基线质量，如图 4-22 所示。

序号	起点	终点	DX (m)	DY (m)	DZ (m)	S (m)	S限差/差值 (mm)	
1	CPI040	CPII31101	17.40140	-85.66390	151.75730	175.13249	14.15	
4	CPI040	CPII31101	17.40000	-85.66270	151.75720	175.13168	-0.81	合格
2	CPI040	NCPI039	-479.63160	-461.53550	428.96100	791.87690	14.32	
3	CPI040	NCPI039	-479.64210	-461.53170	428.96240	791.88181	4.91	合格
5	CPI041	CPII31111	-150.93460	-198.38270	347.64200	427.76626	14.19	
7	CPI041	CPII31111	-150.93350	-198.36180	347.64190	427.76537	-0.89	合格
15	CPI041	CPII31111	-150.93220	-198.36400	347.64310	427.76691	0.65	合格
17	CPI041	CPII31111	-150.93120	-198.36430	347.63750	427.76215	-4.11	合格
23	CPI041	CPII31111	-150.93240	-198.36240	347.64030	427.76396	-2.30	合格
6	CPI041	CPII31114	-366.50250	-92.57520	21.67040	378.63420	14.18	
8	CPI041	CPII31114	-366.50700	-92.57090	21.67180	378.63758	3.38	合格
11	CPI041	CPII31114	-366.50750	-92.57440	21.67160	378.63891	4.71	合格
14	CPI041	CPII31114	-366.50750	-92.57570	21.67160	378.63923	5.03	合格
16	CPI041	CPII31114	-366.50500	-92.57840	21.66630	378.63717	2.97	合格
21	CPI041	CPII31114	-366.50380	-92.58110	21.66550	378.63662	2.42	合格
9	CPI041	CPII31112	-400.58080	-383.87560	411.75600	690.91856	14.28	
13	CPI041	CPII31112	-400.58570	-383.87210	411.76100	690.92244	3.88	合格
10	CPI041	CPII31113	-149.11970	-144.52110	212.50900	297.12474	14.17	
12	CPI041	CPII31113	-149.12060	-144.51930	212.51160	297.12617	1.43	合格
18	CPI041	CPII31104	-7402.49780	-3490.56340	995.53790	8244.51953	27.27	
24	CPI041	CPII31104	-7402.49470	-3490.55220	995.53470	8244.51162	-7.91	合格

图 4-22　重复基线较差

（3）异（同）步环搜索：搜索控制网的环闭合差，并根据相应规范的技术指标要求判定基线质量，如图 4-23 所示。

```
合环号：      2
路点号：    CPI041 CPII31114 CPII31113
             Wx=-2.90mm  Wx限差为：  26.03mm      合格！
             Wy=-3.70mm  Wy限差为：  26.03mm      合格！
             Wz=-2.00mm  Wz限差为：  26.03mm      合格！
             Ws= 5.11mm  Ws限差为：  45.09mm      合格！
线总长：     969.655m
对闭合差：   5.3ppm
段（基线）：
             1(169)       1(10)        1(6)
             真异步环！
----------------------------------------------------------

合环号：      3
路点号： CPII31106 CPII31105 CPII31107
             Wx=-4.20mm  Wx限差为：  26.04mm      合格！
             Wy= 4.90mm  Wy限差为：  26.04mm      合格！
             Wz=-3.60mm  Wz限差为：  26.04mm      合格！
             Ws= 7.39mm  Ws限差为：  45.10mm      合格！
线总长：     994.719m
对闭合差：   7.4ppm
段（基线）：
             1(109)       1(100)       1(88)
             真异步环！
----------------------------------------------------------
```

图 4-23　GPS 网闭合环搜索

（4）三维无约束平差：在 WGS-84 空间直角坐标系下，进行三维无约束平差，如图 4-24 所示。

三维基线向量残差

No.	From	To	V_DX(mm)	V_DY(mm)	V_DZ(mm)	限差(mm)	是否超限
1	CPI040	CPII31101	-0.95	0.45	0.15	15.01	合格
2	CPI040	NCPI039	-7.17	1.81	0.94	15.19	合格
3	CPI040	NCPI039	3.33	-1.99	-0.46	15.19	合格
4	CPI040	CPII31101	0.45	-0.75	0.25	15.01	合格
5	CPI041	CPII31111	1.53	1.01	-0.58	15.05	合格
6	CPI041	CPII31114	-3.82	0.20	-0.43	15.04	合格
7	CPI041	CPII31111	0.43	0.11	-0.48	15.05	合格
8	CPI041	CPII31114	0.68	-4.10	-1.83	15.04	合格
9	CPI041	CPII31112	2.26	-2.41	-0.41	15.14	合格
10	CPI041	CPII31113	-0.12	0.98	0.26	15.03	合格
11	CPI041	CPII31114	1.18	-0.60	-1.63	15.04	合格
12	CPI041	CPII31113	0.78	-0.82	-2.34	15.03	合格
13	CPI041	CPII31112	7.16	-5.91	-5.41	15.14	合格
14	CPI041	CPII31114	1.18	0.70	-1.63	15.04	合格
15	CPI041	CPII31111	-0.87	2.31	-1.68	15.05	合格
16	CPI041	CPII31114	-1.32	3.40	3.67	15.04	合格
17	CPI041	CPII31111	-1.87	2.61	3.92	15.05	合格
18	CPI041	CPII31104	-4.83	6.23	4.78	28.93	合格
19	CPI041	CPII31102	-3.78	2.07	0.94	29.20	合格
20	CPI041	CPI040	-2.98	0.49	-0.13	29.20	合格
21	CPI041	CPII31114	-2.52	6.10	4.47	15.04	合格
22	CPI041	CPI040	-11.48	-0.81	12.47	29.20	合格
23	CPI041	CPII31111	-0.67	0.71	1.12	15.05	合格
24	CPI041	CPII31104	-7.93	-4.97	7.98	28.93	合格
25	CPI041	CPII31102	-11.98	3.17	12.94	29.20	合格
26	CPI042	CPII31114	-1.71	-2.42	-0.15	15.28	合格
27	CPI042	CPII31111	6.75	-4.41	-1.00	15.34	合格

图 4-24　三维无约束平差

（5）工程 GPS 网一点一方向平差：对于带状独立控制网的建立，工程 GPS 网一点一方向平差具有高精度性、灵活性、实用性等诸多优点，如下图 4-25 所示。

一点一方向平差结果

椭球参数设置

椭球长半轴	6378137.0000000000	&	椭球短半轴	6356752.3142000000
中央子午线	112.1439067130	&	投影面大地高	156.0055
横轴Y加常数	0.0000	&	纵轴X加常数	0.0000
基线总条数	200	&	GPS总点数	20
多余观测数	543	&	单位权中误差	0.15321

已知点和已知方位角

已知点坐标(x, y)	CPI040	3074243.77360 m		488926.37520 m
已知方位角A	CPI041		CPI040	78.20004700 dms

平差坐标及其精度

序号	点名	X(m)	Y(m)	MX(mm)	MY(mm)	MP(mm)	E(mm)	F(mm)	T(dms)
1	CPI040	3074243.77360	488926.37520	0.00	0.00	0.00	0.00	0.00	0.0000
2	CPII31101	3074418.04509	488942.92273	1.15	1.00	1.53	1.17	0.98	162.3311
3	NCPI039	3074736.99079	489545.67760	1.24	1.07	1.64	1.25	1.06	164.5324
4	CPI041	3072555.44183	480749.68268	0.89	0.82	1.21	0.94	0.77	145.3113
5	CPII31111	3072921.69656	480964.96915	0.87	0.81	1.19	0.92	0.76	146.3360
6	CPII31114	3072549.42471	481123.98484	0.83	0.77	1.13	0.87	0.73	146.1423
7	CPII31112	3073014.01593	481266.36077	0.98	0.92	1.34	1.04	0.85	143.2858
8	CPII31113	3072779.25632	480942.71688	1.03	0.98	1.42	1.09	0.91	143.2910
9	CPII31104	3073625.61821	488924.02008	0.83	0.74	1.11	0.85	0.72	155.3513
10	CPII31102	3073974.82527	488979.54616	0.72	0.69	0.99	0.74	0.67	146.1621
11	CPI042	3072118.77857	480255.19156	0.92	0.86	1.26	0.98	0.80	145.0927
12	CPI303	3072906.18247	482347.08690	1.01	0.96	1.40	1.06	0.92	145.4425
13	CPII31109	3073063.87389	482516.34930	1.04	0.98	1.43	1.08	0.93	148.1358
14	CPI304	3072304.92914	482329.96915	1.00	0.94	1.37	1.04	0.89	147.1739
15	CPII31107	3073041.65608	485905.71565	1.12	1.01	1.51	1.16	0.97	152.5604
16	CPII31108	3073023.80474	485609.12437	1.35	1.26	1.85	1.42	1.19	147.2315
17	CPII31103	3073873.12575	488811.20848	1.04	0.98	1.42	1.07	0.94	148.2041
18	CPII31105	3073006.34611	486395.75616	1.51	1.41	2.07	1.53	1.39	159.4913

图 4-25　GPS 网一点一方向平差

（6）工程 GPS 网二维约束平差：将空间三维基线转换为平面二维基线，在平面独立坐标系下进行 GPS 网二维约束严密平差计算，如图 4-26 所示。

椭球参数设置

椭球长半轴	6378137.0000000000	&	椭球短半轴	6356752.3142000000
中央子午线	112.1439067130	&	投影面大地高	156.0055
横轴Y加常数	0.0000	&	纵轴X加常数	0.0000
基线总条数	200	&	GPS总点数	20
多余观测数	362	&	单位权中误差	0.16104

GPS网→→→地面网　转换参数

尺度参数　U =	0.665(ppm)	旋转参数　E3=	261.654(sec)

平差坐标及其精度

序号	点名	X(m)	Y(m)	MX(mm)	MY(mm)	MP(mm)	E(mm)	F(mm)	T(dms)
1	CPI040	3074243.77360	488926.37520	0.00	0.00	0.00	0.00	0.00	0.0000
2	CPI041	3072555.44160	480749.68150	0.00	0.00	0.00	0.00	0.00	0.0000
3	NCPI039	3074736.99084	489545.67762	1.31	1.14	1.74	1.33	1.12	164.3507
4	CPII31101	3074418.04506	488942.92270	1.21	1.05	1.61	1.23	1.03	162.2716
5	CPII31111	3072921.69661	480964.96791	0.56	0.50	0.76	0.60	0.46	147.0514
6	CPII31114	3072549.42464	481123.98369	0.47	0.43	0.64	0.51	0.39	144.2615
7	CPII31112	3073014.01590	481266.35967	0.69	0.66	0.95	0.76	0.58	140.4134
8	CPII31113	3072779.25617	480942.71573	0.74	0.71	1.03	0.80	0.65	140.4223
9	CPII31104	3073625.61836	488924.01993	0.88	0.78	1.17	0.90	0.76	157.5629
10	CPII31102	3073974.82540	488979.54618	0.76	0.72	1.05	0.78	0.70	149.2054
11	CPI042	3072118.77821	480255.19036	0.59	0.55	0.80	0.64	0.48	142.1749
12	CPI303	3072906.18218	482347.08576	0.82	0.79	1.14	0.86	0.75	143.3138
13	CPII31109	3073063.87380	482516.34818	0.89	0.84	1.23	0.93	0.80	146.3417
14	CPI304	3072304.92912	482329.96808	0.81	0.77	1.12	0.85	0.73	144.3509
15	CPII31107	3073041.65619	485905.71489	1.08	0.96	1.45	1.11	0.93	154.2847
16	CPII31108	3073023.80473	485609.12367	1.33	1.23	1.81	1.39	1.16	147.2812
17	CPII31103	3073873.12546	488811.20839	1.10	1.03	1.50	1.13	0.99	150.3352
18	CPII31105	3073006.34596	486395.75549	1.55	1.44	2.12	1.56	1.43	162.2152

图 4-26 GPS 网二维约束平差

6. 坐标转换

ECNAS 提供大地坐标系与空间直角坐标系的相互转换、空间三维坐标系间的相互转换、高斯正算、高斯反算、平面三参数和四参数坐标转换等功能，如图 4-27 所示。

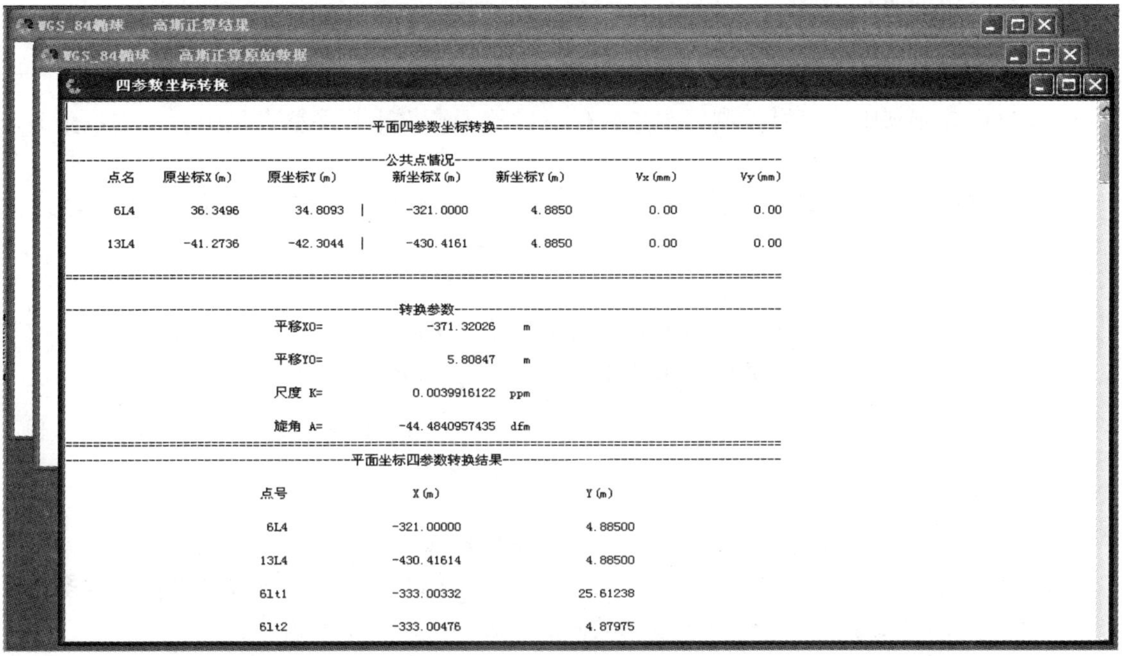

图 4-27 坐标转换示意图

4.6.2 软件的主要优势

1. 水准网数据处理的优势

（1）能读取主流电子水准仪的原始数据，自动生成 Excel 观测手簿，并能同时生成按测站数和按路线长度两种格式的平差文件。

（2）能自动统计平差文件的往返测高差较差，并按相应的规范要求进行数据质量判定，并能根据高差较差计算每千米（测站）水准测量偶然中误差。

（3）能自动搜索附合与闭合路线闭合差，并能根据闭合路线闭合差自动计算每千米水准测量全中误差。

（4）水准网的平差成果除了用文本文档自动保存外，还可以自动以 Excel 的形式进行保存，方便用户进行数据提取。

（5）提供方差一致性检验模块，方便用户对定权方法的选择。

2. 平面网数据处理的优势

（1）根据平面网的平差文件，自动统计往返测边长较差，并根据相应的规范要求，判定边长质量，并计算“一次距离测量中误差”。

（2）能进行平面网的闭合环搜索，并根据角度闭合差，由菲列罗公式自动计算实际的测角中误差。

（3）经验定权平差和方差分量估计平差的平差结果均分别按文本文档形式和 Word 形式保存，方便数据提取。

（4）提供方差一致性检验模块，方便用户对平差方法的选择。

（5）数据输出清晰可见，工整对齐。

（6）网图显示清晰，可对控制网图进行任意的放大、缩小、平移、量距、量方位角等操作，这都是传统软件不具有的。

（7）平面控制网平差模块计算准确、结果可靠，计算速率优于 CPⅢ DAS 和优于 COSA。

3. 全站仪三维网数据处理的优势

在保证测量精度的情况下，用三维测量技术代替“平面测量+水准测量”的传统“2+1”模式，大大节约了测量成本、提高了测量效率。

4. 工程 GPS 网数据处理的优势

（1）能实现真正的同步环和异步环搜索。

（2）能根据常见 GPS 测量规范要求，判定基线解算质量。

（3）网平差功能完备，GPS 三维平差既能在地心坐标系下进行，又能在参心坐标系下进行；工程 GPS 网二维平差包括约束平差和“一点一方向”两种平差模式。

5. 友好的人机交互界面

人性化的图形显示和量测功能，数据显示界面规范、整洁、富有层次感，如图 4-28 所示。

图 4-28 人机界面示意

6. 程式化的文件管理设计

为了有序存储和管理各类控制网数据处理成果，本软件把对 ECNAS 的所有操作设计在固定的工程项目集里。ECNAS 启动后，用户必须首先建立和打开相应的“工程”，然后才能进行其他操作，数据处理的成果将会自动保存到对应“工程”所在的目录下，如图 4-29 所示。

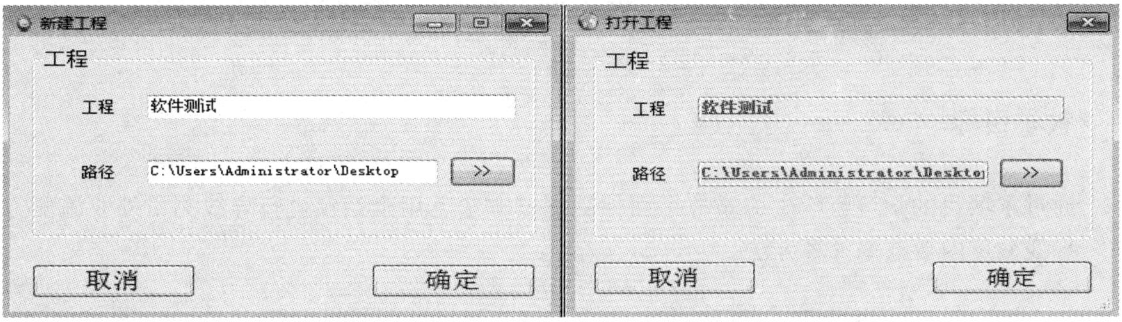

图 4-29　ECNAS 新建或打开工程示意图

执行“新建工程”或“打开工程”后，ECNAS 将在项目文件的主目录下自动生成“水准网数据处理”“平面网数据处理”“三维网数据处理”“工程 GPS 网数据处理”和“坐标转换”等文件夹（图 4-30），并在每个文件夹内，继续按数据处理的类别分别建立子文件夹，用户可通过单击主界面右侧的树状目录就能自动链接到对应的位置。这样将数据处理的各项结果分门别类地存储到对应的文件夹中，极大地方便了用户对处理结果的存储、查看、对比和分析。

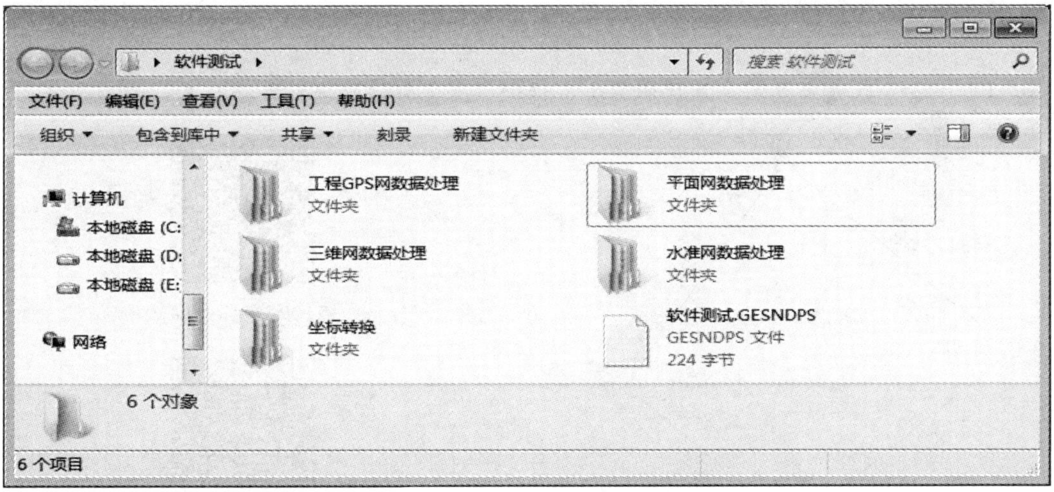

图 4-30　ECNAS 工程文件示意图

练一练

熟练掌握以上软件的具体操作。

项目 5　平面控制测量

教学目标

通过本项目的学习，学生应掌握平面控制测量方法、用全站仪进行导线测量外业施测方法、导线测量内业数据计算方法。

项目概述

控制测量分为平面控制测量和高程控制测量，平面控制测量确定控制点的平面位置（X, Y），高程控制测量确定控制点的高程（H）（项目 1 已经讲过）。平面控制测量的形式主要有导线测量和 GPS 卫星定位测量。本项目主要介绍导线测量方法。

看一看

图5-1是闭合导线测量方法及其视频演示，仔细观察视频掌握这一知识点。

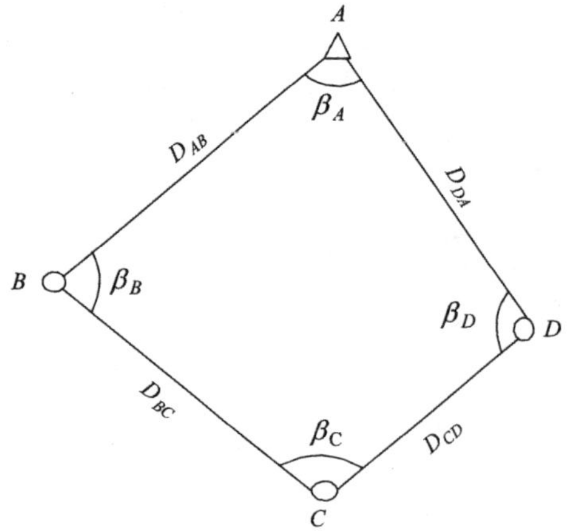

导线测量外业施测

导线测量内业计算

图 5-1　闭合导线测量

想一想

什么是坐标正算？

什么是角度闭合差？
什么是坐标反算？

5.1 平面控制测量概述

平面控制网常规的布设方法有三角网、三边网和导线网。三角网是测定三角形的所有内角以及少量边，通过计算确定控制点的平面位置的布网方式。三边网则是测定三角形的所有边长，各内角通过计算求得的。导线网是把控制点连成折线多边形，测定各边长和相邻边夹角，计算它们的相对平面位置布网方式。

在全国范围内布设的平面控制网，称为国家平面控制网。国家平面控制网采用逐级控制、分级布设的原则，分一、二、三、四等，主要由三角测量法布设，在西部困难地区采用导线测量法。一等三角锁沿经线和纬线布设成纵横交叉的三角锁系，锁长 200 ~ 250 km，构成许多锁环。一等三角锁内由近于等边的三角形组成，边长为 20 ~ 30 km。二等三角测量如图 5-2 有两种布网形式：一种是由纵横交叉的两条二等基本锁将一等锁环划分成 4 个大致相等的部分，这 4 个空白部分用二等补充网填充，称纵横锁系布网方案；另一种是在一等锁环内布设全面二等三角网，称全面布网方案。二等基本锁的边长为 20 ~ 25 km，二等网的平均边长为 13 km。一等锁的两端和二等网的中间，都要测定起算边长、天文经纬度和方位角。所以国家一、二等网合称为天文大地网。我国天文大地网于 1951 年开始布设，1961 年基本完成，1975 年修补测工作全部结束，全网约有 5 万个大地点。

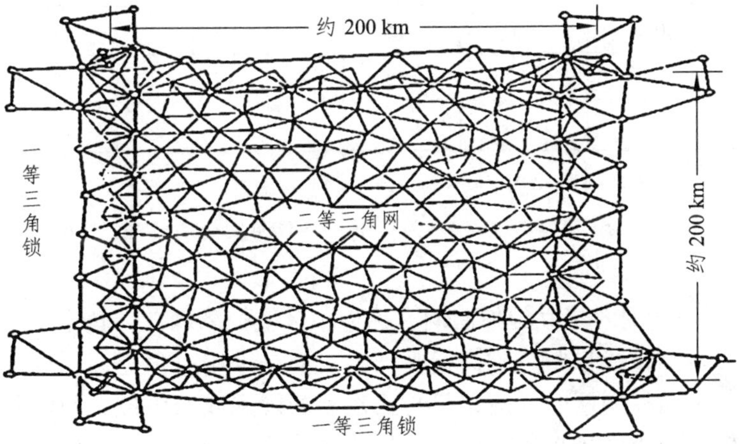

图 5-2　国家一、二等三角网

在城市地区为满足大比例尺测图和城市建设施工的需要，布设城市平面控制网。城市平面控制网在国家控制网的控制下布设，按城市范围大小布设不同等级的平面控制网，分为二、三、四等三角网，一、二级及图根小三角网或三、四等，一、二、三级和图根导线网。城市三角测量和导线测量的主要技术要求如表 5-1、表 5-2 所示。

表 5-1　城市三角测量的主要技术要求

等　级	平均边长 /km	测角中误差 /（″）	起始边相对中误差	最弱边边长相对中误差	测回数			三角形最大闭合差/（″）
					DJ_1	DJ_2	DJ_6	
二等	9	±1	1/300 000	1/120 000	12	—	—	±3.5
三等	5	±1.8	首级 1/200 000	1/80 000	6	9	—	±7
四等	2	±2.5	首级 1/200 000	1/45 000	4	6	—	±9
一级小三角	1	±5	1/40 000	1/20 000	—	2	6	±15
二级小三角	0.5	±10	1/20 000	1/10 000	—	1	2	±30
图根	最大视距的 1.7 倍	±20	1/10 000					±60

注：① 当最大测图比例尺为 1∶1 000 时，一、二级小三角边长可适当放长，但最长不大于表中规定的 2 倍。

② 图根小三角方位角闭合差为 $\pm40''\sqrt{n}$，n 为测站数。

表 5-2　城市导线测量的主要技术要求

等　级	导线长度 /km	平均边长 /km	测角中误差/（″）	测距中误差/mm	测回数			方位角闭合差/（″）	导线全长相对闭合差
					DJ_1	DJ_2	DJ_6		
三等	15	3	±1.5	±18	8	12	—	$\pm3\sqrt{n}$	1/60 000
四等	10	1.6	±2.5	±18	4	6	—	$\pm5\sqrt{n}$	1/40 000
一级	3.6	0.3	±5	±15	—	2	4	$\pm10\sqrt{n}$	1/14 000
二级	2.4	0.2	±8	±15	—	1	3	$\pm16\sqrt{n}$	1/10 000
三级	1.5	0.12	±12	±15	—	1	2	$\pm24\sqrt{n}$	1/6 000
图根	$\leqslant1.0M$		±30					$\pm60\sqrt{n}$	1/2000

注：① n 为测站数，M 为测图比例尺分母。

② 图根测角中误差为±30″，首级控制为±30″；方位角闭合差一般为$\pm60''\sqrt{n}$，首级控制为$\pm40''\sqrt{n}$。

在小于 10 km^2 的范围内建立的控制网，称为小区域控制网。在这个范围内，水准面可视为水平面，不需要将测量成果归算到高斯平面上，而是采用直角坐标，直接在平面上计算坐标。在建立小区域平面控制网时，应尽量与已建立的国家或城市控制网联测，将国家或城市高级控制点的坐标作为小区域控制网的起算和校核数据。如果测区内或测区周围无高级控制点，或者是不便于联测时，也可建立独立平面控制网。

20 世纪 80 年代末，卫星全球定位系统（GPS）开始在我国用于建立平面控制网，目前已成为建立平面控制网的主要方法。应用 GPS 卫星定位技术建立的控制网称为 **GPS** 控制网，根据我国《全球定位系统（GPS）测量规范》（GB/T 18314—2009）的要求，GPS 相对定位的精度，划分为 A、B、C、D、E 五级，如表 5-3 所列。我国国家 A 级和 B 级 GPS 大地控制网分别由 30 个点和 800 个点构成。它们均匀地分布在我国，平均边长相应为 650 km 和 150 km。它不仅在精度方面比已往的全国性大地控制网大体提高了两个量级，而且其三维坐标体系是建立在有严格动态定义的先进的国际公认的 ITRF 框架之内。这一高精度三维空间大地坐标系的建成将为我国 21 世纪的经济和社会持续发展提供基础测绘保障。

表 5-3　GPS 相对定位的精度指标

测量分级	常量误差 a_0/mm	比例误差系数 b_0/（mm/km）	相邻点距离/km
A	≤5	≤0.1	100 ~ 2 000
B	≤8	≤1	15 ~ 250
C	≤10	≤5	5 ~ 40
D	≤10	≤10	2 ~ 15
E	≤10	≤20	1 ~ 10

5.2　导线测量

5.2.1　导线的布设形式

导线是由若干条直线连成的折线，每条直线叫导线边，相邻两直线之间的水平角叫作转折角。测定了转折角和导线边长之后，即可根据已知坐标方位角和已知坐标算出各导线点的坐标。按照测区的条件和需要，导线可以布置成下列几种形式：

1. 附合导线

如图 5-3 所示，符合导线是指导线起始于一个已知控制点，而终止于另一个已知控制点的导线布置形式。控制点上可以有一条边或几条边是已知坐标方位角的边，也可以没有已知坐标方位角的边。

2. 闭合导线

如图 5-4 所示，闭合导线是指由一个已知控制点出发，最后仍旧回到这一点，形成一个闭合多边形的导线。在闭合导线的已知控制点上必须有一条边的坐标方位角是已知的。

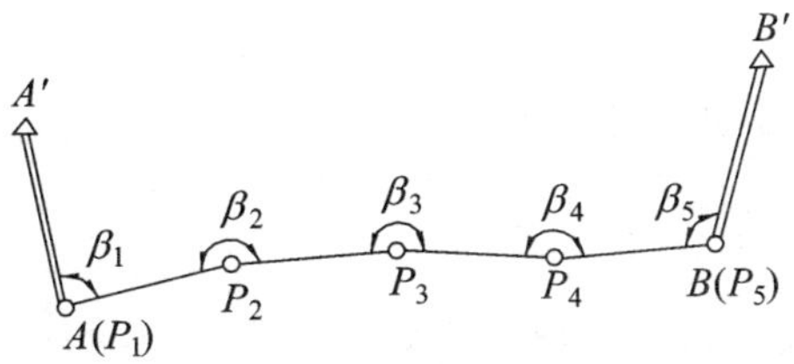

图 5-3　附合导线

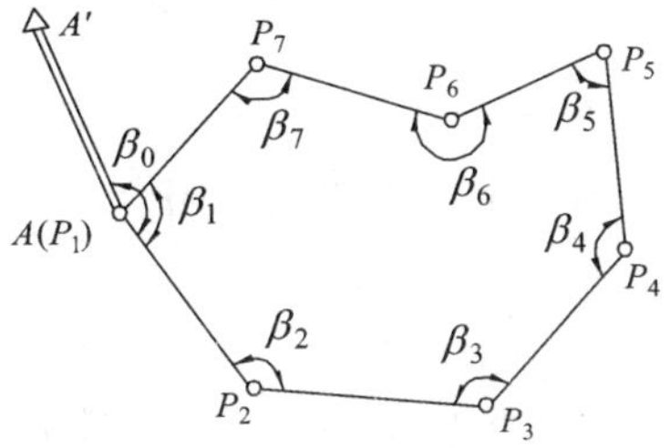

图 5-4　闭合导线

3. 支导线

如图 5-5 所示，支导线是指从一个已知控制点出发，既不附合到另一个控制点，也不回到原来的始点的导线布置形式。由于支导线没有检核条件，故一般只限于地形测量的图根导线中采用。

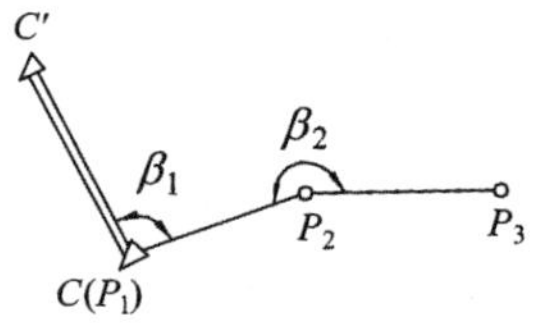

图 5-5 支导线

5.2.2 导线测量的外业工作

导线测量的外业包括踏勘、选点、埋石、造标、测角、测边、测定方向。

1. 踏勘、选点及埋设标志

踏勘是为了了解测区范围、地形及控制点情况，以便确定导线的形式和布置方案；选点应考虑便于导线测量、地形测量和施工放样。选点的原则为：

（1）相邻导线点间必须通视良好。

（2）等级导线点应便于加密图根点，导线点应选在地势高、视野开阔、便于碎部测量的地方。

（3）导线边长大致相同。

（4）密度适宜、点位均匀、土质坚硬、易于保存和寻找。

选好点后应直接在地上打入木桩。桩顶钉一小铁钉或划”+”作点的标志。必要时在木桩周围灌上混凝土[图 5-6(a)]。如导线点需要长期保存，则应埋设混凝土桩或标石[图 5-6(b)]。埋桩后应统一进行编号。为了今后便于查找，应量出导线点至附近明显地物的距离，绘出草图，注明尺寸，称为点之记[图 5-6（c）]。

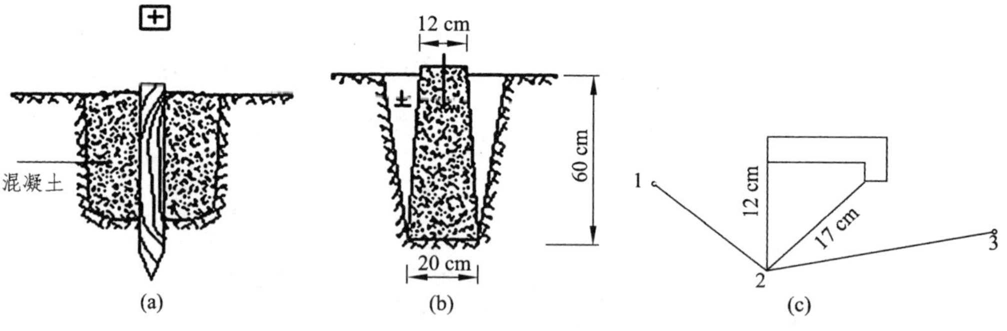

图 5-6 导线点标志和点之记

2. 测　角

可测左角，也可测右角，闭合导线测内角，精度要求见表 5-2。

3. 测　边

传统导线边长可采用钢尺、测距仪（气象、倾斜改正）、视距法等方法测量。随着测绘技术的发展，目前全站仪已成为距离测量的主要手段。

4. 测定方向

测区内有国家高级控制点时，可与控制点联测推求方位，包括测定联测角和联测边；当联测有困难时，也可采用罗盘仪测磁方位或用陀螺经纬仪测定方向。

下面以图 5-7 为例说明一下导线测量外业观测的具体步骤：

根据已知控制点的分布和校园的地形条件等情况，拟定导线的布设方案、控制点的位置等。已知控制点为 A，已知 AB 边坐标方位角 α_{AB}，B、C、D 为待求点。采用图根控制测量技术要求布设一条闭合导线，来建立校园的平面控制网，并求得各个控制点坐标。

步骤 1 首先在测区已有地形图上结合已知高级控制点的分布情况以及相关技术规定，在图上拟定导线的形式和控制点位置，然后带图到实地进行勘察定点。

步骤 2 如图 5-7 所示将全站仪架设到 A 点，对中整平，分别测量连接角 β_A、距离 D_{AB}，然后将结果记入观测手簿表 5-4 中。

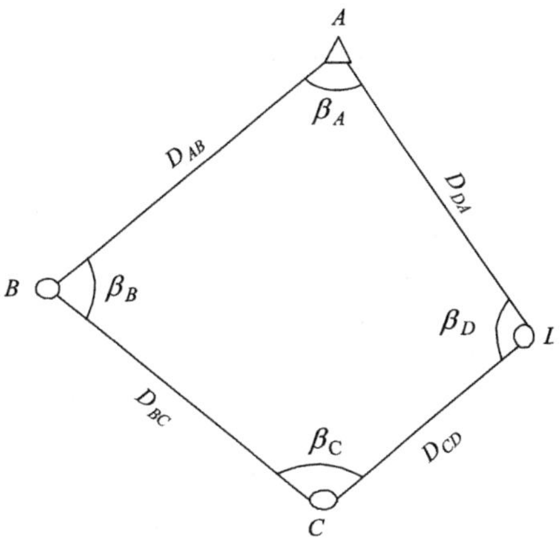

图 5-7 导线测量外业观测

步骤 3 将全站仪架设到 B 点上，对中整平，分别测量转折角 β_B、距离 D_{BC}，然后记入表 5-4 中。

步骤 4 依此类推，分别将全站仪架设到 C、D 点，并分别测量各导线的距离和角度，记入相应手簿。

表 5-4 导线测量记录手簿

测站	盘位	目标	水平度盘读数 /(° ′ ″)	半测回角值 /(° ′ ″)	一测回角值 /(° ′ ″)	边长/m	平均边长/m
A	左	D	0 00 01	98 49 47	98 49 36	46.906	46.905
		B	98 49 48			47.223	
	右	B	278 48 59	98 49 25		47.222	47.222
		D	179 59 34			46.904	
B	左	A	0 00 03	71 25 14	71 25 12	47.221	47.221
		C	71 25 17			46.183	
	右	C	251 25 52	71 25 10		46.183	46.183
		A	180 00 42			47.221	
C	左	B	0 00 03	112 15 26	112 15 12	46.182	46.182
		D	112 15 13			39.790	
	右	D	292 14 44	112 15 11		39.789	39.790
		B	179 59 33			46.182	
D	左	C	0 00 00	77 29 08	77 29 09	39.787	39.787
		A	77 29 08			46.907	
	右	A	257 28 20	77 29 10		46.907	46.907
		C	179 59 10			38.786	

5.2.3　导线测量的内业计算

1. 坐标的正算和反算

如图 5-8 所示，已知一点 A 的坐标 (x_A, y_A) 边长 D_{AB} 和坐标方位角 α_{AB}，求 B 点的坐标 (x_B, y_B)，称为坐标正算问题。由图可知

$$\begin{aligned} x_B &= x_A + \Delta x_{AB} \\ y_B &= y_A + \Delta y_{AB} \end{aligned} \tag{5-1}$$

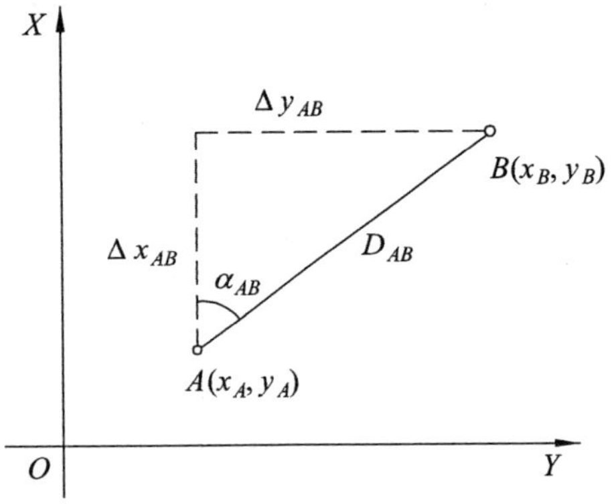

图 5-8　坐标正、反算

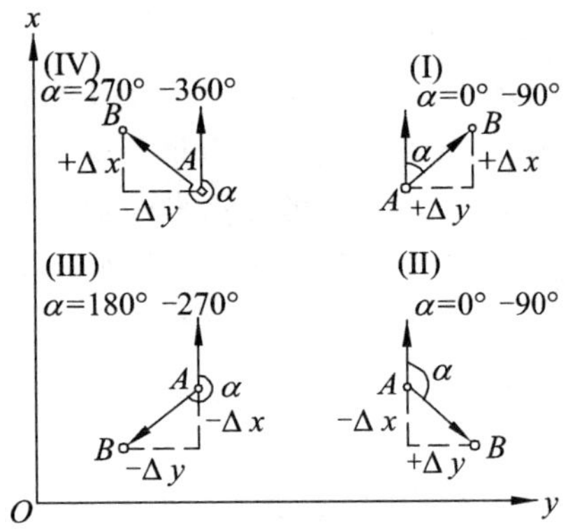

图 5-9　坐标增量的正负

式中：Δx 称为纵坐标增量和 Δy 称为横坐标增量，是边长在坐标轴上的投影，即：

$$\begin{aligned} \Delta x_{AB} &= D_{AB} \cdot \cos\alpha_{AB} \\ \Delta y_{AB} &= D_{AB} \cdot \sin\alpha_{AB} \end{aligned} \tag{5-2}$$

Δx 、Δy 的正负取决于 $\cos\alpha$ 、$\sin\alpha$ 的符号，要根据 α 的大小、所在象限来判别，如图 5-9。上式（5-1）又可写成

$$\begin{aligned} x_B &= x_A + D_{AB} \cdot \cos\alpha_{AB} \\ y_B &= y_A + D_{AB} \cdot \sin\alpha_{AB} \end{aligned} \tag{5-3}$$

如图 5-8 所示，设已知两点 A、B 的坐标，求边长 D_{AB} 和坐标方位角 α_{AB}，称为坐标反算。则求得 AB 边的边长和象限角为：

$$D_{AB} = \sqrt{\Delta x_{AB}^2 + \Delta y_{AB}^2} \tag{5-4}$$

$$R_{AB} = \arctan\left|\frac{\Delta y_{AB}}{\Delta x_{AB}}\right| \tag{5-5}$$

式中：$\Delta x_{AB} = x_B - x_A, \Delta y_{AB} = y_B - y_A$。

由式（5-5）求得的 α_{AB} 可在四个象限之内，它由 Δy 和 Δx 的正负符号确定，即：

在第一象限时：　$\alpha_{AB} = R_{AB}$

在第二象限时：　$\alpha_{AB} = 180° - R_{AB}$

在第三象限时：　$\alpha_{AB} = 360° + R_{AB}$

在第四象限时：　$\alpha_{AB} = 360° - R_{AB}$

【例 5-1】已知 $x_A = 1874.43$ m，$y_A = 43\,579.64$ m，$x_B = 1\,666.52$ m，$y_B = 43\,667.85$ m，求 α_{AB}。

【解】由已知坐标得

$$\Delta y_{AB} = 43\,667.85 - 43\,579.64 = 88.21\ \text{m}$$

$$\Delta x_{AB} = 1\,666.52 - 1\,874.43 = -207.91\ \text{m}$$

由上知 α 在第三象限，则：

$$\alpha_{AB} = 180° + \arctan\left|\frac{\Delta y_{AB}}{\Delta x_{AB}}\right| = 180° - 22°59'24'' = 157°00'36''$$

2. 闭合导线的坐标计算

导线计算的目的是推算各导线点的坐标 (x_i, y_i)。下面结合实例介绍闭合导线的计算方法。计算前必须按技术要求对观测成果进行检查和核算，然后将观测的内角、边长填入表 5-5 中的第 2、6 栏，起始边方位角和起点坐标值填入第 5、11、12 栏顶上格（带有双横线的值）。对于四等以下导线角值取至秒，边长和坐标取至毫米，图根导线、边长和坐标取至厘米，并绘出导线草图，在表内进行计算。

表 5-5　闭合导线坐标计算表

点号	观测角 /(° ′ ″)	改正数/″	改正后的角值 /(° ′ ″)	坐标方位角 /(° ′ ″)	边长 /m	增量计算值		改正后的增量值		坐标	
						Δx /m	Δy /m	$\Delta x'$ /m	$\Delta y'$ /m	x/m	y/m
1	2	3	4	5	6	7	8	9	10	11	12
1										500.00	500.00
				124 59 43	105.22	−3 −60.34	+2 +86.20	−60.37	+86.22		
2	107 48 30	+13	107 48 43							439.63	586.22
				52 48 26	80.18	−2 +48.47	+2 +63.87	+48.45	+63.89		
3	73 00 20	+12	73 00 32							488.08	650.11
				305 48 58	129.34	−3 +75.69	+2 −104.88	+75.66	−104.86		
4	89 33 50	+12	89 34 02							563.74	545.25
				215 23 00	78.16	−2 −63.72	+1 −45.26	−63.74	−45.25		
1	89 36 30	+13	89 36 43							500.00	500.00
				124 59 43							
2											
$\sum$	359 59 10	50	360 00 00		392.90	+0.1	−0.07	0.00	0.00		

辅助计算

$f_\beta = \sum\beta - (4-2)\times 180 = -50''$　　$f_{\beta限} = \pm 30''\sqrt{n} = 60''$

$f_x = \sum \Delta x_{测} = +0.1$　　$f_y = \sum \Delta y_{测} = -0.07$　　$f_D = \sqrt{f_x^2 + f_y^2} = 0.12\ \text{m}$

$K = \dfrac{f_D}{\sum D} = \dfrac{1}{3\,200}$　　容许相对闭合差：$\dfrac{1}{2\,000}$

导线略图

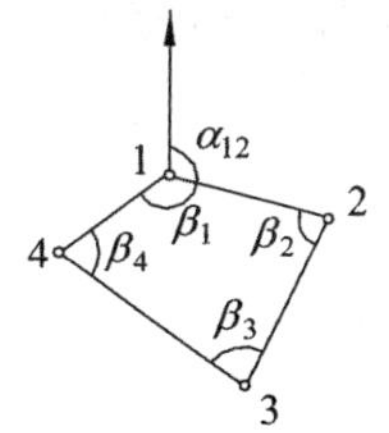

（1）角度闭合差的计算与调整。n 边形内角和的理论值 $\sum \beta_{理} = (n-2) \times 180°$ 。由于测角误差，实测内角和 $\sum \beta_{测}$ 与理论值不符，其差称为角度闭合差，以 f_β 表示，即

$$f_\beta = \sum \beta_{测} - (n-2) \times 180° \tag{5-6}$$

其容许值 $f_{\beta容}$ 容参照表 5-2 中“方位角闭合差”栏。当 $f_\beta \leqslant f_{\beta容}$ 时，可进行闭合差调整，将 f_β 以相反的符号平均分配到各观测角中去。其角度改正数为

$$v_\beta = -\frac{f_\beta}{n} \tag{5-7}$$

当 f_β 不能整除时，则将余数凑整到测角的最小位分配到短边大角上去。改正后的角值为：

$$\beta_i = \beta_i' + v_\beta \tag{5-8}$$

调整后的角值（填入表 5-5 中第 4 栏）必须满足：$\sum \beta = (n-2) \times 180°$ ，否则表示计算有误。

（2）各边坐标方位角推算。根据导线点编号，导线内角（即右角）改正值和起始边，即可按公式 $\alpha_{前} = \alpha_{后} - \beta_{右} + 180°$ ，依次计算 α_{23} 、 α_{34} 、 α_{41} ，直到回到起始边 α_{12} 。（填入表 5-5 中第 5 栏）。经校核无误，方可继续往下计算。

（3）坐标增量计算及其他闭合差调整 根据各边长及其方位角，即可按式（5-2）计算出相邻导线点的坐标增量（填入第 7、8 栏）。如图 5-10，闭合导线纵横坐标增量的总和的理论值应等于零，即

$$\sum \Delta x_{理} = 0, \sum \Delta y_{理} = 0 \tag{5-9}$$

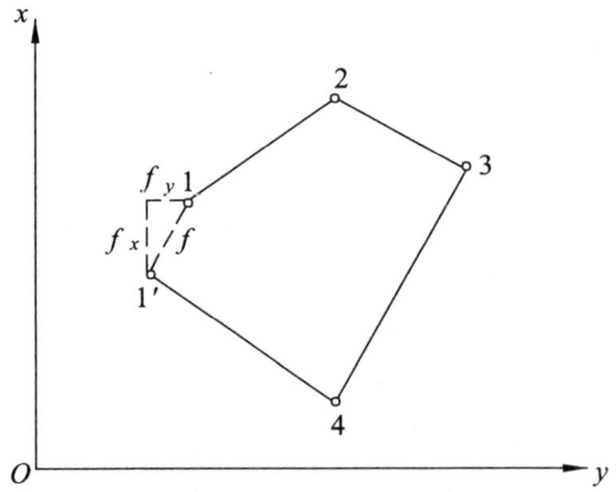

图 5-10 坐标增量闭合差

由于量边误差和改正角值的残余误差，其计算的观测值 $\sum \Delta x_{测}, \sum \Delta y_{测}$ 不等于零，与理论值之差，称为坐标增量闭合差，即

$$\begin{aligned} f_x &= \sum \Delta x_{测} - \sum \Delta x_{理} = \sum \Delta x_{测} \\ f_y &= \sum \Delta y_{测} - \sum \Delta y_{理} = \sum \Delta y_{测} \end{aligned} \tag{5-10}$$

f_x 、 f_y 的存在使得导线不闭合而产生 f ，称为导线全长闭合差，即

$$f=\sqrt{f_x^2+f_y^2} \tag{5-11}$$

f 值与导线长短有关。通常以全长相对闭合差 k 来衡量导线的精度。即

$$k=\frac{f}{\sum D}=\frac{1}{\frac{\sum D}{f}} \tag{5-12}$$

式中：$\sum D$ 为导线全长（即表 5-5 中第 6 栏总和）。当 k 在容许值（表 5-2）范围内时，可将 f_x、f_y 的相反符号按边长成正比分配到各增量中去，其改正数为：

$$\begin{aligned} v_{xi}&=\left(-\frac{f_x}{\sum D}\right)\cdot D_i \\ v_{yi}&=\left(-\frac{f_y}{\sum D}\right)\cdot D_i \end{aligned} \tag{5-13}$$

按增量的取位要求，改正数凑整至厘米或毫米（填入表 5-5 中第 7、8 栏相应增量计算值尾数的上方），凑整后的改正数总和必须与反号的增量闭合差相等。然后将表中第 7、8 栏相应的增量计算值加改正数计算改正后的增量填入第 9、10 栏。

（4）坐标计算。根据起点已知坐标和改正后的增量，按公式（5-1）依次计算 2、3、4 直至回 1 点的坐标（填入第 11、12 栏），以资检查。

3. 附合导线的坐标计算

附合导线计算步骤与闭合导线完全相同，但计算方法中，唯有 $\sum\beta_{理}$、$\sum\Delta x_{理}$、$\sum\Delta y_{理}$ 三项不同，现分述如下：

（1）角度闭合差 f_β 中 $\sum\beta_{理}$ 的计算。如表 5-6 略图所示，已知始边和终边方位角 $\alpha_{A'A}$、$\alpha_{BB'}$，导线各转折角（左角）β 的理论值应满足下列关系式：

$$\begin{aligned} \alpha_{A2}&=\alpha_{A'A}-180^\circ+\beta_1 \\ \alpha_{23}&=\alpha_{12}-180^\circ+\beta_2 \end{aligned}$$

将上列式取和得：$\alpha_{BB'}=\alpha_{A'A}-5\times180^\circ+\sum\beta$

式中：$\sum\beta$ 为各转折角（包括连接角）理论值的总和。写成一般式，则有：

$$\sum\beta_{理}^{左}=\alpha_{终}-\alpha_{始}+n\times180^\circ \tag{5-14}$$

同理，为右角时 $$\sum\beta_{理}^{右}=\alpha_{始}-\alpha_{终}+n\times180^\circ \tag{5-15}$$

（2）坐标增量 f_x、f_y 闭合差中 $\sum\Delta x_{理}$、$\sum\Delta y_{理}$ 的计算。由附合导线图可知，导线各边在纵横坐标轴上投影的总和，其理论值应等于终、始点坐标之差，即

$$\begin{aligned} \sum\Delta x_{理}&=x_{终}-x_{始} \\ \sum\Delta y_{理}&=y_{终}-y_{始} \end{aligned} \tag{5-16}$$

表 5-6　附合导线坐标计算表

点号	观测角/(° ′ ″)	改正数/″	改正后的角值/(° ′ ″)	坐标方位角/(° ′ ″)	边长/m	增量计算值		改正后的增量值		坐标	
						Δx /m	Δy /m	$\Delta x'$ /m	$\Delta y'$ /m	x/m	y/m
1	2	3	4	5	6	7	8	9	10	11	12
A											
				93 56 15							
$A(P_1)$	186 35 22	−3	186 35 19							167.81	219.17
				100 31 34	86.09	−15.73	−1 +84.64	−15.73	+84.63		
P_2	163 31 14	−4	163 31 10							152.08	303.80
				84 02 44	133.06	+13.80	−1 +132.34	+13.80	+132.33		
P_3	184 39 00	−3	184 38 57							165.88	436.13
				88 41 41	155.64	−1 +3.55	−2 +155.60	+3.54	+155.58		
P_4	194 22 30	−3	194 22 27							169.42	591.71
				103 04 08	155.02	−35.05	−2 +151.00	−35.05	+150.98		
$B(P_5)$	163 02 47	−3	163 02 44							134.37	742.69
				86 06 52							
B'											
$\sum$	892 10 53		982 10 37		529.81	−33.43	+523.58	−33.44	+523.52		

辅助计算

$$f_\beta = \alpha_{A'A} + \sum\beta + n\cdot 180 - \alpha_{BB'} = +16''$$

$$f_{\beta限} = \pm 30''\sqrt{n} = 67''$$

$$f_x = \sum\Delta x_{测} - \sum\Delta x_{理} = +0.01$$

$$f_y = \sum\Delta y_{测} - \sum\Delta_{理} = +0.06$$

$$f_D = \sqrt{f_x^2 + f_y^2} = 0.06\ \text{m}$$

$$K = \frac{f_D}{\sum D} = \frac{1}{8\,800}$$

容许相对闭合差：$\dfrac{1}{2\,000}$

导线略图

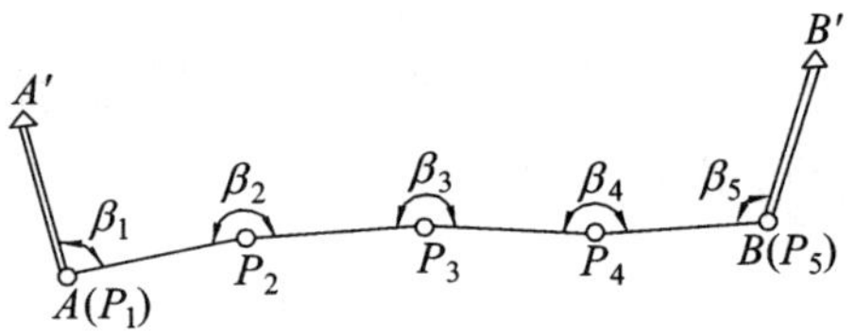

特别提示

1. 当角度闭合差不能整除时，将余数凑整到测角的最小位分配到短边大角上去。

2. 当导线测量内业计算未给出已知边坐标方位角，而给出已知两个控制点坐标时，需要利用坐标反算推算出已知边坐标方位角。

练一练

1. 简述导线测量外业施测步骤。

项目 6　地形测量

教学目标

通过本项目的学习，学生应不仅能掌握地形图的基本知识，而且能够正确识读、测量并绘制地形图。

项目概述

在工程规划设计中，地形图是不可缺少的地形资料，它是设计时确定点位及计算工作量的主要依据。设计人员要在地形图上丈量距离、读取高程和确定位置等。只有全面掌握地形资料，才能因地制宜、正确而合理地进行规划设计。这就要求设计人员能顺利地识读地形图，能进行地形图的测量和绘制。

看一看

某市是一个拥有50万人的综合性大都市，供水工程是关系着整个城市政治、经济繁荣发展的重要支撑点。为了改善人民之生活及生产用水问题，某公司承接了该市某个水库的前期综合勘探研究工作，通过野外实地踏勘、地形图测量对该区域进行充分的调查研究、评价、估算，对项目建设的必要性、经济合理性、技术可行性、实施可能性等方面进行了综合性研究论证，为建设该项目的决策和审批提供了科学依据。

CASS 软件简介　　　　GPS 测量

想一想

- 什么是地形图？
- 如何测绘地形图？
- 地形图在土木工程中有哪些具体的应用？

6.1 地形图基本知识

6.1.1 地形和地形图

地面上具有明显轮廓的固定性物体，如城市街道、房屋、道路、江河湖泊、森林、草原及其他各种人工建筑物等，均称为地物；地面高低起伏的形态，如高山、深谷、陡坎、悬崖和峭壁等，称为地貌。习惯上把地物和地貌总称为地形。

地形图是将一定区域内的地物和地貌，经过综合取舍，用正投影的方法按一定比例尺缩小并用规定的符号及方法表达出来的图形。这种图既能表示地物的平面位置，又能表示地面的高低起伏形态。

6.1.2 地形图的比例尺

图上任一线段 d 与地上相应线段水平距离 D 之比，称为图的比例尺。常见的比例尺有两种：数字比例尺和直线比例尺。

1. 数字比例尺

用分子为 1 的分数式来表示的比例尺，称为数字比例尺，即

$$\frac{d}{D}=\frac{1}{M}$$

式中：M 称为比例尺分母，表示缩小的倍数。M 愈小，比例尺愈大，图上表示的地物地貌愈详尽。通常把 1∶500、1∶1 000、1∶2 000、1∶5 000 的比例尺称为大比例尺，1∶10 000、1∶25 000、1∶50 000、1∶100 000 的称为中比例尺，把小于 1∶100 000 的称为小比例尺。不同比例尺的地形图有不同的用途。大比例尺地形图多用于各种工程建设的规划和设计，为国防和经济建设等多种用途的多属中小比例尺地图。

2. 图示比例尺

为了用图方便，以及避免由于图纸伸缩而引起的误差，通常在图上绘制图示比例尺，这种比例尺叫图示比例尺，也称直线比例尺。如图 6-1 为 1∶1 000 的图示比例尺，在两条平行线上分成若干 2 cm 长的线段，称为比例尺的基本单位，左端一段基本单位细分成 10 等分，每等分相当于实地 2 m，每一基本单位相当于实地 20 m。

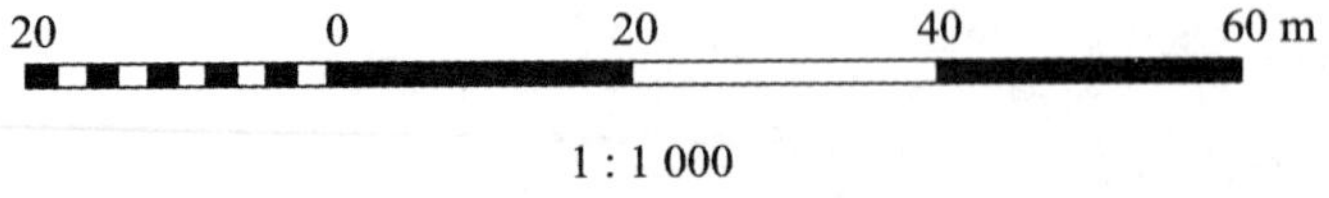

图 6-1　图示比例尺

3. 比例尺精度

人眼正常的分辨能力，在图上辨认的长度通常认为是 0.1 mm，它在地上表示的水平距离为 $0.1\,\text{mm} \times M$，称为比例尺精度。利用比例尺精度，根据比例尺可以推算出测图时量距应准确到什么程度。例如，1∶1 000 地形图的比例尺精度为 0.1 m，测图时量距的精度只需 0.1 m，小于 0.1 m 的距离在图上表示不出来。反之，根据图上表示实地的最短长度，可以推算测图比例尺。例如，欲表示实地最短线段长度为 0.5 m，则测图比例尺不得小于 1∶5000。

比例尺愈大，采集的数据信息愈详细，精度要求就愈高，测图工作量和投资往往成倍增加，因此使用何种比例尺测图，应从实际需要出发，不应盲目追求更大比例尺的地形图。

6.1.3 地物符号

地面上的地物，如房屋、道路、河流、森林、湖泊等，其类别、形状和大小及其地图上的位置，都是用规定的符号来表示的。根据地物的大小及描绘方法的不同，地物符号分为以下几类：

1. 比例符号

轮廓较大的地物，如房屋、运动场、湖泊、森林、田地等，凡能按比例尺把它们的形状、大小和位置缩绘在图上的，称为比例符号。这类符号表示出地物的轮廓特征。

2. 非比例符号

轮廓较小的地物，或无法将其形状和大小按比例画到图上的地物，如三角点、水准点、独立树、里程碑、水井和钻孔等，则采用一种统一规格、概括形象特征的象征性符号表示。这种符号称为非比例符号，只表示地物的中心位置，不表示地物的形状和大小。

3. 半比例符号

对于一些带状延伸地物，如河流、道路、通信线、管道、垣栅等，其长度可按测图比例尺缩绘，而宽度无法按比例表示的符号称为半比例符号。这种符号一般表示地物的中心位置，但是城墙和垣栅等，其准确位置在其符号的底线上。

4. 地物注记

对地物加以说明的文字、数字或特定符号，称为地物注记，如地区、城镇、河流、道路名称，江河的流向、道路去向以及林木、田地类别等说明。

6.1.4 地貌符号

6.1.4.1 等高线

等高线是地面相邻等高点相连接的闭合曲线。一簇等高线，在图上不仅能表达地面起伏变化的形态，而且还具有一定立体感。

如图 6-2，设有一座小山头的山顶恰好被水淹没时的水面高程为 50 m，水位每退 5 m，则坡面与水面的交线即为一条闭合的等高线，其相应高程为 45 m、40 m、35 m。将地面各交线垂直投影在水平面上，按一定比例尺缩小，从而就可得到一簇表现山头形状、大小、位置以及它起伏变化的等高线。

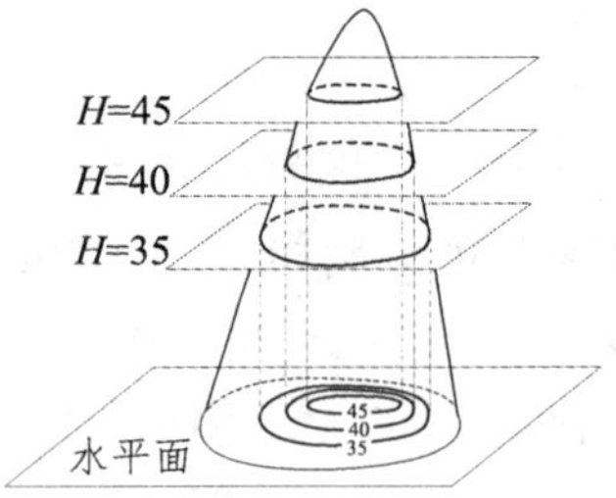

图 6-2　等高线

6.1.4.2　等高距和等高线平距

相邻等高线之间的高差 h，称为等高距或等高线间隔。在同一幅地形图上，等高距是相同的，相邻等高线间的水平距离 d，称为等高线平距。由图可知，d 愈大，表示地面坡度愈缓，反之愈陡。坡度与平距成反比。

用等高线表示地貌，等高距选择过大，就不能精确显示地貌；反之，选择过小，等高线密集，就会失去图面的清晰度。因此，应根据地形和比例尺参照表 6-1 选用等高距。

表 6-1　地形图的基本等高距

地形类别	比例尺				备注
	1∶500	1∶1 000	1∶2 000	1∶5 000	
平地	0.5 m	0.5 m	1 m	2 m	等高距为 0.5 m 时，特征点高程可注至厘米，其余均为注至分米。
丘陵	0.5 m	1 m	2 m	5 m	
山地	1 m	1 m	2 m	5 m	

注：按本表选定的等高距称为基本等高距，同一幅图只能采用一种基本等高距。

6.1.4.3　等高线的分类

等高线分为首曲线、计曲线、间曲线和助曲线四种，地形图主要采取前面两种等高线，如图 6-3 所示。

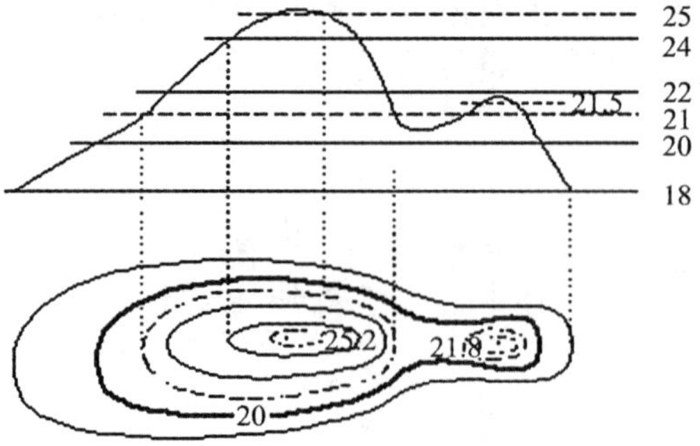

图 6-3　各种等高线

1. 首曲线

等高线的高程应为基本等高距的整倍数。按基本等高距描绘的等高线称首曲线，用细实线描绘。

2. 计曲线

为了读图方便，高程为 5 倍基本等高距的等高线用粗实线描绘并注记高程，称为计曲线。

3. 间曲线

在基本等高线不能反映出地面局部地貌的变化时，可用二分之一基本等高距用长虚线加密的等高线，称为间曲线。

4. 助曲线

更加细小的变化还可用四分之一基本等高距用短虚线加密的等高线，称为助曲线。

6.1.4.4 等高线表示典型地貌

地貌形态繁多，但主要由一些典型地貌的不同组合而成。要用等高线表示地貌，关键在于掌握等高线表达典型地貌的特征。

1. 山头和洼地（盆地）

如图 6-4 表示山头和洼地的等高线。其特征等高线表现为一组闭合曲线。在地形图上区分山头或洼地可采用高程注记或示坡线的方法。高程注记可在最高点或最低点上注记高程，或使等高线的高程注记字头朝向确定山头（或高处）；示坡线是从等高线起向下坡方向垂直于等高线的短线，示坡线从内圈指向外圈，说明中间高、四周低，由内向外为下坡，故为山头或山丘；示坡线从外圈指向内圈，说明中间低，四周高，由外向内为下坡，故为洼地或盆地。

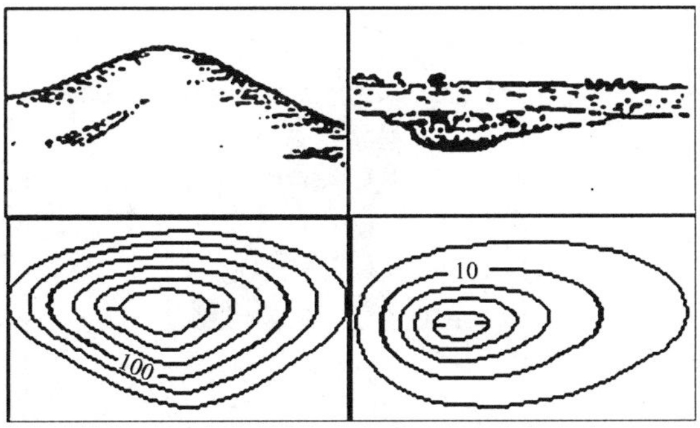

图 6-4　山头和洼地

2. 山脊和山谷

山脊是沿着一定方向延伸的高地，其最高棱线称为山脊线，又称分水线，如图 6-5 中的 *S* 所示山脊的等高线是一组以向低处凸出为特征的曲线。山谷是沿着一方向延伸的两个山脊之间的凹地，贯穿山谷最低点的连线称为山谷线，又称集水线，如图 6-5 中的 *T* 所示，山谷的等高线是一组以向高处凸出为特征的曲线。

山脊线和山谷线是显示地貌基本轮廓的线，统称为地性线，它在测图和用图中都有重要作用。

3. 鞍　部

鞍部是相邻两山头之间低凹部位呈马鞍形的地貌，如图 6-6。鞍部（K 点处）俗称垭口，是两个山脊与两个山谷的会合处，等高线由一对山脊和一对山谷的等高线组成。

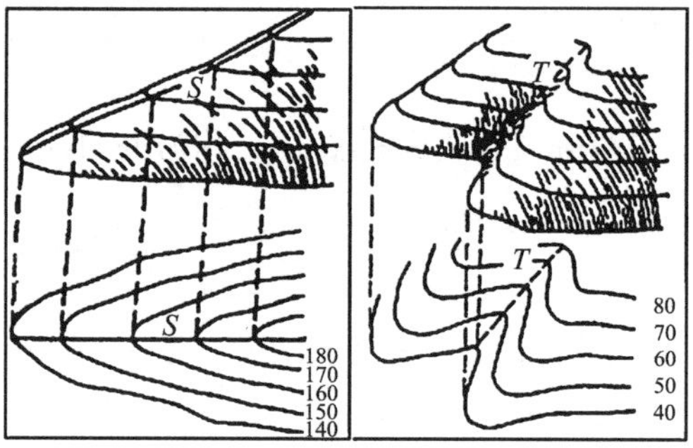

图 6-5　山脊和山谷

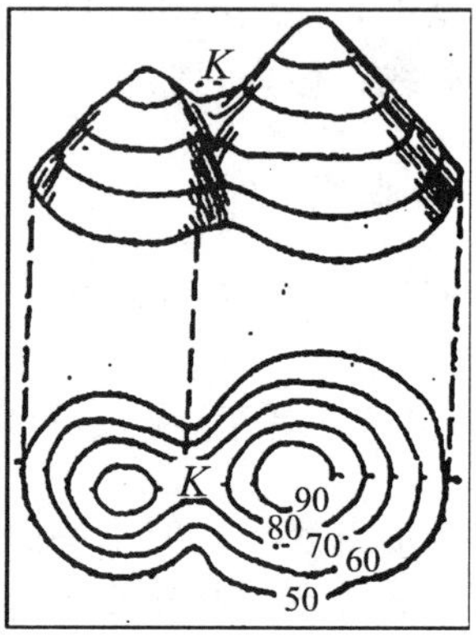

图 6-6　鞍部

4. 陡崖和悬崖

陡崖是坡度在 70°以上的陡峭崖壁，有石质和土质之分，图 6-7 是石质陡崖的表示符号。悬崖是上部突出中间凹进的地貌，这种地貌等高线如图 6-8 所示。

5. 冲　沟

冲沟又称雨裂，如图 6-9，它是具有陡峭边坡的深沟，由于边坡陡峭而不规则，所以用锯齿形符号来表示。

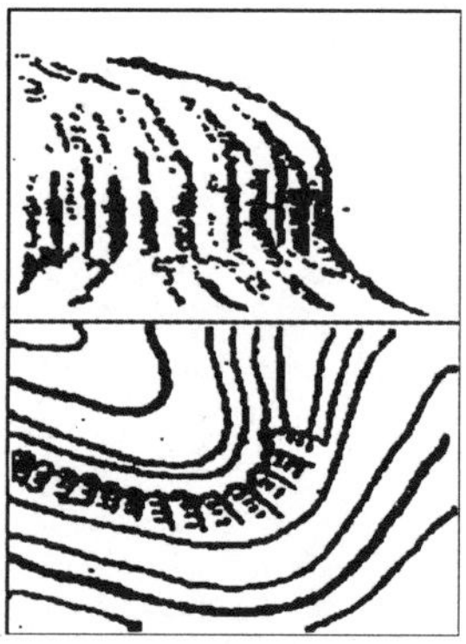

图 6-7　陡崖

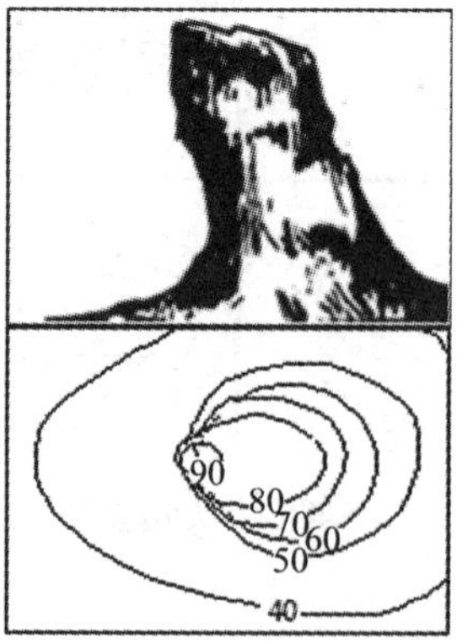

图 6-8　悬崖

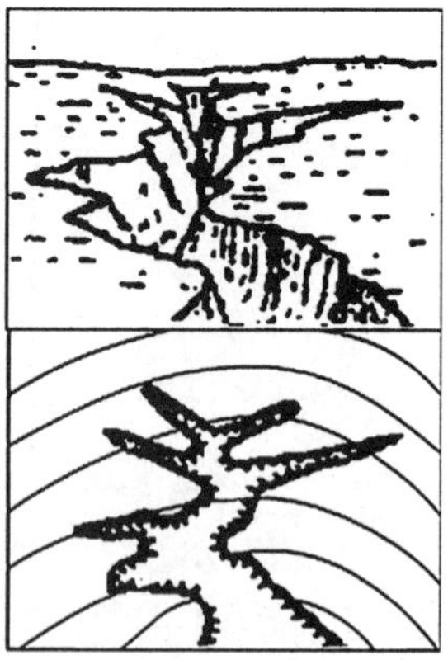

图 6-9　冲沟

熟悉了典型地貌等高线特征，就容易识别各种地貌，图 6-10 是某地区综合地貌示意图及其对应的等高线图，读者可自行对照阅读。

图 6-10 地貌与等高线

6.1.4.5 等高线的特性

根据等高线的原理和典型地貌的等高线，可得出等高线的特性：

（1）同一条等高线上的点，其高程必相等。

（2）等高线均是闭合曲线，如不在本图幅内闭合，则必在图外闭合，故等高线必须延伸到图幅边缘。

（3）除在悬崖或绝壁处外，等高线在图上不能相交或重合。

（4）等高线的平距小，表示坡度陡，平距大则坡度缓，平距相等则坡度相等，平距与坡度成反比。

（5）等高线和山脊线、山谷线成正交，如图 6-10 所示。

（6）等高线不能在图内中断，但遇道路、房屋、河流等地物符号和注记处可以局部中断。

6.1.5 识读地形图

1. 识别图名与图号

图名是指本图幅的名称，一般以本图幅内最重要的地名或主要单位名称来命名，注记在图廓外上方的中央。如图 6-11，地形图的图名为“西三庄”。

图号，即图的分幅编号，注在图名下方。如图 6-11 所示，图号为 3510.0-220.0，它由左下角纵、横坐标组成。

2. 识别接图表与图外文字说明

为便于查找、使用地形图，在每幅地形图的左上角都附有相应的图幅接图表，用于说明本图幅与相邻八个方向图幅位置的相邻关系。如图 6-11，中央为本图幅的位置。

文字说明是了解图件来源和成图方法的重要的资料。如图 6-11，通常在图的下方或左、右两侧注有文字说明，内容包括测图日期、坐标系、高程基准、测量员、绘图员和检查员等。在图的右上角标注图纸的密级。

3. 识别图廓与坐标格网

图廓是地形图的边界，正方形图廓只有内、外图廓之分。内图廓为直角坐标格网线，外图廓用较粗的实线描绘。外图廓与内图廓之间的短线用来标记坐标值。如图 6-11，左下角的纵坐标为 3 510.0 km，横坐标为 220.0 km。

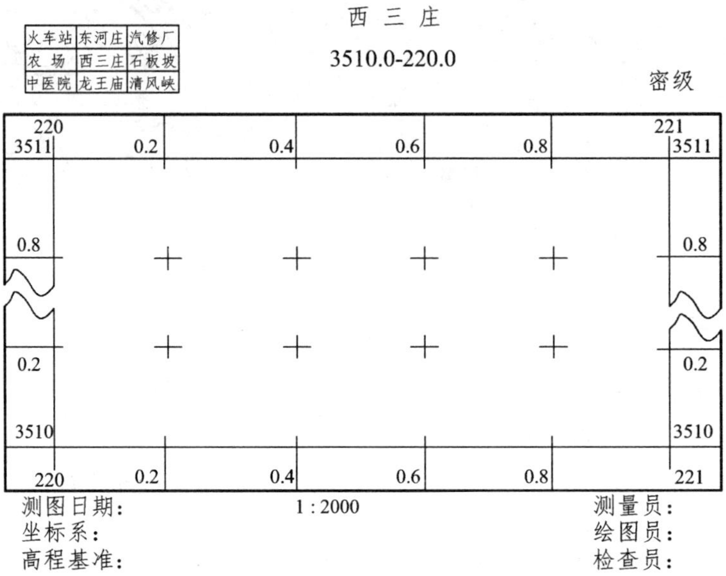

图 6-11　大比例尺地形图样图

4. 识别比例尺

地形图的下方中间位置，表明了本幅图所用的比例尺是 1∶2 000（图 6-11）。

5. 识读地物、地貌和等高线

通过地物符号和地貌符号，对地物、地貌具体分析，找出它们的具体位置和相互之间的位置关系。

6.2　大比例尺地形图测绘

6.2.1　数字测图的基本思想

传统的地形测图（白纸测图）实质上是将测得的观测值（数值）用图解的方法转化为图形。这一转化过程几乎都是在野外实现的，即使是原图的室内整饰一般也要在测区驻地完成，因此劳动强度较大；再则，这个转化过程将使测得的数据所达到的精度大幅度降低，特别是在信息剧增，建设日新月异的今天，一纸之图已难载诸多图形信息，变更、修改也极不方便，实在难以适应当前经济建设的需要。

数字测图就是要实现丰富的地形信息和地理信息数字化和作业过程的自动化或半自动化。它希望尽可能缩短野外测图时间，减轻野外劳动强度，而将大部分作业内容安排于室内去完成。与此同时，将大量手工作业转化为电子计算机控制下的机械操作，这样不仅能减轻劳动强度，而且不会降低观测精度。

数字测图的基本思路与过程见图 6-12。

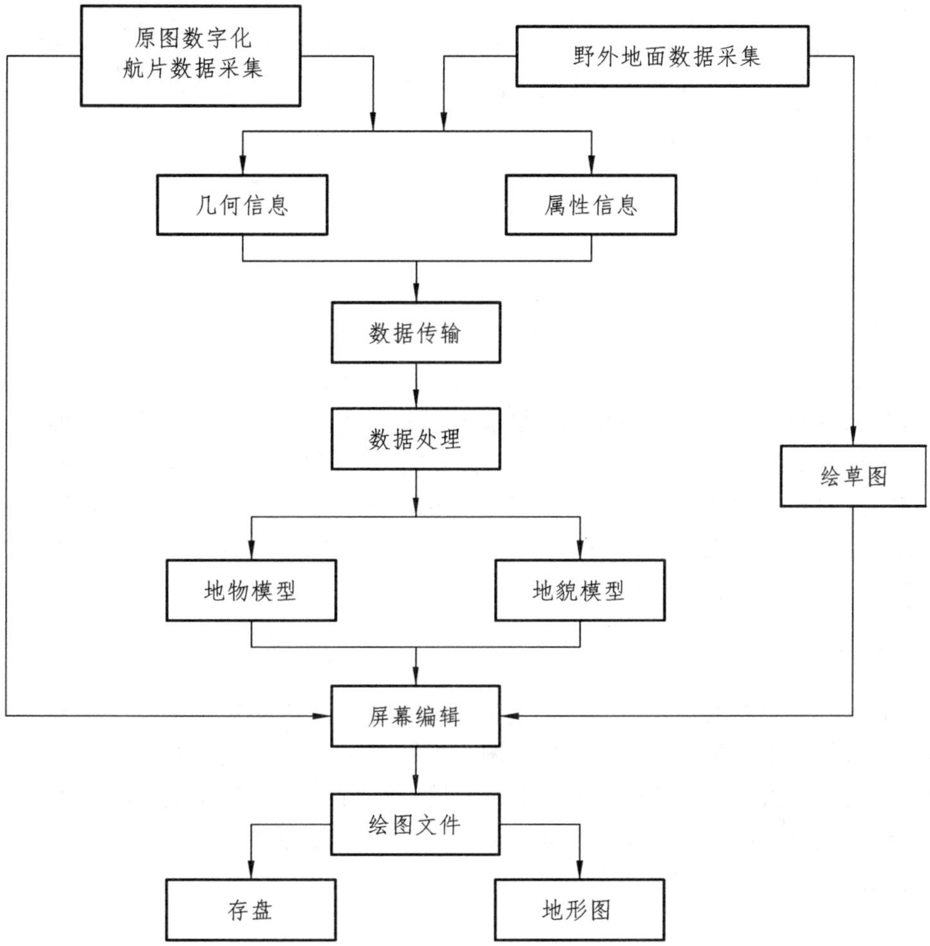

图 6-12　数字测图的基本思想与过程

6.2.2　数字测图系统

数字测图系统是以计算机为核心，在外连输入、输出设备硬件和软件的支持下，对地形空间数据进行采集、输入、成图、处理、绘图、输出、管理的测绘系统。数字测图系统主要由数据输入、数据处理和数据输出三部分组成，如图 6-13 所示。

图 6-13　数字测图系统的概念框图

1. 数据采集

地形图、航空航天遥感像片、图形数据或影像数据、统计资料、野外测量数据或地理调查资料等，都可以作为数字测图的信息源。数据资料可以通过键盘或转储的方法输入计算机；图形和图像资料一定要通过图数转换装置转换成计算机能够识别和处理的数据。

数据采集主要有如下几种方法：

① GPS 法，即通过 GPS 接收机采集野外碎部点的信息数据。

② 航测法，即通过航空摄影测量和遥感手段采集地形点的信息数据。

③ 数字化仪法，即通过数字化仪在已有地图上采集信息数据。

④ 大地测量仪器法，即通过全站仪、测距仪、经纬仪等大地测量仪器实现碎部点野外数据采集。

2. 数据处理

数据处理主要包括数据传输、数据预处理、数据转换、数据计算、图形生成、图形编辑与整饰、图形信息的管理与应用等。经过数据处理后，可产生平面图形数据文件和数字地面模型文件。要想得到一幅规范的地形图，就要对数据处理后生成的“原始”图形进行修改、编辑、整理；还需要加上汉字注记、高程注记，并填充各种面状地物符号；还要进行测区图形拼接、图形分幅和图廓整饰等。数据处理还包括对图形信息的全息保存、管理、使用等。数据处理是数字测图的关键阶段。在数据处理时，既有对图形数据进行交互处理，也有批处理。数字测图系统的优劣取决于数据处理的功能。

3. 数据输出

输出图形是数字测图的主要目的，通过对层的控制，可以编制和输出各种专题地图（包括平面图、地籍图、地形图、管网图、带状图、规划图等），以满足不同用户的需要。可采用矢量绘图仪、栅格绘图仪、图形显示器、缩微系统等绘制或显示地形图图形。为了使用方便，往往需要用绘图仪或打印机将图形或数据资料输出。在用绘图仪输出图形时，还可按层来控制线画的粗细或颜色，绘制美观、实用的图形。

6.2.3 数字测图系统介绍

数字测图系统是利用计算机将野外采集系统与内业机助制图系统相结合，对地形空间数据进行数据采集、数据处理及数据输出的系统。它包括硬件和软件两个部分。

6.2.3.1 数字测图系统硬件

1. 计算机硬件

计算机硬件包括中央处理器、存储器、输入设备、输出设备、总线等。

2. 打印机

打印机是将输出信息以字符、图形、表格等形式印制在纸上的设备，是重要的输出设备。

3. 绘图仪

绘图仪和打印机不同，打印机是用来打印文字和简单图形的。想要精确地绘图，如绘制工程中的各种图纸，就不能用打印机，只能用专业的绘图设备——绘图仪。

4. 全站仪

本书项目二有详细介绍。

5. GPS

利用 GPS 定位卫星，在全球范围内实时进行定位、导航的系统，称为全球卫星定位系统，简称 GPS。随着卫星定位技术的快速发展，人们对快速高精度位置信息的需求也日益强烈。而目前使用最为广泛的高精度定位技术就是 RTK（实时动态定位：Real-Time Kinematic）。RTK 技术的关键在于使用了 GPS 的载波相位观测量，并利用了参考站和移动站之间观测误差的空间相关性，通过差分的方式除去移动站观测数据中的大部分误差，从而实现高精度（分米甚至厘米级）的定位。RTK 是 GPS 应用的重大里程碑，它的出现为工程放样、地形测图、各种控制测量带来了新曙光，极大地提高了外业作业效率。

6. 数字摄影测量工作站

数字摄影测量工作站是具有高精度、大容量、高处理速度、高显示分辨率、良好的用户界面、功能较强的支持局域网硬、软件及外围设备和用户开放系统的特性，按照摄影测量的原理，把数字影像或数字化影像作为输入，以交互或自动方式进行摄影测量处理和输出的计算机硬、软件系统。

7. 扫描仪

扫描仪是利用光电技术和数字处理技术，以扫描方式将图形或图像信息转换为数字信号的装置。扫描仪是通常被用于计算机外部，通过捕获图像并将之转换成计算机可以显示、编辑、存储和输出的数字化输入设备。通过扫描仪可以把整幅的图形或文字材料，如图形、图像、报刊或书籍上的文章等，快速地输入计算机，以栅格图形文件保存，通过专用的图形图像软件进行矢量化处理，将栅格数据转换为矢量数据，可供 CAD、GIS 等使用。

6.2.3.2 数字测图系统软件

1. 计算机系统软件

计算机系统软件是指管理、控制和维护计算机及其外部设备，提供用户与计算机之间对话等界面的软件，包括操作系统和操作计算机所需的其他软件。

2. CASS 软件

CASS 软件是广州南方测绘仪器有限公司基于 CAD 平台开发的一套集地形、地籍、空间数据建库、工程应用、土石方算量等功能为一体的软件系统。自 CASS 软件推出以来，软件销量超过 18 000 套，市场占有率遥遥领先，已经成为业内应用最广、使用最方便快捷的软件品牌，也是用户量最大、升级最快、服务最好的主流成图和土石方计算软件系统。CASS 软件经过十几年的稳定发展，市场和技术十分成熟，用户遍及全国各地，涵盖了测绘、国土、规划、房产、市政、环保、地质、交通、水利、电力、矿山及相关行业，得到了用户的一致好评。

3. EPSW2000 测绘系统

EPSW2000 电子平板软件是清华山维公司自主研发的专业数字测图软件，是针对传统测绘技术及 GIS 数据采集技术的野外实时获取空间数据的一次革命性创造，是 GIS 国产软件在行业内第一个称得上全面普及的典范。

4. MicroStation

MicroStation 是国际上和 AutoCAD 齐名的二维和三维 CAD 设计软件，第一个版本由 Bentley 兄弟在 1986 年开发完成。其专用格式是 DGN，并兼容 AutoCAD 的 DWG/DXF 等格式。MicroStation 是 Bentley 工程软件系统有限公司在建筑、土木工程、交通运输、加工工厂、离散制造业、政府部门、公用事业和电信网络等领域解决方案的基础平台。

5. VirtuoZo

VirtuoZo NT 系统是适普软件有限公司与武汉大学遥感学院共同研制的全数字摄影测量系统，属世界同类产品的五大名牌之一。此系统是基于 WindowsNT 的全数字摄影测量系统，利用数字影像或数字化影像完成摄影测量作业，由计算机视觉（其核心是影像匹配与影像识别）代替人眼的立体量测与识别，不再需要传统的光机仪器。

6.3　GPS 测量简介

6.3.1　四大 GNSS 简介

1. GPS 系统

1957 年 10 月，世界第一颗人造地球卫星的发射成功，是人类致力于现代科学技术发展的结晶。它使空间科学技术的发展，迅速跨入一个崭新的时代。

1958 年年底，美国海军武器实验室着手建立为美国军用舰艇导航服务的卫星系统，即“海军导航卫星系统”（Navy Navigation Satellite System，NNSS），1964 年建成，并在美国军方启用。

1967 年美国政府批准该系统解密，提供民用。

1973 年美国国防部开始组织海陆空三军，共同研究建立新一代卫星导航系统的计划，这就是目前所称的“授时与测距导航系统/全球定位系统”（Navigation System Timing and Ranging/Global Positioning System，NAVSTAR /GPS），通常简称为“全球定位系统（GPS）”。

GPS 系统总共有 24 颗卫星，其中 3 颗为备用卫星，卫星轨道个数为 6 个，卫星高度为 20 200 km，轨道倾角为 55°，卫星运行周期为 11 h 58 min，载波频率为 1 575.42MHz 和 1 227.60 MHz。在地球表面上，高度角 15°以上，平均可同时观测到 6 颗卫星，最多可观测到

9 颗卫星；不受高度角限制时，最少能观测到 4 颗卫星，最多 11 颗卫星。

2. GLONASS 系统

GLONASS 系统由苏联于 1982 年 10 月 12 日开始到 1996 年建成，1995 年初有 16 颗卫星，1996 年 1 月 18 日整个系统正常运行。

GLONASS 系统的卫星星座由 24 颗卫星组成，均匀分布在 3 个近圆形的轨道平面上，每个轨道面 8 颗卫星，轨道高度 19 100 km，运行周期 11 h 15 min，轨道倾角 64.8°。由于 GLONASS 的卫星轨道倾角大于 GPS 卫星的轨道倾角，所以在高纬度地区（50°以上）可视性更好。

2011 年 12 月 10 日起，俄罗斯 GLONASS 卫星导航系统共有 31 颗卫星在轨，其中 24 颗卫星正在运行，3 颗卫星即将投入运行，2 颗卫星处于维护中，1 颗卫星正在试验，1 颗卫星备用。至此，俄罗斯 GLONASS 卫星导航系统研发正式完成。

3. 伽利略系统简介

GARLILEO 系统计划是欧洲委员会于 1999 年 2 月公布筹建的全球定位导航服务系统。GALILEO 系统设计为支持各种领域广泛应用，包括实时导航、位置基准、安全与应急跟踪、体育、休闲服务和支持政府公共事业的需要。GALILEO 系统在技术结构上将以 30 颗 MEO 轨道卫星为核心星座，其空间信号等效于 GPS 卫星上的信号，具有在 L 频段和 GPS 兼容的多频体制。在经济上除一般的免费入网用户外，加设有控收费入网的高完善性安全导航用户及其他增值收费服务。

“伽利略”卫星定位系统将由 30 颗轨道卫星组成，卫星的轨道高度为 2.4 万千米，倾角为 56°，分布在 3 个轨道面上，每个轨道面部署 9 颗工作星和 1 颗在轨备份星。“伽利略”将为用户提供误差不超过 1 m、时间精确的定位服务。

中国是第一个参与“伽利略”计划的非欧盟国家，承诺提供 2 亿欧元的研发经费。

在中国国家遥感中心和欧洲伽利略联合执行体的共同努力下，中欧已经成功启动了“伽利略”计划合作 11 个项目的技术谈判，项目涵盖“伽利略”系统的空间段、地面段和应用段等各领域。已经签署合作协议的 7 个项目合同总金额超过 3 000 万欧元。这些项目包括：渔业应用项目、基于位置服务的标准研究、电离层研究、上行站前端、搜救转发器、激光后向反射器、中国伽利略测试认证环境等。

4. 北斗导航系统

我国开始建设拥有自主知识产权的全球卫星导航系统——北斗卫星导航系统，这也是我国自主建立的第一代卫星导航定位系统。

北斗卫星导航系统由空间星座、地面控制和用户终端三大部分组成。空间星座部分由 5 颗地球静止轨道（GEO）卫星和 30 颗非地球静止轨道（Non-GEO）卫星组成。GEO 卫星分别定点于东经 58.75°、80°、110.5°、140°和 160°。Non-GEO 卫星由 27 颗中圆地球轨道（MEO）卫星和 3 颗倾斜地球同步轨道（IGSO）卫星组成。

其中：MEO 卫星轨道高度 21 500 km，轨道倾角 55°，均匀分布在 3 个轨道面上；IGSO 卫星轨道高度 36 000 km，均匀分布在 3 个倾斜同步轨道面上，轨道倾角 55°；3 颗 IGSO 卫星星下点轨迹重合，交叉点经度为东经 118°，相位差 120°。

北斗卫星导航系统时间基准采用北斗时（BDT），秒长取为国际单位制 SI 秒，起算历元为 2006 年 1 月 1 日 0 时 0 分 0 秒协调世界时（UTC）。BDT 是连续时间，溯源到中国科学院国家授时中心（NTSC）保持的 UTC 时间，简称 UTC（NTSC），与 UTC 之间的闰秒信息在导航电文中播报。BDT 与 UTC 的偏差保持在 100 ns 以内。

北斗卫星导航系统的坐标框架采用中国 2000 大地坐标系统（CGCS2000）。

北斗卫星导航系统建成后将为全球用户提供卫星定位、导航和授时服务，并为我国及周边地区用户提供定位精度为 1 m 的广域差分服务和 120 个汉字/次的短报文通信服务。定位精度 10 m，测速精度 0.2 m/s，授时精度 10 ns。

北京时间 2010 年 1 月 17 日零时 12 分，中国在西昌卫星发射中心用“长征三号丙”运载火箭，将第三颗北斗导航卫星成功送入太空预定轨道。按规划，2012 年左右北斗卫星导航系统首先提供覆盖亚太地区的导航、授时和短报文通信服务能力，2020 年左右可覆盖全球。

6.3.2 GPS 系统的组成

GPS 全球定位系统主要由三大组成部分，即空间星座部分、地面监控部分和用户设备部分，见图 6-14。

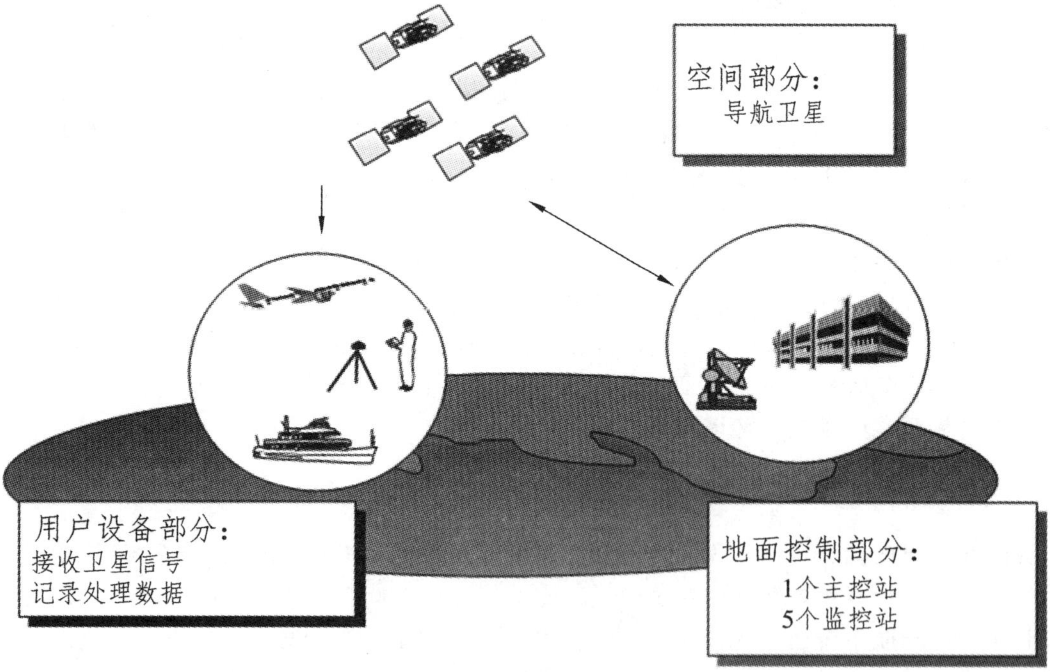

图 6-14　GPS 系统的组成

6.3.2.1　空间星座的构成

全球定位系统的空间卫星星座，由 24 颗卫星组成，其中包括 3 颗备用卫星。卫星分布在 6 个轨道面内，每个轨道面上分布有 4 颗卫星，见图 6-15。

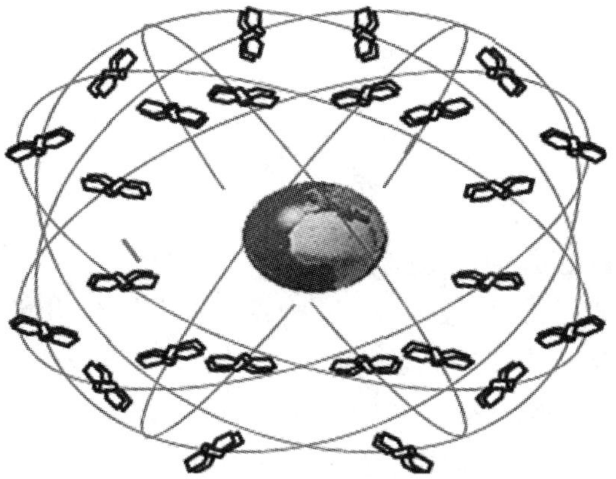

图 6-15　GPS 卫星星座

卫星轨道面相对地球赤道面的倾角约为 55°，各轨道平面升交点的赤经相差 60°，在相邻轨道上，卫星的升交距角相差 30°。轨道平均高度约为 20 200 km，卫星运行周期为 11 h 58 min。因此，同一观测站上，每天出现的卫星分布图形相同，只是每天提前约 4 min。每颗卫星每天约有 5 h 在地平线以上，同时位于地平线以上的卫星数目，随时间和地点而异，最少为 4 颗，最多可达 11 颗。

GPS 卫星的基本功能（作用）是：接收和储存由地面监控站发来的导航信息，接收并执行监控站的控制指令；卫星上设有微处理机，进行部分必要的数据处理工作；通过星载的高精度铯钟和铷钟提供精密的时间标准；向用户发送定位信息；在地面监控站的指令下，通过推进器调整卫星的姿态和启用备用卫星。

6.3.2.2　地面监控部分

GPS 地面监控部分，目前主要由分布在全球的 5 个地面站所组成，其中包括卫星监测站、主控站和信息注入站。

1. 主控站

主控站有 1 个，设在科罗拉多（Colorado Springs）。它的作用是根据各监控站对 GPS 的观测数据，计算出卫星的星历和卫星钟的改正参数等，并将这些数据通过注入站注入卫星中去；同时，它还对卫星进行控制，向卫星发布指令，当工作卫星出现故障时，调度备用卫星替代失效的工作卫星工作。

2. 注入站

注入站现有 3 个，分别设在印度洋的迭哥加西亚（Diego Garcia）、南大西洋的阿松森岛（Ascencion）和南太平洋的卡瓦加兰（Kwajalein）。它的作用是将主控站计算出的卫星星历和卫星钟的改正数等注入到卫星中去。

3. 监测站

现有 5 个地面站均具有监测站功能，即以上主控站、注入站及 Hawaii（夏威夷）。

6.3.2.3 用户设备部分

全球定位系统的空间部分和地面监控部分，是用户应用该系统进行定位的基础，而用户只有通过用户设备，才能实现应用 GPS 定位的目的。

GPS 接收机任务包括以下几个方面：

（1）捕获卫星信号，跟踪并锁定卫星信号。

（2）对接收到的信号进行处理。

（3）测量出测距信号从卫星传播到接收机天线的时间间隔。

（4）译出卫星广播的导航电文。

（5）实时计算接收机天线的三维坐标、速度和时间。

GPS 接收机见图 6-16、图 6-17。

图 6-16 南方灵锐 S82RTK 接收机图

图 6-17 手持导航型 GPS

6.3.3 GPS 技术特点及对 GPS 用户限制性政策

6.3.3.1 GPS 同其他导航系统相比的特点

（1）全球地面连续覆盖。

（2）功能多，精度高。

（3）实时定位。

（4）应用广泛。

6.3.3.2 GPS 定位技术相对于经典测量的特点

（1）观测站之间无须通视。

（2）定位精度高。

（3）观测时间短。

（4）提供三维坐标。

（5）操作简便。

（6）全天候作业。

6.3.3.3　美国政府对 GPS 用户的限制性政策

由于 GPS 定位技术与美国的国防现代化发展密切相关，为了保障美国的利益与安全，美国政府采取了限制非经美国特许的用户利用 GPS 定位的精度措施。该系统除了在设计方面采取了许多保密性措施外，在系统运行中还采取了可能采取的措施，来限制用户获取 GPS 观测量的精度。其措施主要有 3 种。

1. 对不同的 GPS 用户提供不同的服务方式

GPS 卫星发射的无线电信号，含有两种精度不同的测距码，即所谓的 P 码（也称精测码）和 C/A 码（也称粗测码）。相应两种测距码，GPS 提供两种定位服务方式，即精密定位服务和标准定位服务。

精密定位服务（PPS）可提供 L1 和 L2 载波上的 P 码、L1 载波上的 C/A 码、导航电文和消除 SA 影响的密匙。

PPS 的主要用户对象是美国军事部门和其他经美国特许的用户。P 码是不公开的保密码，未经美国政府特许的用户是难以利用的。其单点定位精度为 5~10 m。

标准定位服务（SPS）仅提供 L1 载波上的 C/A 码和导航电文，其主要服务对象是非经美国政府特许的广大用户。其单点定位精度为 20 ~ 40 m。

2. 实施选择可用性（SA）政策

为了进一步降低标准定位服务（SPS）的定位精度，美国政府对 GPS 工作卫星发射的信号，实行了 SA 政策，以进行人为干扰，其干扰是通过所谓的 ε 和 δ 技术实现的。前者是干扰卫星星历数据，通过降低 GPS 卫星播发的轨道参数的精度来降低利用 C/A 码进行单点定位的精度。后者是对 GPS 基准信号人为地引入一个高频抖动信号，以降低 C/A 码伪距观测的精度。

3. 精密测距码加密（A-S）措施

P 码的加密措施也叫“反电子欺骗”（A-S）措施。当 P 码已被解密，或在战时，对方如果知道了特许用户接收机所接收卫星信号的频率和相位，便可以发射适当频率的干扰信号，诱使特许用户的接收机错锁信号，产生错误的导航信息。为了防止这种电子欺骗，进一步加密 P 码，美国将在必要时引入机密码 W，并通过 P 码与 W 码相加，构成 Y 码。一般用户是无法解释 Y 码来实现精密定位的。

6.3.3.4　非特许 GPS 用户对美国限制性政策的措施

（1）建立独立的 GPS 卫星测轨系统。

（2）建立独立的卫星定位系统（如 GLONASS 全球导航卫星系统、北斗导航定位系统、GARLILEO 系统等）。

（3）开发 GPS 与 GLONASS 兼容接收机。

（4）研究开发差分 GPS 定位技术。

6.3.4 海星达 H32 GNSS RTK 的使用

6.3.4.1 接收机外观

海星达 H32 GNSS RTK 接收机外观主要分为四个部分：上盖、下盖、防护圈和带液晶显示屏的控制面板，见图 6-18。

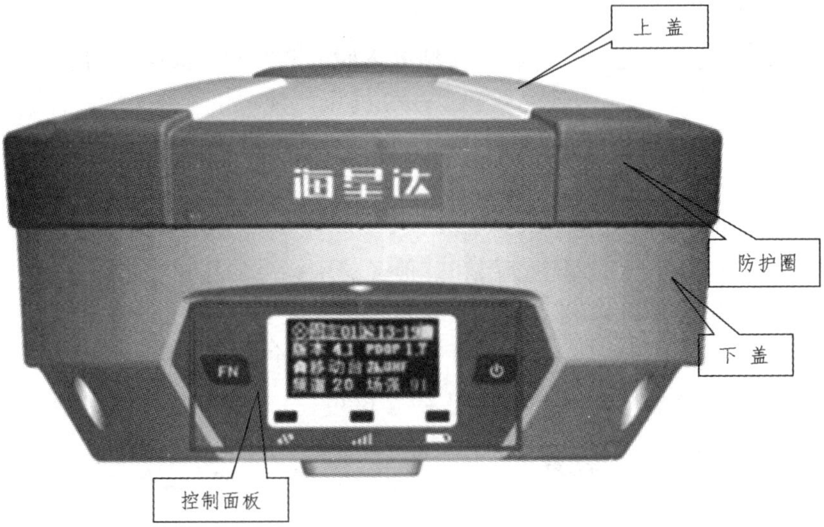

图 6-18 接收机外观

1. 控制面板

接收机的控制面板，包含液晶显示屏、FN 键（功能）和电源，指示灯键（功能）和电源，见图 6-19。

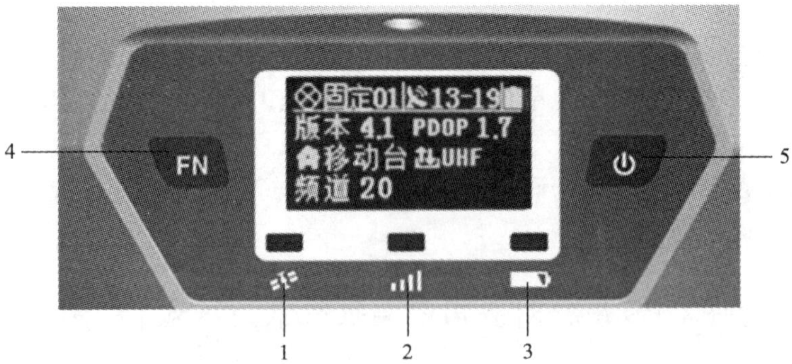

图 6-19 控制面板

1—卫星灯（单绿灯）；2—状态灯（红绿双色灯）；3—电源灯（红色灯）；
4—功能键：设置工作模式、数据链、UHF 电台频道、卫星高度角、采样间隔、复位接收机等；
5—开关机电源键：设置确定、查询当前工作模式

控制面板的操作说明见表 6-2 ~ 表 6-4。

表 6-2　按键指示灯闪烁含义说明

操作	说　明
单击操作	按键操作小于
双击操作	按键操作间隔大于
长按操作	按键操作大于
超长按操作	按键操作大于
慢闪	灯亮大于
快闪	灯亮小于 0.3 秒

表 6-3　按键功能说明

功能	按键操作	内　容
工作模式	双击 FN（间隔>0.2 s，小于 1 s）	进入“基准站”“移动台”“静态”工作模式选择
数据链	长按 FN（大于 3 s）	进入“GSM”/“CDMA”、“UHF”/“GSM”/“CDMA”模块、“外挂”数据链模式选择，单击 F 选中模式
UHF 模式	单击 FN	进入“UHF 电台频道”设置。有 0～115 共 116 个频道可选，当频道数超过 15 时，建议使用液晶、软件设置，更加快捷方便
	单击 FN 再长按 FN	频道逐个加 10
设置确定	单击电源键	语音提示当前工作模式、数据链方式和电台功率、频道，同时电源灯指示电池电量
自动设置基站	FN+电源键开机	先按住 F 键，再按电源键开机，直到声音出现“叮咚”声后再松开 F 键。语音提示确定、当前接收机状态
复位接收机	超长按 FN 键	复位主板。复位主机后若手簿蓝牙无法连接主机，可先将主机调为静态模式，等开始采集后再调节回来即可

表 6-4　指示灯在开机和关机模式下的显示状态说明

开机	按电源键 1 s	所有指示灯亮	开机音乐，上次关机前的工作模式和数据链方式的语音提示
关机	长按电源键 3 s	所有指示灯灭	关机音乐

2. 上　盖

接收机上盖有凸台，见图 6-20，凸台能有效地防摔防磨。

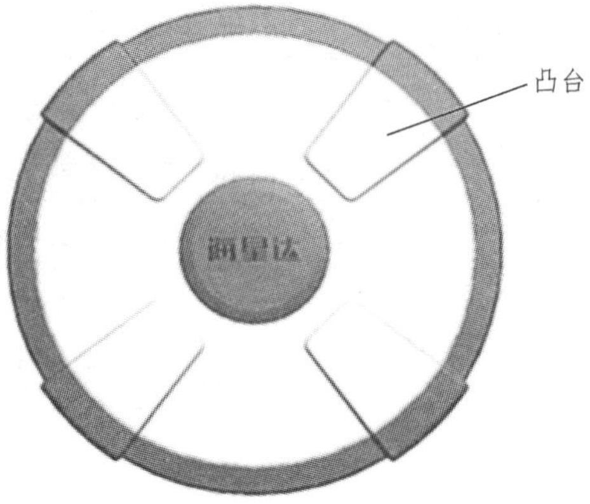

图 6-20　上盖

3. 下　盖

接收机下盖见图 6-21。

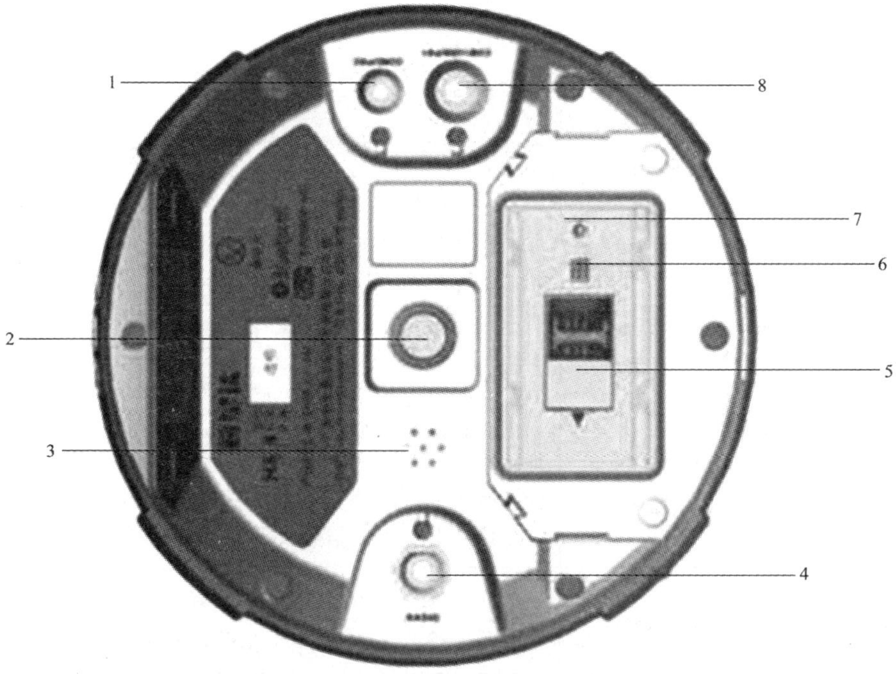

图 6-21　下盖

1—五芯插座：用于主机与外部数据链的连接、外部电源的连接；
2—连接螺孔：用于固定仪器基座或对中杆；
3—喇叭：对仪器实时操作及状态进行语音播报；
4—电台天线连接座：使用 UHF 通信时，用于安装差分电线；
5—SIM 卡槽：在使用 GSM 通信时，用于安装 SIM 卡；
6—弹针电源座：用于锂电池与主机的连接；
7—电池舱：用于安装锂电池；
8—八芯插座：接收机与电脑、手簿的连接，用于数据下载删除。

6.3.4.2 手簿外观

手簿外观主要包括触摸屏、键盘、麦克风三个部分，见图 6-22。

键盘上各按键功能见图 6-23。

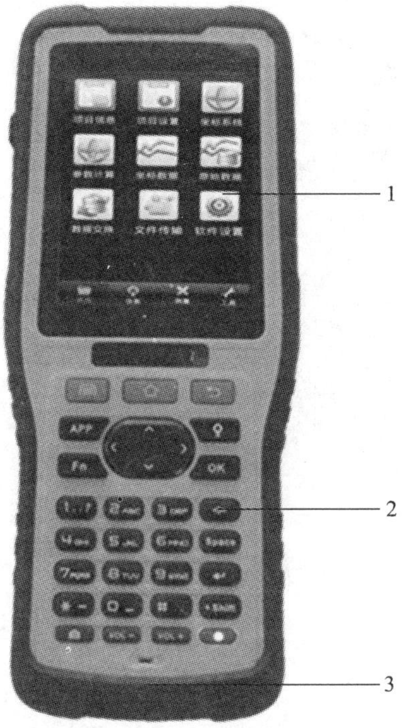

图 6-22 手簿外观

1—触摸屏；2—键盘；3—麦克风

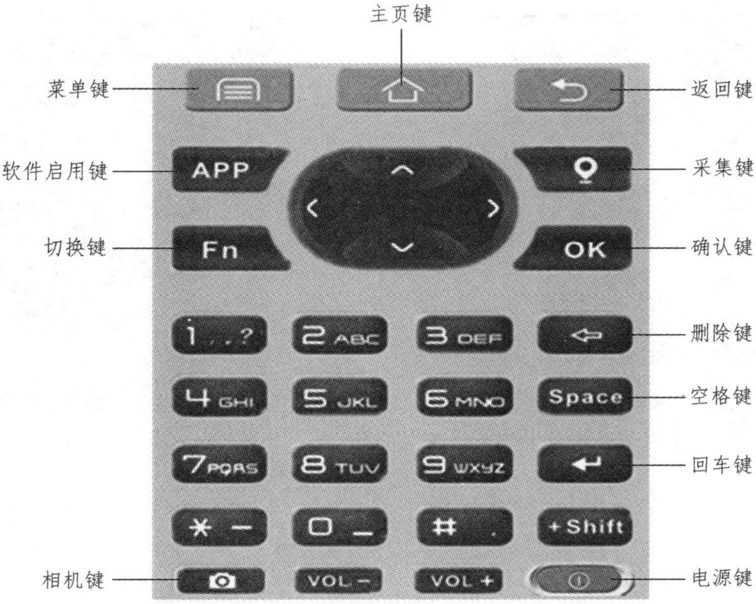

图 6-23 键盘键

6.3.4.3 GPS 测量

1. 开　机

点击电源键，进入开机界面，如图 6-24 所示。

图 6-24　开机界面

2. 进入测量 APP

点击软件启用键 APP，进入测量界面，如图 6-25、图 6-26 所示。在某台 Android 设备上首次安装运行本软件将会显示欢迎页，依次向右滑动进入下一页，之后启动软件不再显示欢迎页面。

软件主界面提供 2 种主题风格：九宫格和列表样式。首次安装运行软件默认采用列表样式。

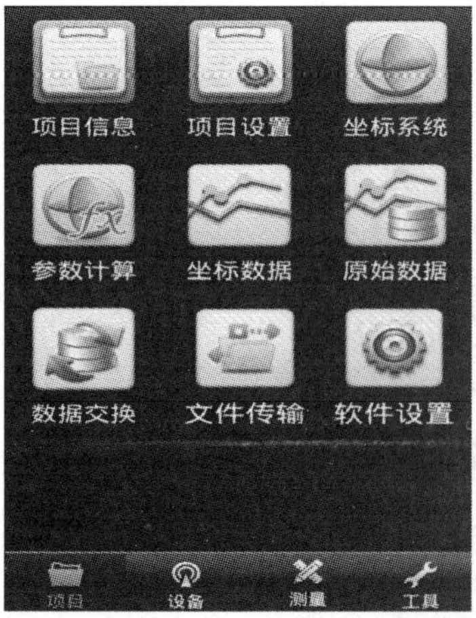

图 6-25　软件主界面九宫格样式

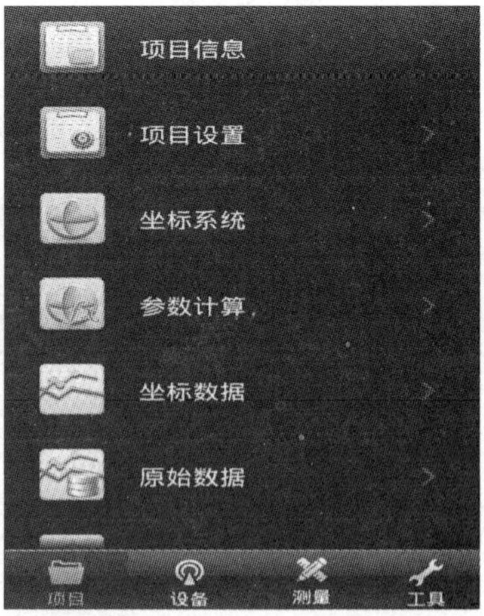

图 6-26　软件主界面列表样式

3. 设备连接

设置待连接的设备厂商类型、连接方式、天线类型（可在连接后再进行修改）后，点击右下角【连接】，若连接方式为“蓝牙”，则进入蓝牙连接界面，如图 6-27 所示。

可在已配对设备里选择相应的接收机设备蓝牙（包含接收机的仪器号），如果没有找到，可以点击下方【搜索设备】查找接收机（图 6-28），搜到相应的仪器号后选中该设备蓝牙名，弹出蓝牙配对的对话框，输入配对密码（默认 1234 或 0000），蓝牙配对成功后，即可在已配对设备里选择相应的仪器号进行连接。若连接方式为“网络”，跳转至网络连接界面，设置仪器号和密码后可通过网络连接 GNSS 接收机（仅部分型号接收机支持网络连接）。

设备连接成功后将显示当前接收机的连接状态，包括仪器主机 SN 编号、主板信息、天线类型、连接方式选择、注册日期等信息，如图 6-29 所示。

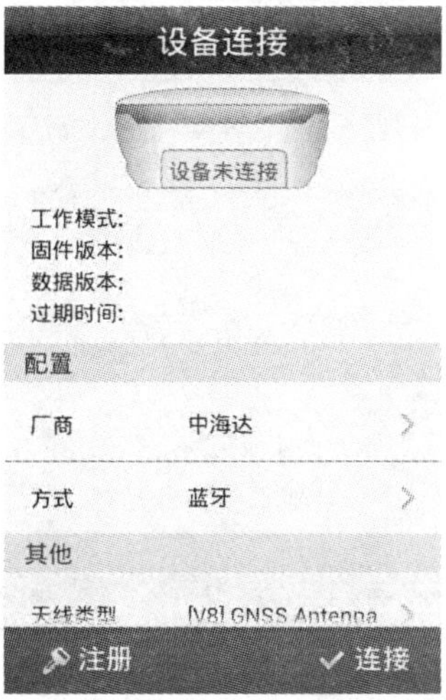

图 6-27　未连接界面

图 6-28　搜索设备界面

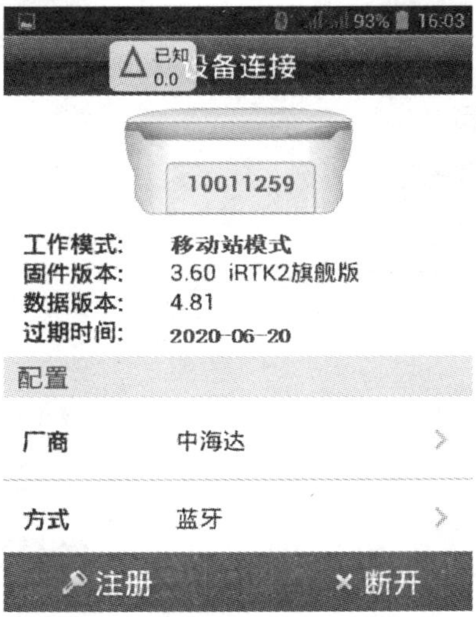

图 6-29　连接成功界面

4. 设置移动站

设置移动站主要设定移动站的工作参数，包括移动站数据链等参数。用于设置移动站和基准站之间的通信模式及参数，包括“内置电台”“内置网络（图 6-30）”“外部数据链”以及

"手簿差分（图 6-31）"，其中内置网络又包括"GPRS""GSM""CDMA"。本次设置，选择的数据链形式为"手簿差分"（图 6-32），选择手簿差分需要连接 CORS 站，因此，参数设置必须和 CORS 站的参数一致（图 6-33）。

CORS 是利用全球导航卫星系统（Global Navigation Satellite System，GNSS）、计算机、数据通信和互联网络等技术，在一个城市、一个地区或一个国家根据需求按一定距离建立长年连续运行的若干个固定 GNSS 参考站组成的网络系统。

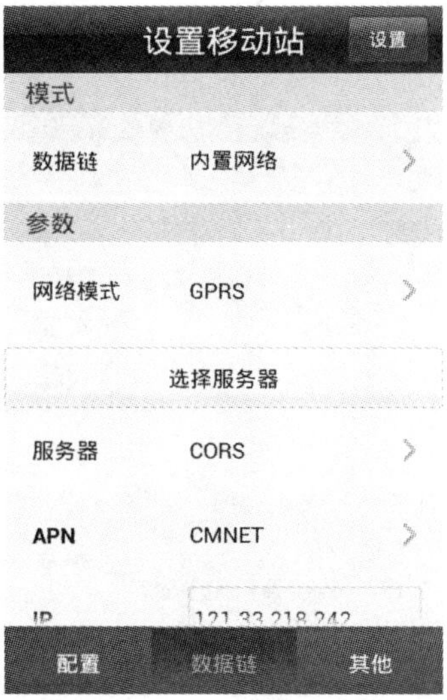

图 6-30　内置网络界面

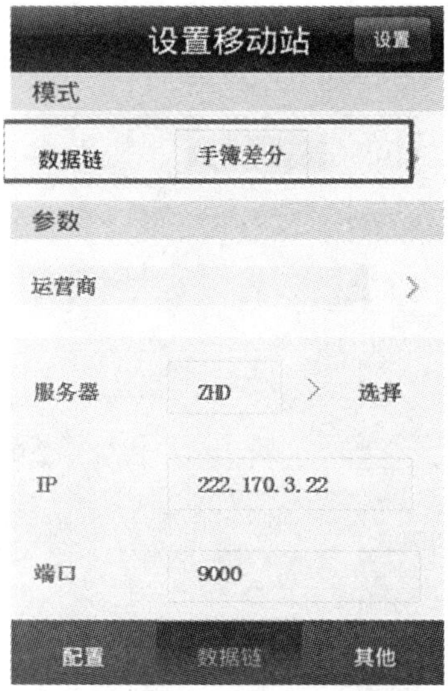

图 6-31　手簿差分界面

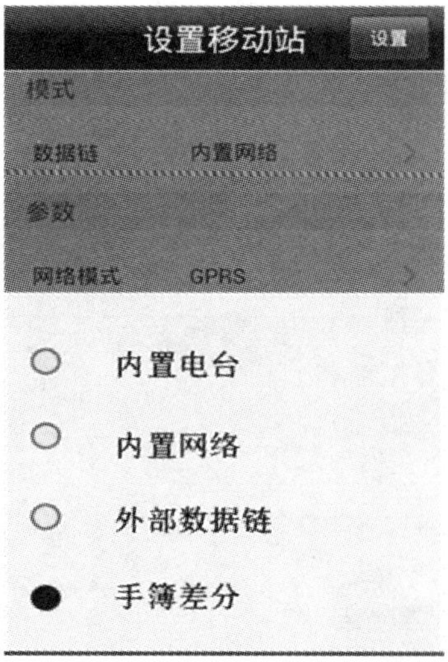

图 6-32　选择手簿差分

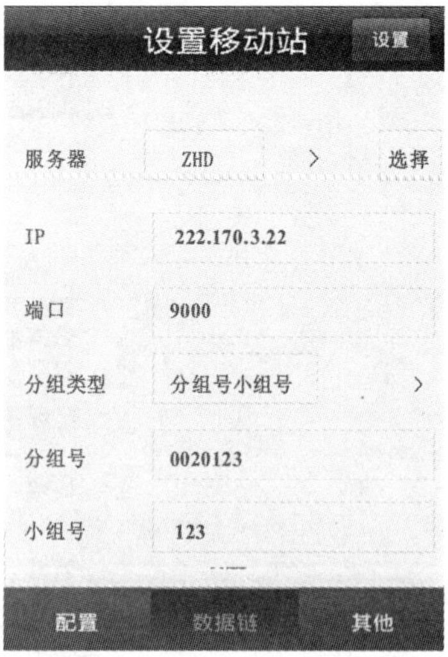

图 6-33　修改参数

5. 新建项目

在主界面项目页（图 6-34）点击【项目信息】进入项目信息界面（图 6-35），对项目进行管理。

在项目名编辑框中输入项目名，若历史项目列表中已存在该项目名的项目，点击“确定”则打开同名项目；否则新建指定项目名的项目后，自动打开新建的项目为当前项目。

长按历史项目列表项，可以选中项目对其进行打开或者删除操作。

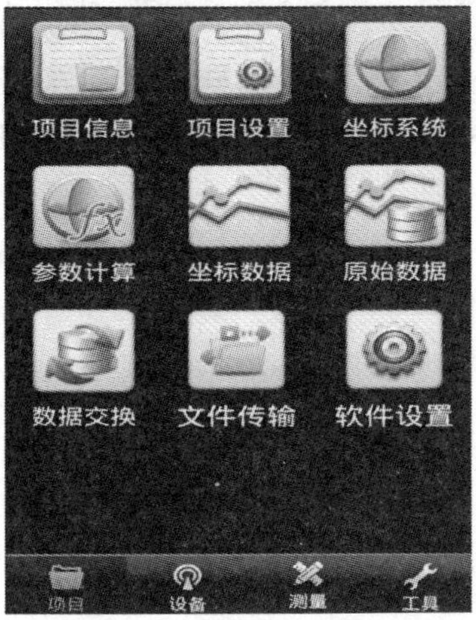

图 6-34　主界面项目页图

图 6-35　项目信息界面

6. 设置坐标系

在主界面项目页点击坐标系统，进入图 6-36 界面，点击 BJ54 后面的箭头设置中央子午线和目标椭球（当地）坐标系统。

投影设置为高斯三度带，将中央子午线修改成当地中央子午线，或者施工方要求的子午线即可（图 6-37）。

基准面里面主要修改的是目标椭球，默认的是北京 54（图 6-38），点击可以根据实际情况进行修改（图 6-39）。

其他的菜单栏是默认设置无，选项菜单下默认的是七参数简化。

修改完后点击下方的“保存”，弹出对话框选择“确定”即可。

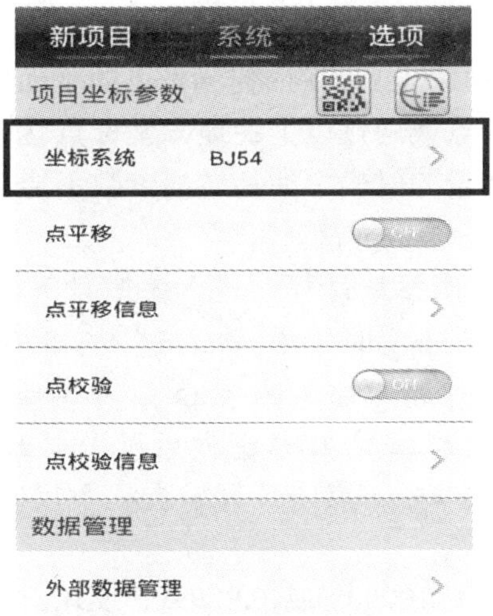

图 6-36　修改坐标系统

图 6-37　修改基准面

图 6-38　修改目标椭球

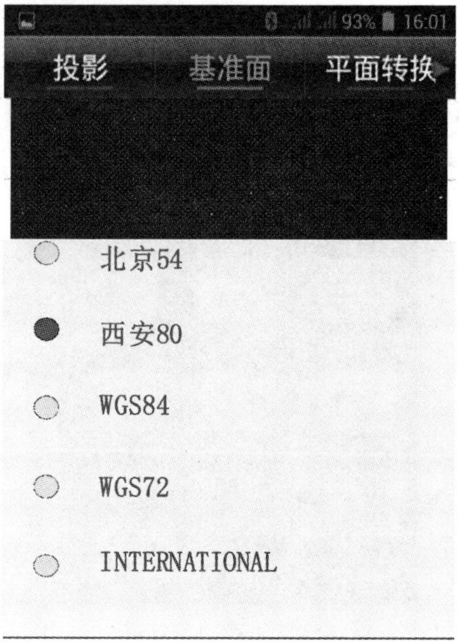

图 6-39 修改坐标系

7. 参数计算

GPS 接收机输出的数据是 WGS-84 经纬度坐标，需要转化到施工测量坐标，这就需要软件进行坐标转换参数的计算和设置。

GPS 的高程系统为大地高（椭球高），而测量中常用的高程为正常高。所以 GPS 测得的高程需要改正才能使用，高程拟合参数就是完成这种拟合的参数。计算高程拟合参数时，参与计算的公共控制点数目不同时，计算拟合参数所采用的模型也不一样，达到的效果自然也不一样。高程拟合时，使用 3 个点的高程进行计算时，控制点坐标库进行加权平均的高程拟合；使用 4 ~ 6 个点的高程时，控制点坐标库进行平面高程拟合；使用 7 个以上的点的高程时，控制点坐标库进行曲面拟合。

使用四参数方法进行 RTK 的测量可在小范围（20 ~ 30 km^2）内使测量点的平面坐标及高程的精度与已知的控制网之间配合很好，只要采集两点或两点以上的地方坐标点就可以了，但是在大范围（比如几十甚至几百平方千米）进行测量的时候，往往转换参数不能在部分范围起到提高平面和高程精度的作用，这时候就要使用七参数方法。

接收机立在控制点 0 点上，在主界面项目页点击参数计算，进入参数计算页面（图 6-40），点击添加，输入目标点的坐标（图 6-41），点击实时采集，进入实时采集页面（图 6-42），输入目标高和点名，点击“确定”，进行平滑采集（图 6-43），平滑采集 10 个点后，点击“确定”，弹出点对坐标信息对话框（图 6-44），确认无误后点击“确定”。用同样的方法，再添加 2 个点，采集完 3 个点后（图 6-45），点击计算，看一下尺度 K 是否符合要求（图 6-46）。

使用四参数时，尺度参数一般都非常接近 1，约为 1.0000x 或 0.9999x；使用三参数时三个参数一般都要求小于 120；使用七参数时，七个参数都要求比较小，最好不超过 1000。

图 6-40 参数计算页面

图 6-41 输入目标点坐标

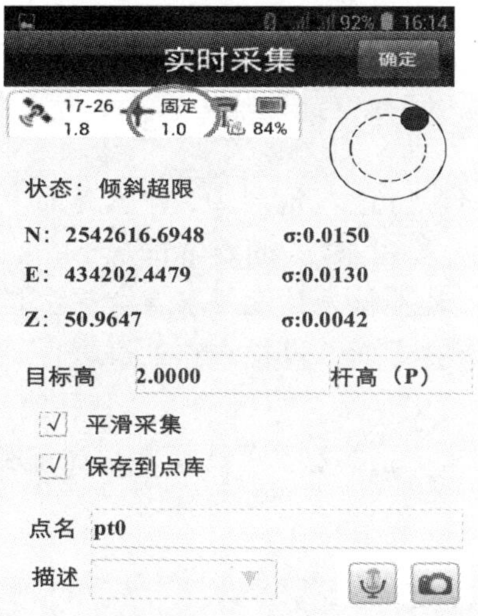

图 6-42 实时采集

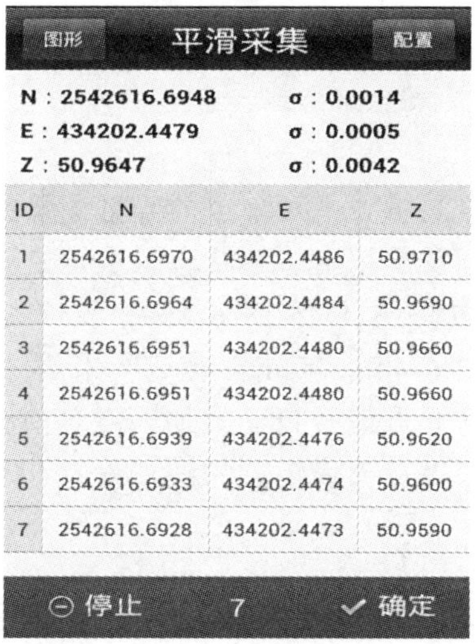

图 6-43 平滑采集

图 6-44 点对坐标信息

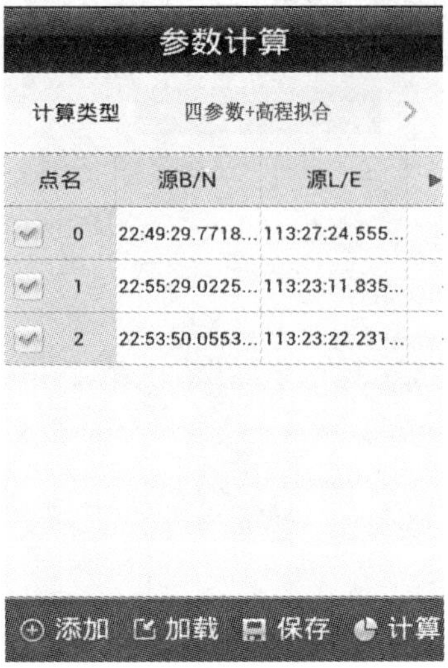

图 6-45　采集结束

图 6-46　参数计算结果

8. 碎部测量

点击测量页主菜单上的碎部测量按钮，接收机立于点上，气泡居中，根据界面上显示的测量坐标及其精度、解状态，决定是否进行采集点，一般在 RTK 固定解情况下，点击手动采集（图 6-47 和图 6-48），软件先进行精度检查，若不符合精度要求，会提示是否继续采集（图 6-49）。点击“确定”采集，随后弹出详细信息界面，可检查点的可靠性，同时软件根据全局点编号自动累加，点名前缀是上次使用的历史记录，直接输入“目标高”，也可点击天线进行天线类型的详细设置，“描述”处可输入注记信息，也可选择常用注记类型（图 6-50）。

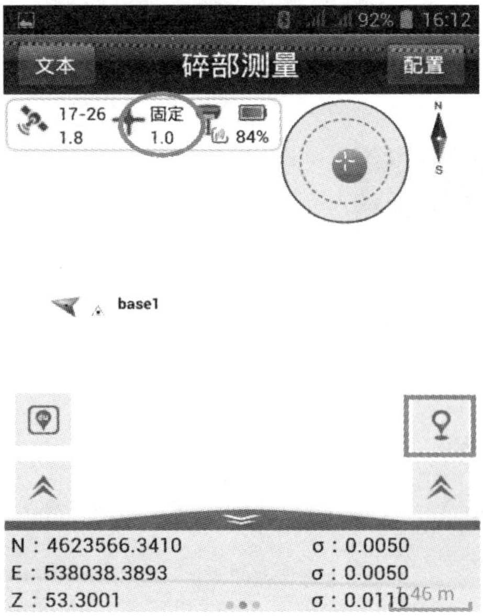

图 6-47　碎部测量

图 6-48 手动采集按钮

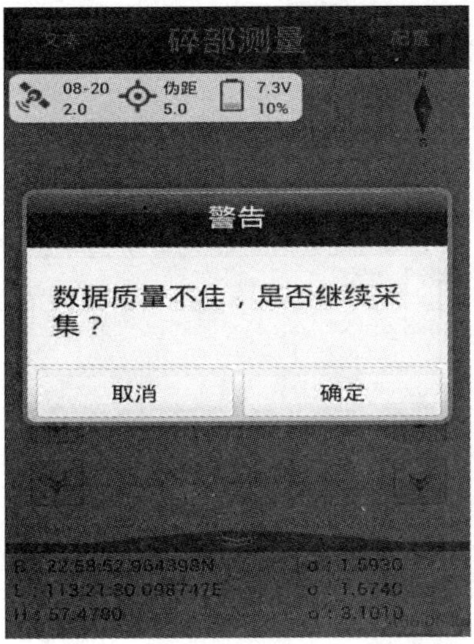

图 6-49　警告

图 6-50　坐标点保存

9. 点放样

在点放样界面直接点击，进入放样选点界面（图 6-51），点放样提供三种方式进行点的定义：

（1）直接输入，直接输入放样点的坐标（图 6-52）。

（2）查找点名，点击搜索按钮即会自动在放样点库查找指定点名的放样点并显示坐标。

（3）从图形上选择（也可以直接点击从图上选点放样）。进行点放样时，只需点击软件会自动按正序或逆序提取出放样点库（图 6-53）的坐标进行放样。

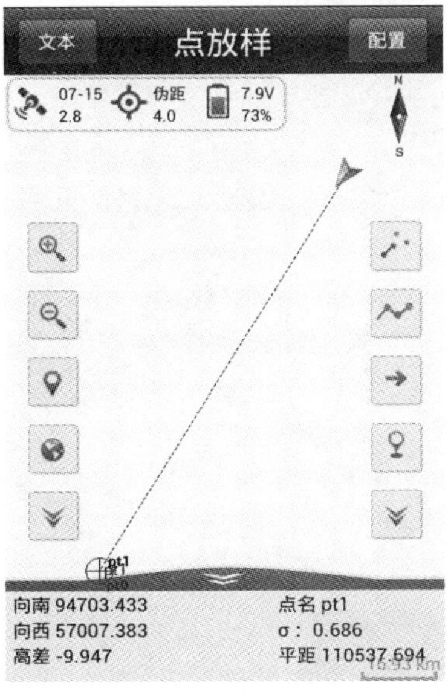

图 6-51　放样界面

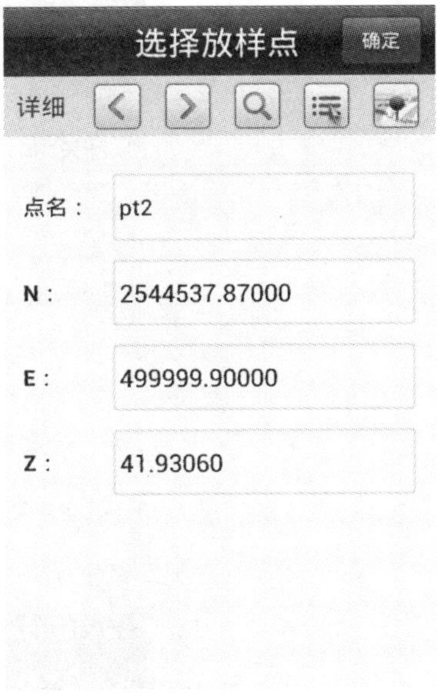

图 6-52　选择放样点

点名	N	E
pt0	2544537.7800	499999.9800
pt1	2544537.8300	499999.9400
pt2	2544537.8700	499999.9000
pt3	2544537.8300	499999.9100
pt5	2544541.0700	500002.1800
pt6	2544541.1400	500002.1900
pt7	2544541.1600	500002.1800
pt8	2544541.2200	500002.2000
pt9	2544541.2200	500002.1700
pt10	2544541.2400	500002.1500

图 6-53　放样点库

10. 导出数据

导出数据的步骤为：在主界面项目页点击“项目”—“数据交换”—选择导出的格式和导出文件名—“确定”—手簿连上电脑—手簿屏幕点击打开 USB 存储设备—我的电脑—可移动磁盘—ZHD—OUT—复制文件到电脑里（图 6-54）。

图 6-54　导出数据

6.4 用 CASS 软件绘制地形图

6.4.1 CASS 软件简介

CASS9.0 的操作界面主要包括顶部菜单面板、右侧屏幕菜单和工具条、属性面板，如图 6-55 所示。每个菜单项均以对话框或命令行提示的方式与用户交互应答，操作灵活方便。

图 6-55　CASS9.0 界面

6.4.2 绘制地形图

1. 数据传输

数据传输，即把野外测量的数据，通过 CASS 软件，导入电脑中。用数据线连接全站仪和 CASS 软件，点击“数据”菜单，选择“读取全站仪数据”（图 6-56），出现全站仪内存数据的转换对话框（图 6-57）。检查通信参数的设置是否与全站仪相同，如相同则点击“选择文件”，选择保存路径，输入想要保存的文件名（图 6-58）。

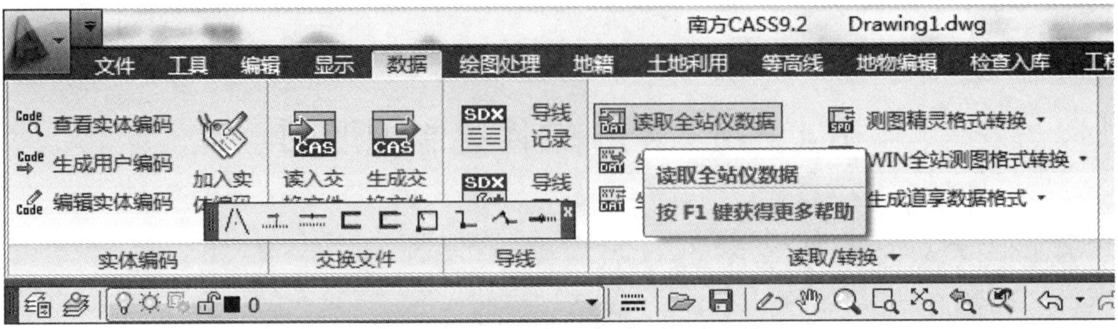

图 6-56　选择“读取全站仪数据”

图 6-57　全站仪内存数据的转换

图 6-58　执行“选择文件”操作的对话框

2. 定显示区

点击“绘图处理”菜单，选择“定显示区”（图 6-59），出现“输入坐标数据文件名”对话框（图 6-60），选择从全站仪里导入的文件，点击“打开”。

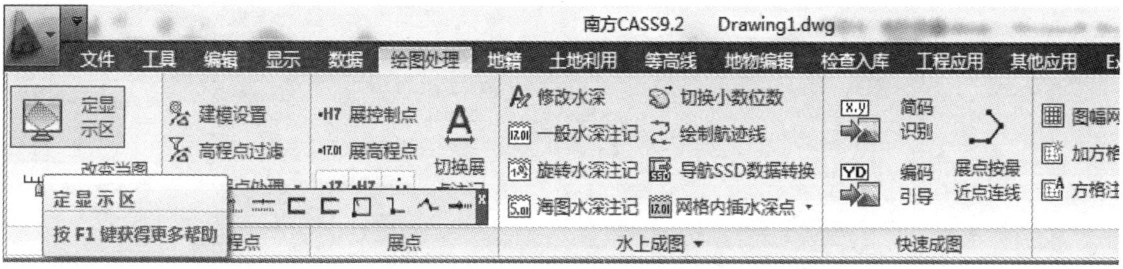

图 6-59　选择“定显示区”

图 6-60　输入坐标数据文件名

3. 展　点

点击“绘图处理”菜单，选择“展野外测点点号”（图 6-61），输入绘图比例尺（图 6-62），按回车键确认，出现“输入坐标数据文件名”对话框（图 6-63），选择从全站仪里导入的文件，点击“打开”，出现图 6-64 界面。

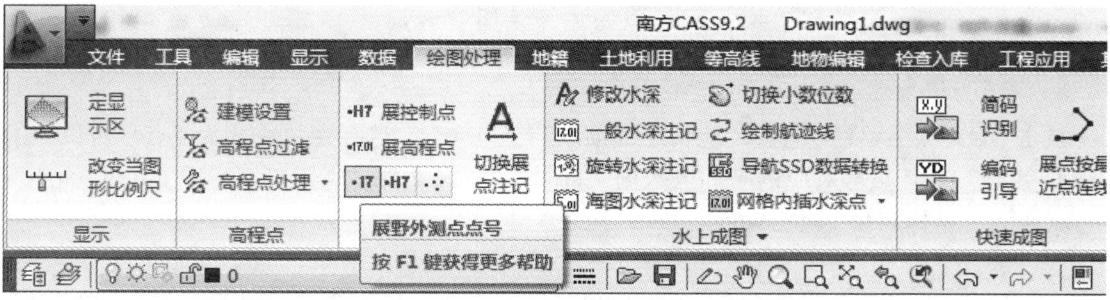

图 6-61　选择“展野外测点点号”

图 6-62　选择绘图比例尺

图 6-63　选择数据文件

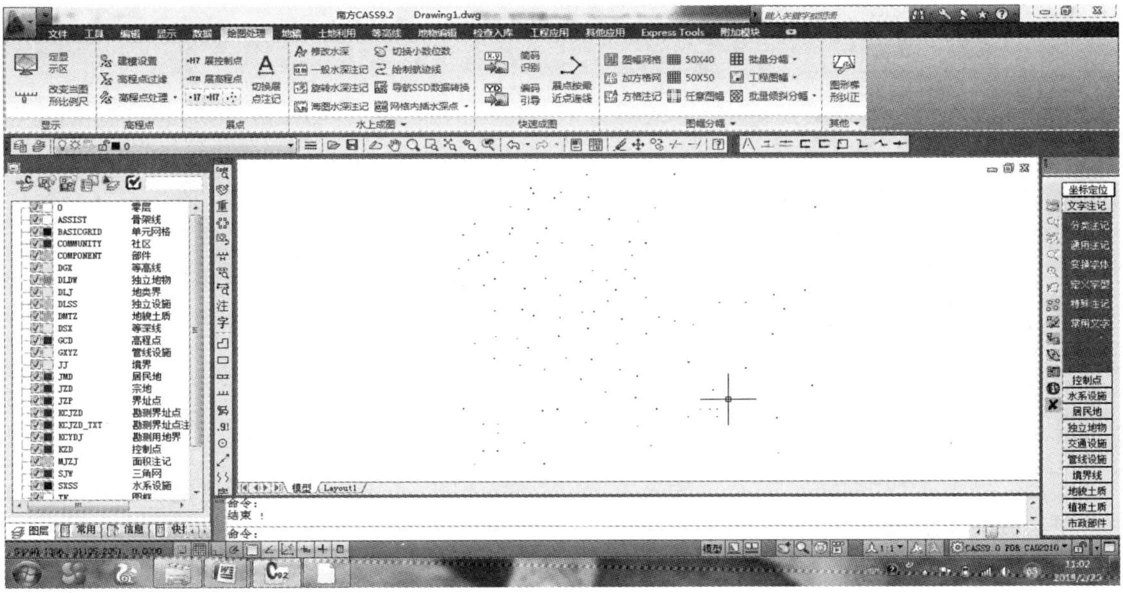

图 6-64　展点图

4. 选择坐标定位

点击“显示”菜单栏，选择“地物绘制菜单”（图 6-65），选择定位方式为“点号定位”（图 6-66），出现“选择点号对应的坐标点数据文件名”，选择文件，点击打开（图 6-67），此时定位方式改为“坐标定位”（图 6-68）。

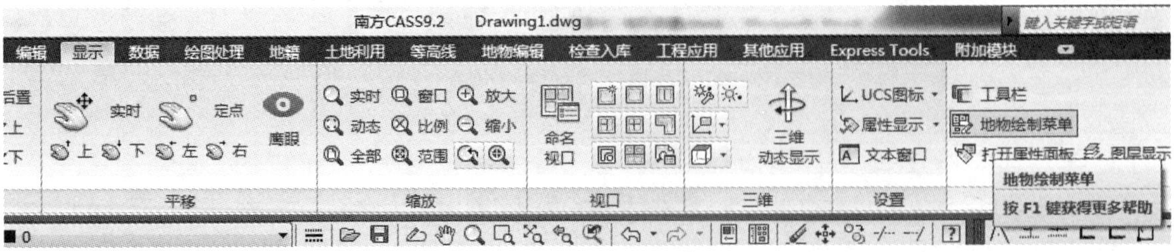

图 6-65　显示地物绘制菜单

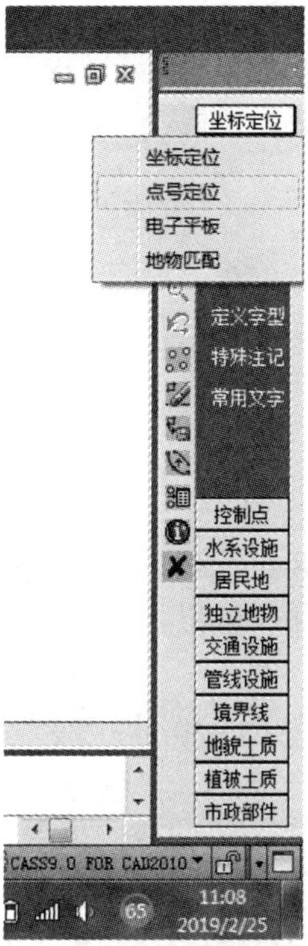

图 6-66　选择定位方式

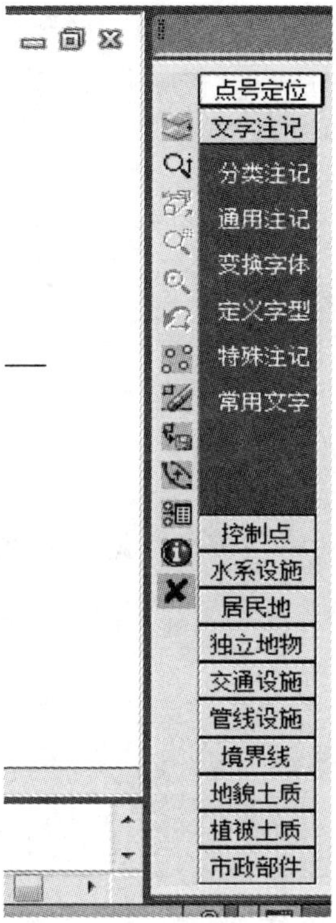

图 6-68　点号定位

图 6-67　选择文件名

5. 绘制平面图

点击右侧地物绘制菜单“居民地”(图 6-69)，点击“一般房屋”，选择“多点砼房屋”(图 6-70)，命令区提示：

输入地物编码：<141111>

当前图层：0

输入选项

[?/生成(M)/设置(S)/新建(N)/开(ON)/关(OFF)/颜色(C)/线型(L)/线宽(LW)/打印(P)/冻结(F)/解冻(T)/锁定(LO)/解锁(U)/状态(A)]：m

输入新图层的名称（成为当前图层）<0>：JMD 输入选项

[?/生成（M）/设置（S）/新建（N）/开（ON）/关（OFF）/颜色（C）/线型（L）/线宽（LW）/打印（P）/冻结（F）/解冻（T）/锁定（LO）/解锁（U）/状态（A）]：

命令：

第一点：

鼠标定点 P/<点号>49

曲线 Q/边长交会 B/跟踪 T/区间跟踪 N/垂直距离 Z/平行线 X/两边距离 L/点 P/<点号>50

pline

指定起点：

当前线宽为 0.0000

指定下一个点或 [圆弧（A）/半宽（H）/长度（L）/放弃（U）/宽度（W）]：

指定下一点或 [圆弧（A）/闭合（C）/半宽（H）/长度（L）/放弃（U）/宽度（W）]：

命令：

曲线 Q/边长交会 B/跟踪 T/区间跟踪 N/垂直距离 Z/平行线 X/两边距离 L/隔一点 J/微导线 A/延伸 E/插点 I/回退 U/换向 H 点 P/<点号>51

曲线 Q/边长交会 B/跟踪 T/区间跟踪 N/垂直距离 Z/平行线 X/两边距离 L/闭合 C/隔一闭合 G/隔一点 J/微导线 A/延伸 E/插点 I/回退 U/换向 H 点 P/<点号>52

曲线 Q/边长交会 B/跟踪 T/区间跟踪 N/垂直距离 Z/平行线 X/两边距离 L/闭合 C/隔一闭合 G/隔一点 J/微导线 A/延伸 E/插点 I/回退 U/换向 H 点 P/<点号>53

曲线 Q/边长交会 B/跟踪 T/区间跟踪 N/垂直距离 Z/平行线 X/两边距离 L/闭合 C/隔一闭合 G/隔一点 J/微导线 A/延伸 E/插点 I/回退 U/换向 H 点 P/<点号>c

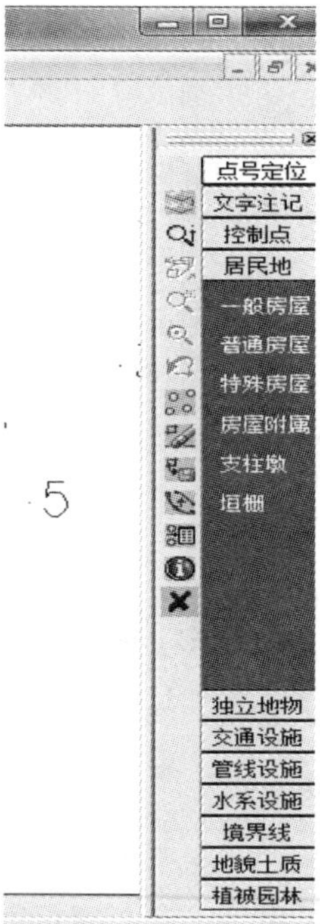

图 6-69　点击居民地

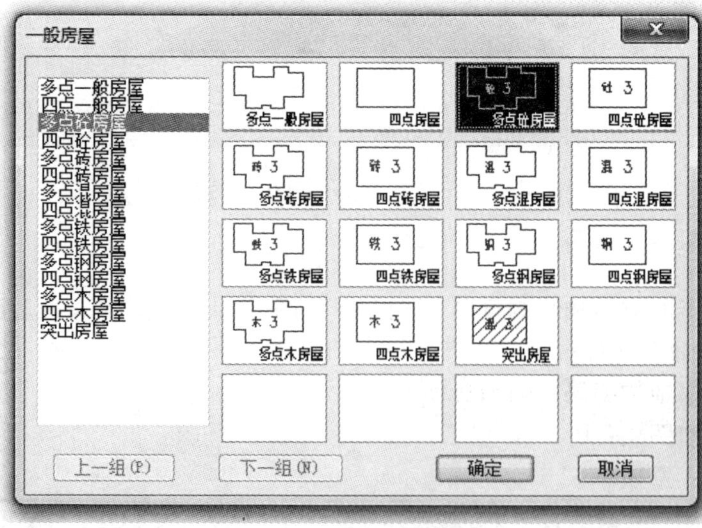

图 6-70　选择多点砼房屋

输入层数：<1>6

LAYER

当前图层：JMD

输入选项

[?/生成（M）/设置（S）/新建（N）/开（ON）/关（OFF）/颜色（C）/线型（L）/线宽（LW）/打印（P）/冻结（F）/解冻（T）/锁定（LO）/解锁（U）/状态（A）]：s

输入要置为当前的图层名或 <选择对象>：0 输入选项

[?/生成（M）/设置（S）/新建（N）/开（ON）/关（OFF）/颜色（C）/线型（L）/线宽（LW）/打印（P）/冻结（F）/解冻（T）/锁定（LO）/解锁（U）/状态（A）]：

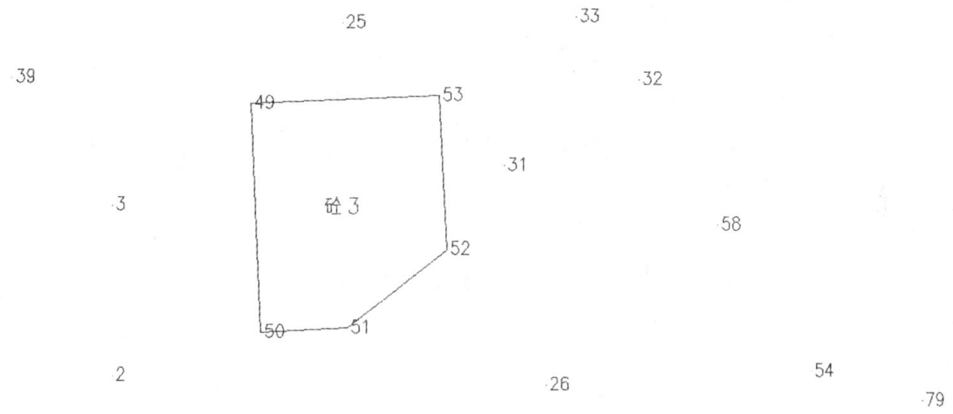

图 6-71 绘成多点砼房屋

这样，49、50、51、52、53、54 六点绘成了多点砼房屋（图 6-71）。

点击右侧地物绘制菜单“交通设施”（图 6-72），点击“城际公路”，选择“平行县道乡道”（图 6-73），命令区提示：

输入地物编码：<163300>

当前图层：0

输入选项

[?/生成（M）/设置（S）/新建（N）/开（ON）/关（OFF）/颜色（C）/线型（L）/线宽（LW）/打印（P）/冻结（F）/解冻（T）/锁定（LO）/解锁（U）/状态（A）]：m

输入新图层的名称（成为当前图层）<0>：DLSS 输入选项

[?/生成（M）/设置（S）/新建（N）/开（ON）/关（OFF）/颜色（C）/线型（L）/线宽（LW）/打印（P）/冻结（F）/解冻（T）/锁定（LO）/解锁（U）/状态（A）]：

命令：PLINEWID

输入 PLINEWID 的新值 <0.0000>：0.100000000000000

命令：

第一点：

鼠标定点 P/<点号>92

曲线 Q/边长交会 B/跟踪 T/区间跟踪 N/垂直距离 Z/平行线 X/两边距离 L/点 P/<点号>45

pline

指定起点：

当前线宽为 0.1000

指定下一个点或 [圆弧（A）/半宽（H）/长度（L）/放弃（U）/宽度（W）]：

指定下一点或 [圆弧（A）/闭合（C）/半宽（H）/长度（L）/放弃（U）/宽度（W）]：

命令：

曲线 Q/边长交会 B/跟踪 T/区间跟踪 N/垂直距离 Z/平行线 X/两边距离 L/隔一点 J/微导线 A/延伸 E/插点 I/回退 U/换向 H 点 P/<点号>46

曲线 Q/边长交会 B/跟踪 T/区间跟踪 N/垂直距离 Z/平行线 X/两边距离 L/闭合 C/隔一闭合 G/隔一点 J/微导线 A/延伸 E/插点 I/回退 U/换向 H 点 P/<点号>13

曲线 Q/边长交会 B/跟踪 T/区间跟踪 N/垂直距离 Z/平行线 X/两边距离 L/闭合 C/隔一闭合 G/隔一点 J/微导线 A/延伸 E/插点 I/回退 U/换向 H 点 P/<点号>47

曲线 Q/边长交会 B/跟踪 T/区间跟踪 N/垂直距离 Z/平行线 X/两边距离 L/闭合 C/隔一闭合 G/隔一点 J/微导线 A/延伸 E/插点 I/回退 U/换向 H 点 P/<点号>48

曲线 Q/边长交会 B/跟踪 T/区间跟踪 N/垂直距离 Z/平行线 X/两边距离 L/闭合 C/隔一闭合 G/隔一点 J/微导线 A/延伸 E/插点 I/回退 U/换向 H 点 P/<点号>回车

拟合线<N>?回车（默认不拟合）

1.边点式/2.边宽式/（按 ESC 键退出）：<1>

对面一点：

鼠标定点 P/<点号>19

offset

当前设置：删除源=否　图层=源　OFFSETGAPTYPE=0

指定偏移距离或 [通过（T）/删除（E）/图层（L）] <通过>：t

选择要偏移的对象，或 [退出（E）/放弃（U）] <退出>：

指定通过点或 [退出（E）/多个（M）/放弃（U）] <退出>：

选择要偏移的对象，或 [退出（E）/放弃（U）] <退出>：

命令：PLINEWID

输入 PLINEWID 的新值 <0.1000>：0.000000000000000

命令：LAYER

当前图层：DLSS

输入选项

[?/生成（M）/设置（S）/新建（N）/开（ON）/关（OFF）/颜色（C）/线型（L）/线宽（LW）/打印（P）/冻结（F）/解冻（T）/锁定（LO）/解锁（U）/状态（A）]：s

输入要置为当前的图层名或 <选择对象>：0 输入选项

[?/生成（M）/设置（S）/新建（N）/开（ON）/关（OFF）/颜色（C）/线型（L）/线宽（LW）/打印（P）/冻结（F）/解冻（T）/锁定（1O）/解锁（U）/状态（A）]：

图 6-72　点击城际公路

图 6-73　选择平行县道乡道

6. 绘制等高线

（1）建立 DTM。用鼠标左键点取"等高线"菜单（图 6-74）下的"建立 DTM"，将会弹出对话框（图 6-75），选择"由数据文件生成"，找到 C：\CASS92\DEMO\STUDY.DAT，选择"确认"（图 6-76），生成 DTM（图 6-77）。

（2）绘制等高线。用鼠标左键点取"等高线"菜单（图 6-74）下的"绘制等高线"，将弹出对话框（图 6-78），输入等高距为 1 米，点击确定，生成等高线。

（3）删除三角网。用鼠标左键点取"等高线"菜单（图 6-74）下的"删除三角网"，把三角网删除（图 6-79）。

（4）等高线注记。用鼠标左键点取"工具"菜单（图 6-80）下的"画复合线"，沿着等高线画一条复合线（图 6-81）。用鼠标左键点取"等高线"菜单（图 6-74）下的"等高线注记"，选择"沿直线高程注记"，命令区提示：

请选择：（1）只处理计曲线（2）处理所有等高线<1>2

当前图层：0

输入选项

[?/生成（M）/设置（S）/新建（N）/开（ON）/关（OFF）/颜色（C）/线型（L）/线宽（LW）/打印（P）/冻结（F）/解冻（T）/锁定（LO）/解锁（U）/状态（A）]：m

输入新图层的名称（成为当前图层）<0>：DGX 输入选项

[?/生成（M）/设置（S）/新建（N）/开（ON）/关（OFF）/颜色（C）/线型（L）/线宽（LW）

/打印（P）/冻结（F）/解冻（T）/锁定（LO）/解锁（U）/状态（A）]:

命令：

选取辅助直线（该直线应从低往高画）：<回车结束>点击复合线

选取辅助直线（该直线应从低往高画）：<回车结束>回车

注记后的等高线如图 6-82 所示。

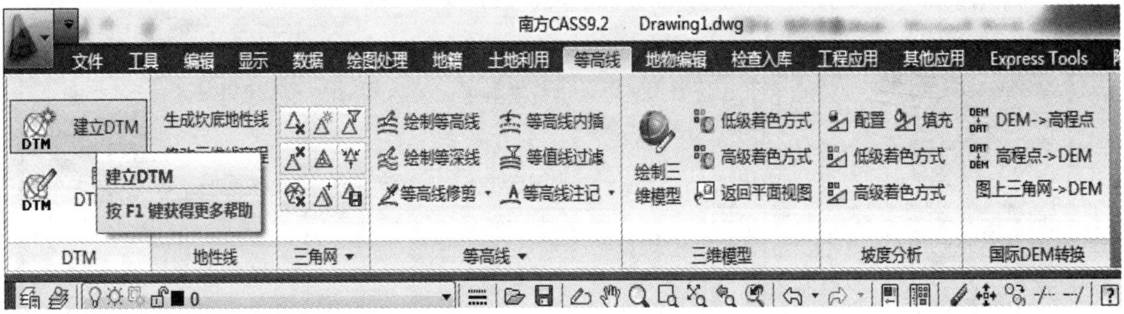

图 6-74　选择“建立 DTM”

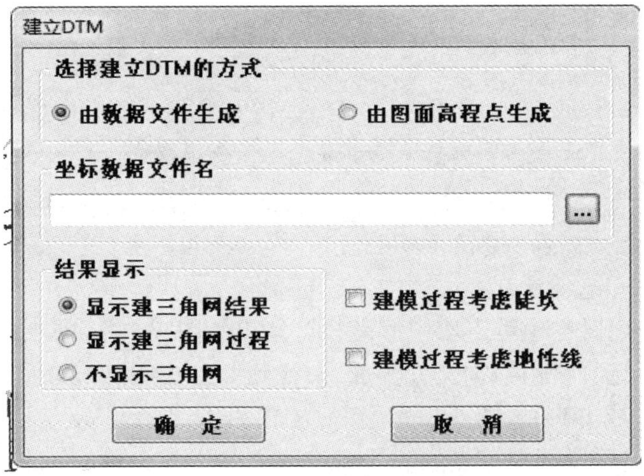

图 6-75　建立 DTM 对话框

图 6-76　输入坐标文件名

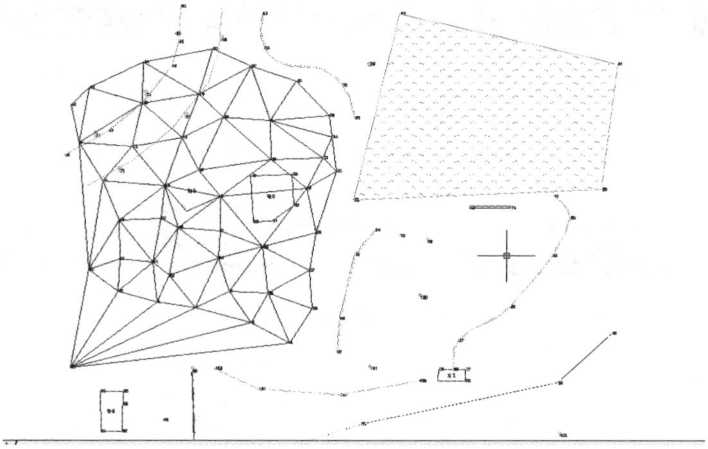

图 6-77　建立 DTM

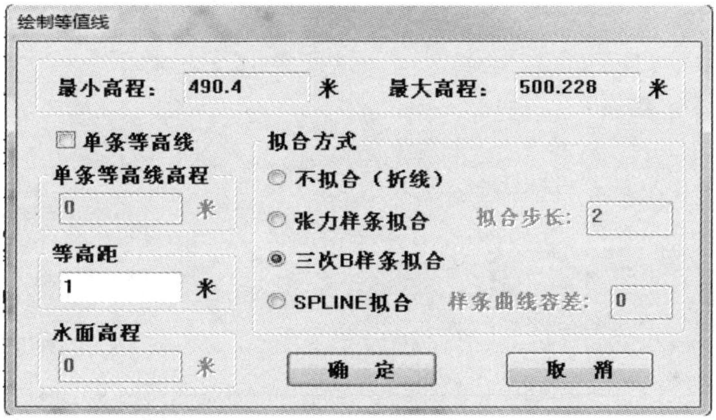

图 6-78 绘制等高线对话框

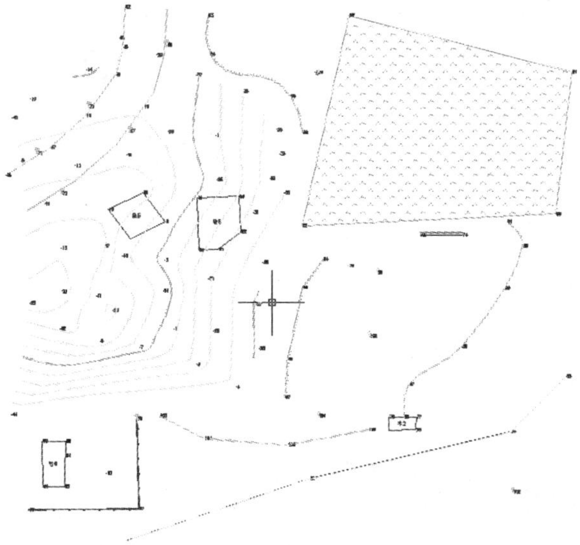

图 6-79　删除三角网后

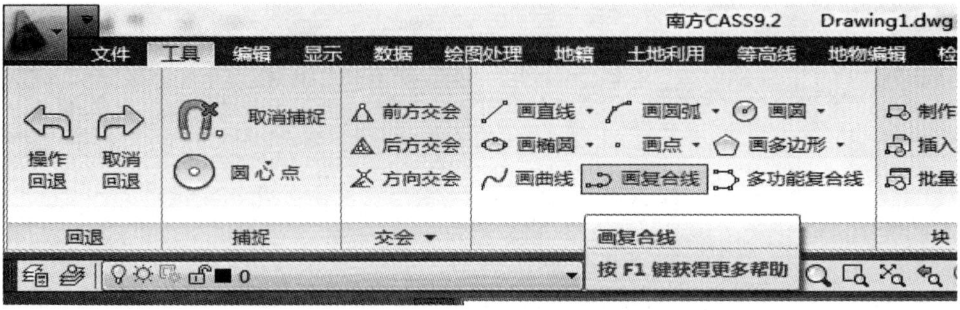

图 6-80　选择“画复合线”

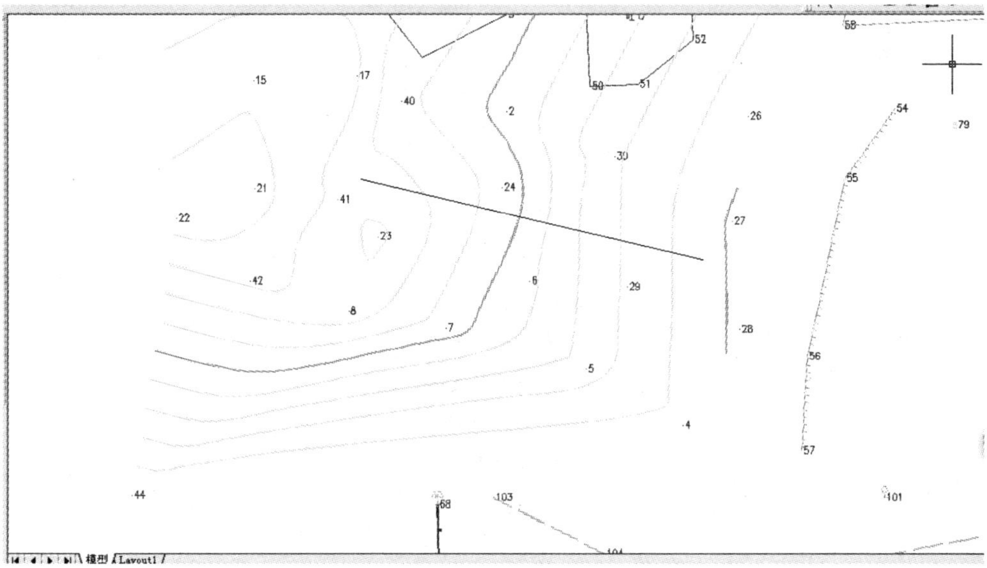

图 6-81　画复合线

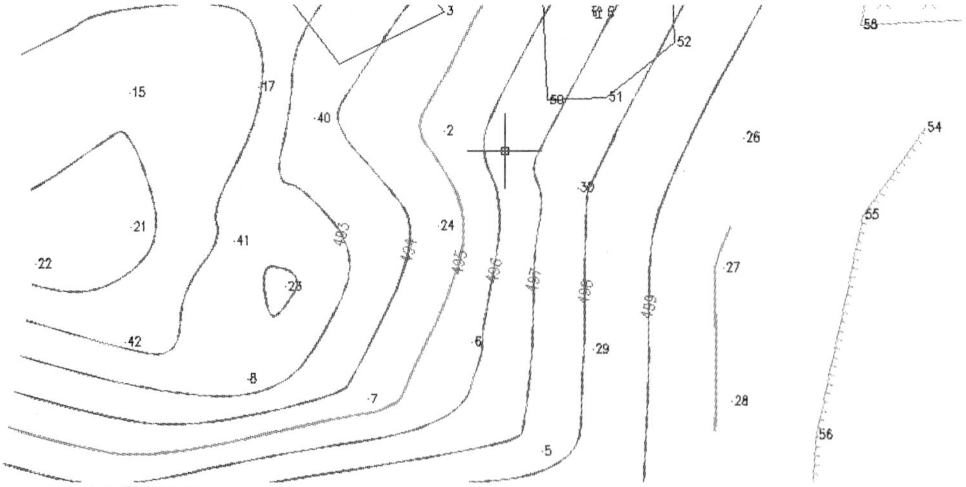

图 6-82　等高线注记

7. 加注记

用鼠标左键点取右侧屏幕菜单的“文字注记”项，单击“注记文字”(图 6-83)，弹出如图 6-84 所示的界面，输入注记内容，选择注记排列、类型，输入图面文字大小，点击“确定”。如图 6-85~图 6-87 所示，完成道路注记。

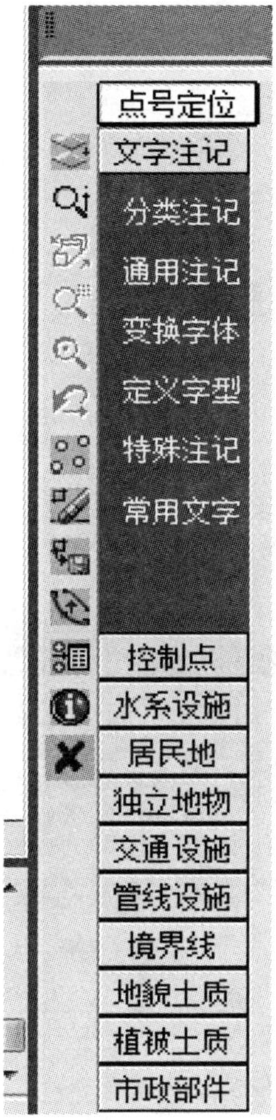

图 6-83　选择注记文字

图 6-84　文字注记信息

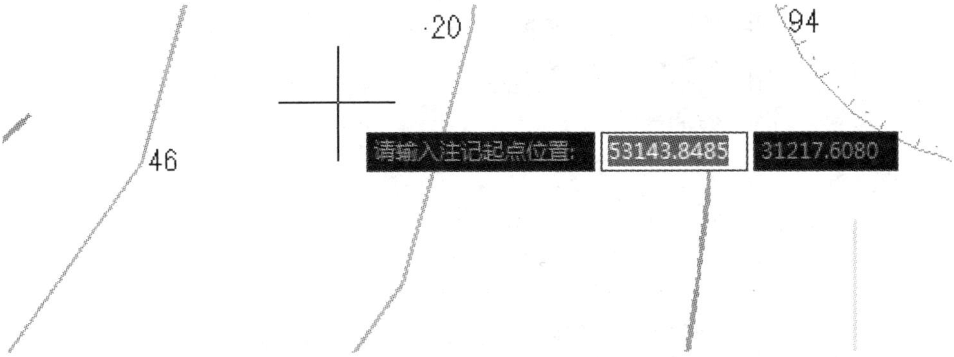

图 6-85　输入注记起点位置

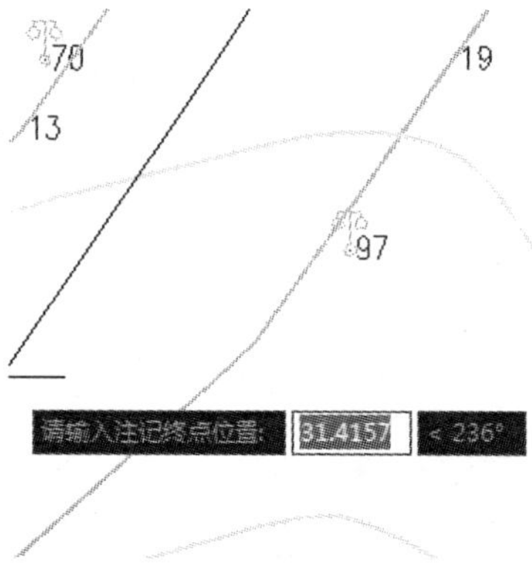

图 6-86　输入注记终点位置

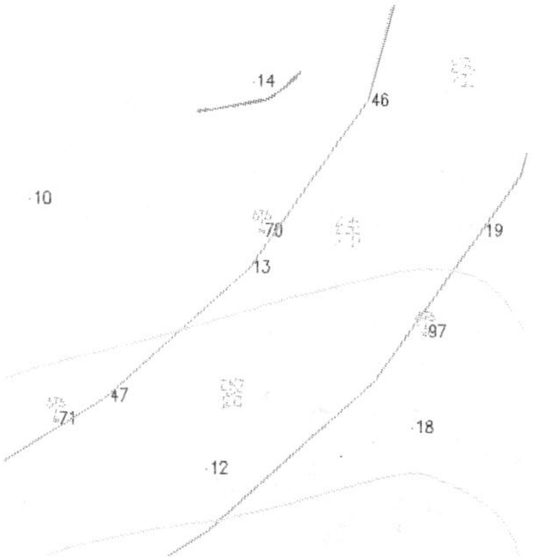

图 6-87　道路注记

8. 加图框

用鼠标左键点击“绘图处理”绘图面板下的“标准图幅（50×40）”（图 6-88），弹出如图 6-89 所示的界面，输入基本信息，点击图面拾取，指定图框左下角（图 6-90），点击“确定”，这幅图就作好了，如图 6-91。

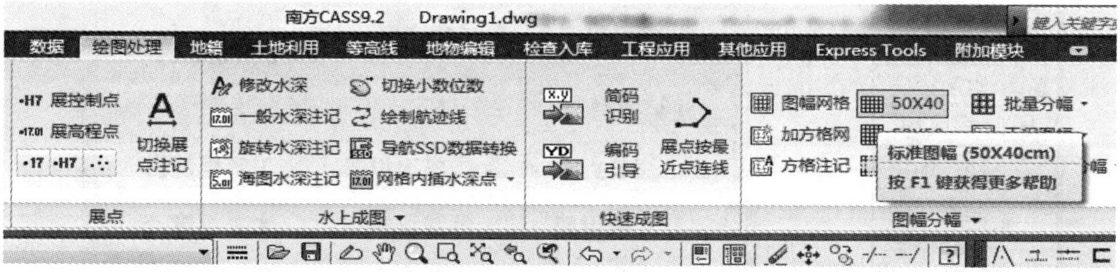

图 6-88　选择“标准图幅”

图 6-89　图幅整饰对话框

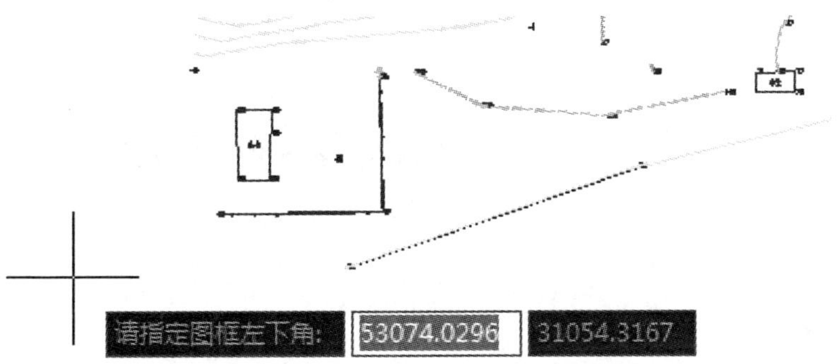

图 6-90　指定图框左下角

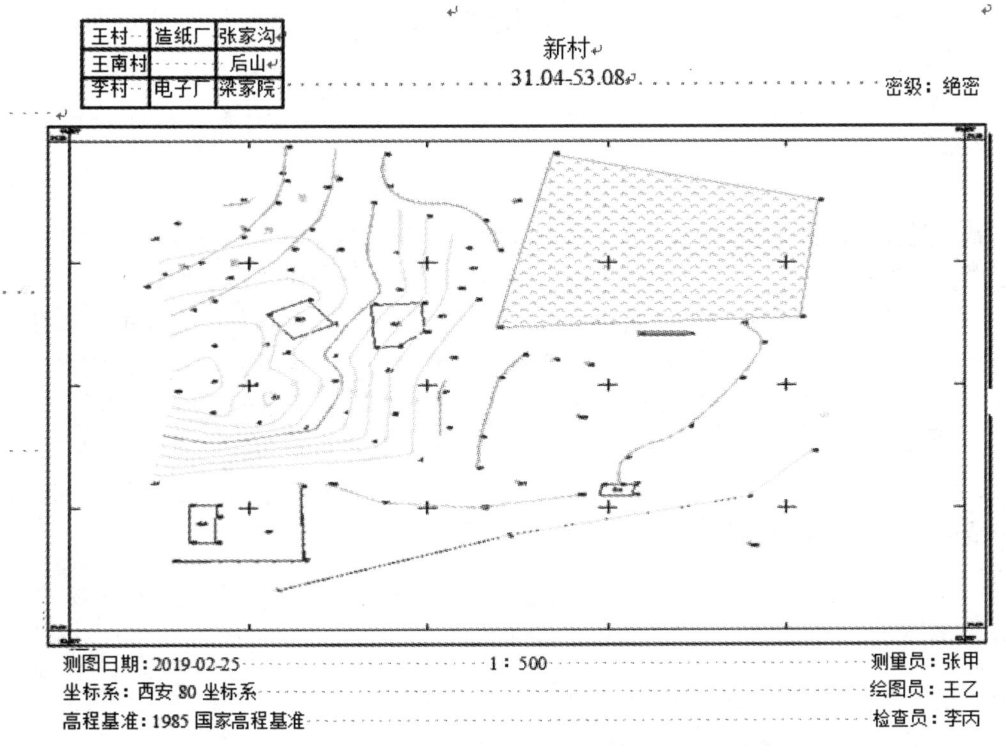

图 6-91　加图框

练一练

1. 简述数字测图的基本思想。
2. 简述在外业数据采集后，用南方CASS90成图的常用步骤。
3. 简述CASS绘制等高线的主要操作步骤。

项目 7　测设的基本工作

教学目标

通过本项目的学习，学生应掌握工程放样中基本工作的测设方法，掌握已知水平距离、水平角、高程的测设方法，掌握点的平面位置、坡度线、直线的测设方法，并培养自己在实际工程中的应用能力，提高自己的动手能力和团队合作能力。

项目概述

施工测量是指把图纸上设计好的建（构）筑物位置（包括平面和高程位置）在实地标定出来的工作，即按设计的要求将建（构）筑物各轴线的交点、道路中线、桥墩等点位标定在相应的地面上。这项工作又称为测设或放样。这些待测设的点位是根据控制点或已有建筑物特征点与待测设点之间的角度、距离和高差等几何关系，应用测绘仪器和工具标定出来的。因此，测设已知水平距离、测设已知水平角、测设已知高程是施工测量的基本工作。

本项目内容介绍已知水平距离、水平角度及高程的测设方法，以此为主线分别介绍点的平面位置、坡度等的测设方法。教学过程中，理论教学和实训相结合，可使学生熟练掌握过程测设的基本技能，为以后的施工测量工作打下坚实的基础。

看一看

图7-1所示为操作RTK进行点坐标放样的工作及其视频详解。

全站仪坐标放样方法

图7-1　坐标放样

想一想

每个小组选取两个已知点O点和A点，一个待测点B点，并做好标记。设O点的坐标为（5678.123，2451.392，100.236），A点的坐标为（5697.857，2458.534，100.486），放样点C点的坐标为（5684.524，2456.002，100.651）。本任务就是要通过两个已知点，运用全站仪来测量待测点B点的坐标和对C点进行放样（在实地标定C点的位置），如图7-2所示。

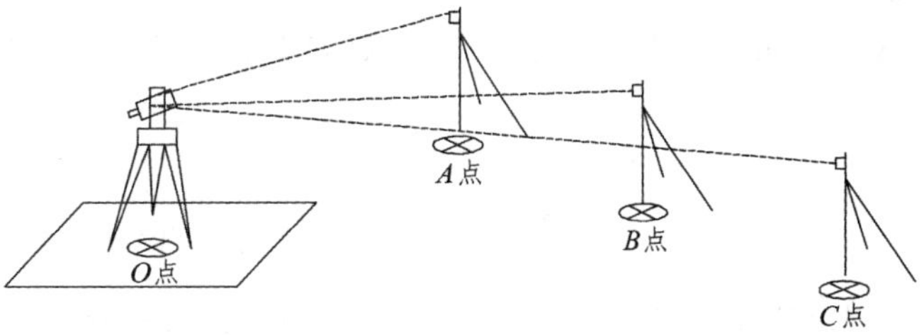

图 7-2　测量和放样

7.1　测设已知水平距离

施工测量的内容是：将设计图纸上的建（构）筑物，按其设计的平面位置和高程，通过测量手段和方法，用标线、桩点等可见标志，在现场表现出来，作为施工的依据。这种由图纸到现场的测量工作称为测设，也称为放样或放线。

概括起来，施工测量的内容主要包括以下几方面：

（1）建立施工控制网。

（2）施工放样与安装测量。施工前应按照设计要求，利用施工控制网把建（构）筑物和各种管线的平面与高程位置在实地标定出来，作为施工的依据；在施工过程中，应及时施测建（构）筑物的轴线和标高位置，并对构件及设备安装进行校准测量。

（3）竣工测量。每道工序完成后，都要通过实地测量来检查验收，并根据检测验收的记录整理竣工资料和编绘竣工图。

（4）变形观测。对高大或重要的建（构）筑物，在施工过程中及竣工后的一段时期内，应测定其在荷载作用下产生的平面位移和沉降量等，为鉴定工程质量、验证设计与施工的合理性和保证建（构）筑物的使用安全提供依据。

测设已知水平距离是从地面一已知点开始，沿已知方向测设出给定的水平距离以定出第二个端点的工作。根据测设的精度要求不同，测设已知水平距离可分为一般测设方法和精确测设方法。

7.1.1　用钢尺测设已知水平距离

1. 一般方法

用钢尺测设已知水平距高的一般方法是在地面上，由已知点 A 开始，沿给定方向，用钢尺量出已知水平距离 D 定出 B 点。为了校核与提高测设精度，在起点 A 处改变读数，按同法

量已知距离 D 定出 B'点。由于量距有误差，B 与 B'两点一般不重合，其相对误差在允许范围内时，则取两点的中点作为最终位置。

如图 7-3 所示，当测设水平距离小于钢尺的长度时，将钢尺的零端与已知起始点 A 点对齐，沿已知方向 AB 水平拉紧、拉直和拉平钢尺，在钢尺上找到 60 m 刻度在地面上定出 P_1 点，同理再次在地面上定 P_2 点，则 P_1 和 P_2 点的中点 P 即为最后所定的点，AP 即为所要测设的水平距离。

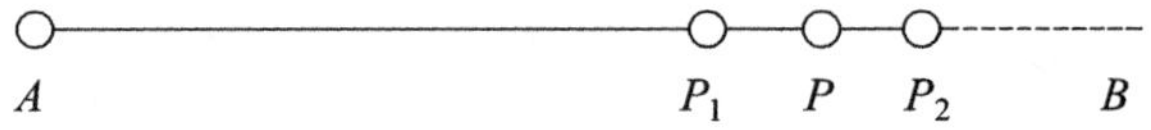

图 7-3　钢尺丈量法

当测设水平距离大于钢尺的长度时，将经纬仪安置在已知点 A 点上，对中整平，照准远处的 B 点，固定照准部，使望远镜视线即为已知方向 AB，把钢尺零点对准已知点 A 点，分尺段定出中间各点，最后定出 P_1 点，一边定线一边量距，使 AP_1 的水平距离等于 60 m，同理定出 P_2 点，则 P_1 和 P_2 点的中点 P 即为最后所定的点，AP 即为所要测设的水平距离。

2. 精确方法

当水平距离的测设精度要求较高时，按照上面一般方法在地面测设出的水平距离，还应再加上尺长、温度和高差 3 项改正，但改正数的符号与精确量距时的符号相反，即

$$S = D - \Delta_l - \Delta_t - \Delta_h$$

式中：S——实地测设的距离；

D——待测设的水平距离；

Δ_l——尺长改正数，$\Delta_l = \frac{\Delta l}{l_0} \cdot D$，$l_0$ 和 Δl 分别是所用钢尺的名义长度和尺长改正数；

Δ_t——温度改正数，$\Delta_t = \alpha \cdot D \cdot (t - t_0), \alpha = 1.25 \times 10^{-5}\ \mathrm{m}^{-1} \cdot ℃^{-1}$ 为钢尺的线膨胀系数，t 为测设时的温度，t_0 为钢尺的标准温度，一般为 20°C；

Δ_h——倾斜改正数，$\Delta_h = -\frac{h^2}{2D}$，$h$ 为线段两端点的高差。

【例 7-1】如图 7-4 所示，欲测设水平距离 AB，所使用钢尺的尺长方程式为：

$$l_t = 30.000\ \mathrm{m} + 0.003\ \mathrm{m} + 1.2 \times 10^{-5} \times 30(t - 20°\mathrm{C})\ \mathrm{m}$$

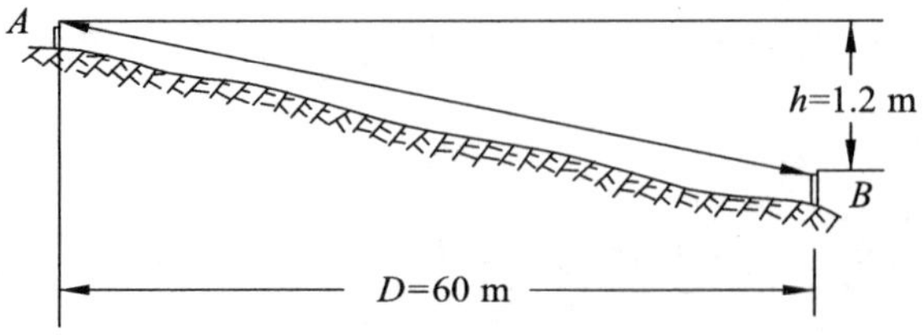

图 7-4　已知水平距离测设

测设时的温度为 5 ℃，AB 两点之间的高差为 1.2 m，试求计算测设时在实地应量出的长度是多少？

【解】根据精确量距公式算出 3 项改正：

尺长改正：$\Delta_l = \dfrac{\Delta l}{l_0} \cdot D = \dfrac{0.003}{30} \cdot 60 = 0.006\ \text{m}$

温度改正：$\Delta_t = \alpha \cdot D \cdot (t - t_0) = 60 \times 1.2 \times 10^{-5} \times (5 - 20) = -0.011\ \text{m}$

倾斜改正：$\Delta_h = -\dfrac{h^2}{2D} = -\dfrac{1.2^2}{2 \times 60} - 0.012\ \text{m}$

则实地测设水平距离为：$S = D - \Delta_l - \Delta_t - \Delta_h = 60 - 0.006 + 0.011 + 0.012 = 60.017\ \text{m}$

测设时，自线段的起点 A 沿给定的 AB 方向量出 S，定出终点 B，即得设计的水平距离 D。为了检核，通常再放样一次，若两次放样之差在允许范围内，则取平均位置作为终点 B 的最后位置。

7.1.2　光电测距仪测设已知水平距离

用光电测距仪测设已知水平距离与用钢尺测设方法大致相同。如图 7-5 所示，光电测距仪安置于 A 点，反光镜沿已知方向 AB 移动，使仪器显示的距离大致等于待测设距离 D，定出 B' 点，测出 B'点反光镜的竖直角及斜距，计算出水平距离 D'。再计算出 D'与需要测设的水平距离 D 之间的改正数 $\Delta D = D - D'$。根据 ΔD 的符号在实地沿已知方向用钢尺由 B'点量 ΔD 定出 B 点，AB 即为测设的水平距离 D。

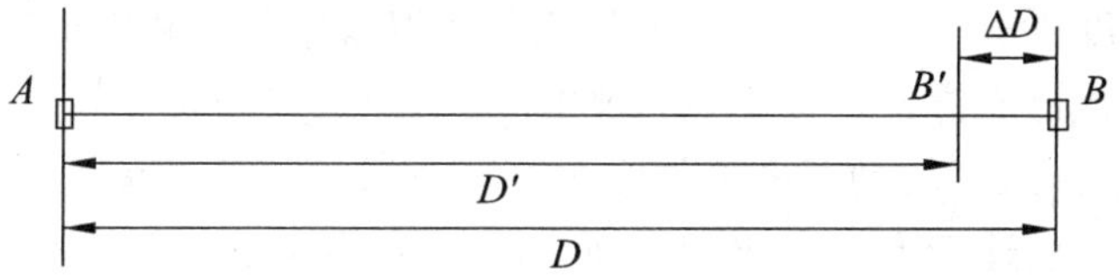

图 7-5　光电测距仪放样距离

现代的全站仪瞄准位于 B 点附近的棱镜后，能够直接显示出全站仪与棱镜之间的水平距离 D'，因此，可以通过前后移动棱镜使其水平距离 D'等于待测设的已知水平距离 D 时，即可定出 B 点。

为了检核，将反光镜安置在 B 点，测量 AB 的水平距离，若不符合要求，则再次改正，直至在允许范围之内为止。

测设已知设计值的水平距离就是从一个已知点出发，沿给定的方向，按已知的水平距离量距，在地面上标定另外一个端点。建筑工程测量中最常见的方法是钢尺丈量法和全站仪测距法。各小组在空旷的地面上选取一个已知点 A 和一条已知方向 AB，已知测设水平距离的设计值为 60 m。

7.1.3　全站仪测距法

在 A 点安置全站仪，对中整平，进入距离测量模式，输入温度、气压和棱镜常数。用望

远镜瞄准已知方向 AB，固定照准部，将棱镜立在 B 点上，按平距测量键，将测量的距离与设计的放样距离相比，指挥司镜员前后移动棱镜。当距离差为 0 时，定出 P 点，则 AP 即为测设的距离。

练一练

1．简述使用钢尺丈量法测设已知设计值的水平距离的步骤。

2．简述用全站仪测距法。

7.2　测设已知水平角

测设已知水平角就是根据一已知方向测设出另一方向，使它们的夹角等于给定的设计角值，按测设精度要求不同分为一般方法和精确方法。

7.2.1　一般方法

当测设水平角精度要求不高时，可采用此法，即用盘左、盘右取平均值的方法。如图 7-6 所示，设 OA 为地面上已有方向，欲测设水平角 β，在 O 点安置经纬仪，以盘左位置瞄准 A 点，配置水平度盘读数为 0。转动照准部使水平度盘读数恰好为 β 值，在视线方向定出 B_1 点。然后用盘右位置，重复上述步骤定出 B_2 点，取 B_1 和 B_2 中点 B，则 $\angle AOB$ 即为测设的 β 角。该方法也称为盘左盘右分中法。

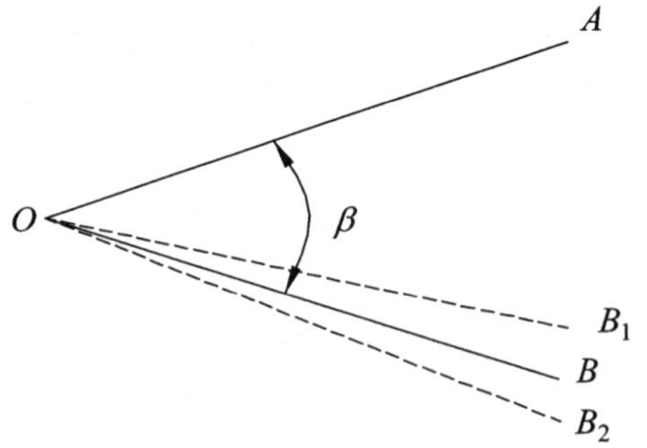

图 7-6　一般方法测设水平角

（1）如图 7-7 所示，在 O 点架设经纬仪，对中整平，用盘左位置瞄准 A 点测钎，配置度盘读数为 0°00′00″，然后转动照准部，当水平度盘读数为 84°13′24″，拧紧水平制动螺旋，在此方向上左右移动测钎直到与十字丝重合，在合适的位置上定出 B'点。

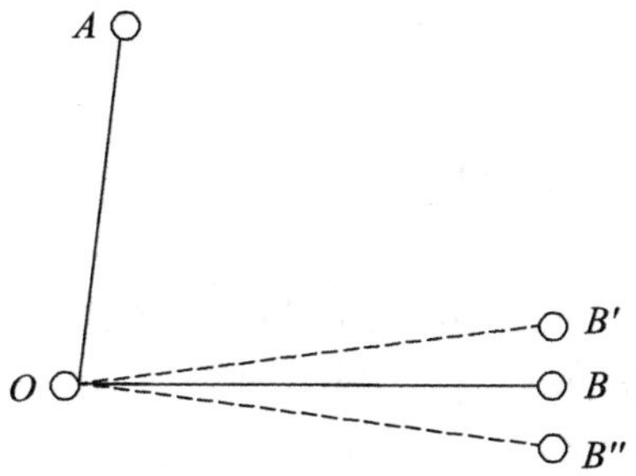

图 7-7　测定已知设计值的水平角

（2）倒转望远镜，用盘右位置瞄准 A 点测钎，配置度盘读数为 0°00′00″，然后转动照准部，当水平度盘读数为 275°46′36″，拧紧水平制动螺旋，在此方向上左右移动测钎直到与十字丝重合，在合适的位置上定出 B'' 点。

（3）取 B' 和 B'' 两点连线的中点 B，则 $\angle AOB$ 就是所要测定的水平角。

7.2.2　精确方法

当测设精度要求较高时，可采用精确方法测设已知水平角。如图 7-8 所示，安置经纬仪于 O 点，按照上述一般方法测设出已知水平角 $\angle AOB'$，定出 B' 点。然后较精确地测量 $\angle AOB'$ 的角值，一般采用多个测回取平均值的方法，设平均角值为 β'，测量出 OB' 的距离。按下式计算 B' 点处 OB' 线段的垂距 $B'B$。

$$B'B = \frac{\Delta\beta}{\rho} \cdot OB' = \frac{\beta - \beta'}{206265''} \cdot OB'$$

然后，从 B' 点沿 OB' 的垂直方向调整垂距 $B'B$，$\angle AOB$ 即为 β 角。如图 7-8 所示，若 $\Delta\beta > 0$ 时，则从 B' 点往内调整 $B'B$ 至 B 点；若 $\Delta\beta < 0$ 时，则从 B' 点往外调整 $B'B$ 至 B 点。

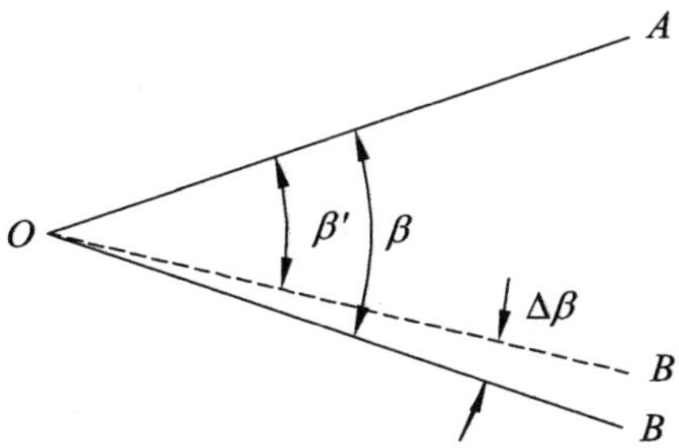

图 7-8　精确方法测设水平角

当测设精度要求较高时使用此法，具体步骤为：先用一般方法定出 B' 点，然后再用测回法精确测量 $\angle AOB'$ 的水平角 β'。精度要求越高，测回数越多。设 β' 与已知值 β 的差为

$$\Delta\beta = \beta' - \beta$$

若 $\Delta\beta$ 超出了限差要求，则应对 B' 进行改正。改正方法是先根据 $\Delta\beta$ 和 OB' 的长度，计算

从 B' 至改正后位置 B 的距离

$$B'B = OB' \times \tan\Delta\beta = OB' \times \frac{\Delta\beta \times \pi}{180^\circ}$$

在现场过 B' 作 OB' 的垂线，若 $\Delta\beta$ 为正值，说明实际测设的角值比设计角值大，应沿垂线往内改正距离 $B'B$；反之，若 $\Delta\beta$ 为负值，则应沿垂线往外改正距离 $B'B$。改正后得到 B 点，$\angle AOB$ 即为符合精度要求的测设角。

【例 7-2】如图 7-9 所示已知地面上 O、A 两点，要测设 B 点，使得 $\angle AOB$=60°00′00″。

【解】在 O 点安置经纬仪，分别盘左、盘右测设 60°，取中数得 B' 点，量得 OB'=50 m。用测回法观测三个测回，测得 $\angle AOB'$=59°59′30″，则

$$\Delta\beta = 59^\circ59'30'' - 60^\circ00'00'' = -30''$$

$$B'B = OB' \times \tan\Delta\beta \approx OB' \times \frac{\Delta\beta \times \pi}{180^\circ} = 50 \times \frac{0.0083^\circ \times 3.1416}{180} = 0.007\ \text{m}$$

过点 B' 作 OB' 的垂线，向外量 $B'B = 0.007\ \text{m}$，得 B 点，则 $\angle AOB$=60°00′00″。

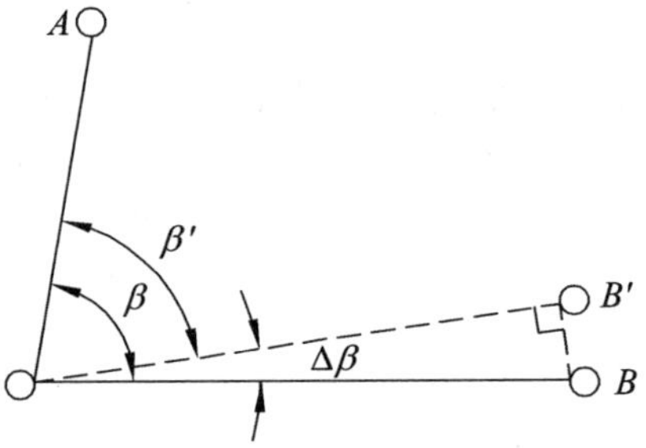

图 7-9　测设水平角的精确方法

练一练

1. 简述测设水平角的方法。
2. 在地面测设一角度值为90°的水平角。

7.3　测设已知高程

测设已知高程就是根据已知点的高程，通过引测，把设计高程标定在固定的位置上。如图 7-10 所示，已知高程点 A，其高程为 H_A，需要在 B 点标定出已知高程为 H_B 的位置。方法是：在 A 点和 B 点中间安置水准仪，精平后读取 A 点的标尺读数为 a，则仪器的视线高程为 H_i=H_A+a，由图可知测设已知高程为 H_B 的 B 点标尺读数应为：

$$b = H_i - H_B$$

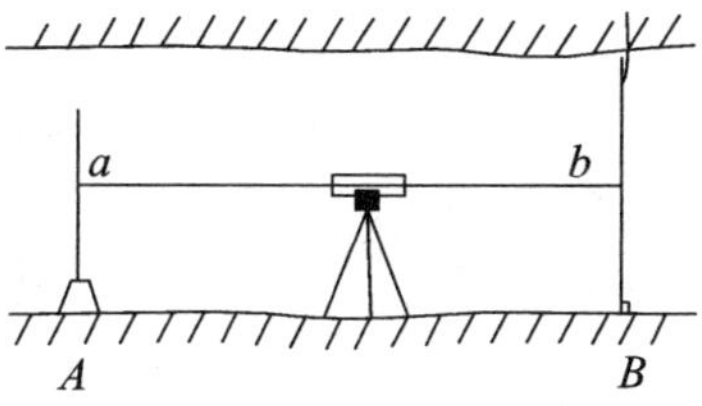

图 7-10　已知高程测设

将水准尺紧靠 B 点木桩的侧面上下移动，直到尺上读数为 b 时，沿尺底画一横线，此线即为设计高程 H_B 的位置。测设时应始终保持水准管气泡居中。

在建筑设计和施工中，为了计算方便，通常把建筑物的室内设计地坪高程用±0.000 标高表示，建筑物的基础、门窗等高程都以±0.000 为依据进行测设。因此，首先要在施工现场利用测设已知高程的方法测设出室内地坪高程的位置。

在地下坑道施工中，高程点位通常设置在坑道顶部。通常规定当高程点位于坑道顶部时，在进行水准测量时水准尺均应倒立在高程点上。如图 7-11 所示，A 为已知高程 H_A 的水准点，B 为待测设高程为 H_B 的位置，由于 $H_B=H_A+a+b$，则在 B 点应有的标尺读数 $b=H_B-(H_A+a)$。因此，将水准尺倒立并紧靠 B 点木桩上下移动，直到尺上读数为 b 时，在尺底画出设计高程 H_B 的位置。

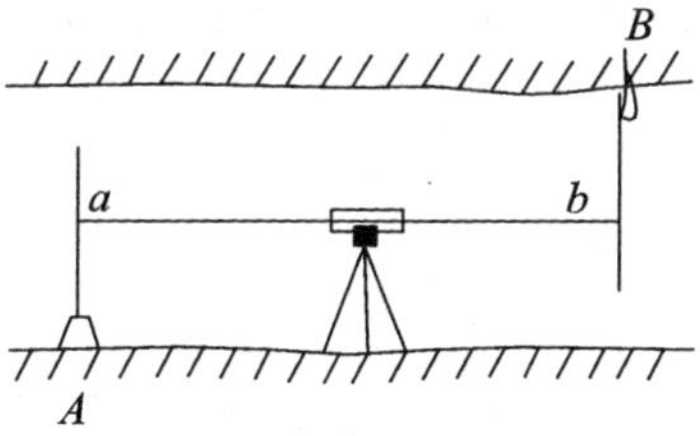

图 7-11　高程点在顶部的测设

同样，对于多个测站的情况，也可以采用类似分析和解决方法。如图 7-12 所示，A 为已知高程 H_A 的水准点，C 为待测设高程为 H_C 的点位，由于 $H_C=H_A-a-b_1+b_2+c$，则在 C 点应有的标尺读数 $c= H_C-(H_A-a-b_1+b_2)$。

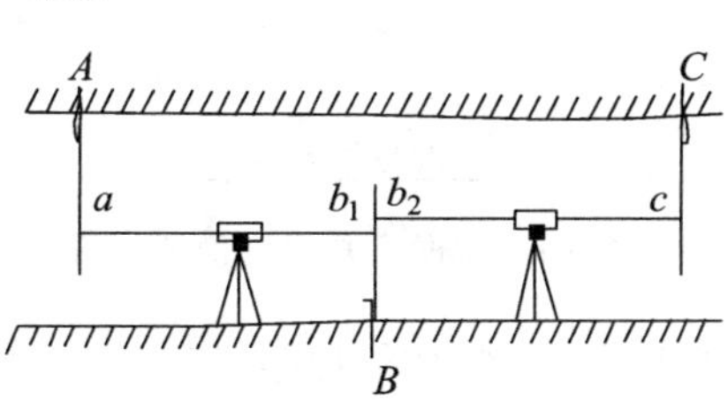

图 7-12　多个测站高程点测设

当待测设点与已知水准点的高差较大时，可以采用悬挂钢尺的方法进行测设。如图 7-13 所示，钢尺悬挂在支架上，零端向下并挂一重物，A 为已知高程为 H_A 的水准点，B 为待测设高程为 H_B 的点位。在地面和待测设点位附近安置水准仪，分别在标尺和钢尺上读数 a_1、b_1 和 a_2。由于 $H_B=H_A+a-(b_1-a_2)-b_2$，则可以计算出 B 点处标尺的读数 $b_2=H_A+a-(b_1-a_2)-H_B$。

同样，图 7-14 所示情形也可以采用类似方法进行测设，即计算出前视读数 $b_2=H_A+a+(a_2-b_1)-H_B$，再画出已知高程位 H_B 的标志线。

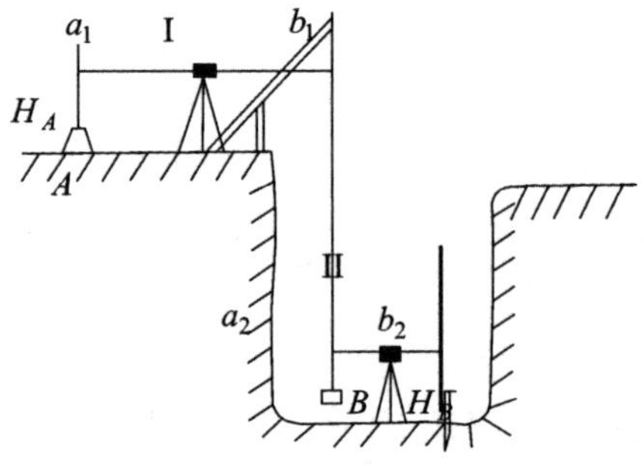

图 7-13　测设建筑基底高程

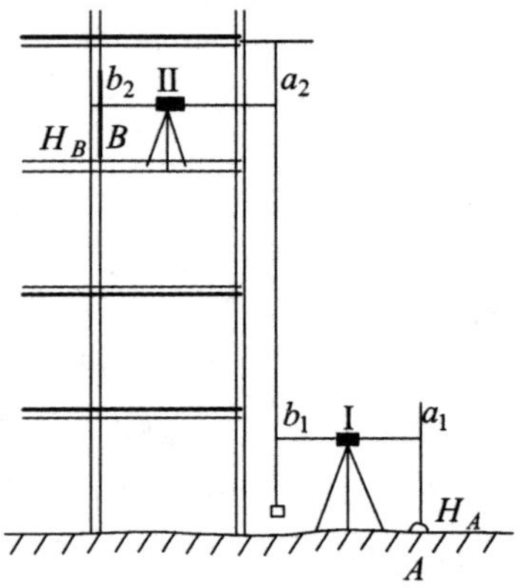

图 7-14　测设建筑楼层高程

7.3.1　地面点的高程测设

各个小组在高差起伏大的地面上选取已知水准点 A 点，设 A 点的已知高程为 72.544 m，某 P 点的设计高程为 72.416 m，现要将 P 点的设计高程测设到一个木桩上，如图 7-15 所示。

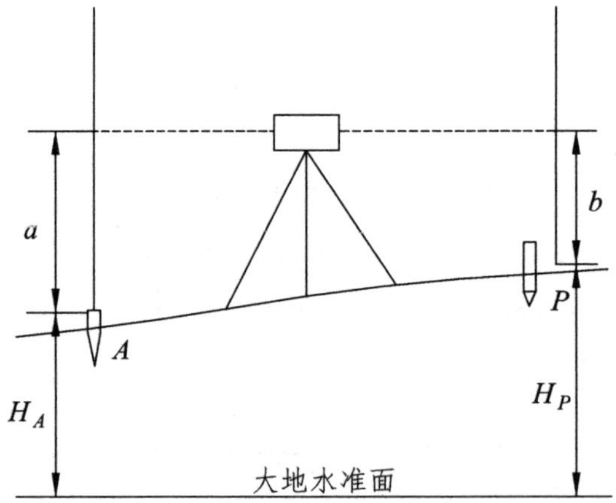

图 7-15　测设已知设计值的高程

（1）在水准点 A 点和 P 点木桩之间安置水准仪，粗平，后视立于水准点 A 点上的水准尺，精平之后，读取中丝读数 a 为 1.685 m。

（2）根据 P 点的设计高程，P 点在水准尺上的应读读数 b 为

$$b=H_A+a-H_P$$

将有关数据代入上式得

$$b=72.544+1.685-72.416=1.813\text{ m}$$

（3）前视靠在木桩一侧的水准尺，精平，上下移动水准尺，当读数恰好为 b=1.813 m 时，此线就是 P 点的设计高程。

7.3.2 钢尺配合水准仪进行高程测设

当需要向底坑或高楼测设高程时，因水准仪长度有限，中间又不便安置水准仪转站时，可用钢尺配合水准尺进行高程的传递和测设。例如，欲测设高楼上设计高程 H_B=95.217 m 的 B 点（图 7-16），在已知地面水准点 A 点和高层楼面待测高程点 B 点上分别竖立水准尺，设 A 点的高程 H_A=87.600 m，在高楼的一侧在支架上悬挂一根检定过的钢尺（钢尺零点在下，且下端挂上重量等于钢尺检定时所用拉力的重锤，重锤置于油桶中，以防尺身摆动）。

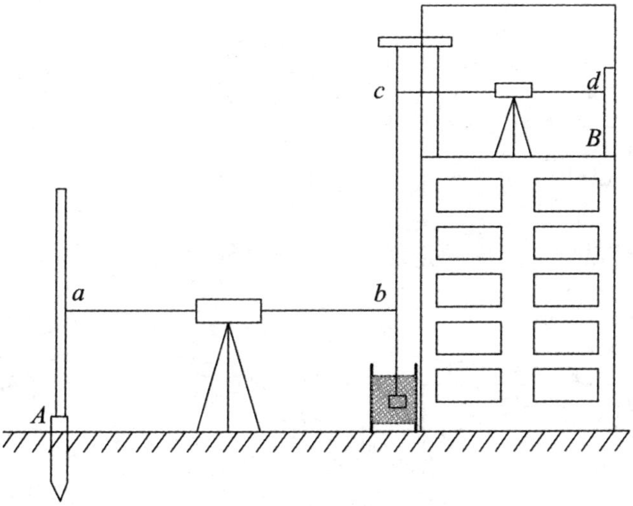

图 7-16 高楼高程测设

先在地面上安置水准仪，粗平精平，读取 A 点水准尺读数 a=1.643 m 和悬挂钢尺读数 b=0.648 m；再在楼面上安置水准仪，读取悬挂钢尺读数 c=9.216 m。读出 a、b、c 三个读数后，则待测设计高程点 B 点在水准尺上应读的读数 d 为

$$d = H_A + a + (c - b) - H_B$$

由该式算得

$$d = 87.600 + 1.643 + (9.216 - 0.648) - 95.217 = 2.594 \text{ m}$$

上下移动 B 点的水准尺，当读数恰好为 d=2.594 m 时，沿尺底边画一条横线，即是设定高程标志。

从高处往低处测设高程的方法（如测设深坑的点）与此类似，如图 7-17 所示，此时待测设计高程点 B 点在水准尺上应读的读数 d 为

$$d = H_A + a - (b - c) - H_B$$

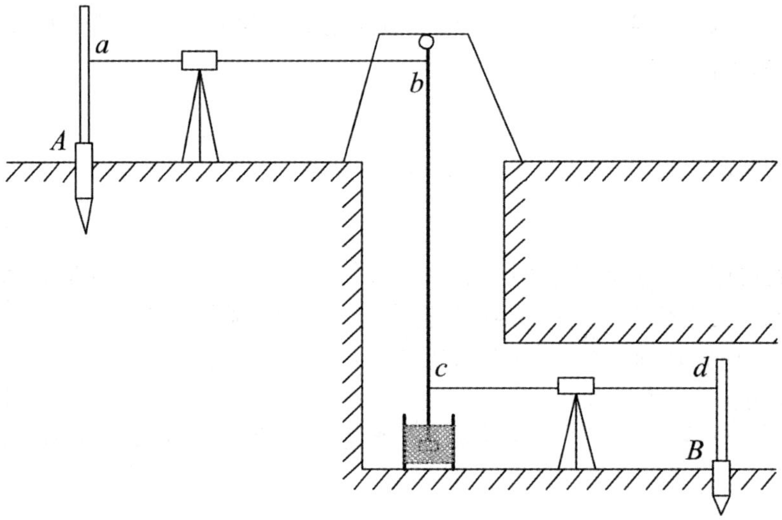

图 7-17　深坑高程测设

7.3.3　测设水平面

工程施工中，欲使某施工平面满足规定的设计高程 $H_{设}$，如图 7-18 所示，可先在地面

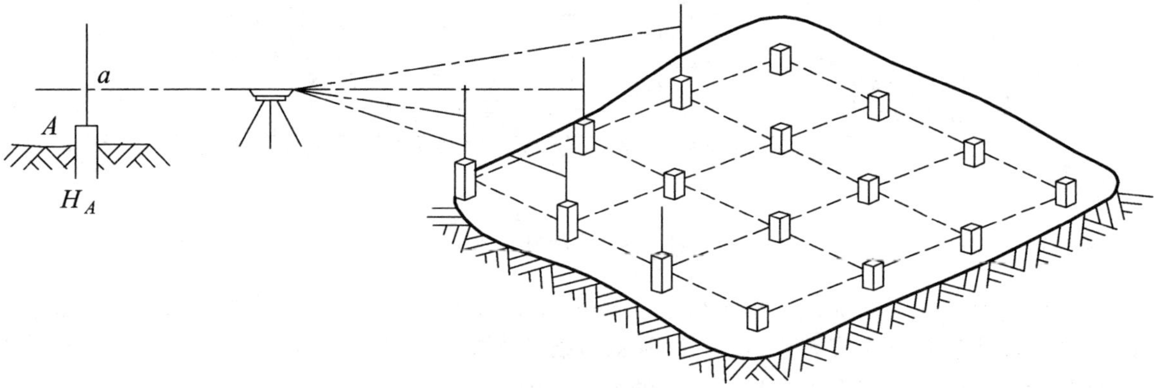

图 7-18　测设水平面

上按一定的间隔长度测设方格网，用木桩标定各方格网点，然后，根据上述高程测设的基本原理，由已知水准点 A 的高程 H_A 测设出高程为 $H_{设}$的木桩点。测设时，在场地与已知点 A 之间安置水准仪，读取 A 尺上的后视读数 a，则仪器视线高程为：

$$H_i = H_A + a$$

依次在各木桩上立尺，使各木桩顶的尺上读数均为：

$$b_{应} = H_i - H_{设}$$

此时各桩顶就构成了测设的水平面。

练一练

1．什么叫施工测量？施工测量的内容有哪些？

2．简述施工测量的特点。

3．简述测定已知设计值的水平角的一般方法与精确方法的步骤。

7.4　测设点的平面位置

点的平面位置测设是根据已布设好的控制点的坐标和待测设点的坐标，反算出测设数据，即控制点和待测设点之间的水平距离和水平角，再利用上述测设方法标定出设计点位的过程。根据所用的仪器设备、控制点的分布情况、测设场地地形条件及测设点精度要求等条件，可以采用以下几种方法进行测设工作。

7.4.1　直角坐标法

直角坐标法是建立在直角坐标原理基础上测设点位的一种方法。当建筑场地已建立有相互垂直的主轴线或建筑方格网时，一般采用此法。

如图 7-19 所示，A、B、C、D 为建筑方格网或建筑基线控制点，1、2、3、4 点为待测设建筑物轴线的交点，建筑方格网或建筑基线分别平行或垂直于待测设建筑物的轴线。根据控制点的坐标和待测设点的坐标可以计算出两者之间的坐标增量。下面以测设 1、2 点为例，说明测设方法。

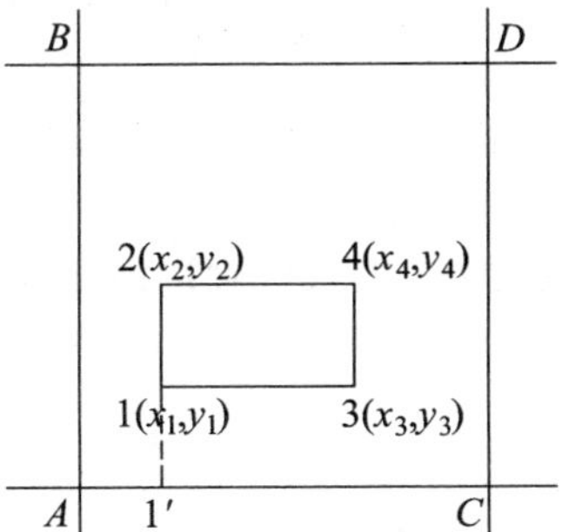

图 7-19　直角坐标法测设点位

首先计算出 A 点与 1、2 点之间的坐标增量，即

$$\Delta x_{A1} = x_1 - x_A, \Delta y_{A1} = y_1 - y_A$$

测设 1、2 点平面位置时，在 A 点安置经纬仪，照准 C 点，沿此视线方向从 A 沿 C 方向

测设水平距离 Δy_{A1} 定出 1′点。再安置经纬仪于 1′点，盘左照准 C 点（或 A 点），转 90°给出视线方向，沿此方向分别测设出水平距离 Δx_{A1} 和 Δx_{A2} 定 1、2 两点。同法以盘右位置定出再定出 1、2 两点，取 1、2 两点盘左和盘右的中点即为所求点位置。

采用同样的方法可以测设 3、4 点的位置。

检查时，可以在已测设的点上架设经纬仪，检测各个角度是否符合设计要求，并丈量各条边长。如果待测设点位的精度要求较高，可以利用精确方法测设水平距离和水平角。

7.4.2 极坐标法

极坐标法是根据控制点、水平角和水平距离测设点平面位置的方法。在控制点与测设点间便于钢尺量距的情况下，采用此法较为适宜，而利用测距仪或全站仪测设水平距离，则没有此项限制，且工作效率和精度都较高。

如图 7-20 所示，A（x_A，y_A）、B（x_B，y_B）为已知控制点，1（x_1，y_1）、2（x_2，y_2）点为待测设点。根据已知点坐标和测设点坐标，按坐标反算方法求出测设数据，即：D_1，D_2，$\beta_1=\alpha_{A1}-\alpha_{AB}$，$\beta_2=\alpha_{A2}-\alpha_{AB}$。

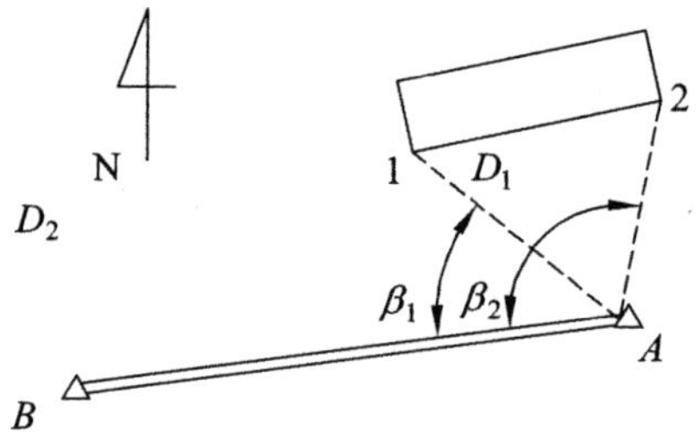

图 7-20　极坐标法测设点位

测设时，经纬仪安置在 A 点，后视 B 点，置度盘为零，按盘左盘右分中法测设水平角 β_1、β_2，定出 1、2 点方向，沿此方向测设水平距离 D_1、D，则可以在地面标定出设计点位 1、2 两点。

检核时，可以采用丈量实地 1、2 两点之间的水平边长，并与 1、2 两点设计坐标反算出的水平边长进行比较。

如果待测设点 1、2 的精度要求较高，则可以利用前述的精确方法测设水平角和水平距离。

7.4.3 角度交会法

角度交会法是在 2 个控制点上分别安置经纬仪，根据相应的水平角测设出相应的方向，根据两个方向交会定出点位的一种方法。此法适用于测设点离控制点较远或量距有困难的情况。

如图 7-21 所示，根据控制点 A、B 和测设点 1、2 的坐标，反算测设数据 β_{A1}、β_{A2}、β_{B1} 和 β_{B2} 角值。将经纬仪安置在 A 点，瞄准 B 点，利用 β_{A1}、β_{A2} 角值按照盘左盘右分中法，定出 $A1$、$A2$ 方向线，并在其方向线上的 1、2 两点附近分别打上两个木桩（俗称骑马桩），桩上钉小钉以表示此方向，并用细线拉紧。然后，在 B 点安置经纬仪，同法定出 $B1$、$B2$ 方向线。根据 $A1$ 和 $B1$、$A2$ 和 $B2$ 方向线可以分别交出 1、2 两点，即为所求待测设点的位置。

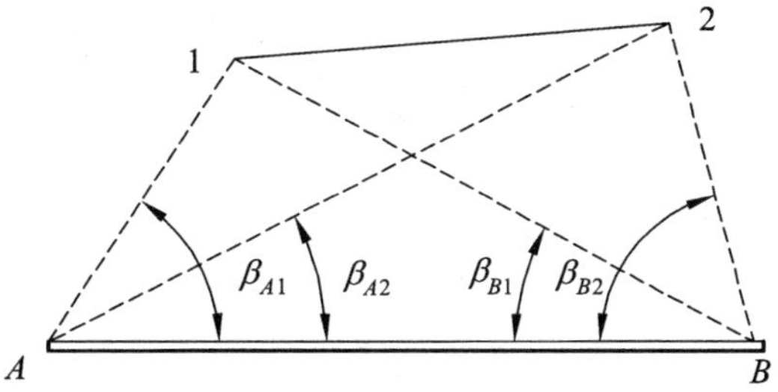

图 7-21　角度交会法测设点位

当然，也可以利用两台经纬仪分别在 A、B 两个控制点同时设站，测设出方向线后标定出 1、2 两点。

检核时，可以采用丈量实地 1、2 两点之间的水平边长，并与 1、2 两点设计坐标反算出的水平边长进行比较。

7.4.4　距离交会法

距离交会法是从两个控制点利用两段已知距离进行交会定点的方法。当建筑场地平坦且便于量距时，用此法较为方便。

如图 7-22 所示，A、B 为控制点，1 点为待测设点。首先，根据控制点和待测设点的坐标反算出测设数据 D_A 和 D_B，然后用钢尺从 A、B 两点分别测设两段水平距离 D_A 和 D_B，其交点即为所求 1 点的位置。

同样，2 点的位置可以由附近的地形点 P、Q 交会出。

检核时，可以实地丈量 1、2 两点之间的水平距离，并与 1、2 两点设计坐标反算出的水平距离进行比较。

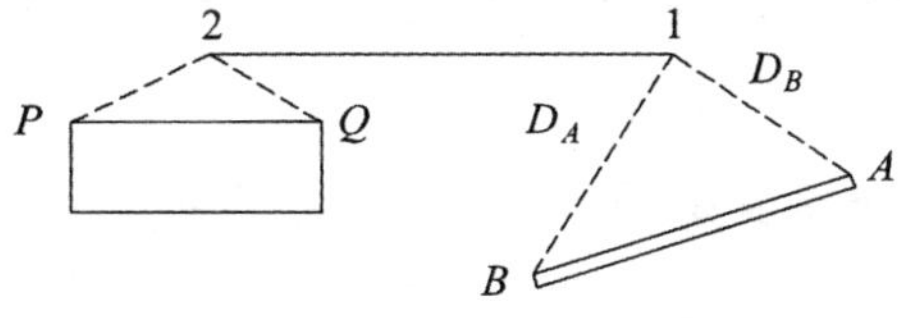

图 7-22　距离交会法测设点位

7.4.5　十字方向线法

十字方向线法是利用两条互相垂直的方向线相交得出待测设点位的一种方法。如图 7-23 所示，设 A、B、C 及 D 为一个基坑的范围，P 点为该基坑的中心点位，在挖基坑时，P 点会遭到破坏。为了随时恢复 P 点的位置，则可以采用十字方向线法重新测设 P 点。

首先，在 P 点架设经纬仪，设置两条相互垂直的直线，并分别用两个桩点来固定。当 P 点被破坏后需要恢复时，则利用桩点 $A'A''$ 和 $B'B''$ 拉出两条相互垂直的直线，根据其交点重新

定出 P 点。

为了防止由于桩点发生移动而导致 P 点测设误差，可以在每条直线的两端各设置两个桩点，以便能够发现错误。

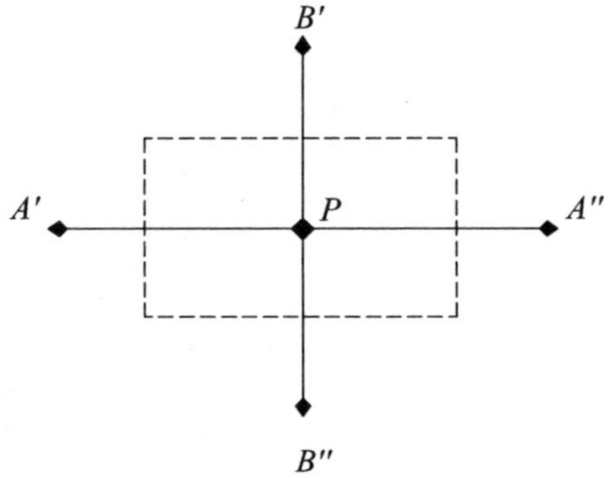

图 7-23　十字方向线法测设点位

7.4.6　全站仪坐标测设法

全站仪不仅具有测设高精度、速度快的特点，而且可以直接测设点的位置。同时，在施工放样中受天气和地形条件的影响较小，从而在生产实践中得到了广泛应用。

全站仪坐标测设法，就是根据控制点和待测设点的坐标定出点位的一种方法。首先，仪器安置在控制点上，使仪器置于测设模式，然后输入控制点和测设点的坐标，一人持反光棱镜立在待测设点附近，用望远镜照准棱镜，按坐标测设功能键，全站仪显示出棱镜位置与测设点的坐标差。根据坐标差值，移动棱镜位置，直到坐标差值等于零，此时，棱镜位置即为测设点的点位。

为了能够发现错误，每个测设点位置确定后，可以再测定其坐标作为检核。

在建筑工程测量中，全站仪是最常用的仪器，它能方便地以较高的精度同时进行测角和量边，并能自动进行常见的测量计算。本小节将介绍用全站仪测设点位的方法，所用仪器为南方 NTS-310。

1. 使用全站仪后方交会法测设点位

全站仪后方交会法也称自由设站法，即在任意位置安置全站仪，观测两个以上的已知点，全站仪便可自动得到测站点的坐标。

如图 7-24 所示，各个小组在空旷的地面上选取一个自由设站点 P 点，已知两个控制点 A 点和 B 点，则通过全站仪后方交会法来测定 P 点坐标的步骤如下：

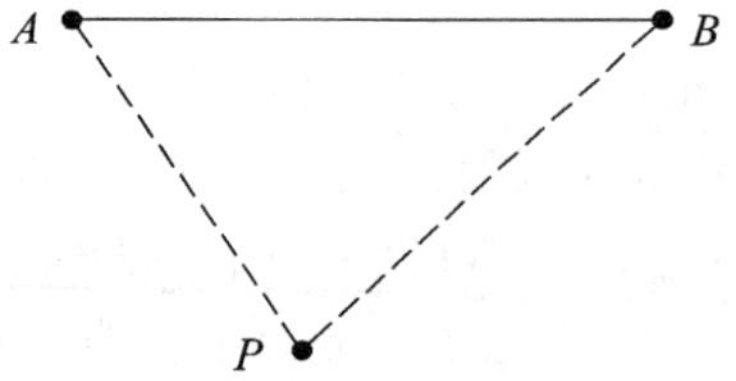

图 7-24　使用全站仪后方交会法测设点位

（1）在 P 点上安置全站仪，对中整平，开机自检并初始化，输入当时的温度和气压。

（2）进入坐标放样菜单，然后按新点键，再进入后方交会模式。

（3）输入自由设站点 P 点的点号。

（4）在已知点 A 点上安置棱镜，并输入 A 点的坐标和棱镜高，转动照准部瞄准 A 点，并按距离或角度键（分别对应距离后方交会法和角度后方交会法）。

（5）参照上述步骤，观测已知点 B 点。待观测完成后，仪器会自动计算，从而获得测站点坐标并显示其误差大小。

2. 使用全站仪极坐标法测设点位

如图 7-25 所示，各小组选定一个测站点 A 点、一个后视点 B 点和一个放样点 P 点，分别确定各点坐标，则使用全站仪极坐标法测设放样点 P 点的步骤如下：

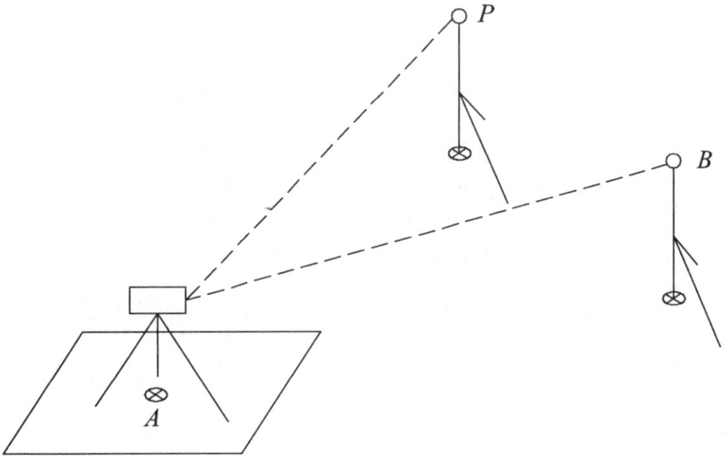

图 7-25　使用全站仪极坐标法测设点位

（1）将全站仪安置在 A 点上，对中整平，开机自检并初始化，输入当时的温度和气压。

（2）进入坐标放样菜单，然后按新点键，再进入极坐标法模式。

（3）输入测站点 A 点的坐标，输入后视点 B 点的坐标，转动望远镜瞄准 B 点，瞄准之后按确定键，后视工作完成。

（4）切换至放样模式，输入放样点 P 点的坐标，全站仪会自动计算测站至该点的方位角和水平距离。按角度功能键，屏幕上即显示出当前视线方向与设计方向之间的水平夹角。转动照准部。当夹角读数接近 0°时，按水平制动螺旋，调节水平微动螺旋，将夹角读数调至 0°00′00″，此时视线方向即为设计方向。

（5）按距离对应功能键，将对中杆棱镜组移至设计方向视线上，让望远镜对准棱镜中心，这时全站仪会自动测量出测站至棱镜的水平距离，并计算出该距离与设计距离的差值，在屏幕上显示出来。当差值为正时，说明测站到棱镜的水平距离比设计距离远，应在设计视线上向靠近测站方向移动；反之，应在设计视线上向远离测站方向移动。例如，若差值为−0.235 m，则应在设计视线上向远离测站方向移动对中杆 23.5 cm。

（6）继续按距离键，移动对中杆，直至距离差值为 0 而且十字丝竖丝对准棱镜中心为止。在该位置打上木桩。桩打好后，在桩顶上精确放样出 P 点，在该点处打上小钉作为标志。则 P

点的测设工作就完成了。

练一练

1. 测设平面点位有哪几种方法？分别运用在什么场合？
2. 简述使用全站仪运用后方交会法来测设某个点位的步骤。
3. 简述使用全站仪运用极坐标法来测设某个点位的步骤。

7.5 已知坡度线的测设

已知坡度线的测设就是在地面上定出一条直线，其坡度值等于已给定的设计坡度。交通线路工程、排水管道施工和敷设地下管线等项工作经常涉及该问题。

如图 7-26 所示，设地面上 A 点的高程为 H_A，AB 两点之间的水平距离为 D，要求从 A 点沿 AB 方向测设一条设计坡度为 δ 的直线 AB，即在 AB 方向上定出 1、2、3、4、B 各桩点，使其各个桩顶面连线的坡度等于设计坡度 δ。

具体测设时，先根据设计坡度 δ 和水平距离 D 计算出 B 点的高程。

$$H_B=H_A-\delta\times D$$

计算 B 点高程时，注意坡度 δ 的正、负，在图 7-26 中 δ 应取负值。

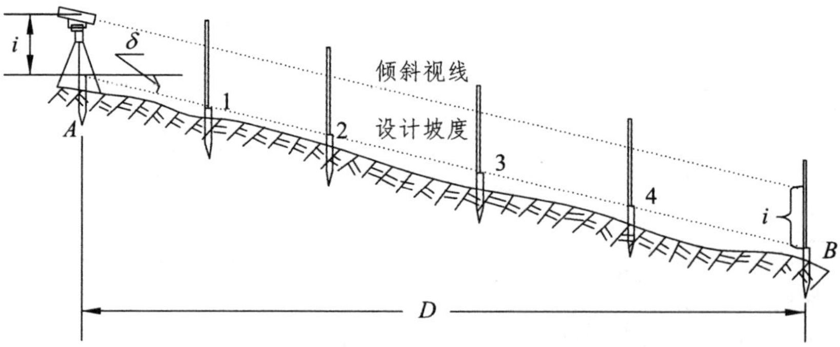

图 7-26 已知坡度线测设

然后，按照前面所述测设已知高程的方法，把 B 点的设计高程测设到木桩上，则 AB 两点的连线的坡度等于已知设计坡度 δ。为了在 AB 间加密 1、2、3、4 等点，在 A 点安置水准仪时，使一个脚螺旋在 AB 方向线上，另两个脚螺旋的连线大致与 AB 线垂直，量取仪器高 i，用望远镜照准 B 点水准尺，旋转在 AB 方向上的脚螺旋，使 B 点桩上水准尺上的读数等于 i，此时仪器的视线即为设计坡度线。在 AB 中间各点打上木桩，并在桩上立尺使读数皆为 i，这样的各桩桩顶的连线就是测设坡度线。当设计坡度较大时，可利用经纬仪定出中间各点。

练一练

由于水准仪望远镜纵向移有限，若坡度较大，超出水准仪脚螺旋的调节范围时，如何进行测设?

7.6　RTK 放样点坐标

1. 把坐标数据整理拷贝到手簿内存里

① 在 Excel 里重新编辑控制点文件，各列内容依次是点名、N、E、Z，注意：
各列顺序必须依次是点名、N、E、Z，没有高程时，Z 不能空，填 0，如图 7-27。

1	点名	N	E	Z
2	FYD1	2527001.000	510001.000	1901.000
3	FYD2	2527002.000	510002.000	1902.000
4	FYD3	2527003.000	510003.000	1903.000
5	FYD4	2527004.000	510004.000	1904.000
6	FYD5	2527005.000	510005.000	1905.000
7	FYD6	2527006.000	510006.000	1906.000
8	FYD7	2527007.000	510007.000	1907.000
9	FYD8	2527008.000	510008.000	1908.000
10	FYD9	2527009.000	510009.000	1909.000
11	FYD10	2527010.000	510010.000	1910.000
12	FYD11	2527011.000	510011.000	1911.000

图 7-27　整理坐标数据

② 另存为 A 测区放样点.csv（逗号分隔符）放样点.csv，如图 7-28。

图 7-28　另存为文件

③ 用 USB 线连接手簿。
④ 打开 USB 储存，如图 7-29。
⑤ 把“A 测区控制点.csv”拷贝到手簿内存\ZHD\OUT 里，如图 7-30。
⑥ 关闭 USB 储存。

图 7-29　连接并打开 USB 储存

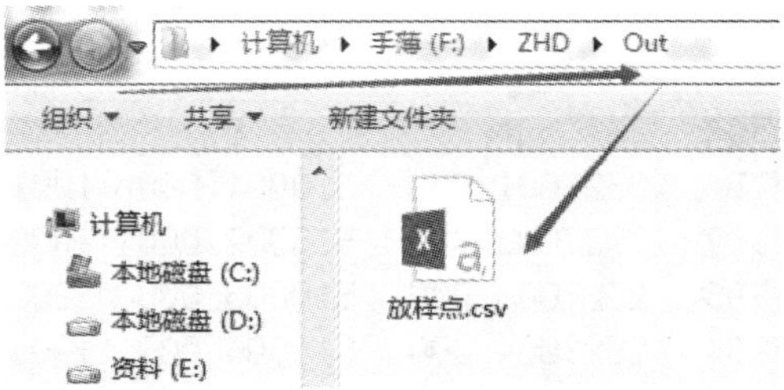

图 7-30　拷贝手簿至相应位置

2. 进手簿软件把放样点导入当前项目里

① 数据交换，如图 7-31。

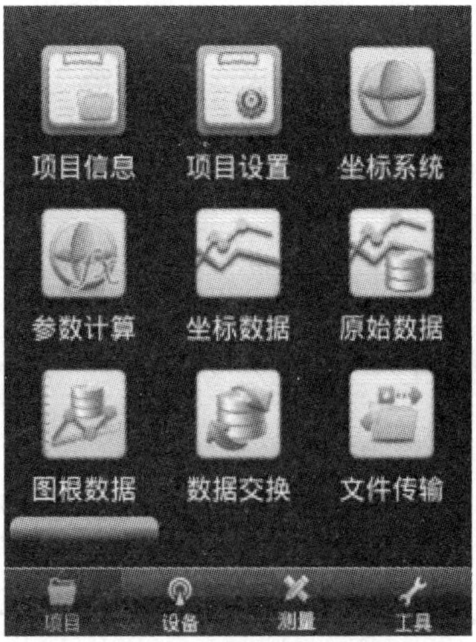

图 7-31　在主页点击“数据交换”

② 选择放样点，如图 7-32。

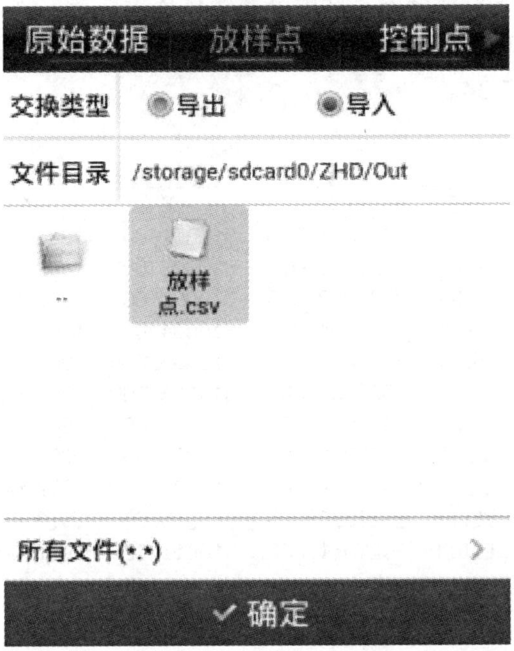

图 7-32　选择放样点

③ 选择导入。
④ 选择文件放样点.csv。
⑤ 确定。
⑥ 提示“自定义格式设置”，如图 7-33。

图 7-33　自定义格式设置

这里很容易出错。

自定义导入内容，需要根据导入文件内容按顺序依次选择，错选漏选都导不进去。

此次导入的文件第一列是点名，第二列是 N，第三列是 E，第四列是 Z，导入时，依次选择点名、N、E、Z，如图 7-34。

	A	B	C	D
1	点名	N	E	Z
2	FYD1	2527001.000	510001.000	1901.000
3	FYD2	2527002.000	510002.000	1902.000
4	FYD3	2527003.000	510003.000	1903.000
5	FYD4	2527004.000	510004.000	1904.000
6	FYD5	2527005.000	510005.000	1905.000
7	FYD6	2527006.000	510006.000	1906.000
8	FYD7	2527007.000	510007.000	1907.000
9	FYD8	2527008.000	510008.000	1908.000
10	FYD9	2527009.000	510009.000	1909.000
11	FYD10	2527010.000	510010.000	1910.000
12	FYD11	2527011.000	510011.000	1911.000

图 7-34　导入数据

⑦ 点击“确定”提示数据导入成功，如图 7-33。

3. 查看导入数据

① 进入“坐标数据”。

② 放样点导入如图 7-35，说明放样点导入成功。

点名	N	E
FYD1	2527001.0000	510001.0000
FYD2	2527002.0000	510002.0000
FYD3	2527003.0000	510003.0000
FYD4	2527004.0000	510004.0000
FYD5	2527005.0000	510005.0000
FYD6	2527006.0000	510006.0000
FYD7	2527007.0000	510007.0000
FYD8	2527008.0000	510008.0000

图 7-35　放样点导入成功

特别提示

1. 文件格式，支持csv\txt\dat。

2. dat格式导入时，自定义格式选择点名、描述、E、N、Z。

3. csv、txt数据导入前，自定义格式选择时，请确定文件中每一列的内容是什么。如果各列内容为点名\N\E\Z，导入时必须选点名、N、E、Z，如果名列内容为点名\E\N\Z，导入时必须选点名E、N、Z，如果各列内容为点名\Z\E\N，导入时必须选点名、Z、E、N，如果各列内容为点名\N\E，导入时必须选点名、N、E，依次类推。

练一练

练习RTK数据导入过程。

项目 8　线路测量

教学目标

通过本项目的学习，学生应能够掌握线路高程测量的方法、线路横断面测量的方法、圆曲线测设的方法、综合曲线测设的方法、线路施工测量的方法、既有线和既有站场测量的方法。

项目概述

线路测量是指铁路线路在勘测、设计和施工等阶段中所进行的各种测量工作。它主要包括：为选择和设计铁路线路中心线的位置所进行的各种测绘工作；为把所设计的铁路线路中心线标定在地面上的测设工作；为进行路基、轨道和施工的测绘和测设工作。

看一看

图8-1是综合曲线测设的示意及其视频详解，请仔细观察掌握综合曲线测设方法。

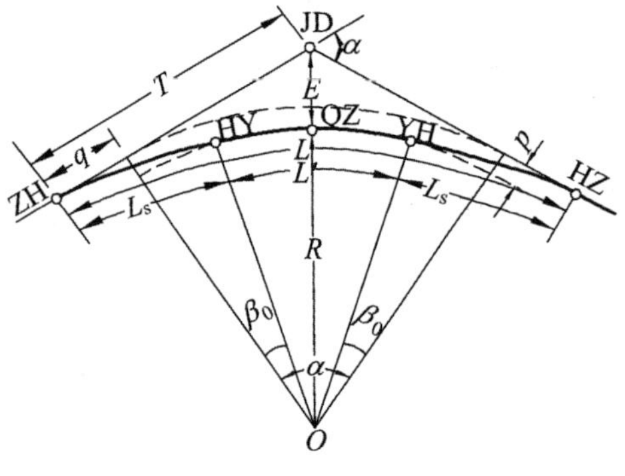

综合曲线测设

图8-1　综合曲线测设

想一想

平面曲线分类有哪些？
圆曲线测设方法有哪些？具体怎么实施的？
综合曲线测设方法有哪些？具体怎么实施的？

8.1 铁路线路测量概述

修建一条铁路，国家要花费大量的人力、物力、财力，为保证新建铁路在国民经济建设和国防建设中能充分发挥其效益，故修建一条新线一般要经过下列程序：

8.1.1 方案研究

在小比例尺地形图上找出线路可行的方案和初步选定一些重要技术标准，如线路等级、限制坡度、牵引种类、运输能力等，并提出初步方案。

8.1.2 初测和初步设计

初测是为初步设计提供资料而进行的勘测工作，其主要任务是提供沿线大比例尺带状地形图以及地质和水文资料。初步设计的主要任务是在提供的带状地形图上选定线路中心线的位置，亦称纸上定线。经过经济、技术比较提出一个推荐方案；同时要确定线路的主要技术标准，如线路等级、限制坡度、最小半径等。

8.1.3 定测和施工设计

定测是为施工技术设计而做的勘测工作，其主要任务是把已经上级部门批准的初步设计中所选定的线路中线测设到地面上去，并进行线路的纵断面和横断面测量；对个别工程还要测绘大比例尺的工点地形图。施工技术设计是指根据定测所取得的资料，对线路全线和所有个体工程做出详细设计，并提供工程数量和工程预算。该阶段的主要工作是线路纵断面设计和路基设计，并对桥涵、隧道、车站、挡土墙等作出单独设计。

"精心勘测、精心设计、精心施工"是我们应遵循的准则，因为每一个环节上的差错都会给工作带来不应有的损失。

8.2 铁路线路初测

初测工作包括：插大旗、导线测量、高程测量、地形测量。初测在一条线路的全部勘测工作中占有重要地位，它决定着线路的基本方向。

8.2.1 插大旗

根据方案研究中在小比例尺地形图上所选线路位置，在野外用“红白旗”标出其走向和大概位置，并在拟定的线路转向点和长直线的转点处插上标旗，为导线测量及各专业调查指出进行的方向。大旗点的选定，一方面要考虑线路的基本走向，故要尽量插在线路位置附近；另一方面要考虑到导线测量、地形测量的要求，因为一般情况下大旗点即为导线点，故要便于测角、量距及测绘地形。插大旗是一项十分重要的工作，应考虑到设计、测量各方面的要求，通常由技术负责人来做此项工作。

8.2.2 导线测量

初测导线是测绘线路带状地形图和定测放线的基础。导线测量的外业及内业工作已在项目 7 中作了介绍，此处仅介绍线路测量中导线的检核计算方法。

1. 导线联测及限差要求

《铁路工程测量规范》（TB 10101—2018）（以后简称《测规》）规定，导线起终点及每延伸不远于 30 km 应与国家大地点（三角点、导线点、Ⅰ级军控点）或其他单位不低于四等的大地点联测；有条件时，也可采用 GPS 全球定位技术加密四等以上大地点。其限差要求见表 8-1。

表 8-1　导线测量限差

<table>
<tr><td rowspan="4">水平角</td><td colspan="3">检测时较差/（″）</td><td>30</td></tr>
<tr><td rowspan="3">闭合差
/（″）</td><td colspan="2">附合和闭合导线</td><td>$\pm30\sqrt{n}$</td></tr>
<tr><td rowspan="2">延伸导线</td><td>两端测真北</td><td>$\pm30\sqrt{n+10}$</td></tr>
<tr><td>一端测真北</td><td>$\pm30\sqrt{n+5}$</td></tr>
<tr><td rowspan="5">长度</td><td rowspan="2">检测较差</td><td colspan="2">光电测距/mm</td><td>$2\sqrt{2}M_D$</td></tr>
<tr><td colspan="2">其他测距方法</td><td>1/2000</td></tr>
<tr><td rowspan="3">相对闭合差</td><td rowspan="2">光电测距</td><td>水平角平差</td><td>1/4000</td></tr>
<tr><td>水平角不平差</td><td>1/2000</td></tr>
<tr><td colspan="2">其他测距方法</td><td>1/2000</td></tr>
</table>

注：n——置镜点总数；M_D——光电测距仪标称精度。

2. 导线长度的两化改正

当初测导线与国家大地点联测时，首先应将导线测量成果改化到大地水准面上，然后再改化到高斯平面上，才能与大地点坐标进行比较检核，为此要进行导线的两化改正。特别是导线处于海拔较高或位于投影带的边缘时，必须进行两化改正。

设导线在地面上的长度为 s，则改化到大地水准面上的长度 s_0，可按下式计算

$$s_0 = s(1-\frac{H_{\mathrm{m}}}{R}) \tag{8-1}$$

其距离改正数为$-s\frac{H_{\mathrm{m}}}{R}$。

式中　H_{m}——导线两端的平均标高；

R——地球半径。

将 s_0 再改化至高斯平面上，可按下式计算：

$$s_g = s_0\left(1+\frac{y_{\mathrm{m}}^2}{2R^2}\right) \tag{8-2}$$

其改正数为 $s_0\frac{y_{\mathrm{m}}^2}{2R^2}$。

式中　y_{m}——导线边距中央子午线的平均距离；

R——地球半径。

当用 s 代替 s_0 时，其改正数与用式（8-2）计算出的数值相差甚微，故《铁路工程测量规范》采用简化公式计算。

在初测导线计算中，都是采用坐标增量 Δx、Δy 来求算闭合差，故只需求出坐标增量总和（$\sum\Delta x,\sum\Delta y$），将其经过两化改正，求出改化后的坐标增量总和，才能计算坐标闭合差。

两次改化后的坐标增量总和按下式计算：

$$\left.\begin{aligned}\sum\Delta x_s &= \sum\Delta y\left(1-\frac{H_{\mathrm{m}}}{R}+\frac{y_{\mathrm{m}}^2}{2R^2}\right)\\ \sum\Delta y_s &= \sum\Delta y\left(1-\frac{H_{\mathrm{m}}}{R}+\frac{y_{\mathrm{m}}^2}{2R^2}\right)\end{aligned}\right\} \tag{8-3}$$

式中　$\sum\Delta x_s,\sum\Delta y_s$——两化改正后的纵、横坐标增量和（m）；

$\sum\Delta x,\sum\Delta y$——导线的纵、横坐标增量和（m）；

y_{m}——距中央子午线的平均距离（即导线两端点横坐标的平均值）；

H_{m}——导线两端点的平均绝对高程。

3. 坐标换带计算

在高斯平面直角坐标系中，分带投影使参考椭圆体上统一的坐标系被分割成各带独立的直角坐标系。铁路初测导线与国家大地点联测，有时两已知点会处于两个投影带中，因而，必须先将邻带的坐标换算为同一带的坐标才能进行检核，这项工作简称坐标换带。它包括 6°带与 6°带的坐标互换、6°带与 3°带的坐标互换等。

8.2.3　高程测量

初测高程测量的任务有两个：一是沿线路设计水准点，作为线路的高程控制网；二是测定导线点和加桩的高程，为地形测绘和专业调查使用。

1. 水准点高程测量

线路水准点一般每隔 2 km 设置一个，重点工程地段应根据实际情况增设水准点。水准点高程按五等水准测量要求的精度施测；水准点高程测量应与国家水准点联测，其路线长度不远于 30 km 联测一次，形成附合水准路线；水准点高程测量可采用水准测量或光电测距三角高程测量方法进行，高程取至于毫米。

（1）水准测量。

水准仪的精度不应低于 DS_3 级，水准尺宜用整体式；可采用一组往返测或两台水准仪并测。高差较差在限差以内时采用平均值。限差要求见表 8-2。表中 R 为测段长度，L 为附合路线长度，F 为环线长度，均以千米为单位。

表 8-2　五等水准测量精度

每公里高差中数的中误差/mm	限差/mm			
	检验已测段高差之差	往返测不符值	附合路线闭合差	环闭合差
≤7.5	$\pm30\sqrt{R}$	$\pm30\sqrt{R}$	$\pm30\sqrt{L}$	$\pm30\sqrt{F}$

视线长度应不大于 150 m，跨越深沟、河流时可增至 200 m。前、后视距离应大致相等，其差值不宜大于 10 m，视线离地面高度不应小于 0.3 m，并应在成像清晰稳定时进行测量。

当跨越大河、深沟，其视线长度超过 200 m 时，应按五等跨河水准测量的要求进行。

（2）光电测距三角高程测量。

光电测距三角高程测量，可与平面导线测量合并进行。水准点的设置要求、闭合差限差及检测限差应符合水准测量要求。

导线点应作为高程转点。高程转点间的距离和竖直角必须往返观测；斜距应加气象改正；高差可不加折光改正，采用往返观测取平均值；仪器高、棱镜高应在测距前和测角后分别量测一次，取位至毫米，两次量测的较差不大于 2 mm 时，取其平均值。测量的技术要求见表 8-3。

表 8-3　水准点光电测距三角高程测量技术要求

距离测回数	竖　直　角				边长范围/m
	测回数	最大角值/(")	测回间较差/(")	指标差互差/(")	
往返各一测回	往返各测两测回	20	8	8	200～500

2. 加桩（中桩）高程测量

加桩是指导线点之间所钉设的板桩，它用于里程计算和专业调查，一般每 100 m 钉设一桩；在地形变化处及地质不良地段，亦应钉设加桩。

（1）加桩水准测量。

加桩水准测量使用精度不低于原 S_{10} 级的水准仪；采用单程观测，水准路线应起闭于水准点，导线点应作为转点，转点高程取位至毫米；加桩高程取位至厘米。限差要求见表 8-4。

表 8-4　加桩高程测量限差（单位：mm）

项目		附合路线闭合差	检测	附注
水准测量		$\pm50\sqrt{L}$	±100	L—附合路线长度（km）
光电三角高程		$\pm50\sqrt{L}$	±100	
一般三角高程	困难地段	±300	±150	
	隧道项	±800	±400	

（2）加桩光电测距三角高程测量。

加桩高程测量可与水准点光电测距三角高程测量同时进行；若单独进行加桩光电测距三角高程测量时，其高程路线必须起闭于水准点，其限差要求见表 8-4。

高程转点间的竖直角用中丝法往返观测各一测回；加桩高程测量的距离和竖直角，可单向观测一测回，半测回间高差之差在限差以内时取平均值。加桩光电测距三角高程测量的技术要求见表 8-5。

表 8-5　加桩光电测距三角高程测量技术要求

类别	距离测回数	竖直角			半测回或两次高差/mm
		最大竖直角/（°）	测回数	半测回间较差/（″）	
高程转点	往返各一测回	30	中丝法往返	12	
			各一测回		
加桩	单向一测回	40	单向两次		100
			单向一测回	30	

（3）一般三角高程测量。

在困难地段和隧道顶加桩高程测量亦可采用一般三角高程测量。其三角高程路线分段起闭于具有水准高程的导线点；转点间的竖直角应往返观测各一测回，半测回间角值较差限差 DJ_2 为 30″；高程测量限差见表 8-4。

8.3　铁路线路定测

新线定测阶段的测量工作主要有：中线测量、线路纵断面测量、线路横面测断量。

8.3.1　线路平面组成和平面位置的标志

由于受地形、地质、技术条件等的限制和经济发展的需要，铁路线路的方向要不断改变。为了保持线路的圆顺，在改变方向的两相邻直线间须用曲线连接起来，这种曲线称平面曲线。平面曲线有两种形式，即圆曲线和缓和曲线。线路平面组成，见图 8-2。

圆曲线是一段具有半径相同的圆弧；缓和曲线则是连接直线与圆曲线间的过渡曲线，其曲率半径由无穷大逐渐变化到圆曲线的半径。铁路干线的平面曲线都应加设缓和曲线，地方和厂矿专用线在行车速度不高时，可不设缓和曲线。

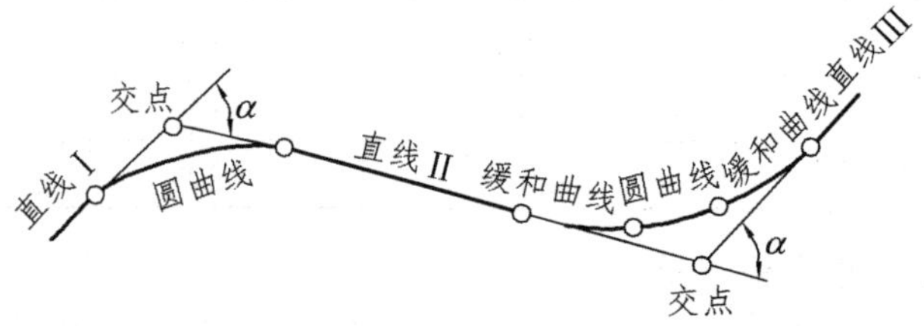

图 8-2　线路平面组成

在地面上标定线路的位置，是将一系列的木桩标定在线路的中心线上，这些桩称为中线桩，简称中桩。中线桩除了标出中线位置外，还应标出各个桩的名称、编号及里程等。对线路位置起控制作用的桩称线路控制桩，直线上的控制桩有交点桩（用 JD 表示）和直线转点桩（用 ZD 表式）；曲线上也有一系列控制桩。控制桩通常用 4 ~ 5 cm 见方的方桩钉入地面，桩顶应与地面齐平，并钉一小钉表示它精确的点位。直线和曲线上的控制桩均应设置标志桩，标志桩用宽 5 ~ 8 cm 的板桩，上面写明点的名称、编号及里程。标志桩钉在离控制桩 30 ~ 50 cm 处，直线上钉在线路前进方向的左侧，曲线上则钉在曲线的外侧，字面向着控制桩（图 8-3）。为了详细标出直线和曲线的位置和里程，在直线上每 50 m、在曲线上每 20 m 钉一中线桩；里程为整百米的称百米桩，里程为整千米的称公里桩，在地形明显变化和线路与其他道路管线交叉处应设置加桩。百米桩、公里桩和加桩用宽 4 ~ 5 m 的板桩钉设，上端标明里程，字面背着线路前进方向，桩顶上也不需钉小钉。

里程是指中线桩沿线路至线路起点的距离，它沿线路中线计量，以千米为单位。一般以线路起点为 DK0 + 000，图 8-3 中为直线转点（ZD）桩，该桩距线路起点为 3 km 又 402.31 m。即 3 402.31 m，DK 表示定测里程。交点虽不是中线点，但它是重要的控制点，一般也要标明它的里程，因此它只是一种相应的里程。

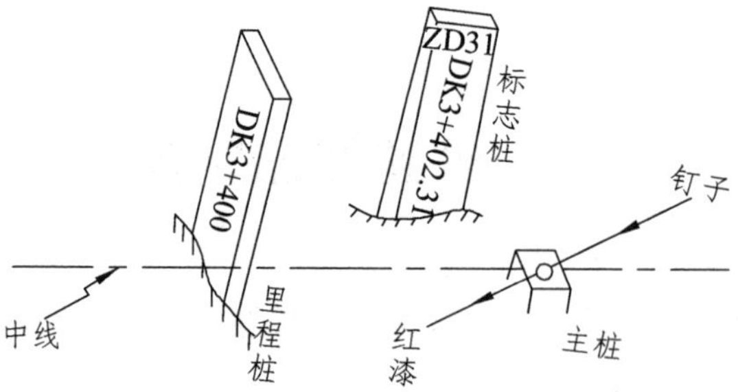

图 8-3　控制桩表示示意

8.3.2　中线测量

中线测量是新线定测阶段的主要工作，它的任务是把在带状地形图上设计好的线路中线测设到地面上，并用木桩标定出来。

中线测量包括放线和中桩测设两部分工作。放线是把纸上定线各交点间的直线段测设于地面上；中桩测设是沿着直线和曲线详细测设中线桩。

8.3.2.1 放线测量

放线的任务是把中线上直线部分的控制桩（JD、ZD）测设到地面，以标定中线的位置。放线的方法有多种，常用的有拨角法、支距法和极坐标法三种，可根据地形条件、仪器设备及纸上定线与初测导线距离的远近等情况，选择一种或几种交替使用。

1. 拨角法放线

它是根据纸上定线交点的坐标，预先在内业计算出两相邻交点间的距离及直线的转向角，然后根据计算资料在现场放出各个交点，定出中线位置的方法。

拨角放线的工作程序为：计算放线资料、实地放线、联测与放线误差的调整。现以图 8-4 为例来说明。

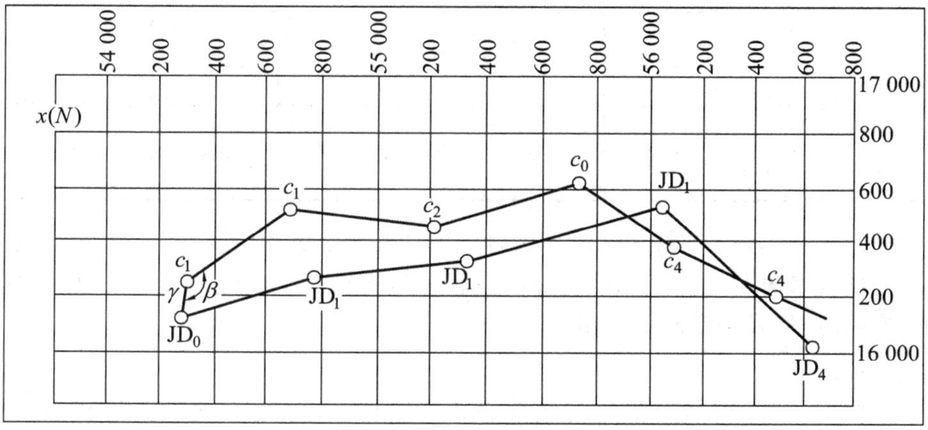

图 8-4 拨角放线法

（1）计算放线资料。

图 8-4 中 c_0、c_1…为初测导线点，其各点坐标在初测导线计算表中可以查得；JD_0、JD_1…为纸上定线各直线段的交点，它们的坐标可在地形图上量取。根据坐标反算公式，可以计算出各直线段的长度及其坐标方位角，相邻两直线段的坐标方位角之差即为各交点的转向角（后视边的坐标方位角减前视边的坐标方位角，差值为正则左转，为负则右转），见表 8-6。计算出的距离及转向角，应使用比例尺和量角器在图上检查无误后，方可提供给外业放线使用。

例如，图中由导线点 c_0 放出中线起点 JD_0 的测设资料为

$$s=\sqrt{(-138)^2+(-46)^2}=145.47\text{ m}$$

$$\beta=\alpha_{c_0-JD_0}-\alpha_{c_0-c_1}=143°07'36''$$

JD_0 的转向角为

$$\alpha_0 = \alpha_{c_0-\mathrm{JD}_0} - \alpha_{\mathrm{JD}_0-\mathrm{JD}_1} = 124°20'176''（左）$$

其余依此类推。

表 8-6　拨角放线资料计算表

桩号	坐标/m		坐标增量/m		坐标方位角 /（° ′ ″）	直线长度 /m	转向角 /（° ′ ″）
	x	y	Δx	Δy			
c_1							
					235　18　30		
c_0	16 263	54 311					β=143°07′36″
			−138	−46	198　26　06	145.47	
JD_0	16 125	54 265					124　20　17（左）
			153	537	74　05　49	558.37	
JD_1	16 278	54 802					7　12　40（右）
			85	556	81　18　29	562.46	
JD_2	16 363	55 385					9　25　19（左）
			228	697	71　53　10	733.34	
JD_3	16 591	56 055					55　42　04（右）
			−458	595	127　35　14	750.86	
JD_4	16 133	56 650					

根据计算出的转向角、曲线段长度和设计的曲线半径、缓和曲线长，计算出曲线要素（包括切线长、曲线长和外矢距）及曲线主点的里程。所有计算资料经复核后，填入“拨角放线资料表”，供外业放线及中线测量使用。

（2）实地放线。

根据放线资料，首先置镜于初测导线点 c_0 上，后视 c_1，盘左、盘右拨角 $\beta = 143°07'36''$，分中后定出 c_0—JD_0 方向，在此方向上量出 s =145.47 m 定出 JD_0 点。然后依次在 JD_0、JD_1…上安置经纬仪，根据相应的转向角和直线段长度，定出 JD_1、JD_2…

交点水平角（转向角）应使用 DJ_2 或 DJ_6 经纬仪，采用正倒镜测设。在限差范围内时，分中取平均位置。距离采用往返观测，交点至转点或转点之间的距离，在使用光电测距仪时不宜长于 1 000 m，使用钢卷尺时不宜长于 400 m；地形平坦、视线清晰时，亦不应长于 500 m；而两点间的最短距离不得短于 50 m，当短于 50 m 时应设置远视点。

钉设转点时，正、倒镜的点位横向误差每 100 m 距离不应大于 5 mm；当点间距离大于 400 m 时，最大点位横向误差不应大于 20 mm，在限差以内分中定点。在测设距离的同时，可以钉出直线上的中线桩（公里桩、百米桩、加桩）和曲线主点桩。

（3）联测与放线误差的调整。

拨角法放线虽然速度较快，但其缺点是放线误差累积，为了保证测设的中线位置不致偏离理论位置过大，《测规》规定中线每隔 5 ~ 10 km，应与初测导线（或航测外控点、GPS 点）联测一次，其闭合差不应超过表 8-7 的规定。

表 8-7　中线闭合差

水平角闭合差/（″）	DJ_6	$\pm 30\sqrt{n}$
	DJ_2	$\pm 25\sqrt{n}$
长度相对闭合差	钢卷尺	1/2000
	光电测距	1/3000

表中，n 为闭合环中线上置镜点和初测导线点的总和；长度采用初、定测闭合环长度。当闭合差超限时，应查找原因，纠正放线点位；若闭合差在限差以内，则应在联测处截断累积误差，使下一个放线点回到设计位置上。

图 8-5 为联测关系示意图，虚线中的 JD_2、JD_3…为纸上定线位置；实线中的 JD'_2、JD'_3…为现地放出的中线交点；c_3、c_4 则是现地已有的初测导线点。联测时要现场测出联测点 JD'_3 和 c_4 处的水平角 β_1、β_2 和水平距离 d_1，根据初测导线的坐标方位角 α_{3-4}，可以推算出现地放出的中线的坐标方位角 $\alpha_{JD'_2-JD'_3}$，其与纸上定线的理论坐标方位角 $\alpha_{JD_2-JD_3}$ 之差，即为角度闭合差；而由 c_4 点坐标推算出的 JD'_3 坐标与纸上定线位置 JD_3 坐标之差，即可算出距离闭合差，从而可以衡量放线的精度。若闭合差均在限差之内，则前面已测设的中线位置不必调整，而放下一个 JD'_4 点时，要根据 JD'_3 的实测坐标和纸上定线 JD_4 的理论坐标来反算放线所需的坐标方位角。$\alpha_{JD_3-JD_4}$ 及距离 d_2，使 JD'_4 回到纸上定线位置 JD_4 上。

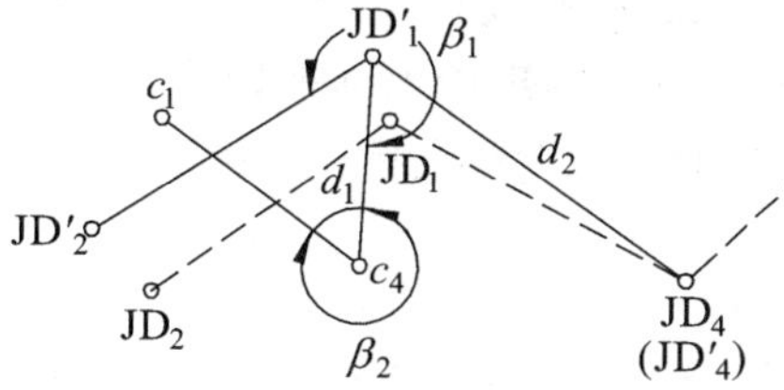

图 8-5　联测关系示意图

例如，图 8-5 中联测数据为

d_1=144.89 m；$\beta_1 = 266°05'12''$；$\beta_2 = 323°40'36''$

联测坐标计算资料填入表 8-8 中。

表 8-8　联测坐标计算表

点号	右角 /（° ′ ″）	坐标方位角 /（° ′ ″）	距离 /m	坐标增量/m Δx	坐标增量/m Δy	坐标/m x	坐标/m y
c_3							
		121　38　30					
c_4	323　40　36					16 457.00	56 110.00
		337　57　54	144.89	+134.31	− 54.36		
JD'_3	266　05　12					16 591.31	56 055.64
		251　52　42					
JD'_4							

① 距离闭合差的计算。

JD_2 的理论坐标由表 8-6 中查得

$$x=16\,591\text{ m},\ y=56\,055\text{ m},$$

所以坐标闭合差 $\delta_x=+0.31$ m，$\delta_y=+0.64$ m

故距离闭合差 $f_s=\sqrt{\delta_x^2+\delta_y^2}=\pm0.71\text{ m}$

② 角度闭合差的计算。

由表 8-6 查得 $\alpha_{JD_2-JD_3}=71°53'10''$

由表 8-8 查得 $\alpha_{JD'_2-JD'_3}=71°52'42''$

所以角度闭合差 $f_\beta=71°52'42''-71°53'10''=-28''$

③ 精度评定。

已知联测闭合环中，置镜点数 $n=9$，闭合环总长约 4 130 m。

所以 $f_{容}=\pm30''\sqrt{30}=\pm90''$ $\quad f_\beta=-28<\pm90''$

距离相对闭合差 $K=\dfrac{0.71}{4\,130}=\dfrac{1}{5\,800}<\dfrac{1}{2\,000}$

故放线符合精度。

④ 放线误差的调整。

由于放线精度合格，则闭合差在 JD'_3 处截断，JD'_3 以前的中线位置现地不再调整；而以后的放线资料，则由 JD'_3 的实测坐标和 JD_4 的理论坐标来计算。

将经纬仪安置在 JD'_3 上，后视 JD'_2，拨角量距定出 JD'_4。

2. 支距法放线

初测导线与纸上定线相距较近时，为控制好线路位置，可采用支距法放线。它是以导线点（或航测外控点）为基础，独立测设出中线的各直线段，然后将两相邻直线段延伸相交得到交点。由于每一直线段都是独立放出的，误差不会积累，是其优点，但放线程序较繁。其工作程序为：准备放线资料、放点、穿线、交点。

（1）准备放线资料。

从地形图上选定一些导线点，用比例尺和量角器量出这些点到纸上定线的距离和角度，如图 8-6 中的 *A*、*B*、*C*…这些点的选择既要考虑测设方便，又要使同一直线段上相邻两点间通视，且两点间距尽量远些；此外也可选取中线上的特征点，如明显地物点、导线与中线相交点，即如图中的 *D*、*E*、*F* 点。

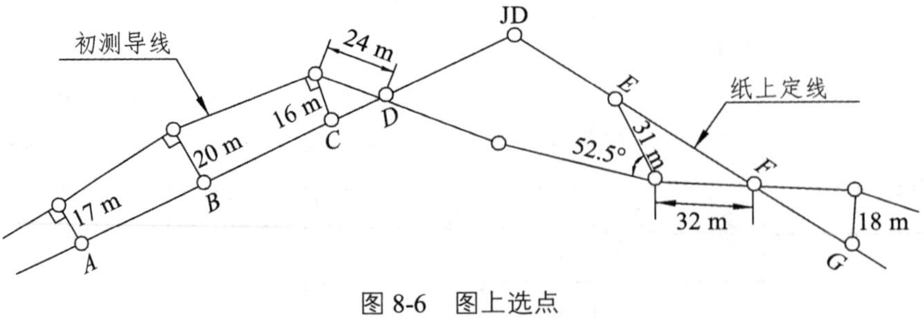

图 8-6　图上选点

为了检核和保证放线位置的精度,《测规》规定每一直线段上不能少于 3 个点。最后，应将量得的数据标在放线示意图上。

（2）实地放线。

① 放点。

根据放线示意图，在现地拨出相应的导线点，利用经纬仪、方向架或直角器测设方向，用钢卷尺或皮尺量出距离，定出临时支距点，并插上一带红白旗的竹杆标出点位。

② 穿线。

支距法放出的各点均是独立的点，故放线误差不会累积，但由于放线资料的量取和实际测设中都会有误差，故实地放出的同一直线上的各点并非在同一直线上，需用经纬仪将相应的各点调整到同一直线上，这一工作称为穿线。

穿线时,一种方法是将经纬仪安置于一个较高的临时点上,照准最远处的一个转点(ZD)，若中间各点偏离视线方向不大，则可将各点移动，标定在视线方向上，并打桩钉上小钉；另一种方法是将经纬仪安置于某临时支点附近，使其前、后大多数点均在仪器正、倒镜视线所指直线的方向附近，则以此视线作为直线段的方向，在此方向上钉出若干个直线转点桩 ZD。

③ 延长直线。

为了得到相邻两直线段的交点，一般采用盘左、盘右分中定点法来延长直线。如图 8-7，欲将 AB 延长，则置经纬仪于 B 点，盘左后视 A 点，倒转望远镜后在视线方向上打一木桩，并在桩顶上标出一点 c_1；然后盘右后视 A 点，倒镜后在桩顶上标出 c_2 点，若 c_1c_2 之间的距离小于横向误差容许值时（见拨角放线要求），则取其中点 c 作为 AB 延长直线上的点，并钉一小钉标之。

为保证延长直线的测设精度，前、后视线长度不能相差太大，且后视距离不能太短；对点和设点尽量采用垂球，且距离较远时，亦可用测钎或标杆，但要尽量照准其底部。

（3）交点。

相邻两直线段在实地测设出来之后，将它们延长即可测设出直线的交点 JD。交点是确定中线的直线段方向和测设曲线的重要控制点。

如图 8-8，将经纬仪安置在直线 I 的转点 ZD 上，延长直线 I，估计在与直线 II 相交处的前后打下 a、b 木桩，并在桩顶钉一小钉，拉上细线，此两桩称骑马桩。然后用经纬仪将直线 II 延长，在视线与骑马桩上的细线相交处钉上方木桩，然后悬吊垂球沿细线移动，当垂球线与直线 II 的视线方向重合时，即可定出交点位置，钉一小钉示之；亦可先将直线 I 的方向沿细线用铅笔投画在桩顶上，利用垂球移动定出与直线 II 的交点。

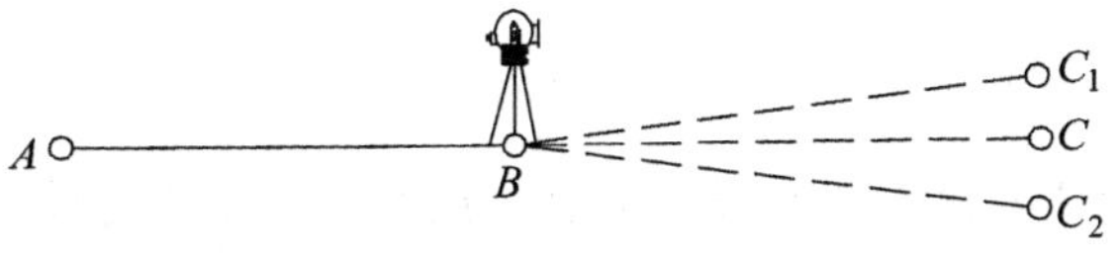

图 8-7　延长直线

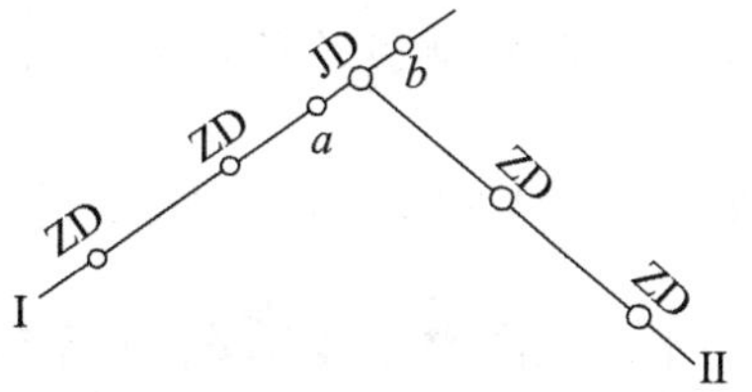

图 8-8　交点测设

当受地形、地物限制交点不能测设，或交点过远测设不便时，常用副交点代替交点。

3. 极坐标法放线

它是利用光电测距仪测距速度快、精度高的特点，可在一个导线点上安置测距仪，同时测设几条直线上的若干个点，如图 8-9。测距仪安置在导线点 c_4 上，可同时测设出 A、B、…、G，大大提高了放线的效率。其距离、角度应通过坐标反算来确定，而且最后亦要经过穿线来确定直线段的位置。

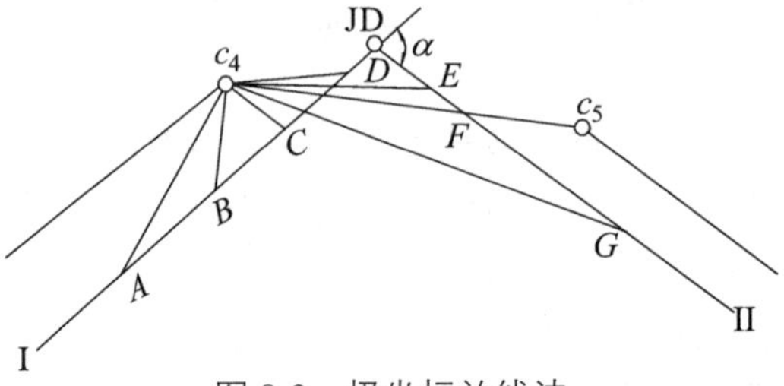

图 8-9　极坐标放线法

8.3.2.2　中线测设

放线工作完成之后，地面上已有了控制中线位置的转点桩 ZD 和交点桩 JD。依据 ZD 和 JD 桩，即可将中线桩详细测设在地面上，这项工作通称中线测量。它包括直线和曲线两部分，此节先介绍直线测设，曲线测设在后面几节中介绍。

中线上应钉设公里桩、百米桩和加桩。直线上中桩间距不宜大于 50 m；在地形变化处或按设计需要应另设加桩，加桩一般宜设在整米处。

中线距离应用光电测距仪或钢尺往返测量，在限差以内时取平均值。百米桩、加桩的钉设以第一次量距为准。中桩桩位误差，按《测规》要求不超过下列限差：

$$\text{纵向为}\left(\frac{s}{2\,000}+0.1\right)\text{m，横向为 10 cm}$$

式中　s——转点至桩位的距离（m）。

定测控制桩——直线转点、交点、曲线主点桩，一般都应用固桩。固桩可埋设预制混凝土桩或就地灌注混凝土桩，桩顶埋入铁钉。

8.3.3　线路高程测量

铁路新线的初测和定测阶段都要进行高程测量。它包括水准点高程测量和中桩高程测量。

8.3.3.1　线路水准点高程测量

线路水准点高程测量现场称基平测量。它的任务是沿线布设水准点、施测水准点的高程，作为线路及其他工种测量工作的高程控制点。

1. 水准点的布设

定测阶段水准点的布设应在初测水准点布设的基础上进行。首先对初测水准点逐一检核，

其不符值在 $\pm30\sqrt{K}$ mm 以内时，采用初测成果（K 为水准路线长度，以千米为单位）；若确认超限，方能更改。其次，若初测水准点远离线路，则重新移设至距线路 100 m 的范围内。水准点的布设密度一般每 2 km 设置一个，但长度在 300 m 以上的桥梁和 500 m 以上的隧道两端和大型车站范围内，均应设置水准点。

水准点设置在坚固的基础上或埋设混凝土标桩，以 BM 表示并统一编号。

2. 水准点高程测量

其测量方法与要求同初测水准点高程测量。

3. 跨河水准测量

在铁路水准点测量中，当跨越河流或深谷时，由于前、后视线长度相差悬殊及水面折光的影响，不能按通常的方法进行水准测量。当跨越大河、深沟视线长度超过 200 m 时，应按跨河水准测量进行。

8.3.3.2 中桩高程测量

初测时中桩高程测量是测定导线点及加桩桩顶的高程，为地形测量建立图根高程控制。定测时，则是测定中线上各控制桩、百米桩、加桩处的地面高程，为绘制线路纵断面提供资料。

1. 中桩水准测量

中桩水准采用一台水准仪单程测量，水准路线应起闭于水准点，限差为 $\pm50\sqrt{L}$ mm（L 为水准路线长度，以千米计）。中桩高程宜观测两次，其不符值不应超过 10 cm，取位至厘米；中桩高程闭合差在限差以内时不作平差。

中桩高程测量方法如图 8-10 所示。其水准测量记录见表 8-9。

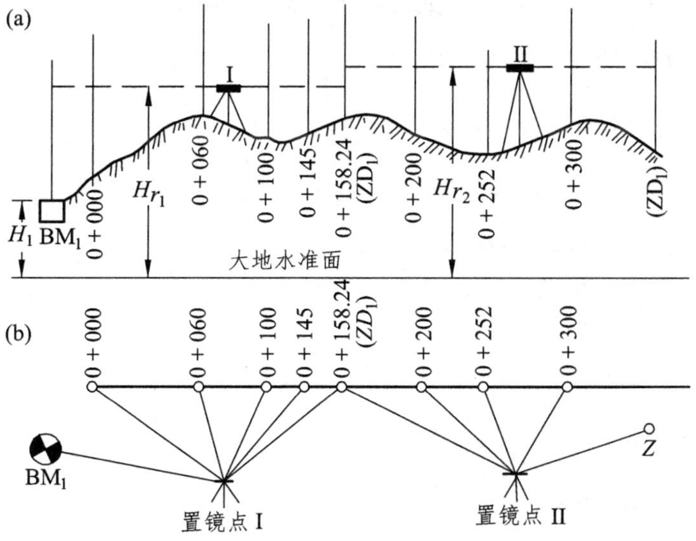

图 8-10　中桩高程测量

表 8-9　中桩水准测量记录

测 点	水准尺读数/m			仪器高程/m	高程/m	备　　注
	后视	中视	前视			
BM1	3.769			56.229	52.460	水准点高程：
0+000		2.21			54.02	BM_1——52.460 m
0+060		0.58			55.65	BM_2——55.471 m
0+100		1.52			54.71	实测闭合差：
0+145		2.45			53.78	f_h=55.450−55.471=−21 mm
0+158.24(ZD_1)	0.659		0.415	56.473	55.84	容许闭合差
0+200		1.37			55.10	$F_h=\pm50\sqrt{2.1}=\pm70$ mm
0+252		2.79			53.68	精度合限
0+300		1.80			54.67	
ZD_2	1.458		2.610	55.321	53.863	
…	…	…	…	…	…	
ZH_2+046.15	3.978		2.410	56.696	52.718	
BM_2			1.246		55.450	
$\sum$	+30.559		27.609		55.450	
	−27.609				−52.460	
	+2.990				+ 2.990	

将水准仪安置于Ⅰ，读取水准点 BM_1 上的尺读数，作为后视读数。然后依次读取各中线桩的尺读数，由于这些尺读数是独立的，不传递高程，故称为中视读数。最后读取转点 ZD_1 的读数，作为前视读数。再将仪器搬至Ⅱ，后视转点 Z_1，重复上述方法，直至闭合于 BM_2。中视读数读至厘米，转点读数读至毫米。记录、计算见表 8-9。

中桩高程计算采用仪器视线高法，先计算出仪器视线高 H_i，即

$$H_i=\text{后视点高程}+\text{后视读数}$$

$$\text{中桩高程}=H_i-\text{中视读数}$$

在表 8-9 中，并参考图 8-10（a），测站Ⅰ的视线高为：

$$H_i=52.460+3.769=56.229\ \text{m}$$

中线桩 DK + 000 的高程为：

$$H_i-2.21=54.019\ \text{m，采用 }54.02\ \text{m}$$

转点 ZD_1 的高程为：

$$H_i-0.415=55.814\ \text{m}$$

隧道顶部和个别深沟的中桩高程，可以采用三角高程测量法测定。

2. 跨深谷的中桩水准测量

线路中桩水准测量，往往需要跨越深谷，如图 8-11。为了避免因仪器通过谷底多次安置中产生误差，可在测站 1 先读取沟对岸的转点 2+200 的前视读数，然后以支水准路线形式测定谷底中桩高程；结束后，将仪器搬至测站 4 读取转点 2+200 的后视读数。为了削减由于测站 1 前视距离长而产生的测量误差，可将测站 4 的后视距离适当加长。另外，沟底中桩水准测量因为是支水准路线，故应另行记录。

当跨越的深谷较宽时，亦可采用跨河水准测量方法。

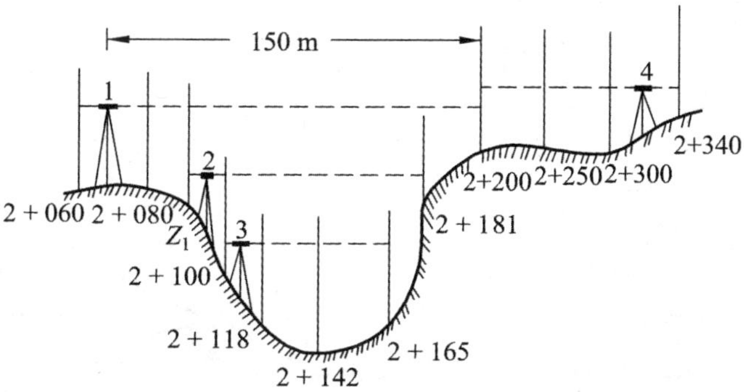

图 8-11　中桩水准测量

3. 中桩光电三角高程测量

中桩高程可与水准点光电三角高程一起进行，亦可与线路中线光电测距同时进行。若单独进行中桩高程测量或与中线测设同时进行，则应起闭于水准点上，满足限差 $= \pm 50\sqrt{L}$ mm 的要求及检测限差±100 mm 的要求。

直线转点、曲线起终点及长度大于 500 m 的曲线中点，均应作为中桩高程测量的转点。中桩光电三角高程测量技术要求见表 8-5。

8.3.3.3　线路纵断面图

按照线路中线里程和中桩高程，绘制出沿线路中线地面起伏变化的图，称纵断面图。

线路纵断面图中，其横向表示里程，比例尺为 1∶10 000；纵向表示高程，比例尺为 1∶1 000，它比横向比例尺大 10 倍，以突出地面的起伏变化。纵断面图上还包括线路的平面位置、设计坡度、地质状况等资料，因此，它是施工设计的重要技术文件之一，见图 8-12。

图中各项内容说明如下：

工程地质特征	填写沿线地质情况。
路肩设计标高	设计路基的肩部标高。
设计坡度	中线纵向的设计坡度，斜线方向代表纵坡度，斜线上方数字表示坡度的千分率（‰），下方数字表示坡段长度。
地面标高	中桩高程。
加桩	竖线表示百米桩和加桩的位置，数字表示至相邻百米桩的距离。
里程	表示勘测里程，在百米桩和公里桩处注字。

线路平面　　　　线路平面形状示意图，中央实线代表直线段；曲线段向下凸者为左转，向上凸者为右转，斜线代表缓和曲线，斜线间的直线为圆曲线。曲线起终点的里程，只注百米以下里程尾数。

连续里程　　　　表示线路自起点开始计算的里程，短实线表示公里标位置，下面注字为里程，短线左侧注字为公里标至相邻百米桩的距离。

图的上部按比例绘出地面线及设计坡度线，注明沿线桥涵、隧道、车站等建筑物的形式和中心里程，并注明沿线水准点的位置和高程。

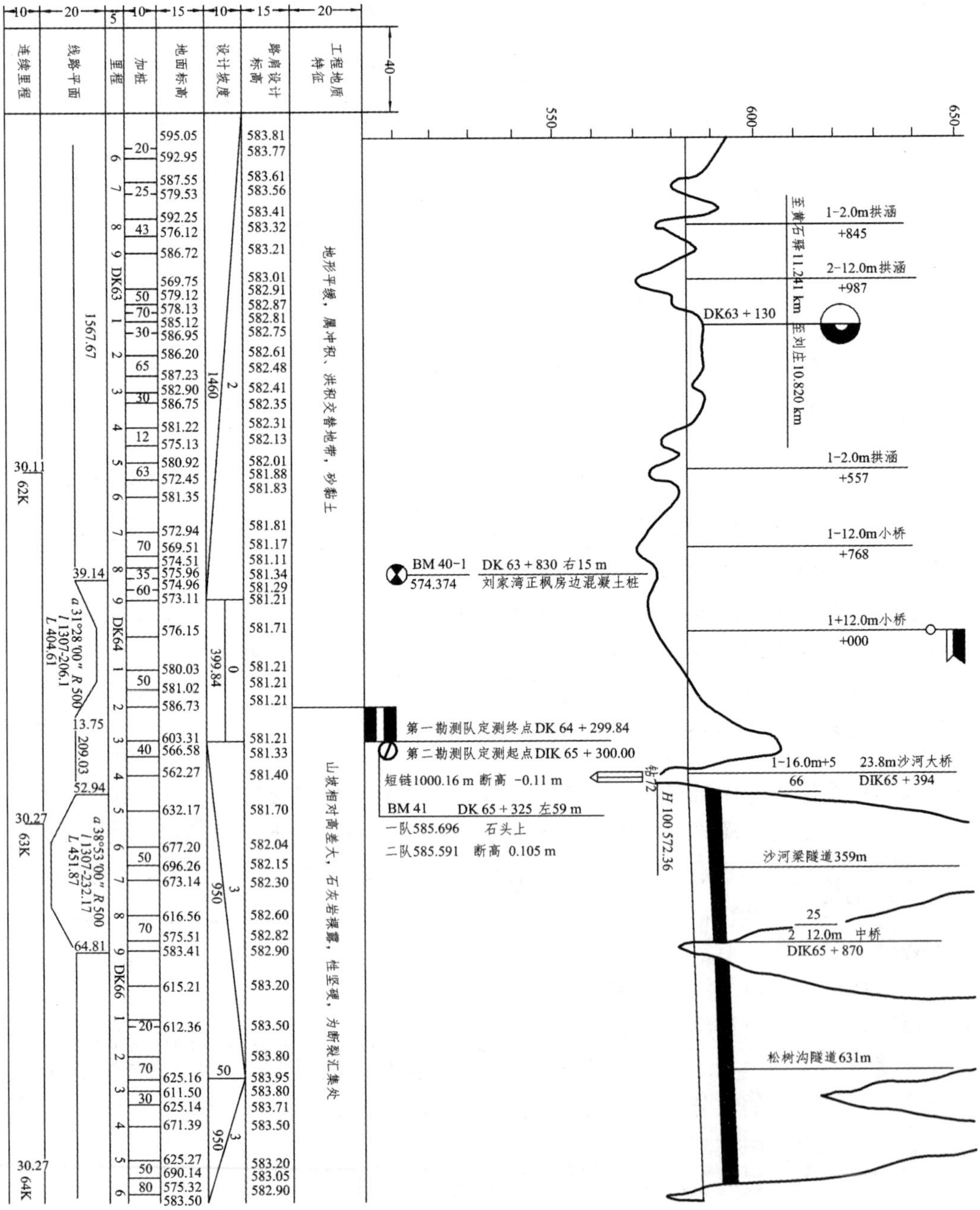

图 8-12　线路纵断面图

8.3.4 线路横断面测量

横断面是指沿垂直线路中线方向的地面断面线。横断面测量的任务，是测出各中线桩处的横向地面起伏情况，并按一定比例尺给出横断面图。横断面图主要用于路基断面设计、土石方数量计算、路基施工放样等。

8.3.4.1 横断面测量的密度和宽度

横断面施测的密度和宽度，应根据地形、地质情况和设计需要而定。

一般应在百米桩和线路纵、横向地形明显变化处及曲线控制桩处测绘横断面。在大桥桥头、隧道洞口、挡土墙重点工程地段及地质不良地段，横断面应适当加密。

横断面测绘宽度，根据地面坡度、路基中心填挖高度、设计边坡及工程上的需要来决定，应满足路基、取土坑、弃土堆及排水沟设计的需要和施工放样的要求。

8.3.4.2 横断面方向的测定

线路横断面方向，在直线上应垂直于线路中线；在曲线地段，则应与测点处的切线相垂直。

直线地段横断面的方向，可以用经纬仪或方向架直接测定。若用方向架（图 8-13）测定，则可将方向架立于中线测点上，用一个方向瞄准中线上远方定向标杆，则方向架瞄准的另一个方向就是横断面的方向。

曲线上的横断面方向，若用方向架，则如图 8-14 所示，将方向架立于待测断面 B 上，使其一个方向照准曲线上的 A 点，在另一方向上可标定出 1 点；再用方向架照准与 A 等距的 C 点，同法可标定出 2 点，使 $B1=B2$，则 1—2 的中点 N 与 B 的连线即为横断面的方向。若用经纬仪标定方向，则应拨角 $90°\pm\delta$（δ 为后视点偏角）。

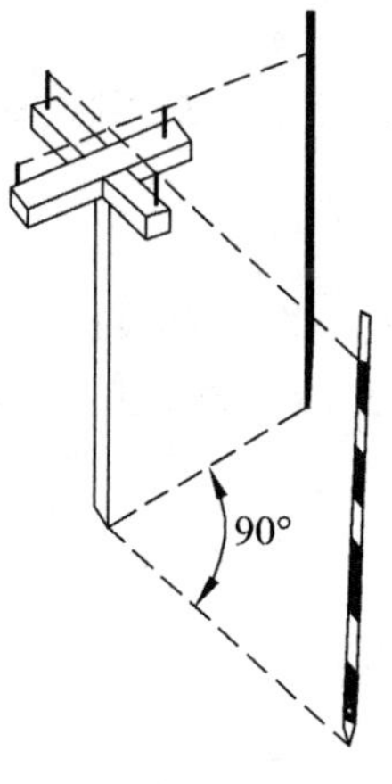

图 8-13 用方向架确定直线地段横断面方向

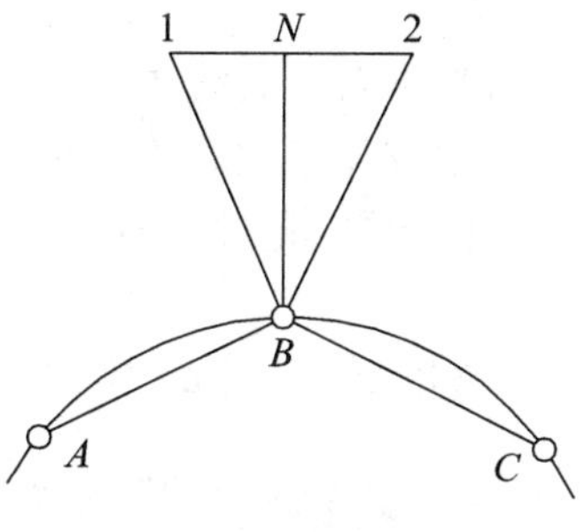

图 8-14 用方向架确定曲线地段横断面方向

8.3.4.3 横断面测绘方法

横断面的测量方法很多，应根据地形条件、精度要求和设备条件来选择。下面介绍几种常用的方法。

1. 经纬仪视距法

将经纬仪安置在中线上，利用视距方法直接测出横断面上各地形变化点相对于测站的距离和高差。这种方法速度快、精度亦可满足路基设计要求，尤其在横向坡度较陡地区，其优点更明显，所以它是铁路线路横断面的常用测量方法。

2. 经纬仪测距法

将经纬仪安置在中线点上，在横断面上地形变化处立标杆。用经纬仪照准标杆上仪器高的标记读取竖直角，用皮尺量出仪器到标杆标记处的斜距，如图 8-15。根据竖直角和斜距，在现场即可绘出横断面图。这种方法是工效高且质量也较好的一种测绘方法。

3. 水准仪法

水准仪法是用方向架定方向，用皮尺量距，用水准仪测高程，这种方法精度最高，仅适用于地形较平坦地段；但只安置一次仪器，可以测各个断面，如图 8-16。

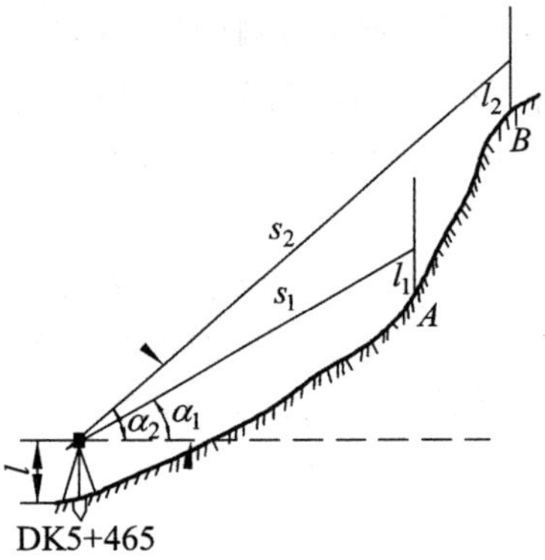

图 8-15　经纬仪测距法测绘横断面

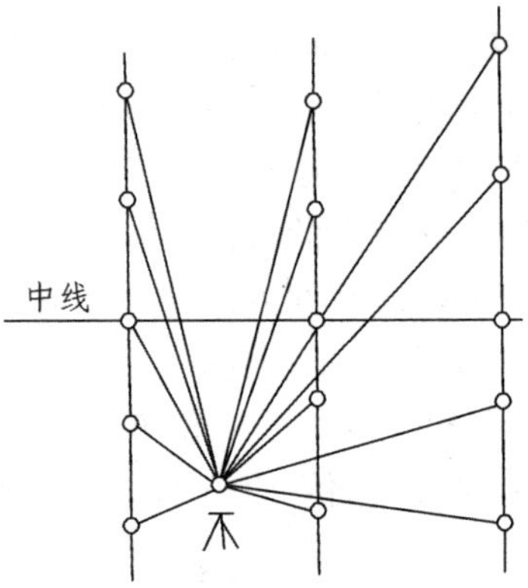

图 8-16　水准仪法测绘横断面

4. 光电测距仪法

利用光电测距仪测量横断面，不仅速度快、精度高，而且安置一次仪器可以测多个断面，所以在有条件的单位，应大力推广使用这种方法。值得注意的是，由于视线长，为防止各断面点互相混淆，应画草图，做好记录。

8.3.4.4　横断面测量的精度要求

《测规》规定，横断面检测限差如下：

$$\text{高程} \pm\left(\frac{h}{100}+\frac{l}{200}+0.1\right)\text{（m）}$$

$$\text{距离} \pm\left(\frac{l}{100}+0.1\right)\text{（m）}$$

式中　h——检查点至线路中桩的高差（m）;

l——检查点至线路中桩的水平距离（m）。

8.3.4.5　横断面图的绘制

横断面图一般绘在毫米方格纸上，为便于路基断面设计和面积计算，其水平距离和高程采用相同比例尺，一般为 1∶300，如图 8-17。

横断面图最好采取现场边测边绘的方法，这样既可省去记录，又可实地核对检查，避免错误。若用全站仪测量、自动记录，则可在室内通过计算绘制横断面图，大大提高工效。

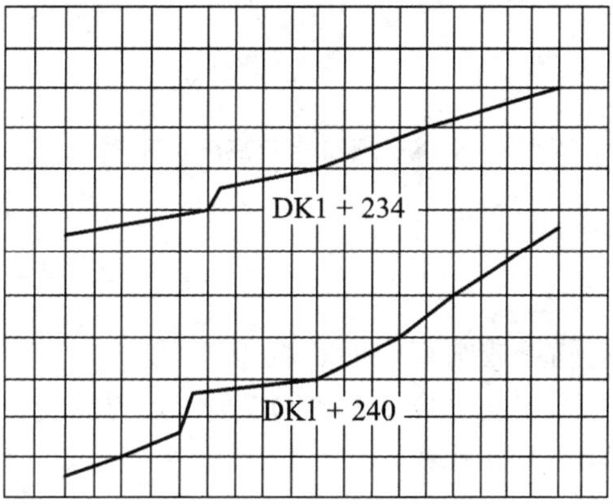

图 8-17　绘制横断面图

8.4　圆曲线测设

铁路线路平面曲线分为两种类型：一种是圆曲线，主要用于专用线和行车速度不高的线路上；另一种是带有缓和曲线的圆曲线，铁路干线上均用此种曲线。

铁路曲线测设一般分两步进行，先测设曲线主点，然后依据主点详细测设曲线。

铁路曲线测设常用的方法有：偏角法、切线支距法和极坐标法。

首先介绍圆曲线的测设方法。

8.4.1　圆曲线要素计算与主点测设

为了测设圆曲线的主点，要先计算出圆曲线的要素。

1. 圆曲线的主点

如图 8-18 所示：

JD——交点，即两直线相交的点；

ZY——直圆点，按线路前进方向由直线进入曲线的分界点；

QZ——曲中点，圆曲线的中点；

YZ——圆直点，按线路前进方向由圆曲线进入直线的分界点。

ZY、QZ、YZ 三点称为圆曲线的主点。

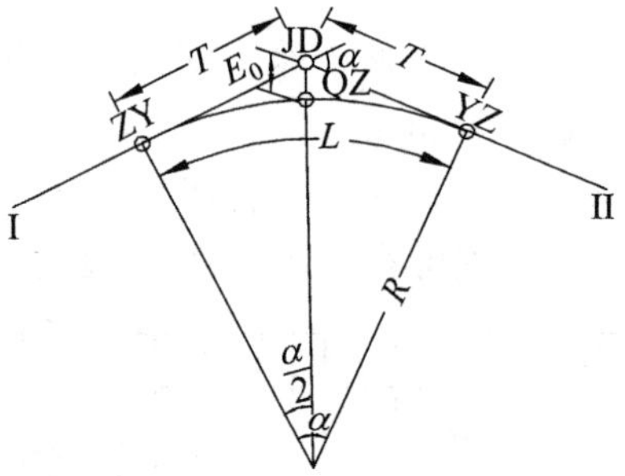

图 8-18　圆曲线的主点及要素

2. 圆曲线要素及其计算

在图 8-18 中：

T——切线长，交点至直圆点或圆直点的长度；

L——曲线长，即圆曲线的长度（自 ZY 经 QZ 至 YZ 的弧线长度）；

E_0——外矢距，为 JD 至 QZ 的距离。

T、l、E_0 称为圆曲线要素。

α——转向角。沿线路前进方向，下一条直线段向左转则为 $\alpha_{左}$；向右转则为 $\alpha_{右}$。

R——圆曲线的半径。

α、R 为计算曲线要素的必要资料，是已知值。α 可由外业直接测出，亦可由纸上定线求得；R 为设计时采用的数据。

圆曲线要素的计算公式，由图 8-18 得：

$$\left.\begin{aligned}&\text{切线长}\ T=R\cdot\tan\frac{\alpha}{2}\\&\text{曲线长}\ L=R\cdot\alpha\cdot\frac{\pi}{180^\circ}\\&\text{外矢距}\ E_0=R\cdot\sec\frac{\alpha}{2}-R\end{aligned}\right\}\tag{8-4}$$

式中：计算 L 时，α 以度为单位。

在已知 α、R 的条件下，即可按式（8-4）计算曲线要素。它可用计算器求得，也可根据 α，R 在《铁路曲线测设用表》中查取。

【例 8-1】已知 $\alpha=55°43'24''$，$R=500$ m，则曲线要素为 $T=264.31$ m，$L=486.28$ m，$E_0=65.56$ m。

3. 圆曲线主点里程计算

主点里程计算是根据计算出的曲线要素，由一已知点里程来推算，一般沿里程增加的方向由 ZY→QZ→YZ 进行推算。

如上例已知 ZY 点的里程为 DK53+621.56，则各主点里程计算如下：

ZY	DK53 + 621.56
$+L/2$	243.14
QZ	DK53 + 864.70
$+L/2$	243.14
YZ	DK54 + 107.84

若已知交点 JD 的里程，则需计算出 ZY 或 YZ 的里程，由此推算其他主点的里程。

4. 主点的测设

在交点（JD）上安置经纬仪，瞄准直线Ⅰ方向上的一个转点，在视线方向上量取切线长 T 得 ZY 点，瞄准直线Ⅱ方向上的一个转点，量 T 得 YZ 点；将视线转至内角平分线上量取 E_0，用盘左、盘右分中得 QZ 点。在 ZY、QZ、YZ 点均要打方木桩上钉小钉以示点位。

为保证主点的测设精度，以利曲线详细测设，切线长度应往返丈量，其相对较差不大于 1/2 000 时，取其平均位置。

8.4.2 切线支距法测设圆曲线

切线支距法，实质为直角坐标法。它是以 ZY 或 YZ 为坐标原点，以 ZY（或 YZ）的切线为 x 轴，切线的垂线为 y 轴。x 轴指向 JD，y 轴指向圆心 O，如图 8-19。

曲线点的测设坐标按下式计算

$$x_i = R\cdot\sin\alpha_i$$

$$y_i = R(1-\cos\alpha_i)$$

$$a_i = \frac{L_i}{R}\cdot\frac{180^\circ}{\pi}$$

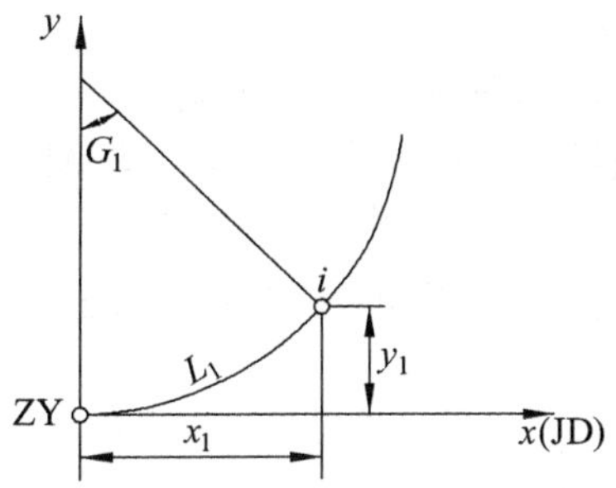

图 8-19　切线支距法测设圆曲线

式中：L_i 为曲线点 i 至 ZY（或 YZ）的曲线长。L_i 一般定为 10 m、20 m、…，已知 R，即可计算出 x_i，y_i，如表 8-10。

表 8-10　圆曲线切线支距计算表

桩号	曲线长 l_i	偏角值 Δ_i	偏角读数	弦长 c_i
ZYK10+84.55	0	0 00 00	0 00 00	0
K10+90	5.45	0 46 50	359 13 10	5.45
K10+100	15.45	2 12 47	357 47 13	15.45

使用全站仪放样程序可以利用计算出来的圆曲线点坐标完成测设工作，ZY（YZ）为测站点，JD 为后视点进行定向，在此独立坐标系下进行圆曲线的测设很方便，目前此方法利用很广泛。

8.5 缓和曲线的性质

8.5.1 缓和曲线的作用

当列车以高速由直线进入曲线时，就会产生离心力，危及列车运行安全和影响旅客的舒适感。为此要使曲线外轨比内轨高些（称超高），使列车产生一个内倾力 F_1' 以抵消离心力的影响，如图 8-20。为了解决超高引起的外轨台阶式升降，需在直线与圆曲线间加入一段曲率半径逐渐变化的过渡曲线，这种曲线称缓和曲线。另外，当列车由直线进入圆曲线时，由于惯性力的作用，使车轮对外轨内侧产生冲击力，为此，加设缓和曲线以减少冲击力。再者，为避免通过曲线时，由于机车车辆转向架的原因，使轮轨产生侧向摩擦，圆曲线的部分轨距应加宽，这也需要在直线和圆曲线之间加设缓和曲线来过渡。

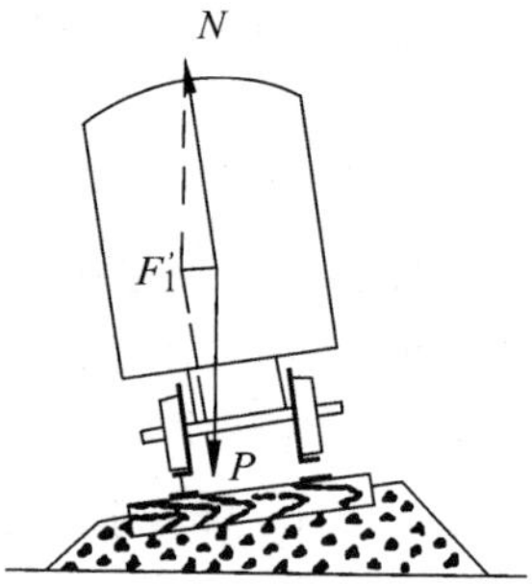

图 8-20　外轨超高

8.5.2 缓和曲线的性质

缓和曲线是直线与圆曲线间的一种过渡曲线。它与直线分界处的半径为∞，与圆曲线相连处的半径与圆曲线半径 R 相等。缓和曲线上任一点的曲率半径 ρ 与该点到曲线起点的长度成反比，如图 8-21。

$$\rho \propto \frac{1}{l} \text{ 或 } \rho l = C$$

式中，C 是一个常数，称为缓和曲线的半径变更率。

当 $l=l_0$ 时，$\rho = R$，所以：

$$Rl_0 = C$$

式中，l_0 为缓和曲线总长。

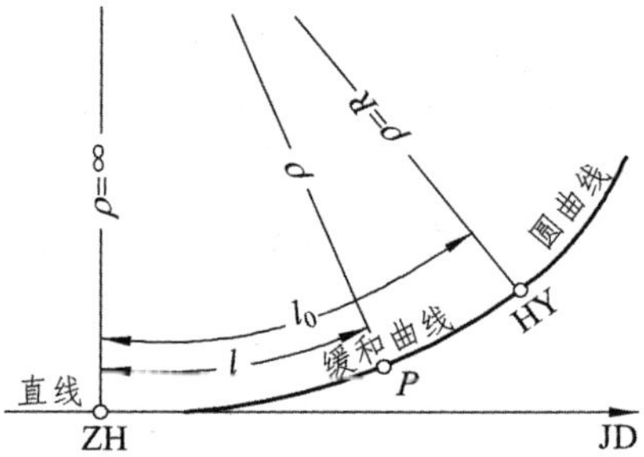

图 8-21　缓和曲线

$\rho l = C$ 是缓和曲线的必要条件，实用中能满足这一条件的曲线可作为缓和曲线，如辐射螺旋线、三次抛物线等。我国的缓和曲线均采用辐射螺旋线。

8.5.3 缓和曲线方程式

按照 $\rho l = C$ 为必要条件导出的缓和曲线方程为：

$$\left.\begin{aligned} x &= l - \frac{l^5}{40C^2} + \frac{l^9}{3456C^4} + \cdots \\ y &= \frac{l^3}{6C} - \frac{l^7}{336C^3} + \frac{l^{11}}{42240C^5} \cdots \end{aligned}\right\} \tag{8-5}$$

根据测设要求的精度，实际应用中可将高次项舍去，并顾及 $C=Rl_0$，则上式变为

$$\left.\begin{aligned} x &= l - \frac{l^5}{40R^2 l_0^2} \\ y &= \frac{l^3}{6Rl_0} \end{aligned}\right\} \tag{8-6}$$

式中：x、y 为缓和曲线上任一点的直角坐标，坐标原点为直缓点（ZH）或缓直点（HZ）；通过该点的缓和曲线切线为 x 轴，如图 8-22。

l 为缓和曲线上任意一点 P 到 ZH（或 HZ）的曲线长；

l_0 为缓和曲线总长度。

当 $l=l_0$ 时，则 $x=x_0$，$y=y_0$，代入式（8-6）得：

$$\left.\begin{aligned} x_0 &= l_0 - \frac{l_0^3}{40R^2} \\ y_0 &= \frac{l_0^2}{6R} \end{aligned}\right\} \tag{8-7}$$

式中：x_0，y_0 为缓圆点（HY）或圆缓点（YH）的坐标。

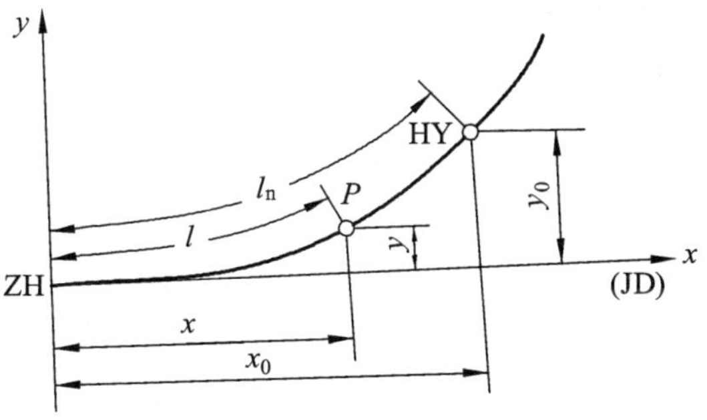

图 8-22　缓和曲线方程

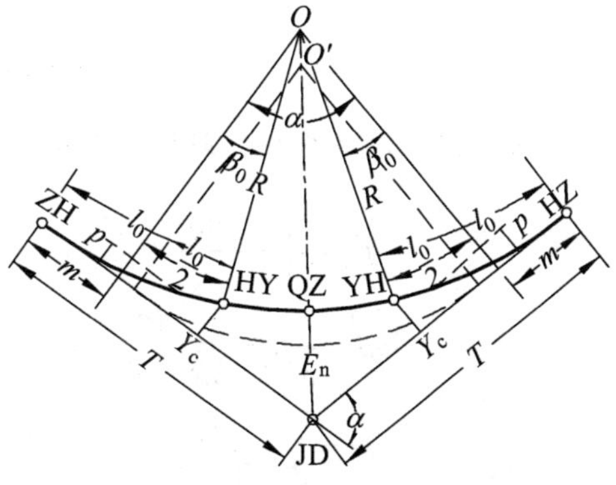

图 8-23　缓和曲线的插入

8.5.4　缓和曲线的插入方法

缓和曲线是在不改变曲线段方向和保持圆曲线半径不变的条件下，插入到直线段和圆曲线之间，如图 8-23。缓和曲线的一半长度处在原圆曲线范围内，另一半处在原直线段范围内，这样就使圆曲线沿垂直切线方向，向里移动距离 p，圆心 O' 移至 O，显然 $O'O = p\cdot\sec\dfrac{\alpha}{2}$。插

入缓和曲线之后，使原来的圆曲线长度变短了。

插入缓和曲线之后，曲线主点有 5 个，它们是：直缓点 ZH、缓圆点 HY、曲中点 QZ、圆缓点 YH 及缓直点 HZ。

8.5.5 缓和曲线常数的计算

β_0、δ_0、m、p、x_0、y_0 等称为缓和曲线常数，其物理含义及几何关系由图 8-24 得知：

β_0——缓和曲线的切线角，即 HY（或 YH）点的切线角与 ZH（或 HZ）点切线的交角，亦即圆曲线一端延长部分所对应的圆心角。

δ_0——缓和曲线的总偏角。

m——切垂距，即 ZH（或 HZ）到圆心 O 向切线所作垂线垂足的距离。

p——圆曲线的内移量，为垂线长与圆曲线半径 R 之差。

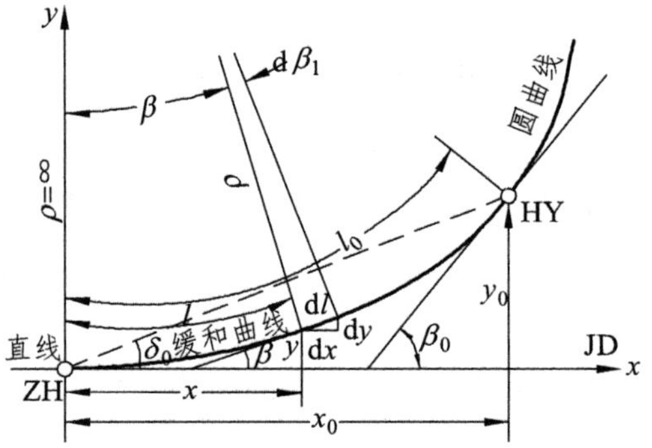

图 8-24　缓和曲线常数

x_0、y_0 计算见式（8-7），其他常数的计算公式如下：

$$\left.\begin{aligned}
\beta_0 &= \frac{l_0}{2R}\cdot\frac{180^\circ}{\pi} \\
\delta_0 &= \frac{1}{3}\beta_0 = \frac{l_0}{6R}\cdot\frac{180^\circ}{\pi} \\
m &= \frac{l_0}{2} - \frac{l_0^3}{240R^2} \\
p &= \frac{l_0^2}{24R} - \frac{l_0^4}{2688R^3} \approx \frac{l_0^2}{24R}
\end{aligned}\right\} \tag{8-8}$$

下面我们推证式（8-8）中最常用的两个常数 β_0 和 δ_0，见图 8-24。

1. 求 β_0

设 β 为缓和曲线上任一点的切线角；ρ 为该点的曲线曲率半径；l 为该点至 ZH 点的缓和曲线长。

因为 $\mathrm{d}\beta = \mathrm{d}l/\rho$，将 $pl = Rl_0$ 代入上式，则

$$d\beta = l \cdot dl / Rl_0$$

所以 $\beta = \int_0^l d\beta = \int_0^l \frac{l dl}{Rl_0} = \frac{l^2}{2Rl_0}$

当 $l = l_0$ 时，$\beta = \beta_0$

则
$$\beta_0 = \frac{l_0}{2R} \cdot \frac{180°}{\pi} \tag{8-9}$$

2. 求 δ_0

由图 8-24 得知，$\tan\delta_0 = \frac{y_0}{x_0}$

因为 δ_0 很小，故 $\delta_0 \approx \tan\delta_0 = \frac{y_0}{x_0}$

将式（8-7）代入上式，并取至二次项得

$$\delta_0 = \frac{l_0}{6R} = \frac{\beta_0}{3} \tag{8-10}$$

缓和曲线常数，亦可以 R 和 l_0 为引数，由《铁路曲线测设用表》第三册第二表查取，如表 8-11。

表 8-11　缓和曲线常数

R/m	l_0/m	β_0	δ_0	m/m	p/m	x_0/m	y_0/m
500	130	7°26′54″	2°28′58″	64.963	1.407	129.780	5.627
	100	5°34′46″	1°54′35″	49.983	0.833	99.900	3.331
	90	5°09′24″	1°43′08″	44.988	0.675	89.927	2.698
	80	4°35′01″	1°31′40″	39.991	0.533	79.949	2.123
	70	4°00′39″	1°20′13″	34.994	0.408	69.966	1.633
	60	3°26′16″	1°08′45″	29.996	0.300	59.978	1.200

如，R = 500 m，l_0 = 60 m，由表 8-11 查得 β_0 = 3°26′16″，δ_0 = 1°08′45″，m = 29.996 m，p = 0.300 m，x_0 = 59.978 m，y_0 =1.200 m。

8.6　缓和曲线连同圆曲线的测设

8.6.1　切线支距法测设曲线

1. 曲线综合要素计算

由图 8-23 可知，曲线综合要素计算公式如下：

$$
\left.
\begin{aligned}
&\text{切线长}\ T = m + (R+p)\cdot\tan\frac{\alpha}{2}\\
&\text{曲线长}\ L = 2l_0 + \frac{\pi R(\alpha - 2\beta)}{180^\circ} = l_0 + \frac{\pi R\alpha}{180^\circ}\\
&\text{外矢矩}\ E_0 = (R+p)\cdot\sec\frac{\alpha}{2} - R\\
&\text{切曲差}\ q = 2T - L
\end{aligned}
\right\}
\tag{8-11}
$$

【例 8-2】 已知 R =500 m，l_0 = 60 m，α =28°36′20″，求曲线综合要素。

【解】

$$
\begin{aligned}
&T = 177.57 + 0.11 - 20.12 = 157.56\ \text{m}\\
&L = 349.44 + 0.20 - 40.00 = 309.64\ \text{m}\\
&E_0 = 16.83 + 0.03 - 0.55 = 16.31\ \text{m}\\
&q = 5.70 + 0.01 - 0.24 = 5.47\ \text{m}
\end{aligned}
$$

2. 主点的里程计算与测设

（1）主点里程计算。

已知 ZH 里程为 33+424.67，则主点里程为

ZH	33 + 424.67
$+l_0$	60
HY	33 + 484.67
$+\frac{L}{2}-l_0$	94.82
QZ	33 + 579.49
$+\frac{L}{2}-l_0$	94.82
YH	33 + 674.31
$+l_0$	60
HZ	33 + 734.31

ZH	33 + 424.67
$+2T$	315.12
	33 + 739.79
$-q$	5.47
HZ	33 + 734.31

（校核）

（2）主点的测设。

主点 ZH、HZ、QZ 的测设方法与前述圆曲线主点测设方法相同，而缓圆点 HY 和圆缓点 YH 的测设通常采用切线支距法，见图 8-22。自 ZH（或 HZ）沿切线方向量取 x_0，打桩、钉小钉，然后将经纬仪架在该桩上，后视切线沿垂直方向量取 y_0，打桩、钉小钉，得 HY（或 YH）点。

为保证主点测设精度，角度要用测回法分中定点，距离应往返丈量，在限差以内取平均值。

3. 坐标计算公式

如图 8-25，它是以 ZH（或 HZ）为坐标原点，以切线为 x 轴，垂直切线方向为 y 轴。

（1）缓和曲线部分。

$$
\left.\begin{aligned}
x &= l - \frac{l^5}{40R^2 l_0^2} \\
y &= \frac{l^3}{6Rl_0}
\end{aligned}\right\} \tag{8-12}
$$

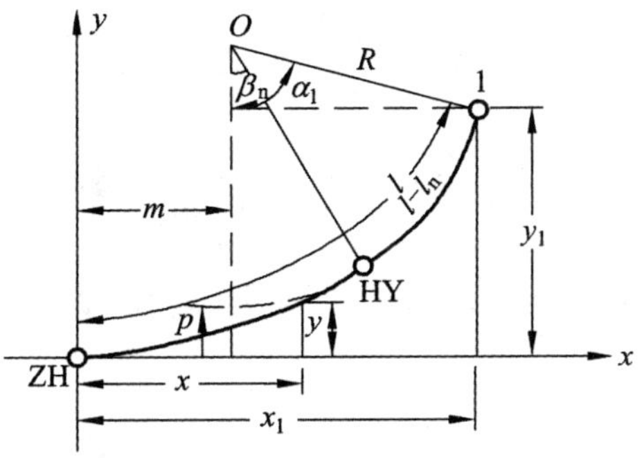

图 8-25　切线支距法测设示意

（2）圆曲线部分。

$$
\left.\begin{aligned}
x_i &= R \cdot \sin\alpha_i + m \\
y_i &= R(1-\cos\alpha_i) + p
\end{aligned}\right\} \tag{8-13}
$$

式中　$\alpha_i = \dfrac{l_i - i_0}{R} \cdot \dfrac{180°}{\pi} + \beta_0$

实际应用时，切线支距亦可由《铁路曲线测设用表》第三册第九表中查取，其格式如表 8-10。

4. 测设方法

与切线支距法测设圆曲线的方法相同。

8.6.2　全站仪坐标法测设曲线

全站仪测量速度快，精度高，在曲线测设中已被广泛采用。在选定各圆曲线半径和缓和曲线长度之后，根据各桩的里程桩号，按照下述公式计算出相应的中桩坐标值 X、Y。

1. 第一段缓和曲线部分

$$
X_i = X_{ZH} + \left(l_i - \frac{l_i^5}{40R^2 l_0^2}\right)\cos\alpha_0 - \left(\frac{l_i^3}{6Rl_0}\right)\sin\alpha_0
$$

$$
Y_i = Y_{ZH} + \left(l_i - \frac{l_i^5}{40R^2 l_0^2}\right)\sin\alpha_0 - \left(\frac{l_i^3}{6Rl_0}\right)\cos\alpha_0
$$

2. 圆曲线部分

$$
X_i = X_{ZH} + (R\sin\varphi_i + m)\cos\alpha_0 - \left[R(1-\cos\varphi_i) + P\right]\sin\alpha_0
$$

$$Y_i = Y_{\mathrm{ZH}} + (R\sin\varphi_i + m)\sin\alpha_0 + [R(1-\cos\varphi_i) + P]\cos\alpha_0 \quad \varphi_i = \frac{180°}{\pi} \cdot \frac{l_i - l_0}{R} + \beta_0$$

3. 第二缓和曲线部分

$$X_i = X_{\mathrm{HZ}} + \left(l_i - \frac{l_i^5}{40R^2 l_0^2}\right)\cos(\alpha_0 \pm \alpha) - \left(\frac{l_i^3}{6Rl_0}\right)\sin(\alpha_0 \pm \alpha)$$

$$Y_i = Y_{\mathrm{HZ}} + \left(l_i - \frac{l_i^5}{40R^2 l_0^2}\right)\sin(\alpha_0 \pm \alpha) - \left(\frac{l_i^3}{6Rl_0}\right)\cos(\alpha_0 \pm \alpha)$$

根据计算得到的中桩坐标值在已知控制点上架设全站仪，调用菜单中的放样程序完成放样。

8.7　线路施工测量

铁路线路施工时，测量工作的主要任务是测设出作为施工依据的桩点的平面位置和高程。这些桩点是指标志线路中心位置的中线桩和标志路基施工界线的边桩。线路中线桩在定测时已标定在地面上，它是路基施工的主轴线，但由于施工与定测间相隔时间较长，往往会造成定测桩点的丢失、损坏或位移，因此在施工开始之前，必须进行中线的恢复工作和水准点的检验工作，检查定测资料的可靠性和完整性，这项工作称为线路复测。在线路复测后，路基施工前，对中线的主要控制桩应钉设护桩。由于施工中经常需要找出中线位置，而施工过程中经常发生中线桩被碰动或丢失，为了迅速又准确地把中线恢复到原来位置，必须对交点、直线转点及曲线控制桩等主要桩点设置护桩。

修筑路基之前，需要在地面上把路基施工界线标定出来，这些桩称边桩；测设边桩的工作称为路基边坡放样。

8.7.1　线路复测

线路复测工作的内容和方法与定测时基本相同。施工复测前，施工单位应检核线路测量的有关图表资料，会同设计单位进行现场桩橛交接。主要桩橛有：直线转点（ZD）、交点（JD）、曲线主点、有关控制点、三角点、导线点、水准点等。

线路复测包括：转向角测量、直线转点测量、曲线控制桩测量和线路水准测量。它的目的是恢复定测桩点和检查定测质量，而不是重新测设，所以要尽量按定测桩点进行。若桩点有丢失和损坏，则应予以恢复；若复测与定测成果的误差在容许范围之内，则以定测成果为准；若超出容许范围，则应多方查找原因，确实证明定测资料错误或桩点位移时，方可采用复测成果。

复测与定测成果的不符值限差为：

（1）水平角：±30″。

（2）距离：钢卷尺 1/2 000，光电测距 1/4 000。

（3）转点点位横向差：每 100 m 不应大于 5 mm，当点间距离长于 400 m 时，亦不应大于 20 mm。

（4）曲线横向闭合差：10 cm（施工时应调整桩位）。

（5）水准点高程闭合差：$\pm 30\sqrt{K}$ mm。

（6）中桩高程：±10 cm。

在施工复测中要增加或移设的水准点、增测的横断面等工作，一律按新线勘测的要求进行。由于施工阶段对土石方数量计算的要求比定测时要准确，所以横断面要测得密些，其间隔应根据地形情况和控制土石方数量需要的精度而定，一般平坦地区每 50 m 一个，而在起伏大的地区，应不大于 20 m 一个，同时中线上的里程桩也应加密。

8.7.2 护桩的设置

设置护桩可采用图 8-26 中的任意一种进行布置。一般设两根交叉的方向线，交角不小于 60°，每一方向上的护桩应不少于 3 个，以便在有一个不能利用时，用另外两个护桩仍能恢复方向线。如地形困难，亦可用一根方向线加测精确距离，也可用 3 个护桩作距离交会。

设护桩时将经纬仪置在中线控制桩上；选好方向后，以远点为准用正倒镜定出各护桩的点位；然后测出方向线与线路所构成的夹角，并量出各护桩间的距离。为便于寻找护桩，护桩的位置用草图及文字作详细说明，如图 8-27。护桩的位置应选在施工范围以外，并考虑施工中桩点不至于被破坏，视线也不至于被阻挡。

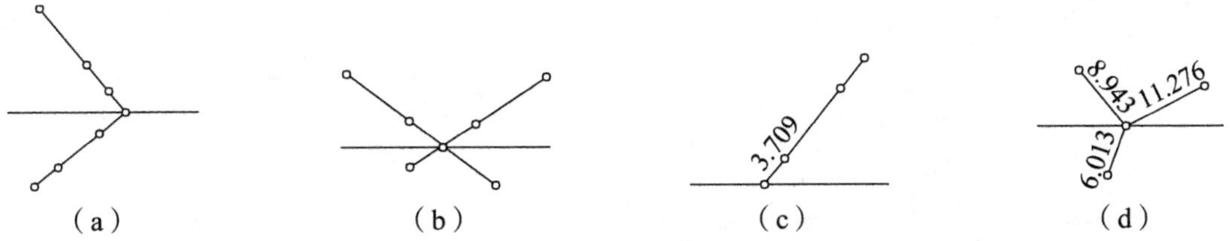

图 8-26　护桩设置方法

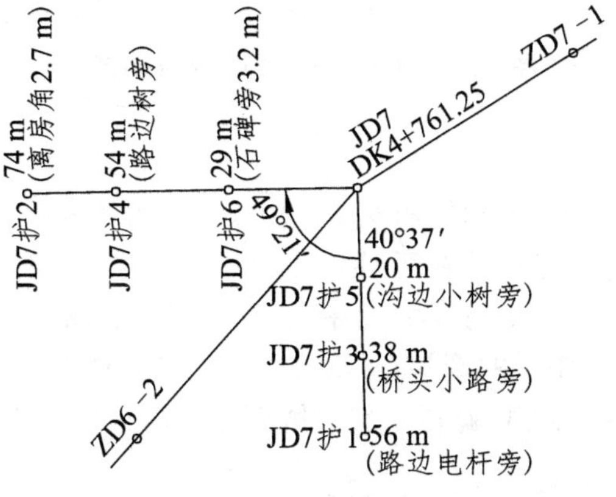

图 8-27　护桩位置图及说明

8.7.3 路基边坡放样

路基横断面是根据中线桩的填挖高度和所用材料在横断面图上画出的。路基的填方称为路堤；挖方称为路堑；在填挖高为零时，称为路基施工零点。

路基施工填挖边界线的标定，称为路基边坡放样。它是用木桩标出路堤坡脚线或路堑坡顶线到线路中线的距离，作为修筑路基填挖方开始的范围。

测设边桩时，根据不同条件，采用不同的方法。

1. 断面法

在较平坦地区，当横断面的测量精度较高时，可以根据填挖高绘出路基断面图，由图上直接量出坡脚（或坡顶）到中线桩的水平距离。根据量得的平距，即可到现场放出边桩，这是测设边桩最常用的方法。

2. 计算法

如图 8-28，（a）为路堤，（b）为路堑，若地形平坦，则可根据设计的路基填挖高，按公式（8-14）来计算边桩到中线桩的水平距离。

$$D_1 = D_2 = \frac{b}{2} + m \cdot H \qquad (8\text{-}14)$$

式中 b——路堤或路堑（包括侧沟）的宽度，根据设计决定；

m——路基边坡坡度比例系数，依填挖材料而定，通常填方为 1.5，挖方为 1 或 0.75；

H——填挖高度。

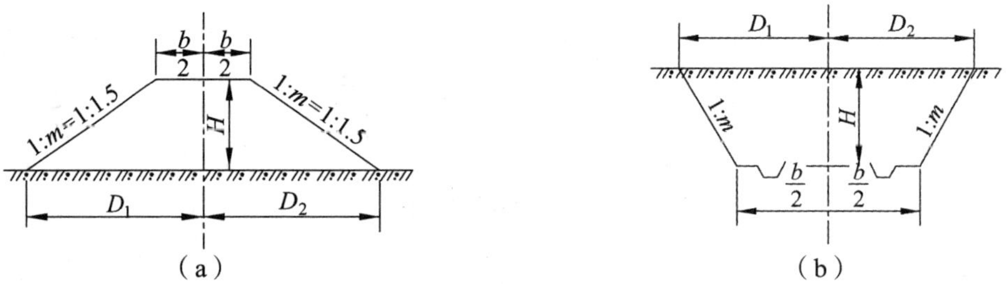

图 8-28 计算法放样路堤边坡示意

3. 试探法

在倾斜地面上，地面横向坡度起伏的变化，使 D_1 和 D_2 不相等，因而不能利用上式计算。若横断面测量精度高，可在路基设计断面图上量取距离，否则应用试探法在现地测设。

如图 8-29，先在断面方向上，根据路基中线桩的填挖高度，大致估计边桩 1 的位置并立水准尺。用水准仪测出 1 点与中桩的高差 h_1，用尺量出 1 点到中桩的水平距离 D'。根据高差 h_1，按式（8-14）计算出图 8-29（a）中路堤下坡一侧到中桩的正确平距为

$$D = \frac{b}{2} + 1.5 \times (H + h_1) \qquad (8\text{-}15)$$

若 $D > D'$，说明边桩的位置在 1 点外边；当 $D < D'$ 时，则在 1 点的里边。根据 $\Delta D = D - D'$ 的数值，重新移动水准尺的位置再次试测，直至 $\Delta D < 0.1\text{m}$ 时，即可认为立尺点为边桩的位置。从图中可看出，算出的 D 是 2 点到中桩的距离，实际上 3 点为坡脚。为减少试测次数，在路堤下坡一侧时，移动尺子的距离要比算出的 ΔD 大些为好。

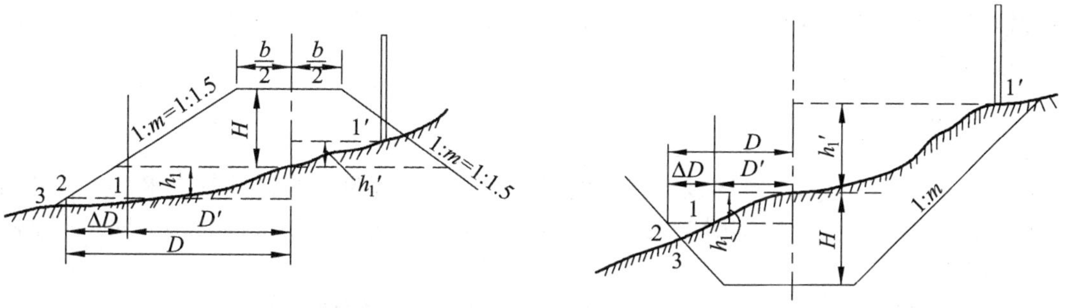

（a）　　　　　　　　　　　　（b）

图 8-29　试操法放样路堤连坡示意

在测设路堤上坡一侧时，它的计算公式为

$$D = \frac{b}{2} + 1.5 \times (H - h_1') \tag{8-16}$$

尺子移动的距离要比算出的 ΔD 小些为宜。

测设路堑边桩时，参看图 8-29（b），距离 D 的计算公式为

下坡一侧　　$$D = \frac{b}{2} + m(H - h_1) \tag{8-17}$$

上坡一侧　　$$D = \frac{b}{2} + m(H + h_1') \tag{8-18}$$

试探法要在现场边测边算，有经验之后试测一两次即可确定边桩位置，在地形复杂地段采用此法较为准确、便捷。

8.7.4　竣工测量

在路基土石方工程完工之后，铺轨之前应当进行线路竣工测量。它的任务是最后确定线路中线位置，作为铺轨的依据；同时检查路基施工质量是否符合设计要求。它的内容包括中线测量、高程测量和横断面测量。

1. 中线测量

首先根据护桩将主要控制点恢复到路基上，进行线路中线贯通测量；在有桥、隧的地段，应从桥梁、隧道的线路中线向两端引测贯通。贯通测量后的中线位置，应符合路基宽度和建筑物接近限界的要求；同时中线控制桩和交点桩应固桩。

对于曲线地段，应支出交点，重新测量转向角值；当新测角值与原来转向角之差在允

许范围内时，仍采用原来的资料；测角精度与复测时相同。曲线的控制点应进行检查，曲线的切线长、外矢距等检查误差在 1/2 000 以内时，仍用原桩点；曲线横向闭合差不应大于 5 cm。

中线上，直线地段每 50 m、曲线地段每 20 m 测设一桩；道岔中心、变坡点、桥涵中心等处均需钉设加桩；全线里程自起点连续计算，消灭由于局部改线或假设起始里程而造成的里程不能连续的“断链”。

2. 高程测量

竣工测量时，应将水准点移设到稳固的建筑物上，或埋设永久性混凝土水准点；其间距不应大于 2 km；其精度与定测时要求相同；全线高程必须统一，消灭因采用不同高程基准而产生的“断高”。

中桩高程按复测方法进行，路基高程与设计高程之差不应超过 5 cm。

3. 横断面测量

横断面测量主要检查路基宽度，侧沟、天沟的深度，宽度与设计值之差不得大于 5 cm；路堤护道宽度误差不得大于 10 cm。若不符合要求且误差超限者应进行整修。

8.8 既有线和既有站场的测量

为了适应和促进国民经济的发展，必须大力增强铁路的运输能力。这方面除了修建新线之外，对既有铁路进行技术改造，充分挖掘潜能，亦是一种有效的措施之一。

改造既有铁路的原则，应是在满足运输需要和保证安全的前提下，充分利用既有建筑物与设备，以发挥其潜在能力。既有铁路的线路改造方式，主要是落坡和改善线路平面、延长站线、修建复线插入段、增大曲线半径、增建第二线等。

既有铁路改造的外业勘测与新线勘测不同，它是沿一条运营铁路进行勘测，因而具有以下特点：选线工作较新线少；要充分了解和考虑既有铁路原有的设备；要考虑改造中能保证铁路的正常运营和相互配合。因而它是一项比较复杂、细致的工作，以分阶段进行为宜。

既有铁路线路测量的内容主要有：线路纵向丈量、横向调绘、水准测量、横断面测量、线路平面测绘、地形测绘、站场测绘及绕行线定测等。

既有铁路的勘测设计，一般应分两阶段进行，即：初测，初步设计；定测，施工设计。由于各勘测阶段的目的不同，因而对某些测量资料要求的广度和深度也不一样。下面介绍既有线测量中的主要工作内容。

8.8.1 既有线的纵向丈量及调绘

线路纵向丈量，又称百米标纵向丈量或里程丈量。它是沿既有线丈量，定出公里标、百米标及加标，作为勘测设计和施工的里程依据。公里标、百米标及加标统称里程桩。

1. 量　距

线路里程丈量的起点，应在《设计任务书》中规定。一般是从附近的车站中心或大型建筑物中心的既有里程引出，并应与附近的公里标里程核对，而且应与既有线文件上的里程取得一致，按原里程方向连续推算。其“断链”位置应在车站、大型建筑物、曲线以外的直线百米标上。

丈量时，双线区段里程沿下行方向进行；并行直线地段的上行线里程，采用将下行线里程向上行线投影的方法来确定，使两者里程一致；曲线地段，宜从曲线测量起点开始分别丈量，并在曲线测量终点外的直线上取得投影“断链”。当上行线为绕行线时，应单独丈量，“断链”设在曲线外的百米标处。

车站内的里程丈量，应沿正线进行。当车站为鸳鸯股道布设时，应从车站中心转入另一股道连续丈量并推算里程，如图 8-30。

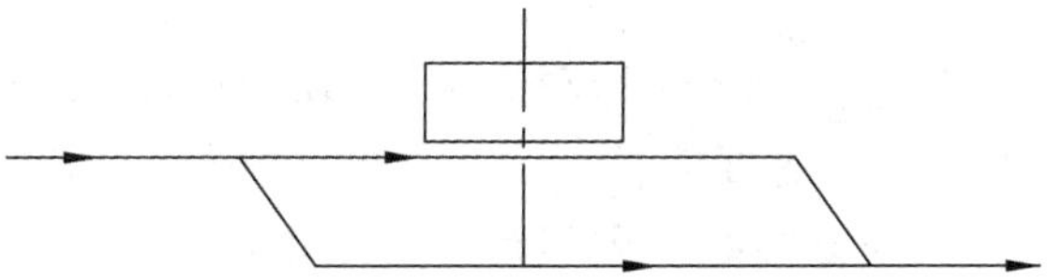

图 8-30　鸳鸯股道处的里程丈量

支线、专用线、联络线等，应以联轨道岔中心为里程起点。

距离丈量，可以采用下列三种方法：

（1）沿轨道中心丈量。

在起点里程处定出线路中心，作为里程及百米标丈量起点。前、后尺手各用一根轨道分中尺放在钢轨上，将钢尺置于轨道尺中心进行丈量。每丈量一尺段，应用红铅笔标划在枕木上或平稳的道砟上，并用白粉笔画圈，在枕木上注明公里标、百米标、加标字样，以供后尺手识别。

此法因质量能得到保证，故用得较多。但因在轨道中心工作，特别要注意人身安全。

（2）直线上沿钢轨顶丈量，曲线上沿轨道中心丈量。

这种方法在平道上沿轨顶丈量比较简单、方便，但在有较大坡度的坡道上（10‰以上）丈量时，要注意保持钢尺水平；曲线地段仍用轨道分中尺移到轨道中心丈量。

此法简单，能保证质量，但要注意安全。

（3）沿路肩丈量距离。

沿路肩丈量距离，必须与钢轨保持一定的相等距离，但遇到桥梁、隧道、曲线时，应用放桩尺移到轨道中心进行丈量，过了此段之后，再移到路肩上进行丈量，并另有专人用放桩尺将所有公里标、百米标及加标移到钢轨上。

对于有轨道电路的既有线，此种方法在路肩上丈量不影响列车运行，且能保证人身安全，也能满足质量要求；但遇桥、隧、曲线等要移上移下，稍显不便，且会增加测量误差。

量距时，应当使用经过检定或与已检定过的钢卷尺进行过比长的钢尺。同时对丈量结果要进行尺长改正和温度改正。丈量一般应由两组人员各拿一根钢卷尺独立进行，每千米核对一次，当两组丈量结果的相对较差小于1/2 000时，则以第一组丈量的里程为准，同时应与原有桥梁、隧道、车站等建筑物的里程核对，并在记录本上注明其差数。

2. 里程桩的标记

对里程进行丈量时，应设公里标、百米桩和加标。曲线范围内每20 m设一加桩，加桩里程应为20m的整倍数。除此之外，在下列地点应增设加标。

（1）桥梁中心、大中桥的桥台挡砟墙前缘和台尾、隧道进出口、车站中心、进站信号机和远方信号机等，取位至厘米。

（2）涵渠、渡槽、平交道口、跨线桥、坡度标、圆曲线和缓和曲线始终点标、跨越铁路的电力线与通信线及地下管线的中心，新型轨下基础、站台、路基防护及支挡工程等的起终点和中间变化点，取位至分米；

（3）路堤和路堑最高处、填挖零点、路基宽度变化处、路基病害地段，取位至米。

拟设加标处，最好在里程丈量之前，派人预先确认，并用粉笔在钢轨腰部。在轨枕头部注明名称，以便记录。

线路里程的位置，包括公里标、百米标和加标，均应用白油漆标记，直线地段在左侧钢轨（面向下行方向分左、右）外侧的腰部画竖线；曲线范围内（包括曲线起终点40~80 m）的内、外股钢轨的外侧腰部，均应画竖线。公里标和半公里标应写全里程，百米标及加标可不写公里数，如图8-31所示。

3. 线路调绘

线路调绘又称横向测绘，是对既有线路两侧30 ~ 50 m以内的地物、地貌的调查测绘。其目的是作为修改和补充既有线平面图及作为拆迁建筑物、路基加宽、路基防护、排水系统布置、土方调配以及第二线左右侧选择等意见的依据。

调绘时，以纵向里程为纵坐标、横向距离为横坐标，以支距法进行测绘；测绘比例尺为1∶2 000或1∶1 000；测绘结果必须在现场按比例描绘在记录本上。

根据纵向丈量记录，先在室内将所测地段的百米标、加标，自下而上抄录在记录本中的中线右侧1 cm以内，以中线左右各1 cm宽度绘一直线表示路肩线，路肩上的各种标志，如公里标、坡度标、信号机等，测绘在中线左侧1 cm之内。测绘时，一人用方向架瞄准施测点，两人用皮尺以附近桩号为准，量出该点的纵向里程；再以中线为准量出横向距离。绘图时横向距离一般减去3 m，以路肩线为零点，向两侧按比例绘图。在30 m以外的地物、地貌可用目估测绘。

在记录本上应测绘的内容包括：

（1）路堤坡脚线、路堑边坡顶，取土坑、弃土堆、排水沟等。

（2）公路、房屋、电杆、河流、水塘等。

（3）挡墙、桥涵、隧道洞口、平交道和立交桥等。道路和河流与线路相交时，要测出交角。

（4）通信线、电力线跨过线路时，要测出交角和在轨道面以上的高度。

（5）对有拆迁可能的建筑物要详细测绘。

（6）对第二线左右侧的意见。

线路调绘记录格式见图8-31。

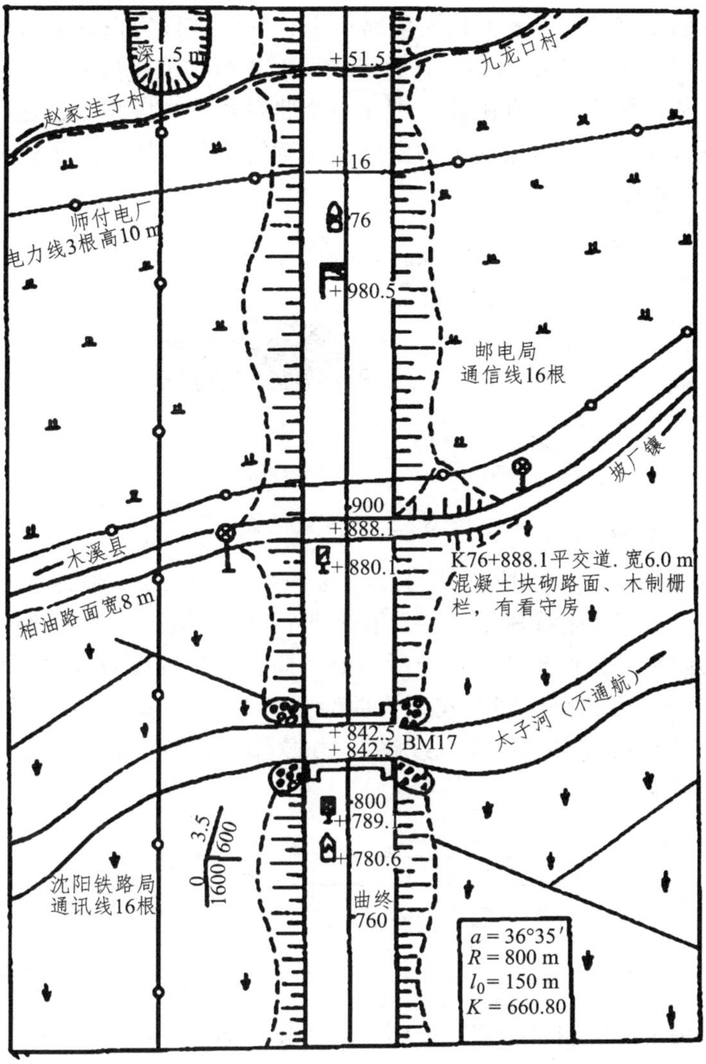

图 8-31　线路调绘记录

8.8.2　既有线中线平面测量

既有铁路在长期运营过程中，由于受到列车的冲击，使线路位置和形状发生变化，尤其曲线部分更是如此。为了改建既有线和增建第二线，首先应把既有线路的现状测绘出来，以便更新选择半径和计算拨正量，使线路恢复到较佳状态。

1. 线路中线外移桩的设置

在运营线上进行线路中线测量，为了保证人身和行车安全，以及固定测绘成果便于据此进行施工，常将中线平行外移到路肩上，并用桩加以标定，这些标桩称“中线外移桩”。这样，中线测设工作可在路肩上进行。

外移桩在直线地段宜设在百米标处左侧路肩上，曲线地段应设在曲线外侧路肩上，距线路中心一般为 2.0 ~ 3.0 m，如图 8-32。外移桩应注明里程，但不另外编号；同一条线路上的外移桩距中线的距离应相等。如有困难，则在一个曲线范围内应相等，这样便于计算。外移桩的设置可利用放桩尺，使用时用横木的内边紧贴钢轨头的内侧，为了行人安全和保护外移桩，应将桩顶打到与地面齐平。

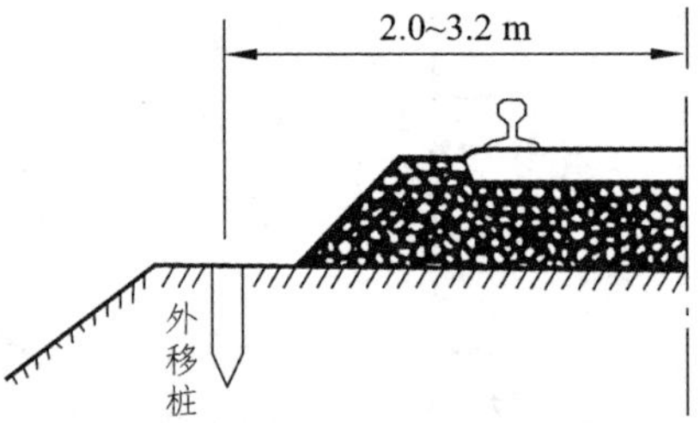

图 8-32　外移桩位置

外移桩间的距离，在直线地段不应长于 500 m 或短于 50 m，在曲线地段不应长于 100 m。桩与桩之间应通视，并尽可能将其设置在公里标或半公里标处。所设外移桩应及时记入手簿，注明其位置及外移距离。在遇到特大桥及隧道时，应将外移桩移回线路中心；当增建的第二线变侧，或与曲线外侧非同侧时，外移桩需在曲线前的直线上用等距平行线法换侧，如图 8-33 所示。用经纬仪量出直角，将外移桩移到线路中心或对侧，前后换侧点的距离不应小于 200 m，得一平行导线后，再继续前进。

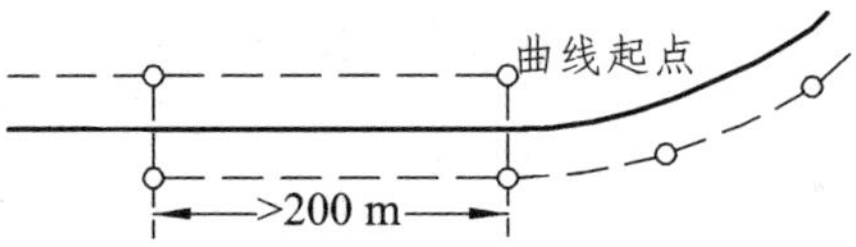

图 8-33　外移桩换侧

在曲线地段，为了便于测量瞭望，应将外移桩设在曲线外侧；但在连续反向曲线的情况下，为了减少外移桩的换边次数，亦可将外移桩设在曲线内侧的路肩上。

2. 直线的测量方法

既有线的直线测量，是在直线各中线外移桩上安置经纬仪，作外移导线的水平角测量。同新线导线测量一样，在起点应测定起始边的方位角，然后按百米标的前进方向，用 DJ_6 或 DJ_2 级经纬仪测出各外移桩的水平角，一般测一个测回即可。

3. 曲线的测量方法

既有线曲线测量，是为了给既有线选择合理的设计半径和曲线的拨正量提供平面资料。

既有线曲线测量常用的方法有：矢距法、偏角法、正矢法。而正矢法由于操作、计算简便易于掌握，故在工务部门线路养护中为拨道常用的方法。但由于其精度较低，故在既有线改建和增建第二线的勘测中很少使用，在此仅介绍矢距法和偏角法。

（1）矢距法。

用矢距法测量曲线是利用曲线上的外移导线进行的。相邻外移桩的连线称照准线，利用它来测量曲线上每 20 m 点的矢距值，测各外移桩的转向角，同时测若干个大转向角作为检核之用。

如图 8-34（a），从曲线测量起点的外移桩 I 开始，依次在外移桩 I、II 、III、…上安置经纬仪，测出各段曲线的转向角 φ_1 、φ_2 、φ_3 、…；并读出曲线上每隔 20 m 的点从线路中心到照准线的垂距 c，则矢距 $f = A - c$，A 为外移桩离线路中线的距离。

曲线上各转向角的测量要求，见表 8-12。

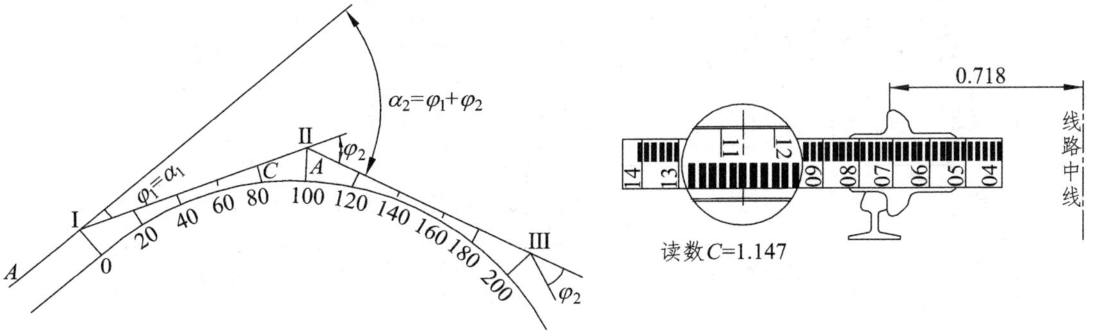

图 8-34　矢距法测既有线曲线

表 8-12　测角要求及角值限差表

仪器等级	测回数	两半测回间较差/（″）	两测回间较差/（″）
DJ_2	1	20	
DJ_6	2	30	20

曲线测量的一般步骤及要求如下：

（1）将经纬仪安置在 I 点（曲线起点），后视直线上一点 A，前视 II 点，用测回法测出转向角 φ_1；然后在曲线上各 20 m 点处垂直于照准线 I – II 放置矢距尺［图 8-34（b）］，使矢距尺的角铁紧贴钢轨头的内侧，则其零点正好位于线路中线上，并读出照准线上的矢距尺读数 C 值，记入表 8-13 第 11 栏的前视中。

（2）将经纬仪安置在 II 点，后视 I 点，再次读出 I ~ II 点间曲线上各 20 m 点的 C 值，记入后视栏中（第 12 栏）。当同一点的前、后视 C 值读数之差不超过 5 mm 时取平均值。然后测 φ_1 角，读 II ~ III各 20 m 点之前视 C 值。

（3）重复以上工作步骤，直至曲线终点。

（4）为了检核转向角 φ，应该每隔一个或几个中线外移桩测一个大偏角 β_1 、β_2 、…，如图 8-35。

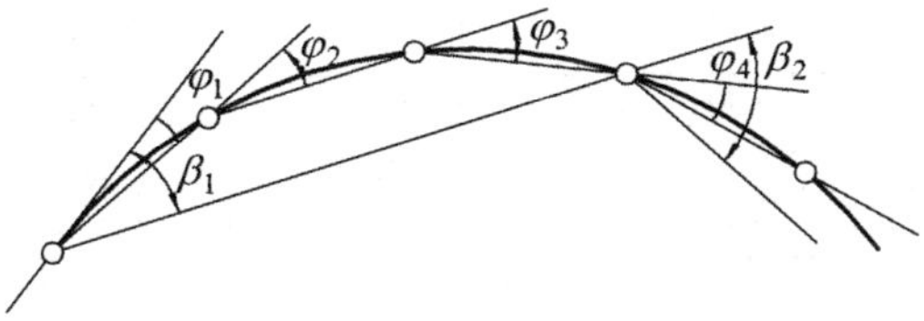

图 8-35　测大偏角

表 8-13　既有线曲线测绘记录

区　间________________　　里　程________________　　　　　　上承 / 下接　第　　册　第　　页

日　期________________　　气　候________________

点的名称		读　数			角　度　转　向　角				照准线到线路中心距离/m				矢距 F/m	备　注
置镜点	观测点	I ° ′ ″	II ° ′ ″	平均	右角 ° ′ ″	平均 ° ′ ″	右左	° ′ ″	百米标和加标	前视	后视	平均		
1	2	3	4	5	6	7	8	9	10	11	12	13	14	15
51+800	51+600	279 48 05							51+800	2.500	2.500	2.500	0	
	51+900	100 52 50			178 55 15				20	2.124	2.125	2.125	0.375	外移距 A=2.500 m（置镜点）
						178 55 07	右	1 04 53	40	1.792	1.790	1.791	0.709	
	51+600	346 58 22			178 54 58				60	1.630	1.630	1.630	0.870	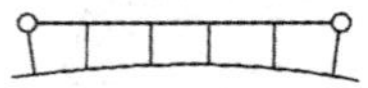
	51+900	168 03 24							80	1.855	1.855	1.855	0.645	
51+900	51+800	173 57 11							51+900	2.500	2.500	2.500	0	
	52+000	0 00 00			173 57 11				20	1.530	1.534	1.532	0.968	
						173 57 16	右	6 02 44	40	1.055	1.059	1.057	1.443	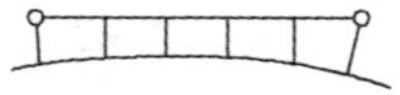
	51+800	58 52 10			173 57 20				60	1.058	1.061	1.060	1.440	
	52+000	244 54 50							80	1.540	1.542	1.541	0.959	
52+000	51+900	60 35 29							52+000	2.500	2.500	2.500	0	
	52+100	247 25 29			173 10 00				20	1.540	1.540	1.540	0.960	
						173 10 05	右	6 49 55	40	1.048	1.048	1.048	1.452	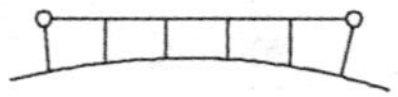
	51+900	114 51 54			173 10 10				60	1.067	1.067	1.067	1.433	
	52+100	301 11 44							80	1.563	1.567	1.565	0.935	
52+100	52+000	105 43 43							52+100	2.500	2.500	2.500	0	
	52+200	289 53 05			175 50 38				20	2.345	2.345	2.345	0.155	
						175 50 38	右	4 09 22	40	2.372	2.371	2.372	0.128	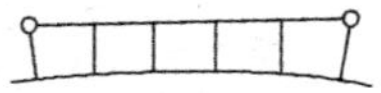
	52+000	162 18 54			175 50 38				60	2.400	2.399	2.400	0.100	
	52+200	346 28 16							80	2.453	2.448	2.451	0.049	
52+200	52+100	219 37 46							52+200	2.500	2.500	2.500	0	
	52+400	39 43 38			179 53 58									
						179 54 06	右	0 05 54						
	52+100	263 04 20			179 54 14									
	52+400	83 10 06												

各转向角总和与大偏角总和之差，即为角度闭合差 $\Delta\beta$ 。

$$\Delta\beta = \sum\varphi - \sum\beta$$

《测规》规定，角度闭合差的容许值为

$$\Delta\beta_{容} = +30''\sqrt{n} \text{（}n\text{ 为置镜点数）}$$

角度闭合差 $\Delta\beta \leqslant \Delta\beta_{容}$ 时，以各分转向角之和作为曲线的转向角值。

（2）偏角法。

用偏角法测量既有线曲线的方法，基本上与测设新线曲线的方法相同，仅是目的不同。

如图 8-36，既有线曲线的偏角 i，是根据已知曲线间的长度（一般是 20 m）和测点的实际位置量测出来的。测量曲线偏角时，应在 ZH、HZ 附近 20 m 标上安置经纬仪，相邻两置镜点间的距离不应大于表 8-14 中的规定。

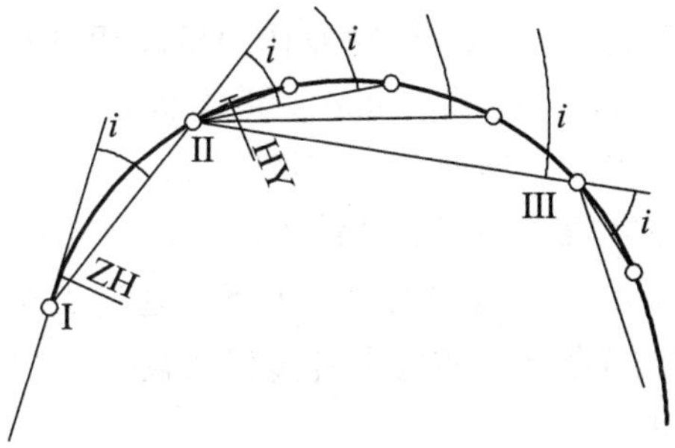

图 8-36　偏角法

图中 I、II、…为曲线的外移桩，分别在其上置镜，测出前进方向每 20 m 曲线点的偏角 i。每个偏角应测一个测回，上、下半测回角值之差在 30″ 以内时取平均值。置镜点间各大偏角的测角要求及大偏角之和与总偏角之和的角度闭合差的限差要求，同矢距法测量。

在外移桩上量测偏角时，用放线尺定出测点的外移位置；沿轨道中心进行时，用轨道丁字尺把置镜点和每 20 m 的测点，从左轨引到线路中心点；沿外轨面进行时，用特制小木块定出测点（钢轨中心）位置。

表 8-14　偏角法测量曲线相邻两置镜点间距离（单位：m）

曲线半径	相邻两置镜点间距离	
	有缓和曲线地段	圆曲线地段
250~350	140	300
351~500	180	
501~800	240	
800 以上	300	

偏角法与矢距法相比，其操作、记录、计算均较简单，但从外移桩上放设第二线（或第一线）位置时，不如矢距法方便。

8.8.3 既有线路的高程测量

既有线高程测量，是为了核对或补设沿线既有水准点，以及对既有线所有百米标及加标沿轨顶进行高程测量，作为纵断面设计的依据。

水准点的高程和编号，应以既有线的资料为准，并且要到现地加以核对、确认，不但里程和位置要相符，同时注字要清晰；如痕迹已不清楚应加凿，并按原号编注。

当水准点遗失、损坏或水准点间的距离大于 2 km 时，应补设水准点。在大中桥头、隧道洞口、车站等处应增设水准点，并另行编号。

水准点高程测量，可采用一组往返测，亦可采用两组水准并测，其高差较差与原水准点的高程闭合差，均不应超过 $\pm 30\sqrt{K}$ mm（K 为单程水准路线长度，以千米为单位），如闭合差超限，须返工重测。只有确认原水准点高程有误后，才能改动原高程。新补设的水准点高程应与其前、后水准点高程闭合。

水准点高程施测时应单独进行，不宜同时兼作中桩高程测量。既有线高程应采用国家统一的高程基准系统（1985 国家高程基准或 1956 黄海高程系统），如个别地段有困难时，可以引用其他高程系统，但全线高程测量连通后，应消除断高，换算成国家高程基准系统。

中桩高程，直线地段为左轨轨顶高程，曲线地段为内轨轨顶高程。

中桩高程应测量两次，与水准点高程的闭合差不应超过 $\pm 30\sqrt{K}$ mm，在限差以内时，按与转点个数成正比的原则分配闭合差；两次中桩高程的较差在 20 mm 以内时，以第一次测量平差后的高程为准，取位至毫米。

8.8.4 既有线路的横断面测量

既有线横断面测量是一项繁重的工作。横断面图是线路维修、技术改造时设计、施工的重要依据；拨道、道床抬高或降低、施工间距及施工措施等，都要在横断面图上考虑。在线路维修或改建时，要考虑到限界的要求，因此，对既有线的建筑物及设备的位置、标高等，在测量横断面时均应详细测绘、记录，所以它比新线横断面测量要求精度高。

1. 横断面位置与测绘宽度

既有线百米标、地形变化处的加标、挡土墙、护坡、路基病害处、平交道口、隧道洞口、涵管中心及桥台台尾处等，均应测绘比例尺为 1∶200 的横断面图。在轨顶、砟肩、砟脚、路肩、侧沟、平台等处均应测点。

横断面的密度及宽度以满足设计需要为原则，此外还应满足以下要求：直线地段，一般每隔 20 ~ 50 m；曲线地段一般每隔 20 m 应测一个横断面，但不宜大于 40 m。其宽度，从既有线中心向两侧应测到最后一个路基设备（如取土坑、弃土堆、排水沟、天沟等）以外 5m；如拟修建路第二线，则第二线一侧为 20 m；同时，离开路基坡脚和路堑边缘不应小于 20 m。

2. 横断面测绘方法

横断面的方向可用方向架或经纬仪测设。

横断面测绘中的距离，可用钢尺或皮尺丈量。距离应自轨道中心起算，为了便于丈量，可自轨头内侧开始量起，以 0.72 m（半个轨距）为起点；曲线上内轨有加宽，所以应从外轨的内侧量起，丈量曲线内侧的距离时应扣除 0.72 m。

测点高程，一般用水准仪测定，在每个断面上根据轨面高程求出其他点的高程，对于深堑高堤和山坡陡峻的断面，可用经纬仪斜距法、水准仪斜距法、断面仪进行测绘，但路肩及其以上的测点仍应用水准仪测定。

3. 横断面测量精度

图 8-37 为区间线路横断面示意图。测量精度的要求：距离、高程取位至厘米；检查时的限差：高程为±5 cm，距离为±10 cm。

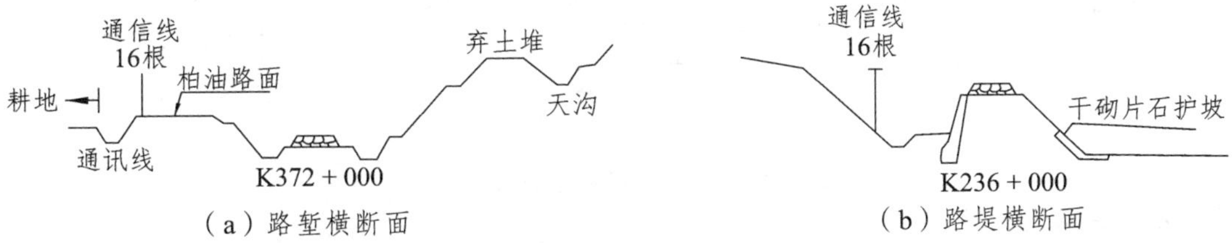

图 8-37　区间线路横断面示意图

8.8.5　既有线站场测量

既有线的站场测量资料是车站改建设计的依据。既有线站场测量的特点是面积大、地物多、车站作业频繁、测量要求精度高，与既有线路测量相比，难度和复杂性就要大得多。尤其是在大的枢纽作站场测绘，采用一般的方法几乎是不可能的，必须结合具体的测量点，采用不同的作业方法。在工作开始之前，要先做好测区资料收集及准备工作，如专用线、联络线的接轨点、站内曲线半径、道岔号数、高程系统、车流密度及列车运行图等，并应与地方、工业厂矿取得联系，以求得支持。

既有站场测绘内容，视车站类型及要求而有所不同，主要包括：纵向丈量、基线测设、横向测绘、道岔测量、站内线路平面测绘，以及站场导线、地形、高程及横断面测量等。其中纵向丈量、横向测绘、高程测量和横断面测绘与区间线路测量大同小异。此节主要介绍基线测设、道岔测量、站场线路测量及横断面和地形测绘。

8.8.5.1　站场基线测设

基线是站场平面测绘、车站改建或扩建设计时计算道岔和各种建筑物坐标的依据，同时也是施工时标定各种设备的基础。因此，基线的布置应满足测量、设计与施工的需要。

1. 基线布设原则

（1）基线的布设要便于丈量各处的设备及建筑物，并且尽量少受行车的干扰。一般应将基线设在正线与到发线之间；中小站可以中线外移桩作基线。

（2）基线长度可视需要而定，但主要基线至少应布置到进站信号机外方终止。

（3）主要基线与辅助基线，应尽量平行于正线或其邻近的线路，以减少计算工作量；控制点间距宜为 100 ~ 300 m。

（4）站场测绘宽度大于 30 m 时，应加设辅助基线；基线与辅助基线、辅助基线之间的距离以 30 m 为宜，但最大不宜超过 50 m（用光电测距仪施测时不受此限）。

2. 基线类型

（1）直线型基线。

图 8-38 是设在车站内直线上的主要基线。设在到发场、编组场、机务段、车辆段、货场内直线股道间的辅助基线，亦可采均这种类型。

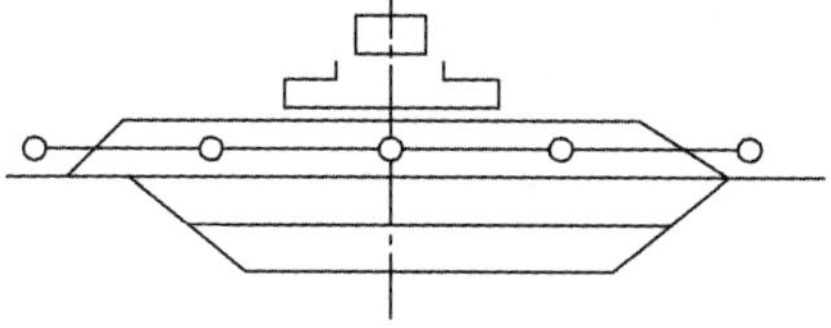

图 8-38　直线型基线

（2）折线型基线

车站设在曲线上，一般应采用折线型基线布置，如图 8-39、图 8-40。

（3）综合型基线。

大型车站规模大、建筑物及设备多，为满足测量、施工的需要，一般采用基线与导线配合的综合形式布置，如图 8-41。图中实线为基线，点画线为辅助基线，虚线为导线。

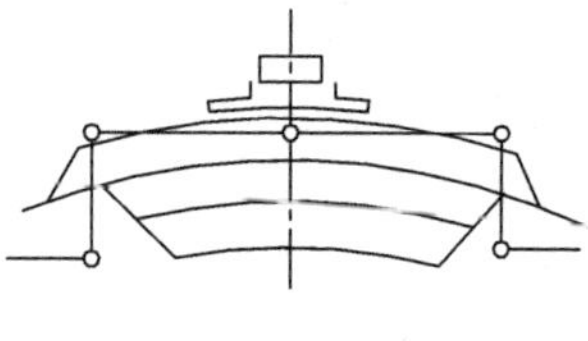

图 8-39　拆线型基线（曲线）

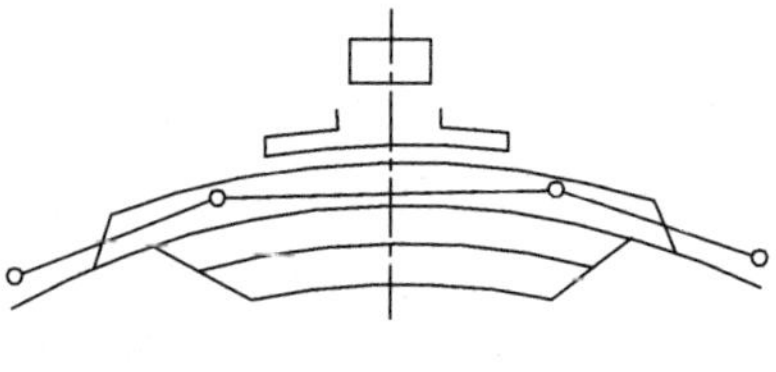

图 8-40　拆线型基线（站场）

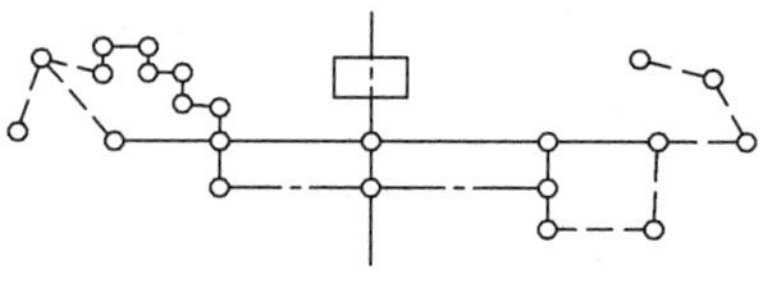

图 8-41　综合型基线

3. 基线的测设方法

由于站场平面测绘一般都采用平面坐标系，故通常采用平行于正线股道的基线为 x 轴；以通过车站中心、垂直于 x 轴的方向作为 y 轴；以两轴的交点作为坐标原点。为了测绘方便，一个车站里可以采用几种坐标，但彼此之间应有一定的联系。

确定坐标原点，首先要找出车站中心。而车站中心一般为站房中心或运转室中心，它可由车站提供或重新测定。车站中心确定后，投影到正线以计算里程，从而定出坐标原点的位置。然后朝两个方向沿基线丈量长度、测量转折角等，这与新线勘测中的导线测量方法相同。站内布设的辅助基线，均应与主要基线相联系，组成基线控制网。

基线原点应埋设永久基线桩标志，基线丈量中要钉设百米标，并用白油漆标记在相应的轨道上。基线设置的精度要求为：桩间距离用检定过的钢尺往返丈量两次，相对较差不大于

1/2 000 时，取平均值；基线桩的方向要用正倒镜分中确定；基线网的角度测量方法和精度要求与线路测量相同，角度闭合差允许值为 $\pm30''\sqrt{n}$ ，n 为测角数；全长的相对闭合差应不超过 1/4 000。在限差以内时，将闭合差调整，角度闭合差按置镜点数平均分配；边长闭合差可按坐标增量或边长比例分配。

8.8.5.2 道岔测量

道岔是列车由一股道驶入另一股道时的关键设备。根据搜集到的站内道岔资料，应到现场逐个核对道岔号数，并测定道岔的中心。

1. 道岔号数的测定

道岔号是辙叉角的余切，一般采用下列两种方法测定：

（1）步量法。

如图 8-42，在辙叉上找出和步量者脚长相等处，然后用脚量至理论叉尖处，所量的脚数即为该道岔的号数。如图中所量为 6 倍脚长，即为 6 号道岔，此法在现场经常使用。

（2）丈量法。

如图 8-43，在辙叉上找出宽 1 dm 和 2 dm 处的位置，丈量出间距为 L（dm），则 L 的数值即为其道岔号数。

图 8-42　步量法确定道岔号数

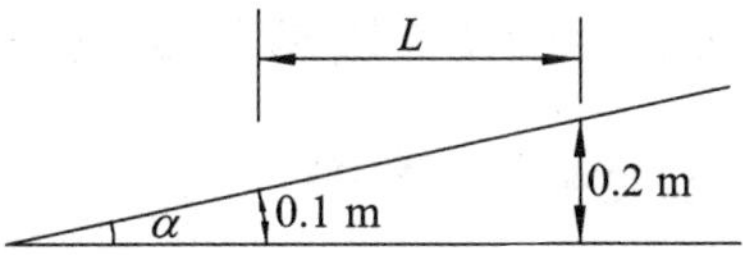

图 8-43　丈量法确定道岔号数

2. 测定道岔中心

道岔中心是道岔所联系的两条线路中心线的交点，通称岔心。在设计时均以道岔中心点的坐标表示道岔位置；施工时可根据道岔中心点安设道岔。

在站场平面测绘之前，应将站内所有道岔中心的位置钉出。钉设道岔中心的方法，根据道岔类型的不同，可采用下述两种方法。

（1）直接丈量法。

若为单开道岔，可以用钢尺直接量出道岔中心位置。如图 8-44，在道岔表中可以查出道岔理论辙叉尖端到岔心的距离 b_0 。若没有现成资料，可用轨距（1 435 mm）乘以道岔号数，近似地确定 b_0 。如 12 号道岔，b_0=17 250 mm，b_0'=1 435×12=17 220 mm。

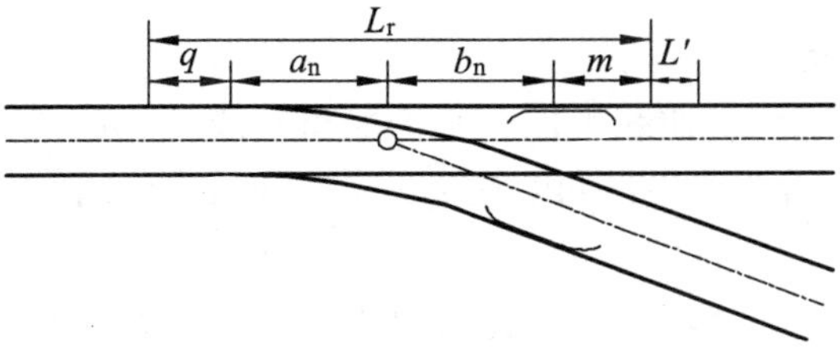

图 8-44　直接丈量法确定道岔中心

（2）交点法。

对于曲线道岔（图 8-45）、对称道岔（图 8-46）、复式交分道岔（图 8-47）等道岔的岔心钉设，应采用交点法。先在尖轨附近的直线部分钉出其线路中心，即图中“∘”代表线路中心点；然后在辙叉附近钉出侧线线路中心点，用经纬仪延长两中心线得到的交点即为道岔中心点，图中用“・”表示岔心点。

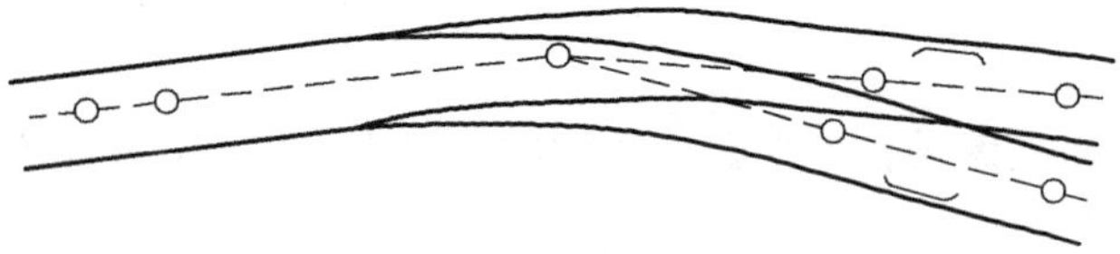

图 8-45　交点法确定曲线道岔中心

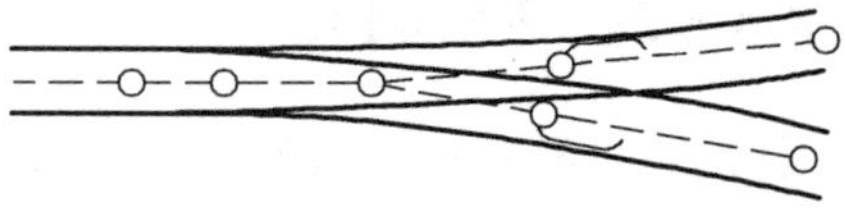

图 8-46　交点法确定对称道岔中心

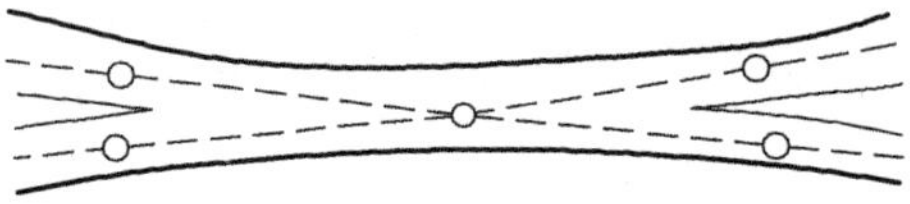

图 8-47　交点法确定复式交分道岔中心

用上述方法定出岔心之后，应打一木桩并钉上小钉作为标志；同时在两侧的钢轨上用白油漆画线标志其位置。道岔细部尺寸应逐项核对或丈量，并填写在道岔调查表中。

8.8.5.3　站场线路平面测量

1. 股道全长及有效长测量

股道长度测量是在站内横向测绘后进行的，故应充分利用已掌握的资料，尽量避免重复工作，而现场丈量只是补充其长度推算的不足部分。车站内线路为直线的股道全长，可根据横向测绘的道岔资料及道岔主要尺寸计算，缺少部分可到现场补量。股道有效长，是指股道内能容纳列车的停留而不影响邻线上列车运行的股道长度。它可根据警冲标、出发信号机、车挡或侧线出岔的辙轨尖的坐标计算得到；当股道位于曲线上时，应进行实地丈量。

2. 站内曲线平面测绘

既有线曲线平面测绘方法有矢距法、偏角法等，这在前文中已作了介绍，它同样适用于站内曲线平面测绘。

当站线上仅有圆曲线时，可按下面介绍的方法进行测绘。曲线测绘主要是测定交点的位置、转向角的大小和曲线半径。

（1）用导线控制平面位置。

导线的布置形式，视具体条件而定。

沿线路中线敷设导线来控制曲线平面，称为股道导线。其曲线两端的直线部分，至少应有两个导线点来固定切线方向（如图 8-48 中的 a、b 点），如有可能应钉出交点，量出转向角 α 和外矢距 E_0。

若沿线路一侧敷设导线，然后用极坐标法测设点位，以此来控制曲线平面位置，称为辅助导线法，如在 B 点安置仪器，后视 A 点，分别测出 a、b 点的极坐标要素 β 及 D。

导线应与站内基线联测，这样才能保证站内设备与建筑物之间正确的关系。

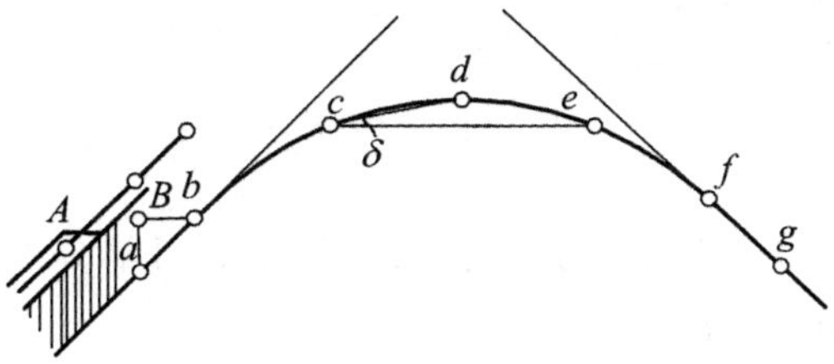

图 8-48　曲线平面位置的确定

（2）计算曲线转向角。

若能定出交点位置，则可直接测出转向角；否则，可根据曲线两端直线点的坐标，反算出切线的方位角来求转向角；若用中线法测绘线路时，把导线有关转角相加，即可得出曲线转向角。

（3）计算曲线半径。

① 正矢法。

从曲线起点开始测量，逐一量出每 20 m 或 10 m 线段的正矢 f 后，按下式计算曲线半径 R：

$$R=\frac{n\cdot\Delta l^2}{8\sum f} \tag{8-19}$$

式中　Δl——线段长度；

n——正矢的个数。

② 偏角法。

如图 8-49，c、d、e 为线路中心上的三点，间距为 Δl，测得 $\angle dce=\delta$，则

$$R=\frac{\Delta l}{2\sin\delta} \tag{8-20}$$

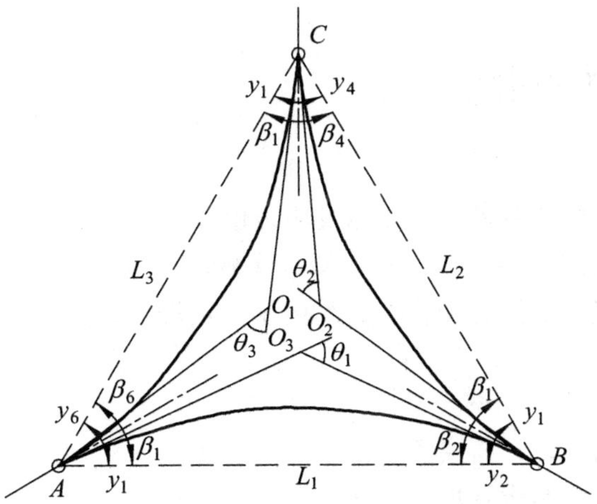

图 8-49　站内三角线测量

③ 外矢法。

利用外矢距 E_0 和转向角 α 计算 R：

$$R=\frac{E_0}{\sec\frac{\alpha}{2}-1} \tag{8-21}$$

3. 站内三角线测量

三角线是机车转向的重要设施。三角线曲线要素是通过部分外业实测的资料求算的；三角线的中线位置，可用股道导线法来测定。

现以图 8-49 为例，说明测量的方法。

（1）外业测量。

① 定出岔心 A、B、C 的位置并安置经纬仪，测出三点连线与辙叉中线的夹角 β；

② 量出 A、B、C 三点之间的距离 L_1、L_2、L_3。

③ 量出各曲线短弦 ΔL（20 m 或 10 m）之正矢 f_i。

（2）内业计算。

① 计算连线 L 与相应曲线的切线间夹角 γ。

$$\gamma_i=\beta_i-\frac{\alpha}{2}$$

式中　α——道岔辙叉角。

② 计算各曲线的转向角 θ。

$$\theta_1=\gamma_1+\gamma_2,\quad \theta_2=\gamma_3+\gamma_4,\quad \theta_3=\gamma_5+\gamma_6$$

③ 利用正弦定律，求出 ΔAO_1B、ΔBO_2C、ΔCO_3A 之边长 AO_1、BO_1、BO_2、…

④ 由式（8-19）算出半径 R，然后计算曲线要素，推算曲线起点到相邻岔心的距离。

由于站场设备多、地物复杂，站场平面测绘内容除道岔测量和站场线路平面测量之外，尚有站场客、货运输设备及建筑物、站场排水系统及其他与设计有关的建筑物及设备，也需要测绘出它们的平面位置。距离用钢尺丈量，取位至厘米。

8.8.5.4　站场横断面测量

1. 横断面位置

站内除了在正线公里标、百米标、加标及曲线地段不大于 20 m 处需测横断面外，根据具体情况，尚需单独施测支线、专用线、机务段、车辆段、大型货场等的横断面；车站中心、站台坡顶、站台坡脚、道岔区路基变化处、站内平交道等处，亦需测量横断面。

2. 横断面宽度

站内横断面宽度应满足设计需要，一般应测到取土坑或堑顶天沟外缘 5 ~ 10 m 处；在站场改、扩建一侧，应测至路基设计坡脚或堑顶以外 30 m。

3. 测绘内容

站内横断面除了与区间横断面测量内容相同者外，尚需在各股道的轨顶、砟肩、砟脚、路肩、排水沟等处有测点；各股道的间隔、断面方向上遇到的设备均应测量，如图 8-50。

站内横断面测量，距离用钢尺丈量，高程用水准仪测定。距离、高程均取位至厘米。

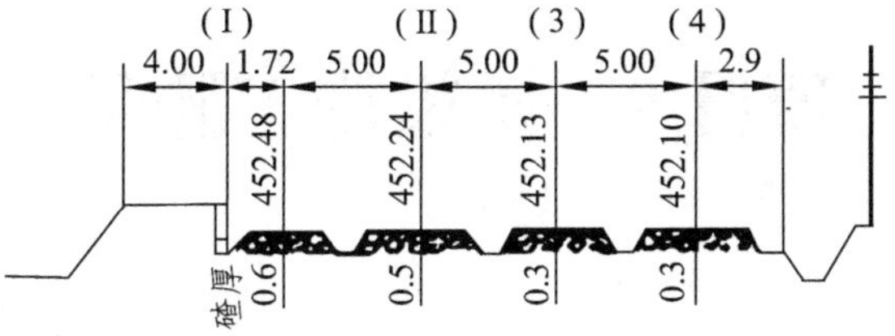

图 8-50　站内横断面测量

8.8.5.5　站场地形测量

站场地形的比例尺一般为 1∶2 000，对于大型站场亦可按 1∶1 000 测绘。

站场地形图的测绘范围，以满足设计需要而确定。对于中间站的测绘，一般横向为正线每侧 150 ~ 200 m；纵向为改建设计进站信号机以外 300 ~ 500 m。

特别提示

1. 综合曲线测设中全站仪坐标法应用非常广泛，应重点掌握，其中内业计算需要认真仔细。
2. 线路高程测量中，中桩水准测量视线高法计算未知点高程的方法很重要。

练一练

1. 圆曲线有几个主点、几个元素？
2. 简述综合曲线测设过程。

项目 9　桥梁施工测量

教学目标

通过本项目的学习，学生应能够熟练掌握桥梁施工测量相关实测方法，培养自己在实际工程中的应用能力，掌握桥梁平面控制测量方法、桥梁高程控制测量方法、桥梁中线和控制桩测设和桥梁墩台定位测量及桥梁架设施工测量，提高自身在学习过程中的主动性、创新性意识，学会自主、探索、合作的学习方式。

项目概述

建设一座桥梁，需要进行各种测量工作，其中包括勘测、施工测量、竣工测量等；在施工过程中及竣工通车后，还要进行变形观测工作。根据不同的桥梁类型和不同的施工方法，测量的工作内容和测量方法也有所不同。桥梁的测量工作概括起来有：桥轴线长度测量；施工控制测量；墩、台中心的定位；墩、台细部放样及梁部放样等。近代的施工方法，日益走向工厂化和拼装化，梁部构件一般都在工厂制造，在现场进行拼接和安装，这就对测量工作提出了十分严格的要求。

本项目内容介绍了桥梁平面控制和高差控制测量、桥梁中线和控制桩测设、桥梁墩台定位测量方法及桥梁架设施工测量。教学过程中，理论教学和实训相结合，使得学生熟练掌握桥梁施工测量的基本技能，为以后的施工测量工作打下坚实的基础。

看一看

图9-1所示为桥梁工程测量后方交会法视频讲解。

后方交会方法

图 9-1　桥梁工程测量

想一想

根据不同的桥梁类型和不同的施工方法，测量的工作内容和测量方法也有所不同。桥梁的测量工作的通用步骤是什么呢？

9.1 桥轴线长度所需精度的估算

在选定的桥梁中线上，于桥头两端埋设两个控制点，两控制点间的连线称为桥轴线。由于墩、台定位时主要以这两点为依据，所以桥轴线长度的精度直接影响墩、台定位的精度。为了保证墩、台定位的精度要求，首先需要估算出桥轴线长度需要的精度，以便合理地拟定测量方案。

在现行的《铁路工程测量规范》（TB 10101—2018）中，根据梁的结构形式、施工过程中可能产生的误差，推导出了如下的估算公式：

1. 钢筋混凝土简支梁

$$m_L = \pm\frac{\Delta_D}{\sqrt{2}}\sqrt{N} \tag{9-1}$$

2. 钢板梁及短跨（$l \leqslant 64\text{m}$）简支钢珩梁

单跨：$$m_l = \pm\frac{1}{2}\sqrt{\left(\frac{l}{5000}\right)^2 + \delta^2} \tag{9-2}$$

多跨等跨：$$m_L = \pm m_l\sqrt{N} \tag{9-3}$$

多跨不等跨：$$m_L = \pm\sqrt{m_{l1}^2 + m_{l2}^2 + \cdots} \tag{9-4}$$

3. 连续梁及长跨（$l \geqslant 64\text{m}$）简支钢珩梁

单联（跨）：$$m_l = \pm\frac{1}{2}\sqrt{n\Delta_l^2 + \delta^2} \tag{9-5}$$

多联（跨）等联（跨）：$$m_L = \pm m_l\sqrt{N} \tag{9-6}$$

多联（跨）不等联（跨）：$$m_L = \pm\sqrt{m_{l1}^2 + m_{l2}^2 + \cdots} \tag{9-7}$$

式中　m_{l1}——单跨长度中误差；

m_L——桥轴线（两桥台间）长度中误差；

l——梁长；

N——联（跨）数；

n——每联（跨）节间数；

Δ_D——墩中心的点位放样限差（设为±10mm）；

Δ_l——节间拼装限差（±2mm）；

δ——固定支座安装限差（±7mm）；

1/5 000——梁长制造限差。

9.2 桥梁的平面和高程控制测量

9.2.1 平面控制网的布设及测量

建立平面控制网的目的是测定桥轴线长度和据以进行墩、台位置的放样；同时，也可用于施工过程中的变形监测。对于跨越无水河道的直线小桥，桥轴线长度可以直接测定，墩、台位置也可直接利用桥轴线的两个控制点测设，无须建立平面控制网。但跨越有水河道的大型桥梁，墩、台无法直接定位，则必须建立平面控制网。

根据桥梁跨越的河宽及地形条件，平面控制网多布设成如图 9-2 所示的形式。

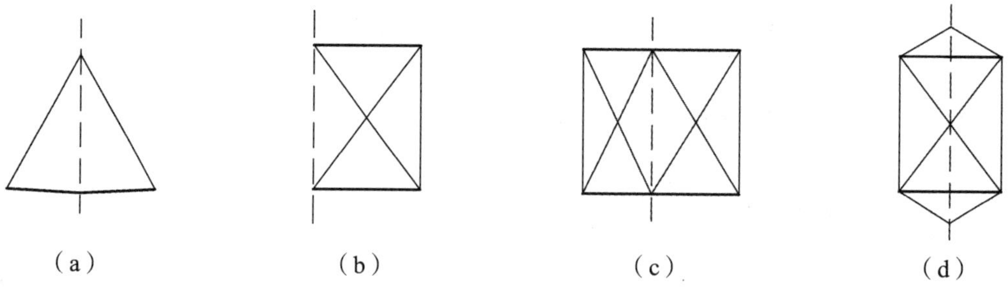

图 9-2 跨河桥平面控制网

选择控制点时，应尽可能使桥的轴线作为三角网的一个边，以利于提高桥轴线的精度。如不可能，也应将桥轴线的两个端点纳入网内，以间接求算桥轴线长度，如图 9-2（d）。

对于控制点的要求，除了图形刚强外，还要求地质条件稳定，视野开阔，便于交会墩位，其交会角不致太大或太小。

在控制点上要埋设标石及刻有“十”字的金属中心标志。如果兼作高程控制点使用，则中心标志顶部宜做成半球状。

控制网可采用测角网、测边网或边角网。采用测角网时宜测定两条基线，如图 9-2 的双线所示。过去测量基线是采用因瓦线尺或经过检定的钢卷尺，现在已被光电测距仪取代。测边网是测量所有的边长而不测角度；边角网则是边长和角度都测。一般来说，在边、角精度互相匹配的条件下，边角网的精度较高。

在《铁路工程测量规范》里，按照桥轴线的精度要求，将三角网的精度分为五个等级，它们分别对测边和测角的精度规定如表 9-1 所示。

表 9-1 测边和测角的精度规定

三角网等级	桥轴线相对中误差	测角中误差/（″）	最弱边相对中误差	基线相对中误差
一	1/175 000	±0.7	1/150 000	1/400 000
二	1/125 000	±1.0	1/100 000	1/300 000
三	1/75 000	±1.8	1/60 000	1/200 000
四	1/50 000	±2.5	1/40 000	1/100 000
五	1/30 000	±4.0	1/25 000	1/75 000

上述规定是对测角网而言，由于桥轴线长度及各个边长都是根据基线及角度推算的，为保证桥轴线有可靠的精度，基线精度要高于桥轴线精度 2～3 倍。如果采用测边网或边角网，由于边长是直接测定的，所以不受或少受测角误差的影响，测边的精度与桥轴线要求的精度相当即可。

由于桥梁三角网一般都是独立的，没有坐标及方向的约束条件，所以平差时都按自由网处理。它所采用的坐标系，一般是以桥轴线作为 X 轴，而桥轴线始端控制点的里程作为该点的 X 值。这样，桥梁墩台的设计里程即为该点的 X 坐标值，可以便于以后施工放样的数据计算。

在施工时如因机具、材料等遮挡视线，无法利用主网的点进行施工放样时，可以根据主网两个以上的点将控制点加密。这些加密点称为插点。插点的观测方法与主网相同，但在平差计算时，主网上点的坐标不得变更。

9.2.2 高程控制点的布设及测量

在桥梁的施工阶段，为了作为放样的高程依据，应建立高程控制，即在河流两岸建立若干个水准基点。这些水准基点除用于施工外，也可作为以后变形观测的高程基准点。

水准基点布设的数量视河宽及桥的大小而异。一般小桥可只布设一个；在 200 m 以内的大、中桥，宜在两岸各布设一个；当桥长超过 200 m 时，由于两岸联测不便，为了在高程变化时易于检查，每岸至少设置两个。

水准基点是永久性的，必须十分稳固，除了它的位置要求便于保护外，根据地质条件，可采用混凝土标石、钢管标石、管柱标石或钻孔标石。在标石上方嵌以凸出半球状的铜质或不锈钢标志。

为了方便施工，也可在附近设立施工水准点，由于其使用时间较短，在结构上可以简化，但要求使用方便，也要相对稳定，且在施工时不致被破坏。

桥梁水准点与线路水准点应采用同一高程系统。与线路水准点联测的精度不需要很高，当包括引桥在内的桥长小于 500 m 时，可用四等水准联测，大于 500 m 时可用三等水准进行测量。但桥梁本身的施工水准网，则宜用较高精度，因为它是直接影响桥梁各部放样精度的。

当跨河距离大于 200 m 时，宜采用过河水准法联测两岸的水准点。跨河点间的距离小于 800 m 时，可采用三等水准，大于 800 m 时则采用二等水准进行测量。

特别提示

1. 大桥的高程控制测量应随路线水准测量布设；独立大桥的高程控制测量，应同国家或路线水准点联测。

2. 桥位高程控制测量的等级与精度应符合规定。

3. 桥位高程控制测量等级高于国家或路线水准测量等级时，应保持其本身的精度。

4. 水准点应在两岸各设置1～2个；河宽小于100 m的桥梁可只在一岸设置一个，桥头接线部分宜每隔1 km设置一个。

5. 跨越大河（水面宽大于200 m）的水准测量，应符合跨河水准测量的规定。

6. 桥位平面控制三角点、导线点、桥位控制桩和水面比降点的高程应读至毫米。水文基线断面和桥位纵断面、洪水调查点、其他特征水位和建筑物的高程等可读至厘米。

练一练

1. 桥梁平面控制网可选用哪些？

2. 高程控制点如何布设？

3. 为什么要估算出桥轴线长度所需精度？

9.3　桥梁墩、台中心的测设

9.3.1　直线桥的墩、台中心测设

直线桥的墩、台中心位置都位于桥轴线的方向上。墩、台中心的设计里程及桥轴线起点的里程是已知的，如图 9-3 所示，相邻两点的里程相减即可求得它们之间的距离。根据地形条件，可采用直接测距法或交会法测设出墩、台中心的位置。

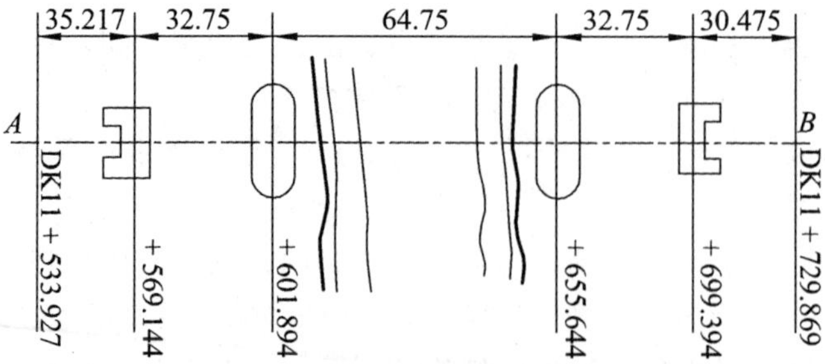

图 9-3　墩、台中心的设计里程及桥轴线里程

1. 直接测距法

这种方法使用于无水或浅水河道。根据计算出的距离，从桥轴线的一个端点开始，用检定过的钢尺逐段测设出墩、台中心，并附合于桥轴线的另一个端点上。如在限差范围之内，则依据各段距离的长短按比例调整已测设出的距离。在调整好的位置上钉一个小钉，即为测设的点位。

如用光电测距仪测设，则在桥轴线起点或终点架设仪器，并照准另一个端点。在桥轴线方向上设置反光镜，并前后移动，直至测出的距离与设计距离相符，则该点即为要测设的墩、台中心位置。为了减少移动反光镜的次数，在测出的距离与设计距离相差不多时，可用小钢尺测出其差数，以定出墩、台中心的位置。

2. 交会法

当桥墩位于水中，无法丈量距离及安置反光镜时，则采用角度交会法。

如图 9-4 所示，A、C、D 为控制网的三角点，且 A 为桥轴线的端点，E 为墩中心位置。在控制测量中 φ 、φ' 、d_1 、d_2 已经求出，为已知值。AE 的距离 l_E 可根据两点里程求出，也为已知。则

$$\alpha=\arctan\left(\frac{l_E\sin\varphi}{d_1-l_E\cos\varphi}\right) \tag{9-8}$$

$$\beta=\arctan\left(\frac{l_E\sin\varphi'}{d_2-l_E\cos\varphi'}\right) \tag{9-9}$$

α 、β 也可以根据 A、C、D、E 的已知坐标求出。

在 C、D 点上架设经纬仪，分别自 CA 及 DA 测设出 α 及 β 角，则两方向的交点即为 E 点的位置。

为了检核精度及避免错误，通常都用三个方向交会，即同时利用桥轴线 AB 的方向。

由于测量误差的影响，三个方向不交于一点，而形成如图 9-5 所示的三角形，这个三角形称为示误三角形。示误三角形的最大边长，在建筑墩、台下部时不应大于 25 mm，上部时不应大于 15 mm。如果在限差范围内，则将交会点 E'投影至桥轴线上，作为墩中心的点位。

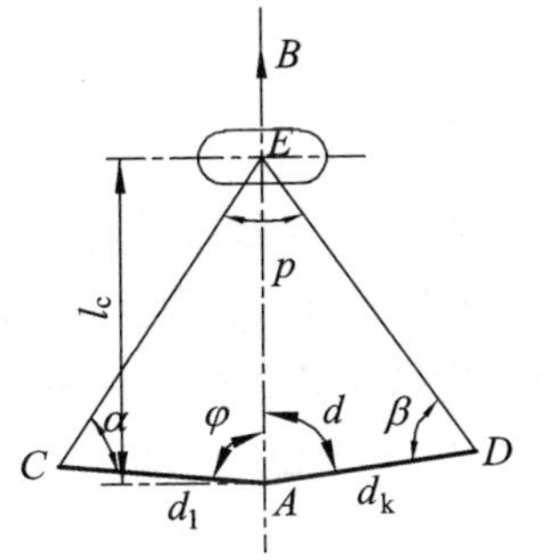

图 9-4　控制网

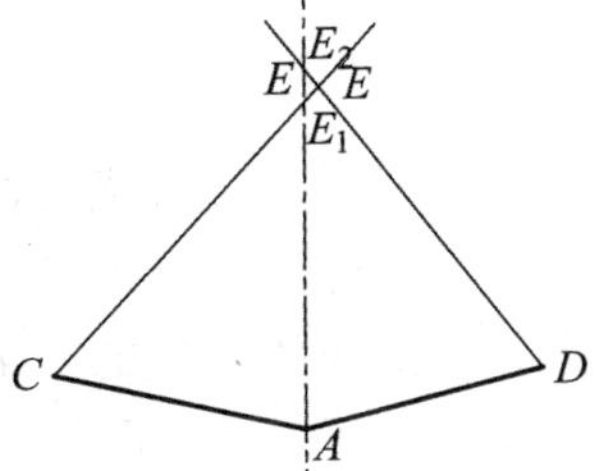

图 9-5　示误三角形

随着工程的进展，需要经常进行交会定位。为了工作方便，提高效率，通常都是在交会方向的延长线上设立标志，如图 9-6 所示。在以后交会时即不再测设角度，而是直接照准标志即可。

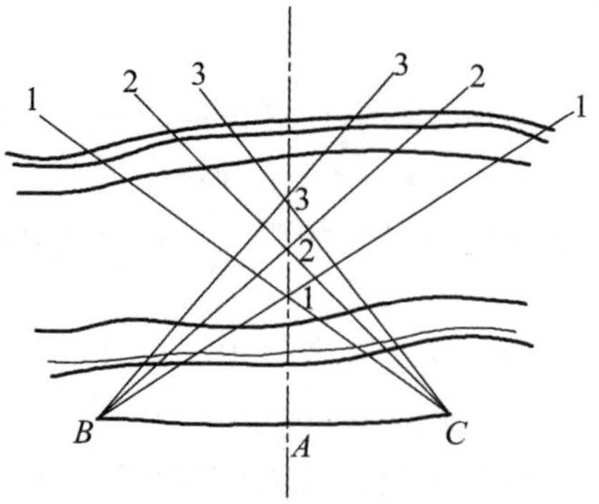

图 9-6　交会方向的延长线标志

当桥墩筑出水面以后，即可在墩上架设反光镜，利用光电测距仪，以直接测距法定出墩中心的位置。

9.3.2　曲线桥的墩、台中心测设

在直线桥上，桥梁和线路的中线都是直的，两者完全重合。但在曲线桥上则不然，曲线桥的中线是曲线，而每跨桥梁却是直的，所以图 9-7 基本构成了符合的折线，这种折线称为桥梁工作线，如图 9-7 所示。墩、台中心即位于折线的交点上，曲线桥的墩、台中心测设，就是测设工作线的交点。

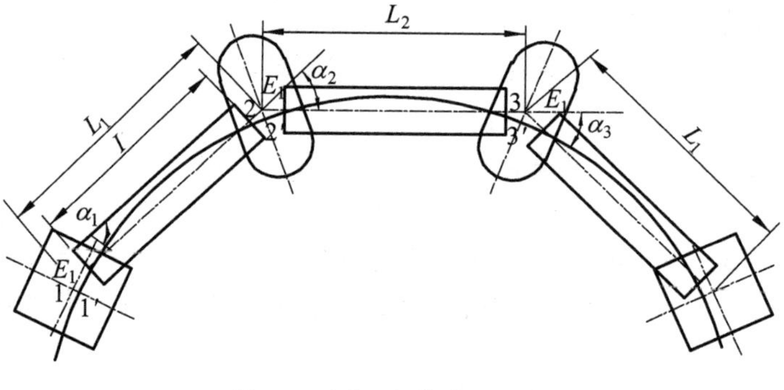

图 9-7　桥梁和线路的中线

设计桥梁时，为使列车运行时梁的两侧受力均匀，桥梁工作线应尽量接近线路中线，所以梁的布置应使工作线的转折点向线路中线外侧移动一段距离 E，这段距离称为“桥墩偏距”。偏距 E 一般是以梁长为弦线的中矢的一半。相邻梁跨工作线构成的偏角 α 称为“桥梁偏角”；每段折线的长度 L 称为“桥墩中心距”。E、α、L 在设计图中都已经给出，根据给出的 E、α、L 即可测设墩位。

在曲线桥上测设墩位与直线桥相同，也要在桥轴线的两端测设出控制点，以作为墩、台测设和检核的依据。测设的精度同样要求满足估算出的精度要求。

控制点在线路中线上的位置，可能一端在直线上，而另一端在曲线上（图 9-8），也可能两端都位于曲线上（图 9-9）。与直线不同的是，曲线上的桥轴线控制桩不能预先设置在线路

中线上，再沿曲线测出两控制桩间的长度，而是根据曲线长度，以要求的精度用直角坐标法测设出来。用直角坐标法测设时，以曲线的切线作为 x 轴。为保证测设桥轴线的精度，必须以更高的精度测量切线的长度，同时也要精密地测出转向角 α。

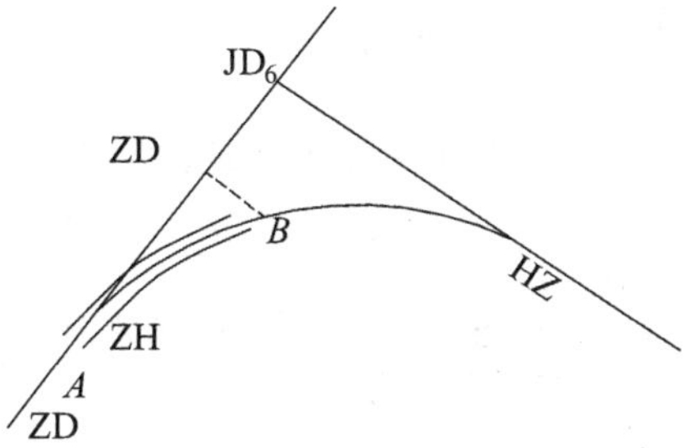

图 9-8　控制点一端在直线上，一端在曲线上

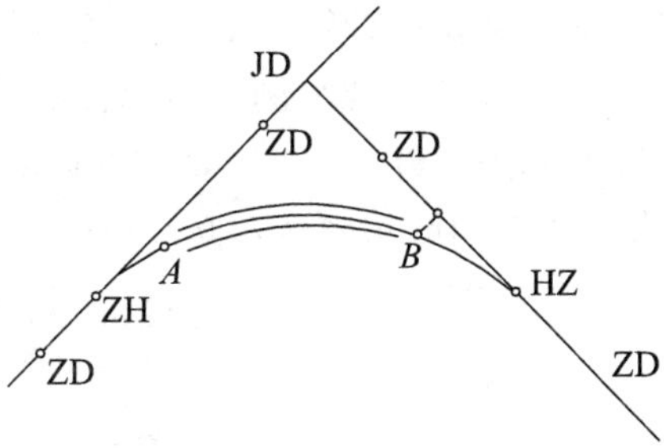

图 9-9　控制点两端均位于曲线上

测设控制桩时，如果一端在直线上，而另一端在曲线上（图 9-8），则先在切线方向上设出 A 点，测出 A 至转点 ZD_{5-3} 的距离，则可求得 A 点的里程。测设 B 点时，应先在桥台以外适宜的距离处，选择 B 点的里程，求出它与 ZH（或 HZ）点里程之差，即得曲线长度，据此，可算出 B 点在曲线坐标系内的 x、y 值。ZH 及 A 的里程都是已知的，则 A 至 ZH 的距离可以求出。这段距离与 B 点的 x 坐标之和，即为 A 点至 B 点在切线上的垂足 ZD_{5-4} 的距离。从 A 沿切线方向精密地测设出 ZD_{5-4}，再在该点垂直于切线的方向上设出 y，即得 B 点的位置。

在设出桥轴线的控制点以后，即可据以进行墩、台中心的测设。根据条件，也是采用直接测距法或交会法。

1. 直接测距法

在墩、台中心处可以架设仪器时，宜采用这种方法。

由于墩中心距 L 及桥梁偏角 α 是已知的，可以从控制点开始，逐个测设出角度及距离，即直接定出各墩、台中心的位置，最后再附合到另外一个控制点上，以检核测设精度。这种方法称为导线法。

利用光电测距仪测设时，为了避免误差的积累，可采用长弦偏角法，或称极坐标法。

由于控制点及各墩、台中心点在曲线坐标系内的坐标是可以求得的，故可据以算出控制点至墩、台中心的距离及其与切线方向的夹角 δ_i。自切线方向开始设出 δ_i，再在此方向上设出 D_i，如图 9-10 所示，即得墩、台中心的位置。此种方法各点因是独立测设的，不受前一点测设误差的影响，但在某一点上发生错误或有粗差也难于发现，所以一定要对各个墩中心距进行检核测量。

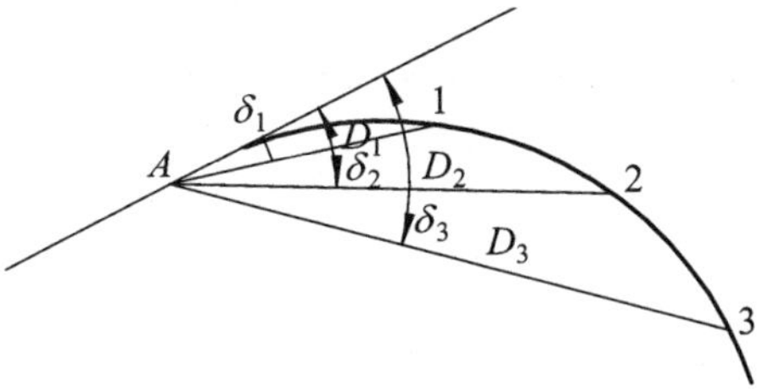

图 9-10　墩、台中心的位置

2. 交会法

当墩位于水中，无法架设仪器及反光镜时，宜采用交会法。

由于这种方法是利用控制网点交会墩位，所以墩位坐标系与控制网的坐标系必须一致，才能进行交会数据的计算。如果两者不一致时，则须先进行坐标转换。

为了具体起见，现举例说明交会数据的计算及方法。

在图 9-11 中，A、B、C、D 为控制点，E 为桥墩中心。在 A 点进行交会时，要算出自 AB、AD 作为起始方向的角度 θ_1 及 θ_2。

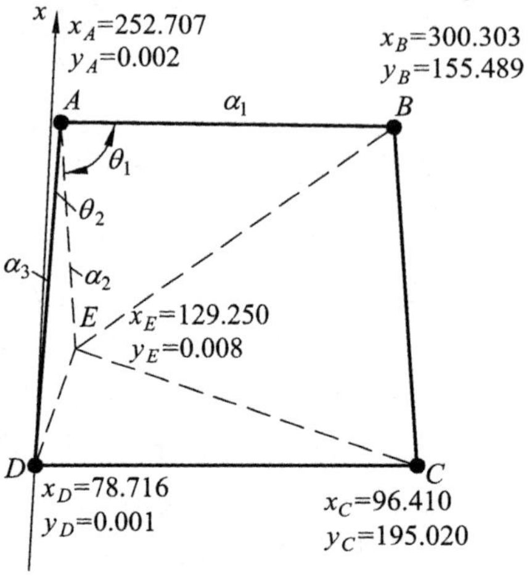

图 9-11　交会数据

控制点及墩位的坐标是已知的，可据以算出 AE 的坐标方位角

$$\alpha_2 = \arctan\left(\frac{y_E - y_A}{x_E - x_A}\right) = \arctan\left(\frac{0.008 - 0.002}{129.250 - 252.707}\right)$$

$$= \arctan\left(\frac{0.006}{-123.455}\right) = 179°59'50.0''$$

在控制网资料中，已知 AB 的坐标方位角为 $\alpha_1 = 72°58'48.7''$，AD 的坐标方位角为 $\alpha_3 = 180°00'01.0''$，则

$$\theta_1 = \alpha_2 - \alpha_1 = 179°59'50.0'' - 72°58'48.7'' = 107°01'01.3''$$

$$\theta_2 = \alpha_3 - \alpha_2 = 180°00'01.0'' - 179°59'50.0'' = 0°00'11.0''$$

同法可求出在 B、C、D 各点交会时的角值。

在 A 点交会时，可以 AB 或 AD 作为起始方向，设出相应的角值，即得 AE 方向，在交会时，一般需用三个方向，当示误三角形的边长在容许范围内时，取其重心作为墩中心位置。

特别提示

交会角的要求：

1. 当置镜点位于桥梁轴线两侧时，交会角应在90°~150°。

2. 当置镜点位于桥轴线一侧时，交会角度应在60°~110°。

3. 在桥梁控制网形成设计和布网时，应充分考虑每个墩台中心交会时交会角的大小，必要时，可根据情况增设插入点或精密导线点作为次级控制点。

9.4 墩台纵、横轴线的测设

为了进行墩、台施工的细部放样，需要测设其纵、横轴线。所谓纵轴线是指过墩、台中心平行于线路方向的轴线，而横轴线是指过墩、台中心垂直于线路方向的轴线；桥台的横轴线是指桥台的胸墙线。

直线桥墩、台的纵轴线与线路中线的方向重合，在墩、台中心架设仪器，自线路中线方向测设 90°角，即为横轴线的方向（图 9-12）。

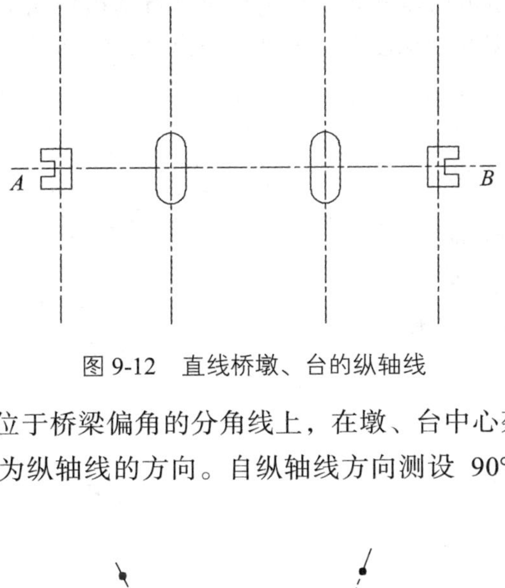

图 9-12 直线桥墩、台的纵轴线

曲线桥的墩、台轴线位于桥梁偏角的分角线上，在墩、台中心架设仪器，照准相邻的墩、台中心，测设$\alpha/2$角，即为纵轴线的方向。自纵轴线方向测设 90°角，即为横轴线方向（图 9-13）。

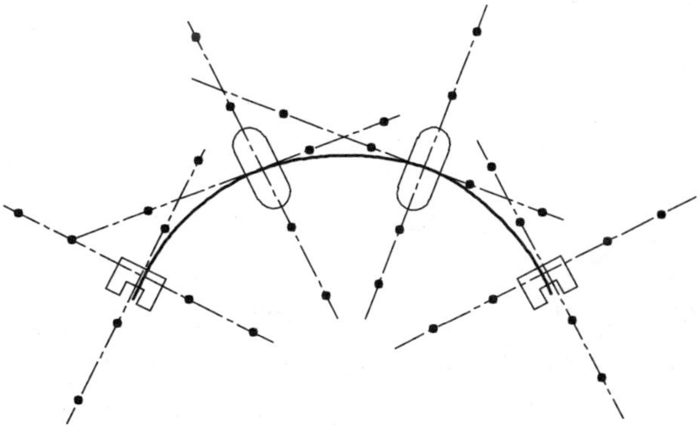

图 9-13 曲线桥的墩、台轴线

在施工过程中，墩、台中心的定位桩要被挖掉，但随着工程的进展，又要经常需要恢复墩、台中心的位置，因而要在施工范围以外钉设护桩，据以恢复墩台中心的位置。

所谓护桩即在墩、台的纵、横轴线上，于两侧各钉设至少两个木桩，因为有两个桩点才可恢复轴线的方向。为防破坏，可以多设几个。在曲线桥上的护桩纵横交错，在使用时极易弄错，所以在桩上一定要注明墩台编号。

9.5　桥梁施工测量

随着施工的进展，随时都要进行放样工作，但桥梁的结构及施工方法千差万别，所以测量的方法及内容也各不相同。总的来说，桥梁施工测量主要包括基础放样，墩、台放样及架梁时的测量工作。

中小型桥梁的基础，最常用的是明挖基础和桩基础。明挖基础的构造如图 9-14 所示，它是在墩、台位置处挖出一个基坑，将坑底平整后，再灌注基础及墩身。根据已经设出的墩中心位置，纵、横轴线及基坑的长度和宽度，测设出基坑的边界线。在开挖基坑时，如坑壁需要有一定的坡度，则应根据基坑深度及坑壁坡度设出开挖边界线。边坡桩至墩、台轴线的距离 D（图 9-15）依下式计算：

$$D=\frac{b}{2}+h\cdot m$$

式中　b——坑底的长度或宽度；

h——坑底与地面的高差；

m——坑壁坡度系数的分母。

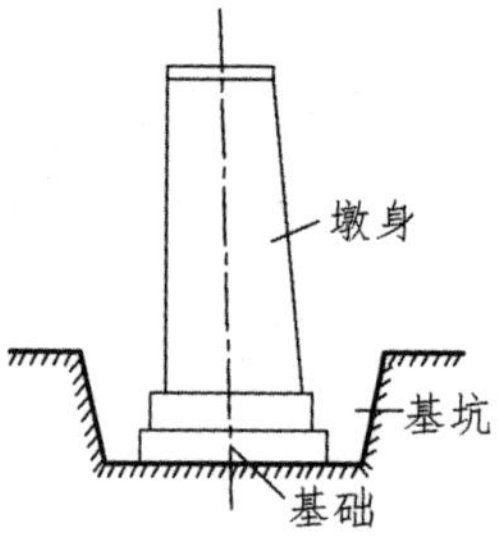

图 9-14　明挖基础的构造图

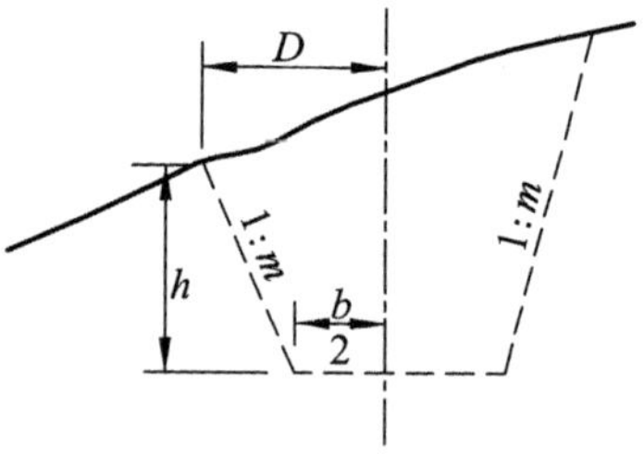

图 9-15　边坡桩至墩、台轴线的参数

桩基础的构造如图 9-16 所示，它是在基础的下部打入基桩，在桩群的上部灌注承台，使桩和承台连成一体，再在承台以上修筑墩身。

基桩位置的放样如图 9-17 所示，它是以墩、台纵、横轴线为坐标轴，按设计位置用直角坐标法测设的。在基桩施工完成以后，承台修筑以前，应再次测定其位置，以作竣工资料。

明挖基础的基础部分、桩基的承台以及墩身的施工放样，都是先根据护桩测设出墩、台的纵、横轴线，再根据轴线设立模板。即在模板上标出中线位置，使模板中线与桥墩的纵、横轴线对齐，即为其应有的位置。

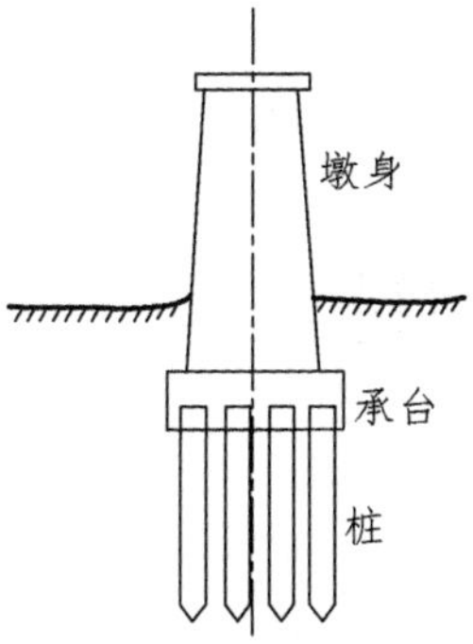

图 9-16　桩基础的构造

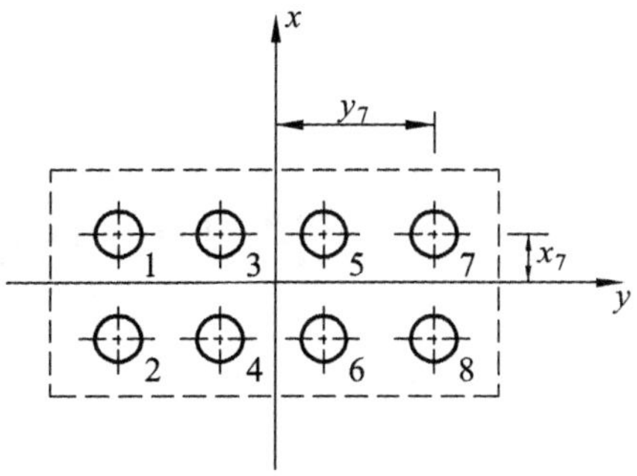

图 9-17　基桩位置的放样图

墩、台施工中的高程放样，通常都在墩台附近设立一个施工水准点，根据这个水准点以水准测量方法测设各部分的设计高程。但在基础底部及墩、台的上部，由于高差过大，难于用水准尺直接传递高程时，可用悬挂钢尺的办法传递高程。

架梁是建造桥梁的最后一道工序。无论是钢梁还是混凝土梁，都是预先按设计尺寸做好，再运到工地架设。

梁的两端是用位于墩顶的支座支撑，支座放在底板上，而底板则用螺栓固定在墩、台的支承垫石上。架梁的测量工作，主要是测设支座底板的位置，测设时也是先设计出它的纵、横中心线的位置。支座底板的纵、横中心线与墩、台纵横轴线的位置关系是在设计图上给出的，因而在墩、台顶部的纵横轴线设出以后，即可根据它们的相互关系，用钢尺将支座底板的纵、横中心线设放出来。

练一练

1. 简述小型桥梁施工测量的步骤。
2. 简述墩、台纵、横轴线的测设步骤。
3. 简述交会法具体实施步骤。
4. 桥梁施工控制网有什么特点？布设桥梁平面控制网时，应满足哪些要求？通常采用哪些形式？
5. 何谓桥轴线长度？精度如何确定？

项目 10　隧道施工测量

教学目标

通过本项目的学习，学生应能够掌握隧道洞外控制测量，隧道洞外、洞内联系测量，隧道洞内控制测量，隧道洞内中线测量以及隧道施工测量。

项目概述

地下工程涵盖内容很广泛，既包括城市地铁工程、人防工程，还包括矿山井巷或山岭隧道等等，而隧道工程又是地下工程中最重要的内容。由于工程性质和地质条件的不同，隧道的施工方法也不相同，例如浅埋隧道可以采用明挖法，软土地层多采用盾构法，而硬质地层则多采用钻爆法（矿山法或浅埋暗挖法）。施工方法不同，对测量要求也有所不同。

看一看

图10-1所示是上海西藏南路隧道。上海西藏南路越江隧道工程江中段圆隧道分东线和西线2条隧道，东线约为1 151 m，西线约为1 171.5 m，共计2 322.5 m，是上海越江交通的重要组成部分。

图 10-1　上海西藏南路隧道

想一想

隧道施工测量包括哪些内容？
隧道施工测量的作用是什么？

10.1　隧道贯通测量

10.1.1　隧道施工测量的内容及其作用

隧道施工测量一般是包括在地面上建立平面与高程的控制网。随着施工的进展，将地面上的坐标、方向和高程传递到地下去，在地下进行平面的与高程的控制测量，再根据地下控制点进行施工放样，指导开挖、衬砌施工。进行这些测量工作的目的就是：要在地下标定出工程的设计中心线与高程，为开挖、衬砌指定出方向、位置；保证在两个相向开挖面的掘进中，施工中线及高程能够正确贯通，符合设计要求；保证开挖不超过规定界限。因为铁路隧道是整个铁路的一部分，所以当线路定测以后，隧道两端洞口的位置就确定下来，而用标桩固定在地面上。

对于直线隧道来说，如图 10-2，A、D 为隧道两端洞口点，它们的位置是利用线路上的直线点 ZD_1、ZD_2 及 ZD_3 用经纬仪以正倒镜法放样出来的。直线隧道的方向，就根据 A、D 两点来确定。因此，在建立地面控制网时，必须将它们作为控制点，如果因为地形的限制，不能将它们作为首级控制网的点子，也要用插入点的方法测定它们的位置。这样就可以根据控制点的坐标，求得在两端洞口处进洞拨角的数值，用以在施工时指导进洞的方向。

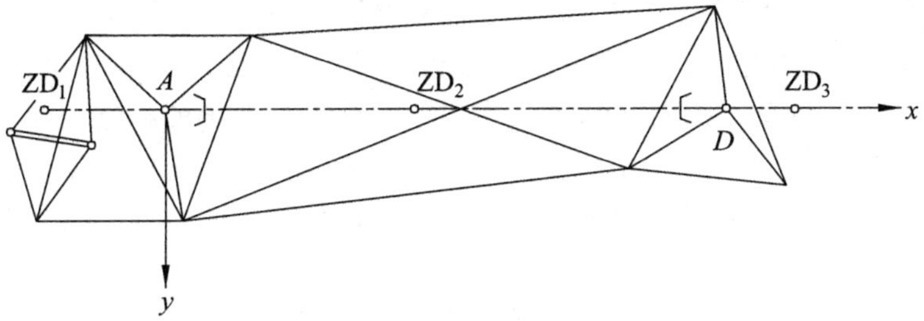

图 10-2　直线隧道贯通测量

对于曲线隧道而言，控制网的作用一方面要保证隧道本身的正确贯通，另一方面还要控制前后两条切线的方向，使它们不产生移动而影响前后直线线路的位置，如图 10-3。这时除了将洞口的两点 A、D 包括在控制网中以外，还应该将两切线上的点子 ZD_1、ZY、ZD_3 及 ZD_4 也包括在控制网内，这样就可以精确地测定两条切线的交角，从而精确地确定曲线元素，以保证在地下开挖中放样数据的正确性。

隧道中线上各点的坐标都是根据地面控制网的坐标系统计算的。以后根据施工的进展，将地面上的坐标系统通过洞口、竖井或斜井传递到地下，在地下坑道中再用导线测量方法建立地下控制系统。隧道中线上各点的位置以及地下其他各种建筑物的位置，都根据地下控制点以及由它们的坐标所算得的放样数据进行放样。应用这种放样方法时，由于布设了地面和地下控制网可以控制误差的积累，从而保证贯通精度。

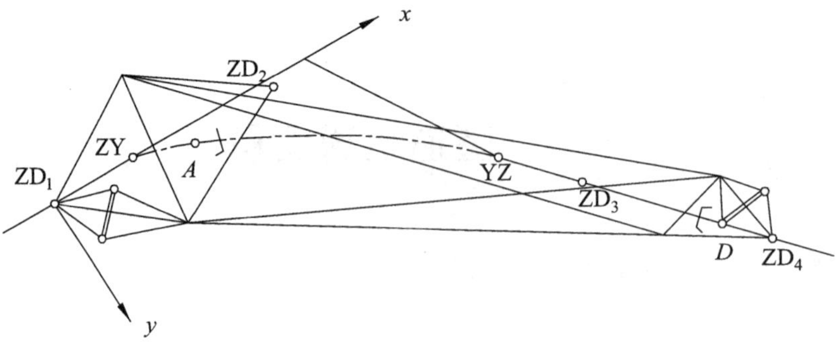

图 10-3　曲线隧道贯通测量

10.1.2　隧道贯通测量的要求

1. 贯通误差概述

隧道施工进度慢，往往成为控制工期的工程。为了加快施工进度，除了进、出口两个开挖面外，还常采用横洞、斜井、竖井、平行导坑等来增加开挖面。因此，不管是直线隧道还是曲线隧道，开挖总是沿线路中线不断向洞内延伸，洞内线路中线位置测设的误差，就逐步随着开挖的延伸而逐渐积累；另外，隧道施工时基本上都是采用边开挖、边衬砌的方法，等到隧道贯通时，未衬砌部分也所剩不多，故可进行中线调整的地段有限。于是，如何保证隧道在贯通时（包括横向、纵向、高程方向），两相向开挖施工中线的相对错位不超过规定的限值，是隧道施工测量的关键问题。但是，在纵向方面所产生的贯通误差，一般对隧道施工和隧道质量不产生影响，从我国隧道施工调查中得知，一般不超过±320 mm，即使达到这种情况，对施工质量也无影响，因此规定这项限差无实际意义；高程要求的精度，使用一般水准测量方法即可满足；而横向贯通误差（在平面上垂直于线路中线方向）的大小，则直接影响隧道的施工质量，严重者甚至会导致隧道报废。所以一般说贯通误差，主要是指隧道的横向贯通误差。

《铁路工程测量规范》（TB 10101—2018）对于贯通误差规定为见表 10-1。

表 10-1　贯通误差的限差

两开挖洞口长度/km	<4	4 ~ 8	8 ~ 10	10 ~ 13	13 ~ 17	17 ~ 20
横向贯通误差/mm	100	150	200	300	400	500
高程贯通误差/mm	50					

2. 贯通误差的分配

将地面控制测量的误差作为影响隧道贯通误差的一个独立因素，而将地下两相向开挖的坑道中导线测量的误差各作为一个独立因素。设隧道总的横向贯通误差的允许值为Δ，则得地面控制测量的误差所引起的横向贯通中误差的允许值。设用地下导线测得的工作面处控制点坐标，相对于支导线在洞口之起始点有横向误差 m_1，用地面控制网联测两洞口两点坐标的相对横向误差为 m_2，则有：

$$\varDelta^2 = 2m_1^2 + m_2^2 = 3m_q \tag{10-1}$$

$$m_q = \pm\frac{\varDelta}{\sqrt{3}} = \pm 0.58\varDelta \tag{10-2}$$

对于通过竖井开挖的隧道，考虑到两个竖井定向的误差，上式可变为：

$$\varDelta^2 = 2m_1^2 + m_2^2 + 2m_3^2 = 5m_q \tag{10-3}$$

$$m_q = \pm\frac{\varDelta}{\sqrt{5}} = \pm 0.45\varDelta \tag{10-4}$$

设隧道的总的高度贯通中误差的允许值为Δ_h，则地面水准测量的误差所引起的高程贯通中误差的允许值为

$$m_h = \pm\frac{\varDelta_h}{\sqrt{2}} = \pm 0.71\varDelta_h \tag{10-5}$$

10.1.3 地面控制测量的误差对于隧道贯通误差的影响

隧道施工控制网的主要作用是保证地下相向开挖工作面能正确贯通。它们的精度要求，主要取决于隧道贯通精度的要求、隧道长度与形状、开挖面的数量以及施工方法等。

1. 导线测量隧道贯通误差的简明估算

（1）由于导线测角误差而引起的横向贯通误差为：

$$m_{y\beta} = \pm\frac{m_\beta}{\rho}\sqrt{\sum R_x^2} \tag{10-6}$$

式中：m_β 为导线测角的中误差（″）；

$\sum R_x^2$ 为测角的各导线点至贯通面的垂直距离的平方和。

（2）由于导线量边误差而引起的横向贯通误差为：

$$m_{yl} = \pm\frac{m_l}{l}\sqrt{\sum d_y^2} \tag{10-7}$$

式中 $\frac{m_l}{l}$ 为导线边长的相对中误差；

$\sum d_y^2$ 为各导线边在贯通面上投影长度平方的总和。

即得导线测量的总误差在贯通面上所引起的横向中误差为：

$$m = \pm\sqrt{m_{y\beta}^2 + m_{yl}^2} = \pm\sqrt{\left(\frac{m_\beta}{\rho}\right)^2 \sum R_x^2 + \left(\frac{m_l}{l}\right)^2 \sum d_y^2} \tag{10-8}$$

2. 控制网的隧道贯通误差严密算法

（1）先列出地下导线起始点横坐标误差函数式和地下导线起始方位角误差函数式，计算它们对横向贯通的综合影响，作为总的误差函数式。

（2）按最小二乘法，顾及具体网形，计算该函数式误差的大小。

10.2　隧道控制测量

10.2.1　隧道洞外控制测量

隧道的设计位置，一般在定测时已初步标定在地表面上。在施工之前先进行复测，检查并确认各洞口的中线控制桩，当隧道位于直线上时，两端洞口应各确定一个中线控制桩，以两桩连线作为隧道洞内的中线；当隧道位于曲线上时，应在两端洞口的切线上各确认两个控制桩，两桩间距应大于 200 m。以控制桩所形成的两条切线的交角和曲线要素为准，来测定洞内中线的位置。由于定测时测定的转向角、曲线要素的精度及直线控制桩方向的精度较低，满足不了隧道贯通精度的要求，所以施工之前要进行洞外控制测量。洞外控制测量的作用，是在隧道各开挖口之间建立一精密的控制网，以便根据它进行隧道的洞内控制测量或中线测量，保证隧道的准确贯通。

洞外控制测量包括平面控制测量和高程控制测量。

洞外平面控制测量常用的方法有中线法、精密导线法、三角测量、三边测量、边角测量或综合使用，此外还可以采用 GPS 测量。

1. 中线法

所谓中线法，就是将隧道线路中线的平面位置，按定测的方法先测设在地表上，经反复核对无误后，才能把地表控制点确定下来，施工时就以这些控制点为准，将中线引入洞内。

一般在直线隧道短于 1000 m，曲线隧道短于 500 m 时，可以采用中线作为控制。

如图 10-4 所示，*A*、*C*、*D*、*B* 作为在 *A*、*B* 之间修建隧道定测时所定中线上的直线转点。由于定测精度较低，在施工之前要进行复测，其方法为：以 *A*、*B* 作为隧道方向控制点，将经纬仪安置在 *C*′点上，后视 *A* 点，正倒镜分中定出 *D*′点；再置镜 *D*′点，正倒镜分中定出 *B*′点。

图 10-4　中线法

若 B'与 B 不重合，可量出 $B'B$ 的距离，则

$$D'D=\frac{AD'}{AB'}\cdot B'B$$

自 D'点沿垂直于线路中线方向量出 $D'D$ 定出 D 点，同法也可定出 C 点。然后再将经纬仪分别安在 C、D 点上复核，证明该两点位于直线 AB 的连线上时，即可将它们固定下来，作为中线进洞的方向。

若用于曲线隧道，则应首先精确标出两切线方向，然后精确测出转向角，将切线长度正确地标定在地表上，以切线上的控制点为准，将中线引入洞内。

中线法简单、直观，但其精度不太高。

2. 精密导线法

导线法比较灵活、方便，对地形的适应性比较好。目前在光电测距仪已经普及和其精度不断提高的情况下，有条件的单位，导线法应当是隧道洞外控制形式的首选方案。

精密导线应组成多边形闭合环。它可以是独立闭合导线，也可以与国家三角点相连。导线水平角的观测，应以总测回数的奇数测回和偶数测回，分别观测导线前进方向的左角和右角，以检查测角错误；将它们换算为左角或右角后再取平均值，可以提高测角精度。为了增加检核条件和提高测角精度评定的可行性，导线环的个数不宜太少，最少不应少于 4 个；每个环的边数不宜太多，一般以 4～6 条边为宜。

在进行导线边长丈量时，应尽量接近于测距仪的最佳测程，且边长不应短于 300 m；导线尽量以直伸形式布设，减少转折角的个数，以减弱边长误差和测角误差对隧道横向贯通误差的影响。我国大瑶山隧道长 14.3 km，洞外控制采用导线网，取得了很好的效果。

导线的测角中误差按下式计算，并应满足测量设计的精度要求。

$$m_\beta=\pm\sqrt{\frac{[f_\beta/n]^2}{N}} \tag{10-9}$$

式中　f_β——导线环的角度闭合差（″）；

n——一个导线环内角的个数；

N——导线环的个数。

导线环（网）的平差计算，一般采用条件平差或间接平差。边与角按下式定权

$$\left.\begin{aligned}P_\beta&=1\\P_D&=\frac{m_\beta^2}{m_D^2}\end{aligned}\right\} \tag{10-10}$$

式中　m_β——导线测角中误差，按式（10-9）计算，并宜用统计值；

m_D——导线边长中误差，宜用统计值。

当导线精度要求不高时，亦可采用近似平差。

3. 三角测量

三角测量的方向控制较中线法、导线法都高，如果仅从横向贯通精度的观点考虑，则它

是最理想的隧道平面控制方法。

三角测量除采用测角三角锁外，还可采用变角网和三边网。但从精度、工作量、经济方面综合考虑，以测角三角锁为好。

三角锁一般布置一条高精度的基线作为起始边，并在三角锁另一端增设一条基线，以资检核；其余仅只有测角工作，按正弦定理推算边长，经过平差计算可求得三角点和隧道轴线上控制点的坐标，然后以控制点为依据，确定进洞方向。

4. 三角锁和导线联合控制

这种方法只有在受到特殊地形条件限制时才考虑，一般不宜采用。如隧道在城市附近，三角锁的中部遇到较密集的建筑群，这时使用导线穿过建筑群与两端的三角锁相连接。

用于隧道施工控制测量的三角锁或导线环，在布设中除了前面所述要求之外，还应注意以下几点：

（1）使三角锁或导线环的方向，尽量垂直于贯通面，以减弱边长误差对横向贯通精度的影响。

（2）尽量选择长边，减少三角形个数或导线边个数，以减弱测角误差对横向贯通精度的影响。

（3）每一洞口附近测设不少于三个平面控制点（包括洞口投点及其相联系的三角点或导线点），作为引线入洞的依据，并尽量将其纳入主网中，以加强点位稳定性和入洞方向的校核。

（4）三角锁的起始边如果只有一条，则应尽量布设于三角锁中部；如果有两条，则应使其位于三角锁两端，这样不仅利于洞口插网，而且可以减弱三角网测量误差对横向贯通精度的影响。

（5）三角锁中若要增列基线条件时，应将基线设于锁段两端，但此时起始边的测量精度应满足下列要求：

$$\frac{m_b}{b} \leqslant \frac{m_\beta}{\sqrt{2}\rho} \tag{10-11}$$

否则，不应加入基线条件。

5. GPS 测量

隧道施工控制网可利用 GPS 相对定位技术，采用静态或快速静态测量方式进行测量。由于定位时仅需要在开挖洞口附近测定几个控制点，工作量少，而且可以全天候观测，目前已得到应用。

隧道 GPS 定位网的布网设计，应满足下列要求：

（1）定位网由隧道各开挖口的控制点点群组成，每个开挖口至少应布测 4 个控制点。整个控制网应由一个或若干个独立观测环组成，每个独立观测环的边数最多不超过 12 个，应尽可能减少。

（2）网的边长最长不宜超过 30 km，最短不宜短于 300 m。

（3）每个控制点应有 3 个或 3 个以上的边与其连接，极个别的点才允许由两个边连接。

（4）GPS 定位点之间一般不要求同视，但布设洞口控制点时，考虑到用常规测量方法检测、加密或恢复的需要，应当同视。

（5）点位空中视野开阔，保证至少能接收到4颗卫星信号。

（6）测站附近不应有对电磁波有强烈吸收和反射影响的金属和其他物体。

6. 高程控制测量

洞外高程控制测量的任务，是按照设计精度施测两相向开挖洞口附近水准点之间的高差，以便将整个隧道的统一高程系统引入洞内，保证按规定精度在高程方面正确贯通，并使隧道工程在高程方面按要求的精度正确修建。

高程控制的二、三等采用水准测量。四、五等可采用水准测量，当山势陡峻采用水准测量困难时，亦可采用光电测距仪三角高程的方法测定各洞口高程。每一个洞口应埋设不少于2个水准点，两水准点之间的高差，以安置一次水准仪即可测出为宜。

水准测量的精度，一般参照表10-2即可。

表10-2　等级水准测量的路线长度和仪器精度

测量部位	测量等级	每公里高差中数的偶然中误差/mm	两开挖洞口间的水准路线长度/km	水准仪等级	水准尺类型
洞外	二	≤1.0	>36	$S_{0.5}$、S_1	线条式因瓦水准尺
	三	≤3.0	13～36	S_1	线条式因瓦水准尺
				S_3	区格式水准尺
	四	≤5.0	5～13	S_3	区格式水准尺
洞内	二	≤1.0	>32	S_1	线条式因瓦水准尺
	三	≤3.0	11～32	S_3	区格式水准尺
	四	≤5.0	5～11	S_3	区格式水准尺

由上述各种方法比较看出，中线法控制形式最简单，但由于方向控制较差，故只能用于较短的隧道；三角测量方法其方向控制精度最高，故在光电测距仪未广泛使用之前，是隧道控制测量最主要的形式，但其三角点的布设要受到地形、地物条件的限制，而且基线边要求精度高，使丈量工作复杂，平差计算工作量大；精密导线法，在光电测距仪的测程和精度不断提高的今天，由于布设简单、灵活、地形适应性强、外业工作量少，因而逐渐成为隧道控制测量的主要形式，只要在水平角测量时适当增加测回数，就可弥补其方向控制不如三角测量之不足。而且光电测距导线和光电测距三角高程可以同时进行，大大减少了野外工作量，是今后隧道控制中应首选的方案。

10.2.2　隧道洞外、洞内联系测量

10.2.1.1　进洞关系的计算和进洞测量

洞外控制测量完成以后，应把各洞口的线路中线控制桩和洞外控制网联系起来。由于控制网和线路中线两者的坐标系不一致，应首先把洞外控制点和中线控制桩的坐标纳入同一坐

标系统内，故必须先进行坐标变换计算，得到控制点在变换后的新坐标。其坐标变换计算公式可以采用解析几何中的坐标转轴和移轴计算公式。一般在直线段以线路中线作为 x 轴，曲线上则以一条切线方向作为 x 轴。用线路中线点和控制点的坐标，反算两点的距离和方位角，从而确定进洞测量的数据。把中线引入洞内，可按下列方法进行：

1. 直线隧道

（1）移桩法。

如图 10-5 所示，洞口两端线路控制点 A、B、C、D 是按定测精度测设的，它们并不是严格位于同一条直线上。经精测 A、B、C、D 后，可以 A 为原点，AB 方向为纵轴，计算出 C、D 两点相应的偏离值 Y_c、Y_d 和 β 角，将经纬仪分别安置在 C 和 D 上，拨角量出垂线 Y_c 和 Y_d，即可移桩定出 C' 和 D' 点，再将经纬仪安置于 D' 点，照准 C' 即得进洞方向。当偏移量较大时，为保持原设计的线路平面位置和方向的一致性，可用洞口两端的 A、D 两点连线作纵轴，将 B、C 移至中线上。

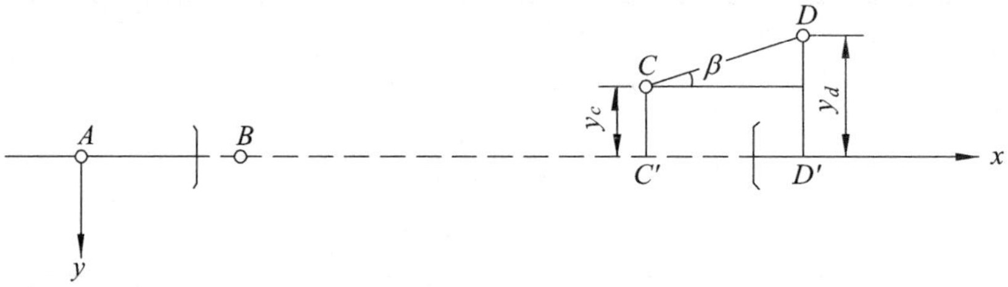

图 10-5　移桩法

（2）拨角法。

如图 10-6，当以 AD 为坐标纵轴时，可根据 A、B 及 C、D 点的坐标，反算出水平角 α 和 β，即可得到进洞方向。通常为了施工测量方便，亦可将 B、C 两点移到中线上的 B'、C' 点上。

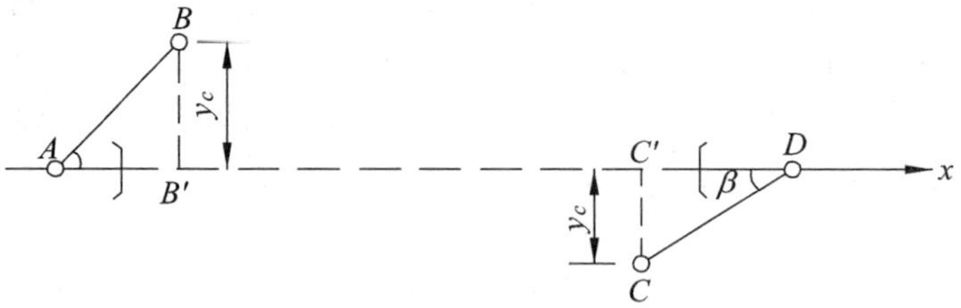

图 10-6　拨角法

2. 曲线隧道

曲线隧道两端洞口的每条切线上已有两个投点的坐标在控制网中得到，如图 10-7 中的 A、G 和 D、E。经坐标变换后，以 A 点为坐标系原点，AG 的切线方向为 y 轴，其进洞关系的计算步骤如下：

（1）坐标变换后，得到 A、G、D、E 各点的新坐标。根据这些新坐标反算得到 AG、DE 的方位角；两方位角相减得到曲线精测的转向角 α，它的精度较之定测角值精确，并与各点的坐标相一致。

$\alpha = \alpha_{AG} - \alpha_{ED}$

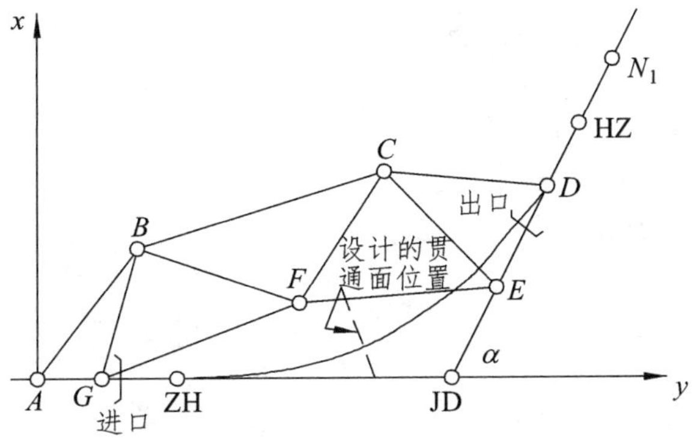

图 10-7　曲线隧道洞内外联系测量

（2）计算交点的坐标。

因为 AG 切线与 y 轴重合或平行，故 JD 的 x 坐标为零或选定值，它是已知的；只需计算出 JD 的 y 坐标值即可。

$$y_{\mathrm{JD}} = \frac{x_{\mathrm{JD}} - x_E}{x_E - x_D}(y_E - y_D) + y_E \tag{10-12}$$

（3）根据精测算得的 α 和选定的曲线半径 R 和缓和曲线长 l_0，计算出曲线要素 T、L、β_0、p、m、x_0、y_0。

（4）选定洞口外面一个中线控制桩的里程，使其和定测里程一致，例如选定 A 点。由此从 A 推算隧道范围内其他中线控制点的里程，到隧道另一端洞口外的中线控制点上出现断链，这是由于精测长度和定测长度不一致，这种里程称为隧道施工里程。

（5）计算任一中线点的坐标。

要想在洞中测设出任一中线点的位置，必须先知道该点的施工里程，使它与曲线控制桩的施工里程相比较，才能确定该点是在直线上，还是在曲线上，并且知道该点距中线控制桩有多远。由于任一中线点的位置不同，所以计算坐标的方法也不同，现分别说明如下：

① 中线点在直线上。

如图 10-8 所示，进口洞门在一直线上，而 N_1 点在出口端的另一直线上。在已知各点的施工里程 $\mathrm{DK}_{进口}$、DK_{N_1}（不能用定测里程）的情况下，则

$$\left.\begin{aligned}
&x_{进口}=0\\
&y_{进口}=\mathrm{DK}_{进口}-\mathrm{DK}_A\\
&x_{N_1}=[T+(\mathrm{DK}_{N_1}-\mathrm{DK}_{\mathrm{HZ}})]\sin\alpha\\
&y_{N_1}=y_{\mathrm{JD}}+[T+(\mathrm{DK}_{N_1}-\mathrm{DK}_{\mathrm{HZ}})]\cos\alpha
\end{aligned}\right\} \tag{10-13}$$

② 中线点在缓和曲线上。

首先计算出它们的切线坐标（计算到 1 mm 或 0.1 mm），然后将切线坐标转换为统一坐标。

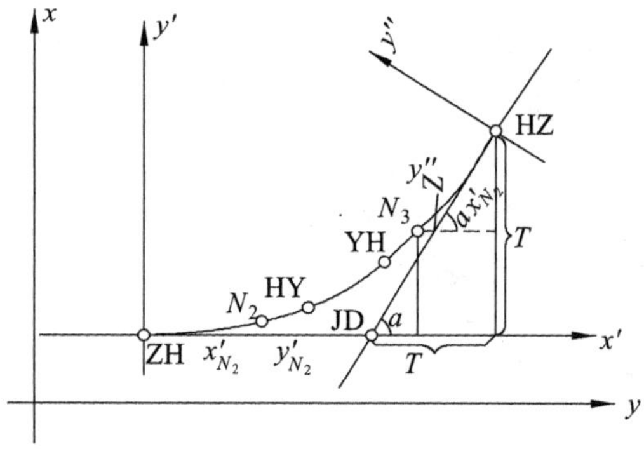

图 10-8　中线点在直线上

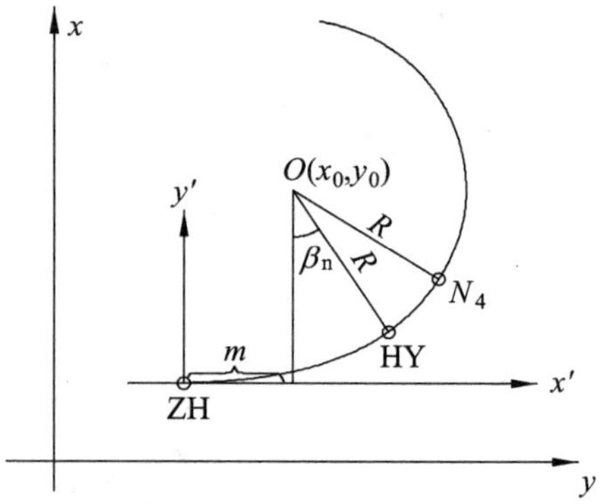

图 10-9　中线点在圆曲线上

例如在图 10-8 中，统一坐标系的坐标轴为 x、y 轴；ZH 端的切线坐标系为 x'、y'轴；HZ 端的切线坐标系为 x''、y''轴。假设统一坐标系的 y 轴平行于 x'轴，则中线点 N_2、N_3的统一坐标推算如下：

$$\left.\begin{aligned} x_{N_2} &= x_{\text{ZH}} + y'_{N_2} \\ y_{N_2} &= y_{\text{ZH}} + x'_{N_2} \end{aligned}\right\} \tag{10-14}$$

$$\left.\begin{aligned} x_{N_3} &= x_{\text{JD}} + T\sin\alpha - x''_{N_3}\sin\alpha + y''_{N_3}\cos\alpha \\ y_{N_3} &= y_{\text{JD}} + T\cos\alpha - x''_{N_3}\cos\alpha + y''_{N_3}\sin\alpha \end{aligned}\right\} \tag{10-15}$$

式中　x'_{N_2}、y'_{N_2}——N_2点的切线坐标；

x'_{N_3}、y'_{N_3}——N_3点的切线坐标。

③ 中线点在圆曲线上。

当中线点位于圆曲线上时，最好通过圆心来计算它们的坐标。

如图 10-9 中，N_4点在圆曲线上，则圆心 O 的统一坐标为：

$$\left.\begin{aligned} x_O &= x_{\text{ZH}} + p + R \\ y_O &= y_{\text{ZH}} + m \end{aligned}\right\} \tag{10-16}$$

而 ON_4的坐标方位角为：

$$\alpha_{ON_4} = 180° - \beta_O - \frac{\text{DK}_{N_4} - \text{DK}_{\text{HY}}}{R} \cdot \frac{180°}{\pi} \tag{10-17}$$

$$\left.\begin{aligned} x_{N_4} &= x_O + R\cdot\cos\alpha_{ON_4} \\ y_{N_4} &= y_O + R\cdot\cos\alpha_{ON_4} \end{aligned}\right\} \tag{10-18}$$

按上述方法计算出测设中线点的坐标后，再根据控制网点的坐标，反算出两点间的距离和方位角，利用极坐标法即可确定洞门的位置和进洞方向。如图 10-10，H 为出口洞门的设计位置，D、E 为切线方向的控制点，根据 D、H 点坐标可以算出距离 S_{DH}及方位角 α_{DH}；根据 D、E 坐标可以算出方位角 α_{DE}，根据两方位角之差可以求得水平角 β。将经纬仪按在 D 点，

后视 E 点，转一角度 β，沿此方向丈量距离 S_{DH}，即可定出洞门出口位置 H 点。

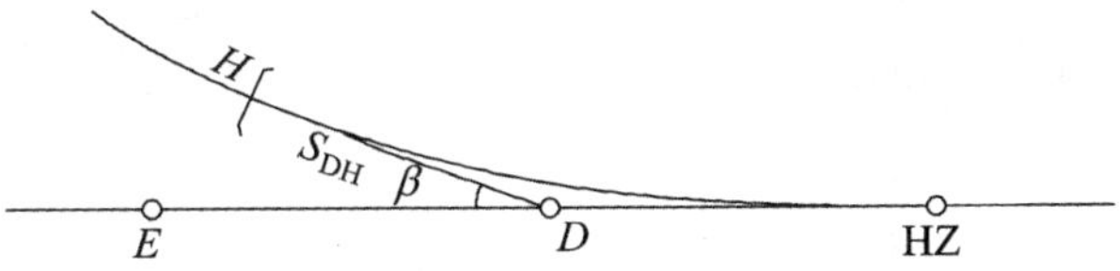

图 10-10　利用极坐标法确定洞门的位置和进洞方向

10.2.2.2　由洞外向洞内传递方向和坐标

为了加快施工进度，隧道施工中除了进出洞口之外，还会用斜井、横洞或竖井来增加施工开挖面。为此就要经由它们布设导线，把洞外导线的方向和坐标传递给洞内导线，构成一个洞内、外统一的控制系统，这种导线称为联系导线，如图 10-11。联系导线属支导线性质，其测角误差和边长误差直接影响隧道的横向贯通精度，故使用中必须多次精密测定、反复校核，确保无误。

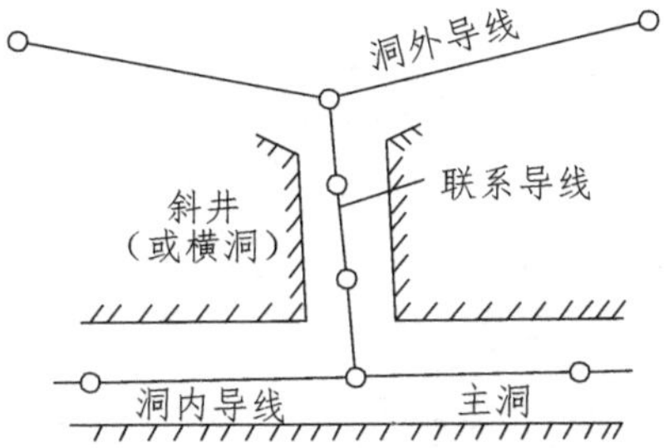

图 10-11　联系导线

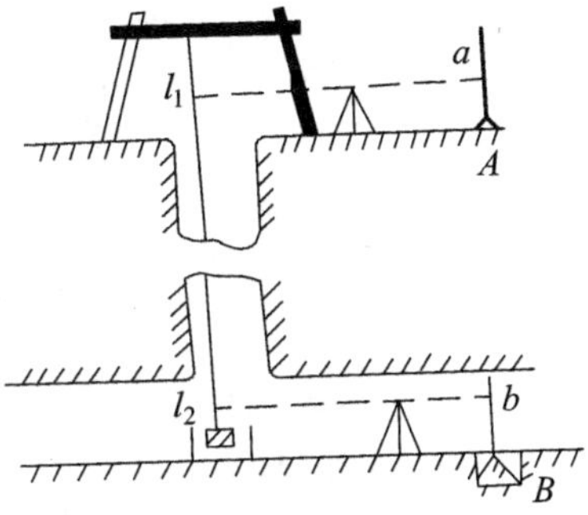

图 10-12　竖井传递高程

当由竖井进行联系测量时，可以采用垂准仪光学投点、陀螺经纬仪定向的方法，来传递坐标和方位。

10.2.2.3　由洞外向洞内传递高程

经由斜井或横洞向洞内传递高程时，一般均采用往返水准测量，当高差较差合限时取平均值的方法。由于斜井坡度较陡，视线很短，测站很多，加之照明条件差，故误差积累较大，每隔 10 站左右应在斜井边脚设一临时水准点，以便往返测量时校核。近年来用光电测距三角高程测量的方法来传递高程，已得到愈来愈广泛的应用，大大提高了工作效率，但应注意洞中温度的影响，以及应采用对向观测的方法。

经由竖井传递高程时，过去一直采用悬挂钢尺的方法，即在井上悬挂一根经过检定的钢尺（或钢丝），尺零点下端挂一标准拉力的重锤，如图 10-12 所示，在井上、井下各安置一台水准仪，同时读取钢尺读数 l_1 和 l_2，然后再读取井上、井下水准点的尺读数 a、b，由此可求得井下水准点 B 的高程：

$$H_B = H_A + a - \left[(l_1 - l_2) + \Delta t + \Delta k \right] - b \tag{10-19}$$

式中　H_A——井上水准点 A 的高程；

a、b——井上、井下水准尺读数；

l_1、l_2——井上、井下钢尺读数，$l=l_1-l_2$；

Δt——钢尺温度改正数，$\Delta t=\alpha l(t_{均}-t_0)$；

α——钢尺膨胀系数，取 1.25×10^{-5}/℃；

$t_{均}$——井上、井下平均温度；

t_0——钢尺检定时的温度；

Δk——钢尺尺长改正数，$\Delta k=\dfrac{L}{l}\cdot\Delta l$；$l$ 和 Δl 分别是钢尺的名义长度和它的尺长改正数。

如果在井上装配一托架，安装上光电测距仪，使照准头向下直接瞄准井底的反光镜测出井深 D_h，然后在井上、井下用两台水准仪，同时分别测定井上水准点 A 与测距仪照准头转动中心的高差（$a_{上}-b_{上}$）、井下水准点 B 与反射镜转动中心的高差（$b_{下}-a_{下}$），即可求得井下水准点 B 的高程 H_B，如图 10-13 所示。

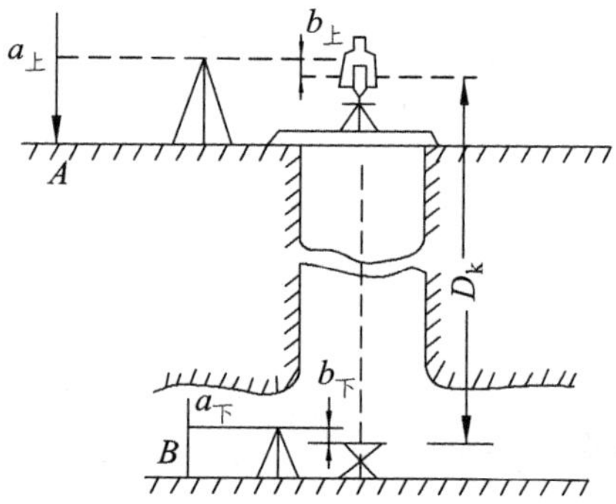

图 10-13　光电测距传递高程

$$H_B=H_A+(a_{上}-b_{上})+(b_{下}-a_{下}) \tag{10-20}$$

式中：H_A 为井上水准点 A 的已知高程。

用光电测距仪测井深的方法远比悬挂钢尺的方法快速、准确，尤其是对于 50 m 以上的深井测量，更显现出其优越性。

10.2.3　隧道洞内控制测量

10.2.3.1　平面控制测量

为了给出隧道正确的掘进方向，并保证准确贯通，应进行洞内控制测量。由于隧道洞内场地狭窄，故洞内平面控制常采用中线或导线两种形式。

1. 中线形式

中线形式是指洞内不设导线，用中线控制点直接进行施工放样的方法。一般以定测精度测设出新点，测设中线点的距离和角度数据由理论坐标值反算，这种方法一般用于较短的隧道。若将上述测设的新点，再以高精度测角、量距，算出实际的新点精确点位，然后和理论坐标相比较，若有差异，应将新点移到正确的中线位置上，这种方法可以用于曲线隧道 500 m、直线隧道 1 000 m 以上的较长隧道。

2. 导线形式

导线形式是指洞内控制依靠导线进行，施工放样用的正式中线点由导线测设，中线点的精度能满足局部地段施工要求即可。导线控制的方法较中线形式灵活，点位易于选择，测量工作也较简单，而且具有多种检核方法；当组成导线闭合环时，角度经过平差，还可提高点位的横向精度。导线控制方法适用于长隧道。

洞内导线与洞外导线比较，具有以下特点：洞内导线是随着隧道的开挖逐渐向前延伸，故只能敷设支导线或狭长形导线环，而不可能将全部导线一次测完；导线的形状完全取决于坑道的形状；导线点的埋石顶面应比洞内地面低 20 ~ 30 cm，上面加设护盖、填平地面，以免施工中遭受破坏。

洞内导线一般常采用下列几种形式：

（1）单导线。半数测回测左角，半数测回测右角。

（2）导线环。如图 10-14 所示，每测一对新点，如 5 和 5′，可按两点坐标反算 5—5′的距离，然后与实地丈量的 5—5′距离比较，这样每前进一步均有检核。

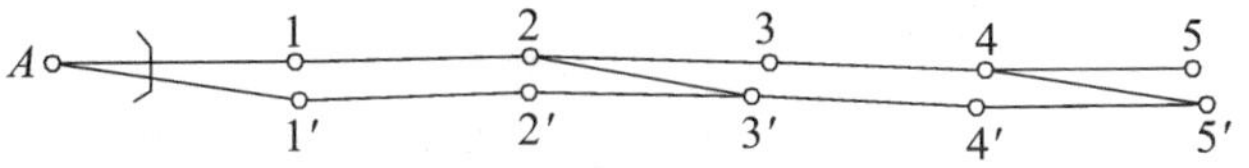

图 10-14　导线环

（3）主副导线环。如图 10-15 所示，双线为主导线，单线为副导线。副导线只测角不量距离，主导线既测角又量距离。按虚线形成第二闭合环时，主导线在 3 点处能以平差角传算 3—4 边的方位角；以后均仿此法形成闭合环。闭合环角度平差后，对提高导线端点的横向点位精度很有利；并可对角度测量加以检查，同时根据角度闭合差还可以评定测角精度；另外还节省了副导线大量的测边工作。主副导线环在洞内控制中应推广使用。

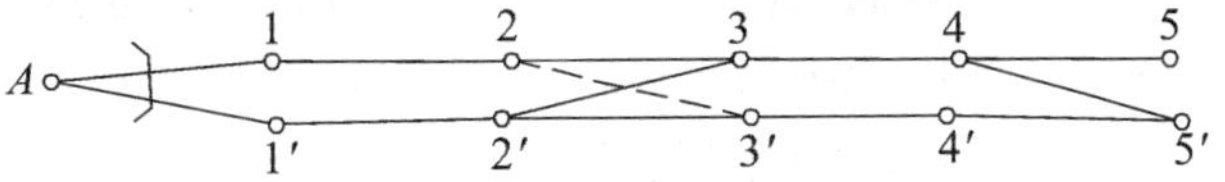

图 10-15　主副导线环

（4）交叉导线。如图 10-16 所示，并行导线每前进一段交叉一次，每一个新点由两条路线传算坐标（如 5 点坐标由 4 和 4′两点传算），最后取平均值；亦可以实量 5—5′的距离，来检核 5 和 5′的坐标值。交叉导线不作角度平差。

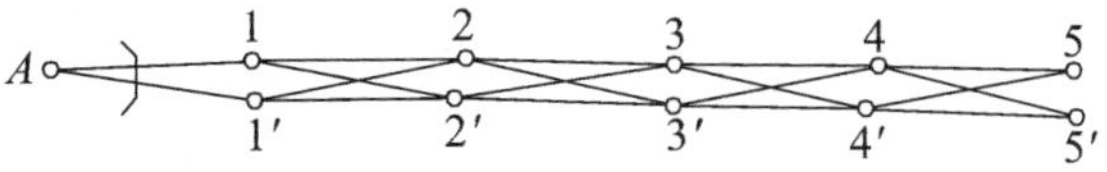

图 10-16　交叉导线

（5）旁点闭合环。如图 10-17 所示，*A*、*B* 为旁点。旁点闭合环一般测内角，作角度平差；

旁点两侧的边长，可测可不测。

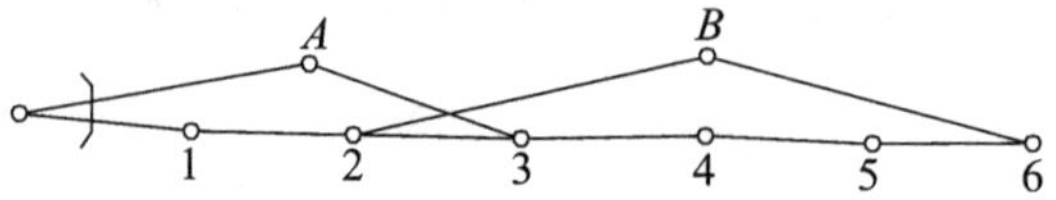

图 10-17　旁点闭合环

当有平行导坑时，还可利用横通道将正洞和导坑联系起来，形成导线闭合环。

无论是采用中线形式，还是采用导线形式作洞内控制，在测量时应注意以下几点：

（1）每次在建立新点之前，必须检测前一个老点的稳定性，只有在确认老点没有发生变动时，才能用它来发展新点。

（2）尽量形成闭合环、两条路线的坐标比较、实量距离与反算距离的比较等检查条件，以免发生错误。

（3）导线应尽量布设为长边或等边，一般直线地段不短于 200 m，曲线地段不宜短于 70 m。

（4）洞内丈量工具，在使用前应与洞外控制网丈量工具比长。

（5）以导线形式作为洞内平面控制时，正式中线点由临近的导线点以极坐标法测设在地面上之后，应在中线点上安置经纬仪，以任何两个已知坐标的点为目标测其角度。用实测角值与坐标反算的角值比较，以检查中线点测设的正确性，如图 10-18，中线点 5 由导线点 *C* 测设出来之后，将经纬仪安置在 5 点上，测出检查角和坐标反算出的角值比较。

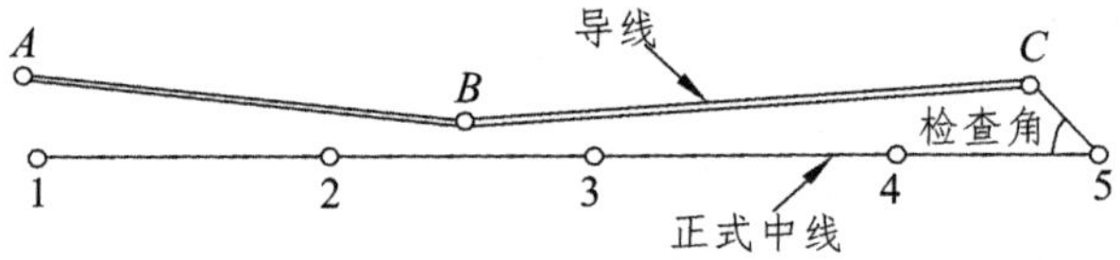

图 10-18　正式中线点的测设

10.2.3.2　洞内高程测量

洞内高程测量应采用水准测量或光电测距三角高程测量的方法。洞内高程应由洞外高程控制点向洞内测量传算，结合洞内施工特点，每隔 200~500 m 设立两个高程点以便检核；为便于施工使用，每隔 100 m 应在拱部边墙上设立一个水准点。

采用水准测量时，应往返观测，视线长度不宜大于 50 m；采用光电测距三角高程测量时，应进行对向观测，注意洞内的除尘、通风排烟和水气的影响。限差要求与洞外高程测量的要求相同。洞内高程点作为施工高程的依据，必须定期复测。

当隧道贯通之后，求出相向两支水准的高程贯通误差，并在未衬砌地段进行调整。所有开挖、衬砌工程应以调整后的高程指导施工。

练一练

1. 隧道洞外控制测量方法有哪些？各自优缺点有哪些？
2. 隧道洞内控制测量方法有哪些？

3. 隧道洞内、洞外联系测量方法包括哪几种?
4. 隧道洞外控制测量如何实施?
5. 隧道洞内控制测量如何实施?
6. 高程控制测量方法有哪些?

10.3 隧道中线测量

10.3.1 隧道洞内中线测量

隧道洞内施工，是以中线为依据进行的。当洞内敷设导线之后，导线点不一定恰好在线路中线上，更不可能恰好在隧道的结构中线上（即隧道轴线上）。而隧道衬砌后两个边墙间隔的中心即为隧道中心，在直线部分则与线路中线重合；曲线部分由于隧道衬砌断面的内外侧加宽不同，所以线路中心线就不是隧道中心线，如图 10-19 所示。隧道中线的测设方法有下列两种：

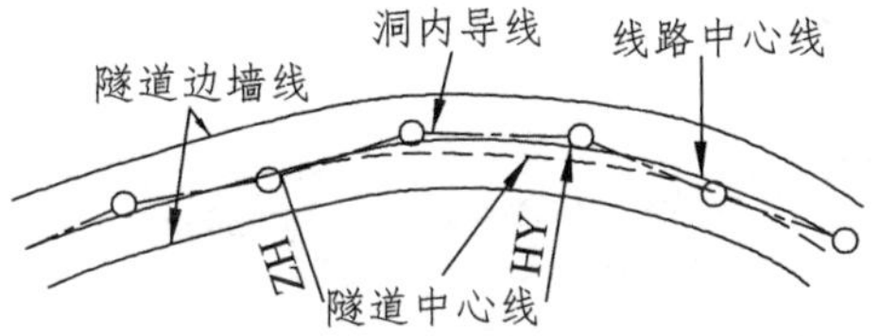

图 10-19　曲线隧道中心线

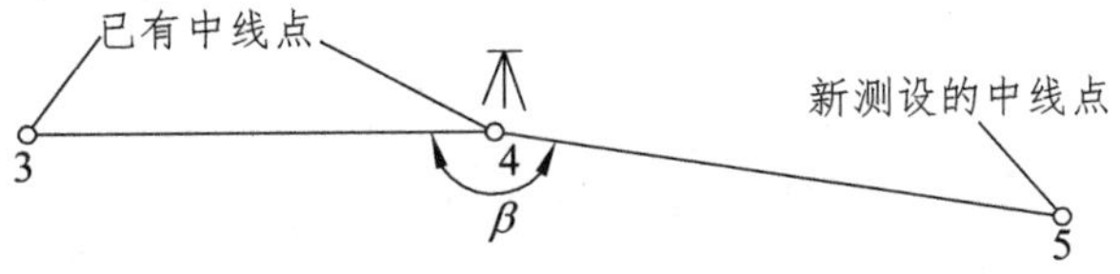

图 10-20　建立新的中线点

1. 由导线测设中线

用精密导线进行洞内隧道控制测量时，为便于施工，应根据导线点位的实际坐标和中线点的理论坐标，反算出距离和角度，利用极坐标法，根据导线点测设出中线点。一般直线地段 150 ~ 200 m、曲线地段 60 ~ 100 m，应测设一个永久的中线点。

由导线建立新的中线点之后，还应将经纬仪安置在已测设的中线点上，测出中线点之间的夹角，如图 10-20 所示，将实测的检查角与理论值相比较；另外实量 4 ~ 5 点的距离，亦可与理论值比较，作为另一种检核，确认无误即可挖坑埋入带金属标志的混凝土桩。

2. 独立的中线法

若用独立的中线法测设，在直线上应采用正倒镜分中法延伸直线，在曲线上一般采用弦线偏角法。《测规》要求采用独立中线法时，永久中线点间距离：直线上不小于 100 m，曲线上不小于 50 m。

10.3.2 洞内临时中线的测设

为了知道隧道洞内开挖方向，随着向前掘进的深入，平面测量的控制工作和中线工作也需紧随其后。当掘进的延伸长度不足一个永久中线点的间距时，应先测设临时中线点，如图 10-21 中的 1、2、…，点间距离，一般直线上不大于 30 m，曲线上不大于 20 m，临时中线点应该用仪器测设。当延伸长度大于永久中线点的间距时，就可以建立一个新的永久中线点，如图中的 *e*。永久中线点应根据导线或用独立中线法测设，然后根据新设的永久中线点继续向前测设临时中线点。当掘进长度距最新的导线点 *B* 大于一个导线的设计边长时，就可以建立一个新的导线点 *C*，然后根据 *C* 点继续向前测设中线点（图 10-21）。当采用全断面法开挖时，导线点和永久中线点都应紧跟临时中线点。这时临时中线点要求的精度也较高。

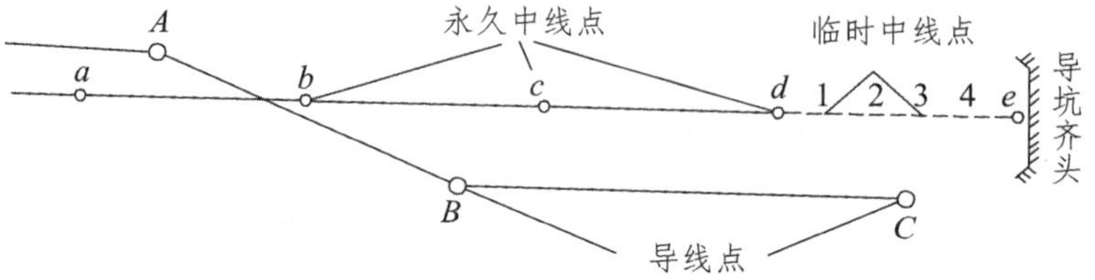

图 10-21　洞内中线点测设

10.4　隧道施工测量

10.4.1　导坑延伸测量

当导坑从最前面一个临时中线点继续向前掘进时，在直线上延伸不超过 30 m，曲线上不超过 20 m 的范围内，可采用“串线法”延伸中线。用串线法延伸中线时，应在临时中线点前或后用仪器再设置两个中线点，如图 10-22 中的 1′、2′，其间距不小于 5 m。串线时可在这 3 个点上挂上垂球线，先检验 3 点是否在一直线上，如正确无误，可用肉眼瞄直，在工作面上给出中线位置，指导掘进方向。当串线延伸长度超过临时中线点的间距时（直线为 30 m、曲线为 20 m），应设立一个新的临时中线点。

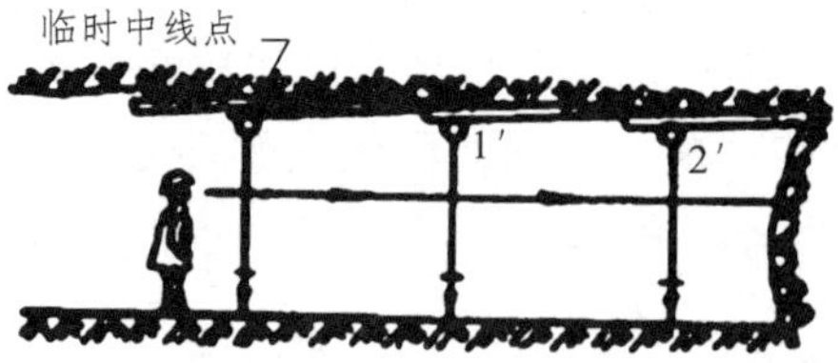

图 10-22　临时中线点

如果用激光导向仪，将其挂在中线洞顶部来指示开挖方向，可以定出 100 m 以外的中线点，如图 10-23 所示。这种方法对于直线隧道和全断面开挖的定向，既快捷又准确。

在曲线导坑中，常用弦线偏距法和切线支距法。弦线偏距法最方便，如图 10-24 所示，*A*、*B* 为曲线上已定出的两个临时中线点，如要向前定出新的中线点 *C*，要求 $BC=AB=s$，则从 *B* 沿 *CB* 方向量出长度 *s*，同时从 *A* 量出偏距 *d*，将两尺拉直使两长度分划相交，即可定出 *D* 点，

然后在 D、B 方向上挂 3 根垂球线，用串线法指导 B、C 间的掘进，掘进长度超过临时中线点间距时，由 B 沿 DB 延伸方向量出距离 s，即可测设出新的临时中线点 C。

图 10-23　激光导向仪定向

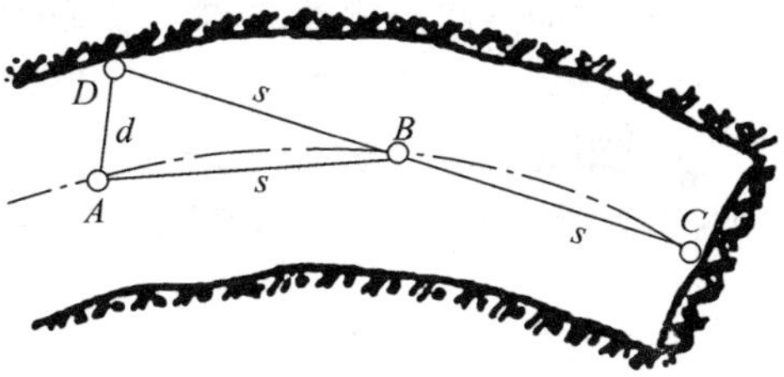

图 10-24　弦线偏距法

偏距 d 可按下列近似公式计算

圆曲线部分　　$d=\dfrac{s^2}{R}$

缓和曲线部分　　$d=\dfrac{s^2}{R}\cdot\dfrac{l_B}{l_0}$　　（10-21）

式中　s——临时中线点间距；

R——圆曲线半径；

l_0——缓和曲线全长；

l_B——B 点到 ZH（或 HZ）的距离。

10.4.2　上下导坑的联测

采用上、下导坑开挖时，每前进一段距离后，上部的临时中线点和下部的临时中线点应通过漏斗联测一次，用以改正上部的中线点或向上部导坑引点。联测时，一般用长线垂球、光学垂准器、经纬仪的光学对点器等，将下导坑的中线点引到上导坑的顶板上，如图 10-25 所示。移设 3 个点之后，应复核其准确性；测量一段距离之后及筑拱前，应再引至下导坑核对，并尽早与洞口外引入的中线闭合。

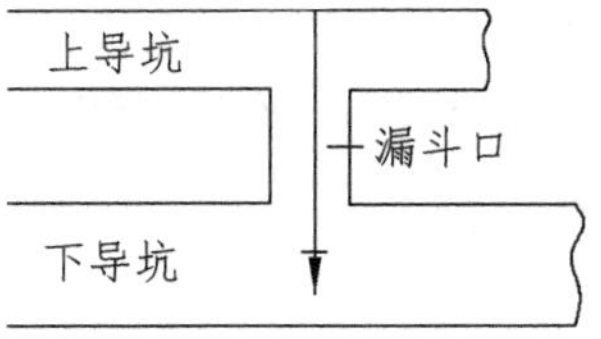

图 10-25　通过漏斗联测上下导坑

10.4.3　隧道结构物的施工放样

1. 隧道开挖断面测量

在隧道施工中，为使开挖断面能较好地符合设计断面，在每次掘进前，应在开挖断面上，根据中线和轨顶高程，标出设计断面尺寸线。

分部开挖的隧道在拱部和马口开挖后，全断面开挖的隧道在开挖成形后，应采用断面自动测绘仪或断面支距法测绘断面，检查断面是否符合要求，并用来确定超挖和欠挖工程数量。测量时按中线和外拱顶高程，从上至下每 0.5 m（拱部和曲墙）和 1.0 m（直墙）向左右量测支距。量支距时，应考虑到曲线隧道中心与线路中心的偏移值和施工预留宽度。

仰拱断面测量，应由设计轨顶高程线每隔 0.5 m（自中线向左右）向下量出开挖深度。

2. 结构物的施工放样

在施工放样之前，应对洞内的中线点和高程点进行加密。中线点加密的间隔视施工需要而定，一般为 5 ~ 10 m 一点，加密中线点可以铁路定测的精度测定。加密中线点的高程，均以五等水准精度测定。

在衬砌之前，还应进行衬砌放样，包括立拱架测量、边墙及避车洞和仰拱的衬砌放样，洞门砌筑施工放样等一系列的测量工作。

10.4.4 竣工测量

隧道竣工以后，应在直线地段每 50 m、曲线地段每 20 m 或者需要加测断面处，以中线桩为准，测绘隧道的实际净空。测绘内容包括拱顶高程、起拱线宽度、轨顶水平宽度、铺底或仰拱高程，如图 10-26 所示。

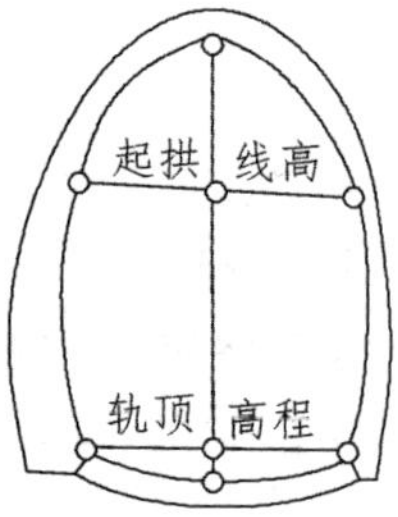

图 10-26　竣工测量

当隧道中线统一检测闭合后，在直线上每 200 ~ 500 m、曲线上的主点，均应埋设永久中线桩；洞内每千米应埋设一个水准点。无论中线点还是水准点，均应在隧道边墙上画出标志，以便以后养护维修时使用。

10.5 隧道贯通误差预计

影响横向贯通误差的因素有：洞外和洞内平面控制测量误差、洞外与洞内之间联系测量误差。

《铁路工程测量规范》（TB 10101—2018）规定，洞外、洞内控制测量误差，对每个贯通面上产生的横向中误差不应超过表 10-3 的规定。

表 10-3　洞外、洞内控制测量的贯通精度要求

测量部位	横向中误差/mm						高程中误差/mm
	两开挖洞口间长度/km						
	<4	4 ~ 8	8 ~ 10	10 ~ 13	13 ~ 17	17 ~ 20	
洞外	30	45	60	90	120	150	18
洞内	40	60	80	120	160	200	17
洞外、洞内总和	50	75	100	150	200	250	25

注：本表不适用于设有竖井的隧道。

洞外、洞内控制测量，产生在贯通面上的横向中误差，按下列公式计算：

1. 导线测量

$$m = \pm\sqrt{m_{y\beta}^2 + m_{yl}^2} \tag{10-22}$$

式中　$m_{y\beta}$——由于测角误差影响，产生在贯通面上的横向中误差（mm），即

$$m_{y\beta} = \pm\frac{m_\beta}{\rho}\sqrt{\sum R_x^2} \tag{10-23}$$

m_{yl}——由于测边误差影响，产生在贯通面上的横向中误差（mm），即

$$m_{yl} = \pm\frac{m_l}{l}\sqrt{\sum d_y^2} \tag{10-24}$$

其中　m_β——由导线环闭合差求算的测角中误差（″）；

R_x——导线环在隧道相邻两洞口连线的一条导线上各点至贯通面的垂直距离（m）；

$\frac{m_l}{l}$——导线边边长相对中误差；

d_y——导线环在隧道相邻两洞口连线的一条导线上各边在贯通面上的投影长度（m）。

2. 三角测量

三角测量的计算公式可参考《铁路工程测量规范》（TB 10101—2018）中给出的有关公式，也可以按导线测量的误差公式计算，其方法是选取三角网中沿中线附近的连续传算边作为一条导线进行计算。但式（10-14）~（10-16）中：

m_β——由三角网闭合差求算的测角中误差（″）；

R_x——所选三角网中连续传算边形成的导线上各转折点至贯通面的垂直距离；

$\frac{m_l}{l}$——取三角网最弱边的相对中误差；

d_y——所选三角网中连续传算边形成的导线各边在贯通面上的投影长度。

【例 10-1】现以导线为例，说明洞外、洞内控制测量误差对横向贯通精度影响值的估算方法。

首先按导线布点，绘出 1∶10 000 的导线平面图，如图 10-27。0—1—2—3—4—5 为单导线，0、5 为洞外导线的始终点，使 y 轴平行于贯通面；由各导线点向贯通面方向作垂线，其垂足为 0′、1′、2′、3′、4′、5′；除导线点的始终点 0、5 之外，量出各点垂距 R_{x1}、R_{x2}、R_{x3}、R_{x4}（用比例尺量，凑整到 10 m 即可）。然后以同样精度量出各导线边在贯通方向上的投影长度 d_{y1}、d_{y2}、d_{y3}、d_{y4}、d_{y5}（即 0′1′、1′2′、2′3′、3′4′、4′5′的长度），将各值填入表 10-4。

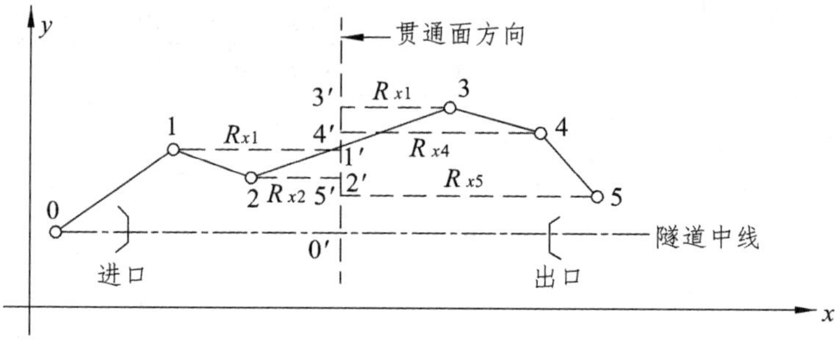

图 10-27　导线布点平面图

表 10-4　洞外导线测量误差对横向贯通精度影响值计算表

各点的投影垂距			各边的投影长度		
点名	R_x/m	R_x^2/m^2	线段	d_y/m	d_y^2/m^2
1	400	160 000	0～1	140	19 600
2	150	22 500	1～2	40	1 600
3	250	62 500	2～3	160	25 600
4	480	230 400	3～4	70	4 900
			4～5	130	16 900
$\sum R_x^2 = 475\,400$ m^2			$\sum d_y^2 = 475\,400$ m^2		

设导线环的测角中误差为：

$$m_\beta = \pm\sqrt{\frac{[f_\beta^2/n]}{N}} = \pm 4''$$

式中　f_β——导线环的角度闭合差；

n——一个导线环内角的个数；

N——导线环的个数。

导线边长相对中误差为：

$$\frac{m_l}{l} = \frac{1}{10\,000}$$

则

$$m_{y\beta}=\pm\frac{m_\beta}{\rho}\sqrt{\sum R_x^2}=\pm\frac{4}{206\ 265}\sqrt{475\ 400}=\pm 13.4\ \text{mm}$$

$$m_{yl}=\pm\frac{m_l}{l}\sqrt{\sum d_y^2}=\pm\frac{4}{10\ 000}\sqrt{68\ 600}=\pm 26.2\ \text{mm}$$

$$m_{y外}=\pm\sqrt{m_{y\beta}^2+m_{yl}^2}=\pm 29.4\ \text{mm}$$

洞内控制无论是中线形式，还是导线形式，一律按导线看待，所以其估算方法与洞外导线测量完全相同，但有两点要注意：

（1）两洞口处的控制点，在引入洞内导线时需要测角，其测角误差算入洞内测量误差。故计算洞外导线测角误差时，不包括始、终点的 R_x 值，而计算洞内导线测角误差时，如图 10-28 中的 R_{xo}、R_{xh}，它们应归入洞内估算值中。

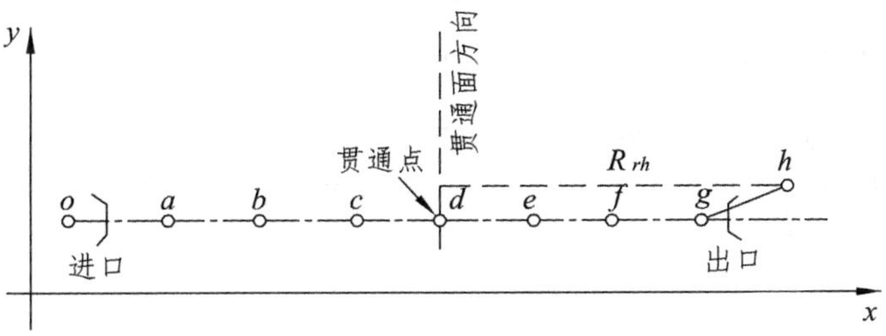

图 10-28　洞口控制点导线测角误差

（2）两洞口引入的洞内导线不必单独计算，可以将贯通点当作一个导线点，从一端洞口控制点到另一端洞口控制点，当作一条连续的导线来计算，如图 10-28 中，从 0 到 h 看成一条导线，其计算值见表 10-5。

表 10-5　洞内导线测量误差对横向贯通精度影响值计算表

各点的投影垂距			各边的投影长度		
点名	R_x/m	R_x^2/m^2	线段	d_y/m	d_y^2/m^2
0	690	476 100	0—a	0	0
a	510	260 100	a—b	0	0
b	330	108 900	b—c	0	0
c	110	12 100	c—d	0	0
d	0	0	d—e	0	0
e	170	28 900	e—f	0	0
f	350	122 500	f—g	0	0
g	510	260 100	g—h	60	3600
h	630	396 900			
$\sum R_x^2=1\ 665\ 600\ \text{m}^2$			$\sum d_y^2=3\ 600\ \text{m}^2$		

设洞内测角中误差 $m_\beta = \pm 4''$

洞内测边相对中误差 $\dfrac{m_l}{l} = \dfrac{1}{5\,000}$

则 $m_{y\beta} = \pm \dfrac{m_\beta}{\rho}\sqrt{\sum R_x^2} = \pm \dfrac{4}{206\,265}\sqrt{1\,665\,600} = \pm 25.0\ \text{mm}$

$$m_{yl} = \pm \frac{m_l}{l}\sqrt{\sum d_y^2} = \pm \frac{1}{5\,000}\sqrt{3\,600} = \pm 12.0\ \text{mm}$$

$$m_{y内} = \pm\sqrt{m_{y\beta}^2 + m_{yl}^2} = \pm 27.7\ \text{mm}$$

洞外、洞内测量误差，对隧道横向贯通精度的影响总值为：

$$m_y = \pm\sqrt{m_{y外}^2 + m_{y内}^2} = \pm 40.4\ \text{mm}$$

按表 10-1 中《测规》要求，两开挖洞口间的长度小于 4 km 时，横向贯通中误差应小于±50 mm，现估算值为±40.4 mm，故可认为设计的施测精度能够满足隧道横向贯通精度的要求，设计是合理的。

练一练

1. 隧道洞内中线测量方法有哪些？
2. 导坑延伸测量方法有哪些？
3. 隧道结构物的施工放样如何实施？
4. 隧道竣工测量的方法有哪些？
5. 上下导坑的联测方法有哪些？

项目 11　高速铁路施工测量

教学目标

通过本项目的学习，学生应能掌握高速铁路施工测量的内容，学会高速铁路控制网的布设的方法、精密测量基准建立方法、轨道系统精密测设方法。

项目概述

高速铁路可分为线下工程和轨道系统两部分。线下工程测量和轨道系统测量有本质区别。线下工程是指高速铁路的路基、桥梁、隧道和涵洞等。线下工程的施工精度不高，通常为厘米级，施工测量方法与传统铁路并无本质区别。轨道系统是在线下工程完工，且各种变形趋于稳定后，以线下工程为依托，通过特殊精调装置和专用测量设备，将轨道构件如轨道板、轨枕、钢轨等精确测设到设计位置，形成高平顺的轨道系统。本项目重点介绍高速铁路控制网的特点、布网方法、精度要求和标志埋设要求，以及精密测量基准的建立方法、轨道系统精密测设、定位和校准等内容。

看一看

图11-1是二等水准测量示意及其视频讲解，请仔细观察这种测量的具体实施过程。

二等水准测量动画

图 11-1　二等水准测量

想一想

高速铁路轨道控制网有何特点？
高速铁路测量与传统铁路的测量有何不同之处？
轨道精调测量方法有哪些？

11.1 CPⅢ网平面测量

11.1.1 CPⅢ概述

国际上将旅客列车速度大于 200 km/h 的铁路称为高速铁路。根据 2016 年修订的《中长期铁路网规划》，到 2020 年，我国将建成 3 万千米高速铁路。目前，已投入运营的京津、武广、郑西、沪杭、京沪等高速铁路，其运营速度已达 300 km/h。2010 年 12 月 3 日，京沪高速铁路还创下了 486.1 km/h 的铁路运营试验的世界最高速度。

高速铁路实现列车高速行驶的前提条件是轨道系统的高稳定性和高平顺性。高速铁路与传统铁路的主要区别，是要一次性地建成稳固、可靠的线下工程和高平顺性的轨道系统。线下工程的高稳定性需依靠对变形和沉降的严格控制来实现，轨道系统的高平顺性则要依靠精密测量技术。因此，变形控制和精密测量技术是高速铁路建设中与测量相关的两大关键技术。

在高速铁路工程测量中，属于精密工程测量范畴的测量工作是轨道系统的施工测量。其实质是精密的安装、定位测量，控制基准是轨道控制网。轨道控制网的精度要求是点位绝对精度 2 mm，相邻点间的相对精度 1 mm。轨道铺设精度（指两根轨枕间的轨道相对精度）为 0.3 mm。

高速铁路测量与传统铁路的测量有很大不同，主要体现在如下几个方面：

（1）高速铁路线下工程测量和轨道系统施工测量在不同的坐标基准下进行。在高速铁路勘测和线下工程施工阶段，应采用统一的国家基准。根据轨道结构和施工方法的差异，高速铁路的轨道系统又分为多种类型。不同类型的轨道结构，其测量方法和精度要求也各不相同。在高速铁路轨道系统施工时，需要建立独立的工程坐标基准，如采用任意中央子午线和抵偿高程面的独立坐标系，用高斯分带投影方法建立，长度在轨道面的投影变形不大于 10 mm/km；并在此基准下建立具有最佳相对精度网形的精密控制网。

（2）高速铁路控制测量分线下工程控制网和轨道控制网。线下工程控制网主要用于高速铁路的初测、定测以及线下工程施工测量。轨道控制网则用于轨道系统的安装、调试、检查和运营维护，且采用三网合一技术。

（3）要求的精度高。承轨系统的施工精度要达到毫米至亚毫米级，轨道铺设精度要达到 0.3 mm。需要用专用轨道测量设备（如精调标架、轨检仪等）对轨道系统构件进行测设定位，对轨道几何状态进行测量和平顺性评估等。

（4）高精度 GNSS 接收机、智能型全站仪、数字水准仪和轨道检测仪等精密测量仪器在高速铁路建设中得到普遍使用。

11.1.2 高铁控制网的布设

1. 平面控制网

高速铁路平面控制网分四级布设：第一级为框架控制网，简称为 CP0 网；第二级为基础控制网，简称 CPⅠ网；第三级为线路控制网，简称 CPⅡ网；第四级为轨道控制网，简称 CPⅢ网。上一级网是下一级网的起算基准。CP0、CPⅠ、CPⅡ网采用卫星定位技术建立（在隧道洞内的 CPⅡ网采用导线法建立），CPⅢ网采用自由设站边角交会法建立。各级网的精度要求如表 11-1 所示。

表 11-1 高速铁路各级控制网的精度要求

控制网	测量方法	相邻点的相对中误差/mm	点间距
CP0	GPS	20	约 50 km
CPⅠ	GPS	10	约 4 000 m
CPⅡ	GPS	8	600~800 m
	附合导线	8	400~800 m
CPⅢ	自由测站边角交会	1	点对间距 50~70 m
二等水准	二等水准测量	高差中误差 2 mm/km	约 2 000 m

说明：① 相邻点的相对中误差指 X、Y 坐标分量中误差。

② 相邻 CPⅢ点高程的相对中误差为±0.5 mm。

框架控制网在线路初测前建立，在线路起点、终点以及与其他线路衔接处，应布设一个点，沿线路每 50 km 左右布设一个点，应与 IGS 参考站或国家 A、B 级 GNSS 点联测，联测点数不少于 2 个，且均匀分布。每个点上的独立基线不小于 3 条，需采用精密星历和要求的软件进行基线解算，要求全线一次性布设、测量和整体平差。

基础控制网（CPⅠ）在线路初测阶段建立，每 4 km 左右布设一个点，应设在距线路中线 50~500 m、不会被施工破坏、稳定可靠和利于测量的地方，隧道段应在洞口处布设一对 CPⅠ点，两点间距 800~1 000 m。CPⅠ网应构成由三角形、大地四边形组成的带状网，并附合在 CP0 网上，应按《高速铁路工程测量规范》（TB 10601—2009）规定施测。全线应一次布网、测量和整体平差。网的三维约束和无约束平差应在 2000 国家大地坐标系中进行，将网在 2000 坐标系中的空间直角坐标，分别投影到相应的投影带，得控制点在各投影带中的工程独立坐标。

线路控制网（CPⅡ）在线路定测阶段建立，应沿线路每 600~800 m 布设一个点，应设在距线路中线 50~200 m、不会被施工破坏、稳定可靠和利于测量的地方，应构成由三角形、大地四边形组成的带状网，并附合在 CPⅠ网上。隧道洞内每 300~600 m 布设一对点，采用 4~6 条边的导线环网，并附合在洞口的 CPⅠ控制点上，应按《高速铁路工程测量规范》规定施测。全线应一次布网、测量和整体平差。CPⅡ网的三维约束和无约束平差在 2000 国家大地坐标系中进行，三维约束平差起算点是所联测 CPⅠ点。CPⅡ控制网的二维平面坐标是高速铁路线路工程独立坐标系中的坐标，系将 CPⅡ控制网在 2000 国家大地坐标系中的空间直角坐标，分别投影到相应的平面坐标投影带中。

隧道洞内 CPⅡ控制网在隧道贯通后采用导线测量按《高速铁路工程测量规范》规定施测，采用严密平差方法进行平差计算。

轨道控制网（CPⅢ）在线下工程施工结束和沉降变形趋于稳定以后建立，是平面和高程共点的三维控制网，平面上是以 CPⅠ或 CPⅡ点为已知点的一种全新的自由设站地面边角交会控制网，其主要作用是为轨道板铺设、钢轨铺设和检校提供基准。

2. 高程控制网

高速铁路的高程控制采用二等水准网，沿设计线路每 2 km 左右埋设一点，并联测沿线的国家一、二等水准点；部分二等水准点与 CPⅠ点共用标石；单独埋设的二等水准测量标石到线路中心线的距离不能大于 500 m；在平原地区，一般采用精密水准仪施测二等水准。在复杂水网和山区，可采用精密三角高程施测。CPⅢ网是平面和高程共点的三维控制网。

由于高速铁路对线下工程的稳定性要求很高，兼顾线下工程沉降监测的需要，沿线二等水准点常作为沉降监测的基准点。因此，在软土和区域沉降地区，要求每隔 10 km 左右设置一个深埋水准点，每隔 100 km 左右设置一个基岩水准点。

11.1.3 轨道控制网（CPⅢ）布设和处理

CPⅢ网是在工程独立坐标系下的精密三维控制网，在路基、桥梁、隧道等线下工程施工完成，并且在各种变形趋于稳定，具备轨道工程施工条件后，在线下工程的结构物上布设。在轨道系统施工前，还需要建立 CPⅠ、CPⅡ、CPⅢ三网合一的精密控制网。工程独立坐标系应确保轨面上的长度投影变形不大于 10 mm/km。这一要求的依据是：高速铁路轨道系统是狭长结构，净宽很小（通常小于 10 m），施工测量时，现场实测距离因长度投影变形而引起的横向误差（通常小于 0.1 mm，轨道平顺性要求是 0.3 mm）可以小到忽略不计的程度。

1. CPⅢ布设

CPⅢ网采用自由设站后方边角交会方式布设，用高精度智能型全站仪（测量机器人，如 Leica 的 TCA2003、TS30 等）进行自动化测量。网形如图 11-2 所示。

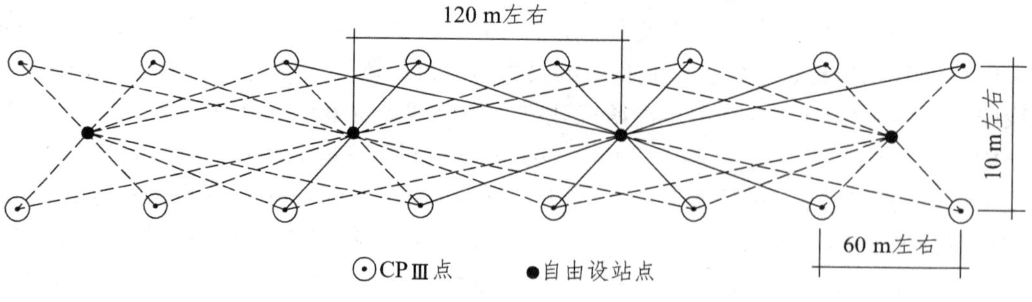

图 11-2 CPIII 控制网示意图

CPⅢ控制点成对且对称布置，一对点之间的间距为 9~15 m，点对之间的间距约 60 m，网形非常规则。CPⅢ点要永久保存，或需建专用观测墩（路基段，见图 11-3），或埋设在桥梁防护墙上（桥梁段，见图 11-4），或埋设在隧道边墙上（隧道段，见图 11-5）。

图 11-3　路基段 CPⅢ观测墩

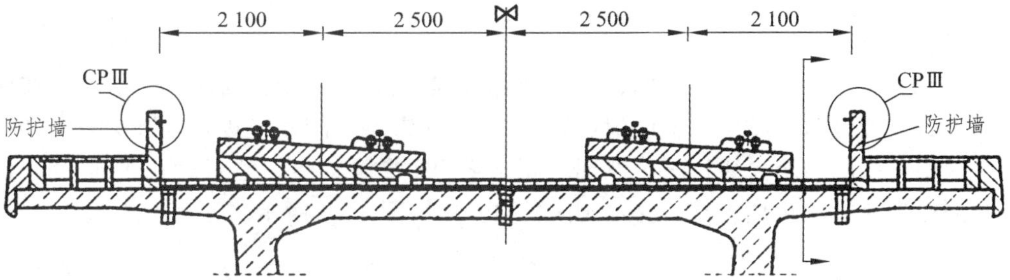

图 11-4　桥梁段 CPⅢ点位布置示意图（单位：mm）

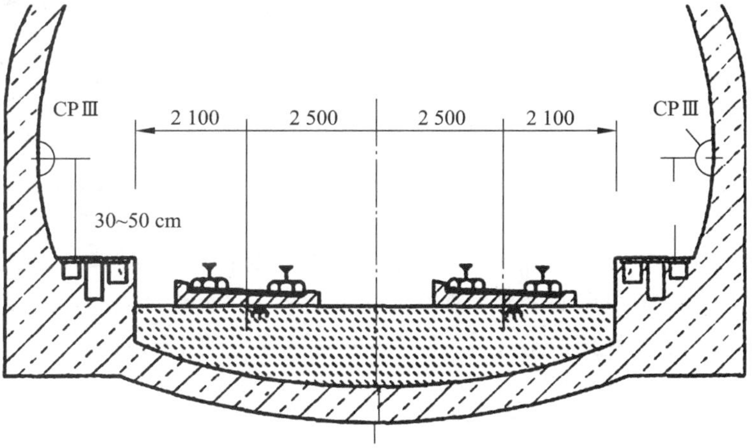

图 11-5　隧道段 CPⅢ点位布置示意图（单位：mm）

CPⅢ点采用图 11-6 所示的强制对中装置和配套的精密棱镜为测量标志，棱镜的反射中心就是三维 CPⅢ控制点。图 11-6 中，（a）为引进的德国 Sinning 棱镜系统，其特点是支架具备 3 个自由度，可将棱镜竖轴调整到铅直状态，预埋件外露端稍微上倾，可将水准测量的高程精确传递至棱镜中心；（b）为国内制造的两种 CPⅢ棱镜组，其特点是预埋件精确埋设后，可确保棱镜铅直。CPⅢ棱镜组的强制对中误差不能大于 0.3 mm。

图 11-6　CPⅢ测量标志和专用棱镜

CPⅢ网为高速铁路轨道系统施工和线路运营维护带来了极大方便：测量时只需整平仪器，就可通过 4~8 个 CPⅢ点，根据边角后方交会原理，精确设置测站（利用 8 个 CPⅢ点设站，设站点三维坐标分量的精度通常优于 0.7 mm，定向精度优于 2″），随时进行精密三维测量。

2. CPⅢ平面测量

如图 11-2 所示，CPⅢ网是一种狭长而规则的控制网，观测条件苛刻，一般要求在夜间或阴天，用边角交会自由设站模式，向前、后各 3 对 CPⅢ点上的棱镜进行全圆法方向和距离的全自动化观测。每测站至少测量 3 个测回，测站之间重叠 4 对点。测量时，遇到 CPⅡ点应联测，且联测点到测站的距离应小于 200 m，联测方法如图 11-7 所示。

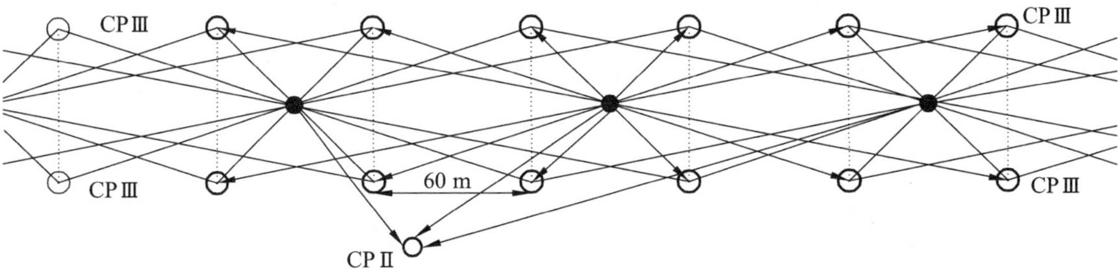

图 11-7　CPⅡ、CPⅢ联测示意

全站仪的测量成果要在工程独立坐标系中，利用联测的 CPⅡ点作为强制约束点，分段进行约束平差，求得 CPⅢ点的平面坐标。分段长度不能小于 4 km，平差方法为常规平面网平差，要求平差后点位绝对精度优于 2 mm，相邻点的相对精度优于 1 mm。

3. CPⅢ网高程测量

CPⅢ高程利用二等几何水准施测，要求相邻 CPⅢ点高程的相对精度为 0.5 mm。就几何水准而言，这一精度要求并不很高，实现起来也比较容易。由于网点密度高，网形规则，CPⅢ水准测量有如下特点：

（1）每个 CPⅢ点都是水准点，水准测量时没有转点。

（2）仪器很容易架设在前、后两对 CPⅢ点的中间，测量中无须量距，每站观测 4 个点。

（3）水准尺立在与 CPⅢ标志配套的转接杆上，确保测量结果准确转换到 CPⅢ棱镜中心。

（4）用精密数字水准仪施测，以减小劳动强度，且方便 CPⅢ点名的自动录入。

（5）测点高于地面 1 m 左右且大致等高，测量中宜选用 1 m 或 1.5 m 长的特制水准尺。

CPⅢ高程测量分为德国中视法和我国矩形法两种。德国中视法源于 Leica 和 Trimble 电子水准仪的自动记录程序，测量原理如图 11-8 所示。

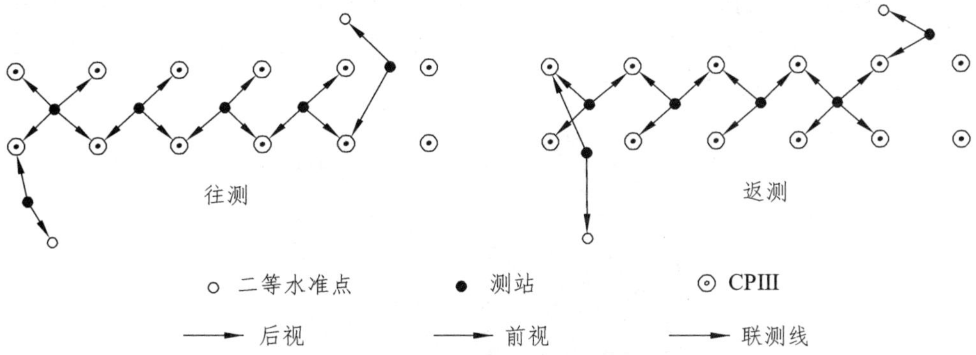

图 11-8　德国中视法 CPⅢ水准测量原理示意图

往测时，自一个水准基点沿线路右侧 CPⅢ点测至另一个水准基点，形成附合水准线路，左侧 CPⅢ点作为支点同步观测。返测时测量左侧 CPⅢ点形成附合线路，右侧 CPⅢ点作为支点。

这里所说的水准基点是指勘测阶段沿线每隔 2 km 布设的水准点，或利用精密水准、精密三角高程引测了高程的 CPⅢ点。

在我国，中视法观测没有相应的规范支持，因此提出了矩形法，其原理如图 11-9 所示。矩形法的实质是沿前后两对 CPⅢ点按顺时针施测水准，形成规则的水准环。各个小的水准环环环相连，形成规则的水准环网。

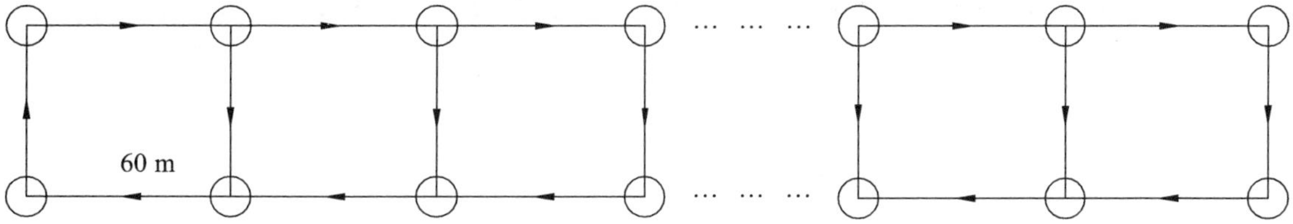

图 11-9　矩形法 CPⅢ水准测量原理示意图

11.2　基于轨道的轨道板精调

11.2.1　轨道工程测量方法及专用仪器

11.2.1.1　轨道工程测量方法

1. 自由设站极坐标法三维测量

轨道系统施工测量都是以轨道控制网 CPⅢ为基准，采用全站仪自由设站三维坐标法测量，设站时，相邻测站重叠观测的 CPⅢ控制点不宜少于 2 对。高程精度要求特别高时，采用几何水准施测高程。

2. 搭接测量

在轨道系统精密测量中，由不同测站进行有重复测量点的测量称搭接测量，重复测量的点称搭接点。搭接又分单点搭接和多点搭接，通过搭接测量来平滑不同测站之间出现的测量偏差。单点搭接的原理如图 11-10 所示。

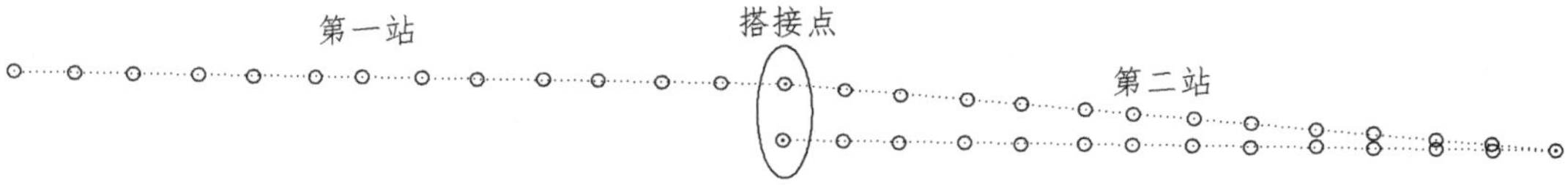

图 11-10 单点搭接测量原理示意

假设在第一测站、第二测站各测设了一列点，由于设站和测量误差，两列放样点并不平顺连接，中间会出现“错台”。为实现两列点的平顺连接，第二站自由设站后，要求再用第一站测量的最后一个点（搭接点）的坐标，重新对第二站的仪器进行定向，然后再进行后续点的测设，确保两站的测设点平顺连接。根据平顺性要求的高低，一般是 5 点或 3 点搭接。

11.2.1.2 专用仪器

1. 轨检小车

轨检小车又称轨检仪，是高速铁路轨道系统精密测量的专用测量设备，内部装有高精度的距离、倾斜传感器，用全站仪测得小车上固定棱镜三维坐标的同时，可精确得到左右钢轨和线路中心的坐标、里程以及轨道的轨距、水平度、超高和各种轨道参数等，对轨道系统的调校维护具有重要意义。其测量原理如图 11-11 所示。

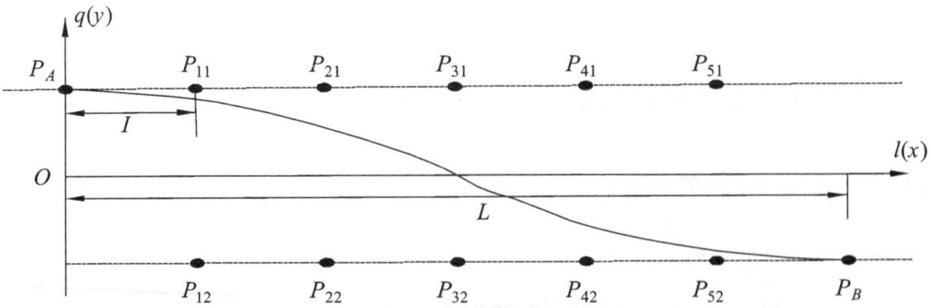

图 11-11 轨检小车测量原理

2. 其他专用设备

图 11-12 中，强制对中测钉用于地面点强制对中，磁性尺垫可吸附于水准尺底端，用于测量地面强制对中点的高程，球棱镜用于多种场合的强制对中测量。

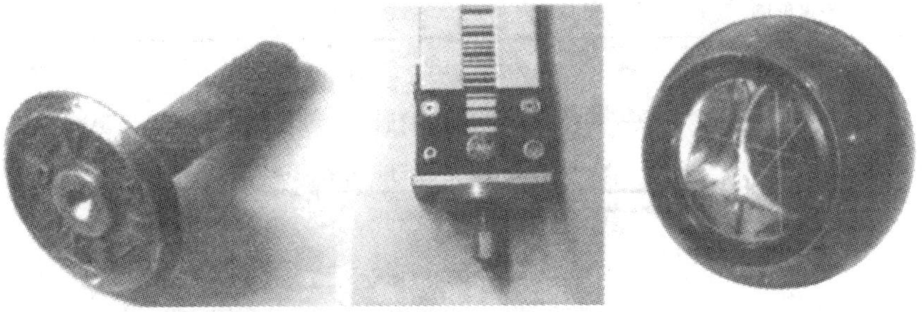

图 11-12　强制对中测钉、磁性尺垫、球棱镜

图 11-13 所示是三种强制对中型小三角支架，用于精确测设地面点的三维坐标。

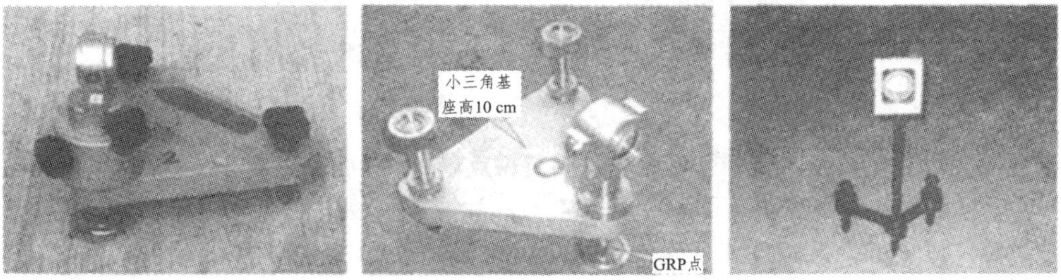

图 11-13　精密小三角支架

图 11-14 所示是一种不等高强制对中三脚支架，用于特殊场合架设仪器或棱镜 。

图 11-14 不等高小三脚架

11.2.2　轨道精调测量

高速铁路无砟轨道调校分粗调和精调，采用全站仪自由设站法测量，配合轨检小车进行。首先按照图 11-15 所示方法，利用前后各两对 CPⅢ点自由设站，然后测量轨检小车上的棱镜，小车的电脑系统可以实时显示左、右钢轨的调整量（图 11-16）。

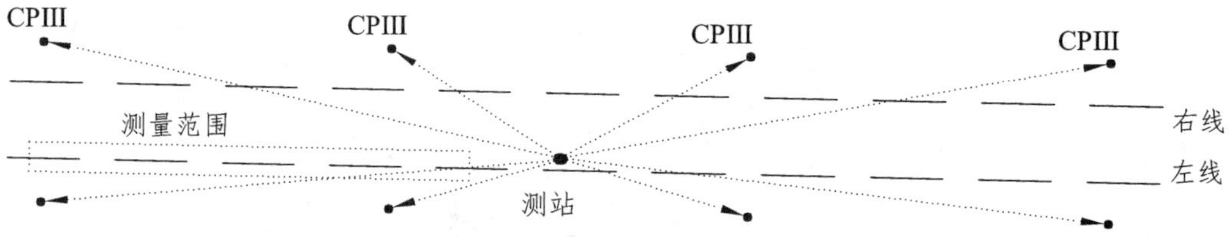

图 11-15　利用 CPⅢ自由设站测量

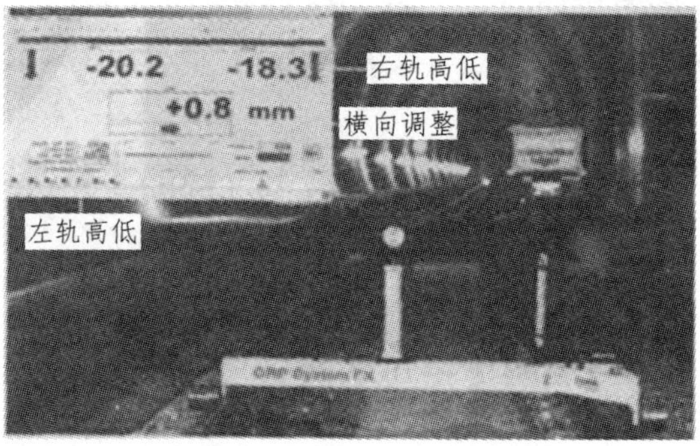

图 11-16　轨检小车测量过程

设站时仪器尽量架设在所测轨道的中间，且测站前后的 CPⅢ点大致对称，左右线分别设站和测量。粗调时，单站测距范围不超过 100 m，每隔 3~5 根轨枕（承轨台）测量一个点，通过多遍调整，将轨道大致调整到设计位置（与设计值偏差控制在 1~2 mm）。精调时，单站测距范围不超过 70 m，逐枕测量，不同测站搭接 5 个点。通过多次反复调整，将轨道精确调整到设计位置。

有砟轨道可以对轨排进行整体调整，而无砟轨道需要通过更换不同尺寸的扣件来调整轨道。实际作业时，是先将一根钢轨（称基本轨）调整到位，然后利用轨道尺（一种可以精确测量两根钢轨的间距和高差的轨道测量专用仪器，见图 11-17），以基本轨为基准，将另一根钢轨调整到位。

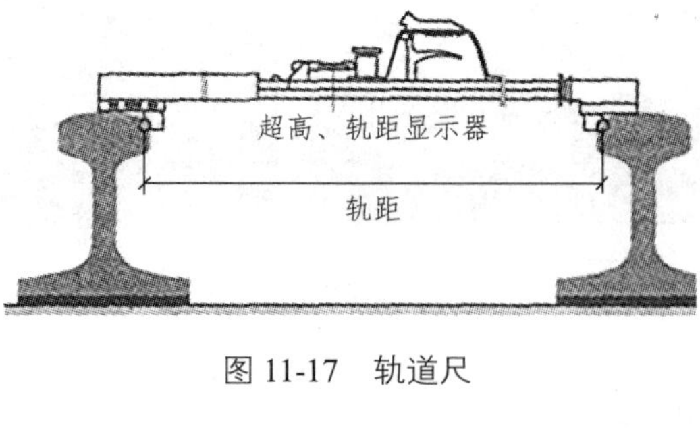

图 11-17　轨道尺

11.2.3　双块轨枕精调

双块式无砟轨道施工技术源于德国，按施工方法不同，分为 CRTSⅠ型和 CRTSⅡ型。

CRTS Ⅰ型采用轨排法施工，CRTSⅡ型采用机械法施工。前者的施工精度低，轨道精调工作量大，后者的施工精度高，精调工作量小。

1. 轨排精调测量

轨排法施工原理如图 11-18 所示。先用工具轨将双块式轨枕组装成轨排，间隔 2~3 根轨枕，利用横梁和螺杆调节器将轨排提升到地面以上 50~70 mm，然后立模、扎筋并浇筑混凝土，将轨枕固定在混凝土底座上。

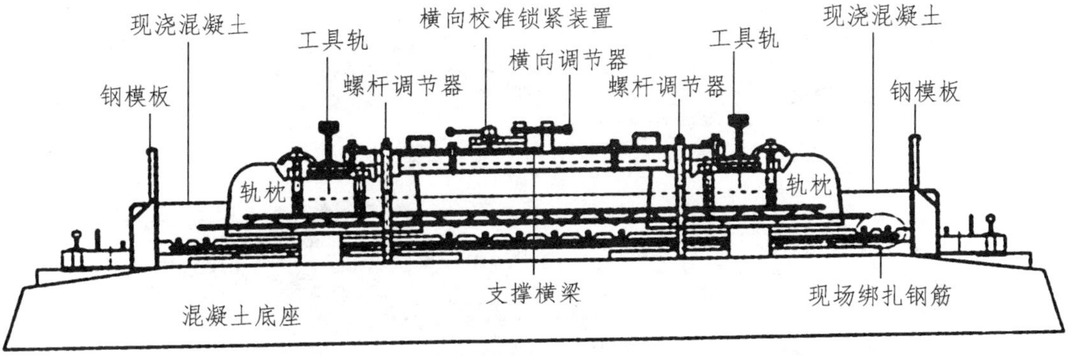

图 11-18　CRTS I 型双块式无砟轨道施工原理示意图

浇筑混凝土前，按照轨道精调测量的方法，通过螺杆调节器和横向调节器，将轨排调整到设计位置。分粗调和精调两个过程。粗调时，轨检小车每隔 1 ~2 个横梁测量一点，同时对多个横梁进行调整，将轨排调整到距设计位置 5 mm 以内。精调时，在每个横梁处逐一测量和精调，将轨排调整到距设计位置 2 mm 以内。精调好的轨排如图 11-19 所示。

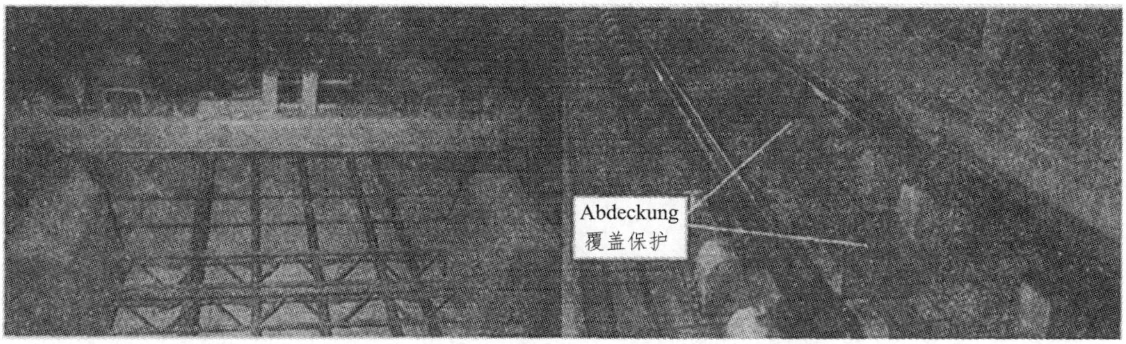

图 11-19　CRTS I 型双块式无砟轨道的轨排安装

根据轨排法的施工特点，精调时不必过分提高精度，原因是现场浇筑混凝土对轨排扰动很大，铺轨后，精确的轨道位置通过更换扣件来实现。

2. 机械法施工的支脚精调

机械法施工原理如图 11-20 所示，在钢模板内浇筑混凝土后，用机械将装有 5 根轨枕的轨枕框架和横梁，准确放置到三维可调支脚上，然后通过轨枕压入机械的高频震动，将轨枕压入刚浇筑的混凝土中。图中的三维可调支脚事先被锚固，且通过精密测量技术，将其顶端的支撑球窝精确调整到设计位置。横梁的左端耦合点也是球窝，通过嵌合球使横梁左端与左侧支脚精确对位并三维固定，横梁右端耦点是“V”形槽，通过嵌合球与右侧支脚精确对位（横向可滑动）。轨枕框架安放到前、后两根横梁上以后，轨枕的设计位置可通过支脚、横梁、轨枕框架精确确定。

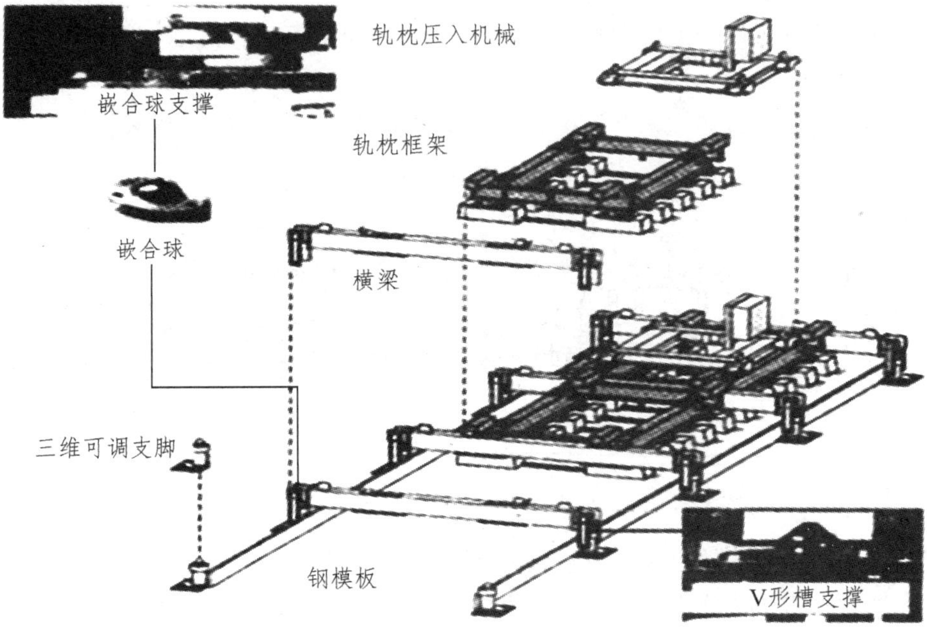

图 11-20　CRTS Ⅱ型双块式无砟轨道施工原理示意

11.2.4　轨道板精调

轨道板分 CRTS Ⅰ型和 CRTS Ⅱ型。Ⅰ型板没有承轨台，扣件活动量大，轨道板施工精更低。本项目只介绍Ⅱ型板精调技术。

1. 博格精调技术

CRTS Ⅱ型轨道板的设计理念是：轨道板要经过数控磨床精确打磨，精度很高，假定钢轨和扣件没有误差，将轨道板精确安装到设计位置，铺轨后，不用对轨道进行精调，就能形成高平顺的轨道系统。

CRTS Ⅱ型板式无砟轨道施工过程如图 11-21 所示：首先施工下部基础；然后利用 6 个精调器，配合测量机器人，将轨道板逐块精确调整到设计位置；最后，通过灌注孔灌注 CA 砂浆（一种易流、速凝的建筑材料），填充轨道板和下部基础之间的空隙。灌浆对轨道板几乎没有扰动。

CRTS Ⅱ型轨道板的安装精度很高，绝对精度是 1 mm，板与板之间的相对精度是 0.3 mm，利用如图 11-22 所示的德国博格精调标架，配合测量机器人，按照博格技术进行精调。

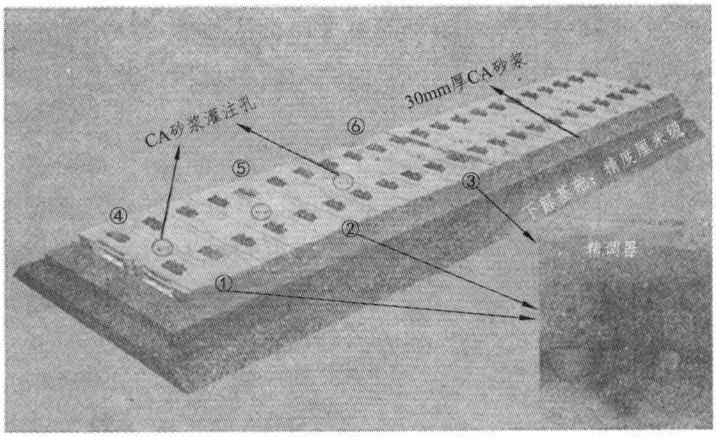

图 11-21　CRTSⅡ型板式无砟轨道施工原理示意图

图 11-22　CRTSⅡ型板式专用精调标架

2. 基于轨道的轨道板精调技术

博格精调技术的主要问题有三：一是效率低，GRP 测量严重制约铺板进度；二是贴近板面测量，操作困难且观测条件苛刻；三是精调基准为板轴线，尽管轨道板的铺设精度很高，但轨道精度并不高。为克服上述缺点，中铁十五局研发了基于轨道的轨道板精调技术并用于京沪高速铁路。他们研制了一个自定心钢轨模拟装置来获取轨道特征点，将钢轨模拟装置放置到承轨槽中，在顶销的顶推作用下，底座中心自动移到承轨槽中轴线上，使模拟装置上的棱镜中心刚好位于钢轨顶的设计位置，即轨道特征点。其精调原理为：用全站仪测量钢轨模拟装置上轨道特征点的三维坐标，根据实测坐标与设计线路的位置关系，确定轨道特征点的偏移量，从而将三维问题化为点与线之间的二维调整。该技术的特点是：利用了 CPⅢ网，采用全站仪自由设站测量，操作方便，精度高、速度快。

特别提示

1. 轨道板精调针对不同型号轨道板稍有不同。

2. CPⅢ网采用的是自由设站后方边角交会方式布设，路基段、桥梁段、隧道段是不一样的。

练一练

简述基于轨道的轨道板精调技术的具体实施步骤。

项目 12　建筑工程测量

教学目标

通过本项目的学习，学生应能够进行民用建筑的施工测量、工业建筑的施工测量以及建筑物的变形观测。

项目概述

建筑工程测量是建筑工程在设计、施工阶段和竣工使用期间的测量工作，包括民用建筑施工测量、工业建筑施工测量和建筑物的变形观测。由于建筑的类型、结构和层数各不相同，因此施工测量的方法和精度要求也各有不同，但施工测量的过程基本一样。本项目将介绍民用建筑的定位测量、民用建筑物细部放线测量、民用建筑物基础施工测量、民用建筑物墙体施工测量、厂房控制网的建立、柱基的测设、厂房构件的安装测量、烟囱水塔施工测量、建筑物的变形观测。

看一看

黑龙江某市一新建项目，集教学、办公于一体，规划1号楼为办公楼，2号楼为教学楼，都为6层框架结构，建筑高度为25.7 m。为了保证工程质量，施工放样工作内容包括：首级平面控制网的布置测量、施工控制网布置测量、建筑物定线和细部放线测量、楼体垂直度监测及沉降观测。

想一想

如何布设施工控制网?

隧建筑物定位、基础施工测量、轴线投测与标高传递是如何进行的?

怎样进行建筑物的变形观测?

12.1 民用建筑物的定位测量

12.1.1 施工控制测量

由于在勘探设计阶段所建立的控制网，是为测图而建立的，有时并未考虑施工的需要，所以控制点的分布、密度和精度，都难以满足施工测量的要求；另外，在平整场地时，大多控制点被破坏。因此施工之前，在建筑场地应重新建立专门的施工控制网。

1. 施工控制网的分类

施工控制网分为平面控制网和高程控制网两种。

（1）施工平面控制网。施工平面控制网可以布设成三角网、导线网、建筑方格网和建筑基线四种形式。

①三角网。对于地势起伏较大，通视条件较好的施工场地，可采用三角网。

②导线网。对于地势平坦，通视又比较困难的施工场地，可采用导线网。

③建筑方格网。对于建筑物多为矩形且布置比较规则和密集的施工场地，可采用建筑方格网。

④建筑基线。对于地势平坦且又简单的小型施工场地，可采用建筑基线。

（2）施工高程控制网。施工高程控制网采用水准网。

2. 施工控制网的特点

与测图控制网相比，施工控制网具有控制范围小、控制点密度大、精度要求高及使用频繁等特点。

12.1.2 施工场地的平面控制测量

1. 施工坐标系与测量坐标系的坐标换算

施工坐标系亦称建筑坐标系，其坐标轴与主要建筑物主轴线平行或垂直，以便用直角坐标法进行建筑物的放样。

施工控制测量的建筑基线和建筑方格网一般采用施工坐标系，而施工坐标系与测量坐标系往往不一致，因此，施工测量前常常需要进行施工坐标系与测量坐标系的坐标换算。

如图 12-1 所示，设 xOy 为测量坐标系，$x'O'y'$为施工坐标系，x_O、y_O 为施工坐标系的原点 O'在测量坐标系中的坐标，α 为施工坐标系的纵轴 $O'x'$在测量坐标系中的坐标方位角。设已知 P 点的施工坐标为（x'_P、y'_P），则可按下式将其换算为测量坐标（x_P、y_P）：

$$\left.\begin{aligned} x_p &= x_0 + x'_P\cos\alpha - y'_P\sin\alpha \\ y_p &= y_0 + x'_P\sin\alpha + y'_P\cos\alpha \end{aligned}\right\} \tag{12-1}$$

如已知 P 的测量坐标，则可按下式将其换算为施工坐标：

$$\left.\begin{aligned} y'_P &= (x_P - x_0)\cos\alpha + (y_P - y_0)\sin\alpha \\ y'_P &= -(x_P - x_0)\sin\alpha + (y_P - y_0)\cos\alpha \end{aligned}\right\} \tag{12-2}$$

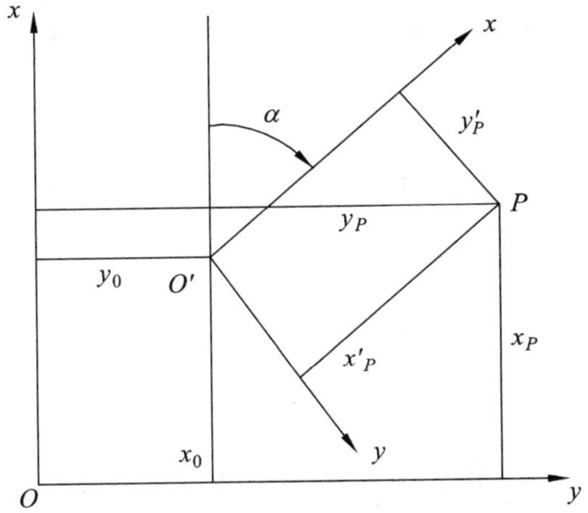

图 12-1　施工坐标系与测量坐标系的换算

2. 建筑基线

建筑基线是建筑场地的施工控制基准线，即在建筑场地布置一条或几条轴线。它适用于建筑设计总平面图布置比较简单的小型建筑场地。

（1）建筑基线的布设形式。

建筑基线的布设形式，应根据建筑物的分布、施工场地地形等因素来确定。常用的布设形式有“一”字形、“L”形、“十”字形和“T”形，如图 12-2 所示。

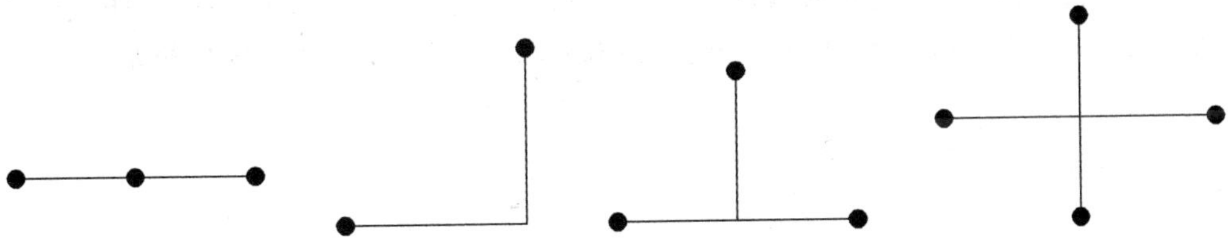

图 12-2　建筑基线形式

（2）建筑基线的布设要求。

① 建筑基线应尽可能靠近拟建的主要建筑物，并与其主要轴线平行，以便使用比较简单的直角坐标法进行建筑物的定位。

② 建筑基线上的基线点应不少于 3 个，以便相互检核。

③ 建筑基线应尽可能与施工场地的建筑红线相联系。

④ 基线点位应选在通视良好和不易被破坏的地方，为能长期保存，要埋设永久性的混凝土桩。

（3）建筑基线的测设方法。

根据施工场地的条件不同，建筑基线的测设方法有以下两种：

① 根据建筑红线测设建筑基线。

由城市测绘部门测定的建筑用地界定基准线，称为建筑红线。在城市建设区，建筑红线可用作建筑基线测设的依据。如图 12-3 所示，AB、AC 为建筑红线，1、2、3 为建筑基线点，利用建筑红线测设建筑基线的方法如下：

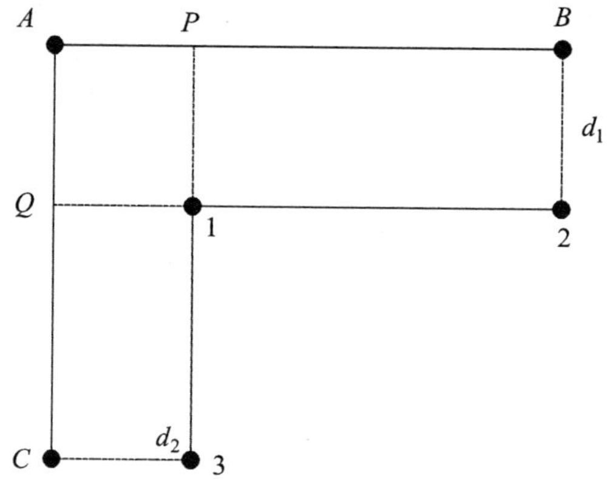

图 12-3　根据建筑红线测设建筑基线

首先，从 A 点沿 AB 方向量取 d_2 定出 P 点，沿 AC 方向量取 d_1 定出 Q 点。

然后，过 B 点作 AB 的垂线，沿垂线量取 d_1 定出 2 点，作出标志；过 C 点作 AC 的垂线，沿垂线量取 d_2 定出 3 点，作出标志。用细线拉出直线 $P3$ 和 $Q2$，两条直线的交点即为 1 点，作出标志。

最后，在 1 点安置经纬仪，精确观测∠213，其与 90°的差值应小于±20″。比较量 D_{12}、D_{13} 距离是否等于设计长度，其误差不应大于 1/10 000。

② 根据附近已有控制点测设建筑基线。

在新建筑区，可以利用建筑基线的设计坐标和附近已有控制点的坐标，用极坐标法测设建筑基线。如图 12-4 所示，A、B 为附近已有控制点，1、2、3 为选定的建筑基线点。

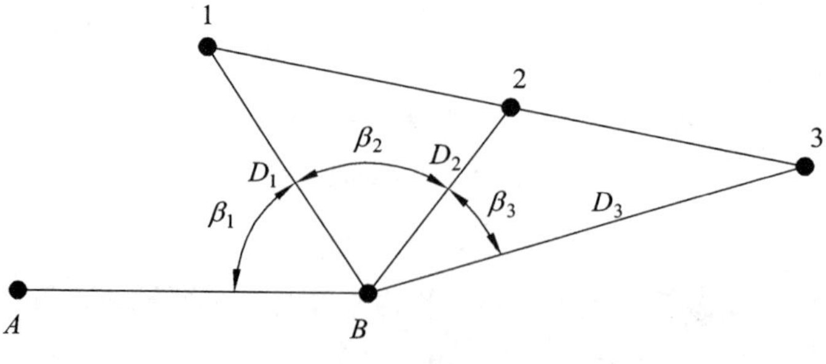

图 12-4　根据控制点测设建筑基线

首先，根据已知控制点和建筑基线点的坐标，计算出测设数据 β_1、D_1、β_2、D_2、β_3、D_3。然后，用极坐标法测设 1、2、3 点。

由于存在测量误差，测设的基线点往往不在同一直线上，且点与点之间的距离与设计值也不完全相符，因此，需要精确测出已测设直线的折角 β'和距离 D'，并与设计值相比较。如图 12-5 所示，如果 $\Delta\beta=\beta'-180^\circ$超过$\pm15''$，则应对 1′、2′、3′点在与基线垂直的方向上进行等量调整，调整量按下式计算：

$$\delta=\frac{ab}{a+b}\times\frac{\Delta\beta}{2p} \tag{12-3}$$

式中 δ——各点的调整值（m）；

a、b——12、23 的长度（m）。

如果测设距离超限，如 $\frac{\Delta D}{D}=\frac{D'-D}{D}>\frac{1}{10\,000}$，则以 2 点为准，按设计长度沿基线方向调整 1′、3′点。

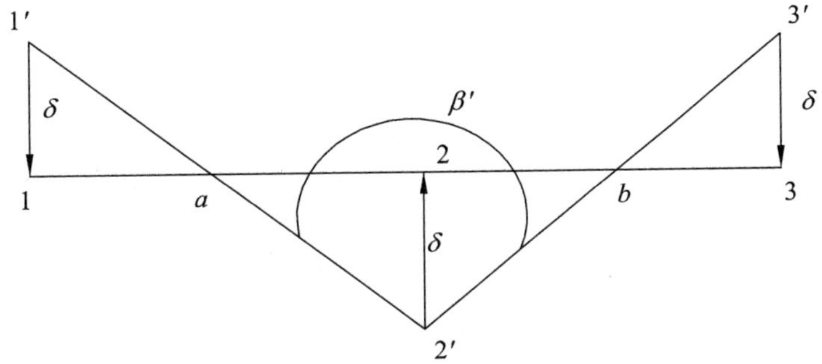

图 12-5 基线点的调整

3. 建筑方格网

由正方形或矩形组成的施工平面控制网，称为建筑方格网，或称矩形网，如图 12-6 所示。建筑方格网适用于按矩形布置的建筑群或大型建筑场地。

布设建筑方格网时，应根据总平面图上各建（构）筑物、道路及各种管线的布置，结合现场的地形条件来确定。如图 12-6 所示，先确定方格网的主轴线 *AOB* 和 *COD*，然后再布设方格网。

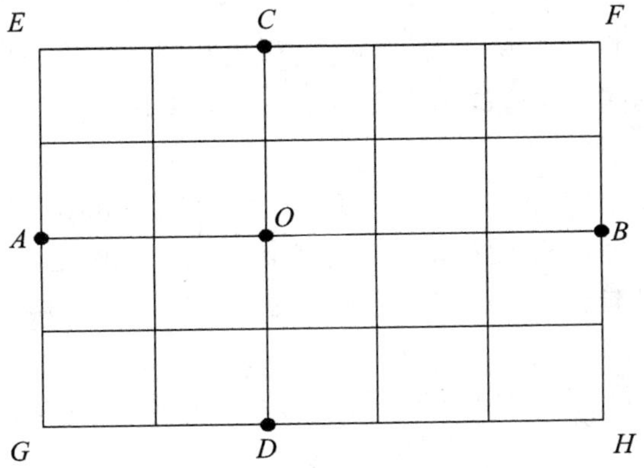

图 12-6 建筑方格网

（1）测设主轴线。

主轴线测设与建筑基线测设方法相似。首先，准备测设数据。然后，测设两条互相垂直

的主轴线 AOB 和 COD，如图 12-6 所示。主轴线实质上是由 5 个主点 A、B、O、C 和 D 组成。最后，精确检测主轴线点的相对位置关系，并与设计值相比较，如果超限，则应进行调整。建筑方格网的主要技术要求如表 12-1 所示。

表 12-1　建筑方格网的主要技术要求

等级	边长	测角中误差	边长相对中误差	测角检测限差	边长检测限差
Ⅰ级	100～300 m	5″	1/30 000	10″	1/15 000
Ⅱ级	100～300 m	8″	1/20 000	16″	1/10 000

（2）方格网点测设。

如图 12-6 所示，主轴线测设后，分别在主点 A、B 和 C、D 安置经纬仪，后视主点 O，向左右测设 90°水平角，即可交会出田字形方格网点。随后再作检核，测量相邻两点间的距离，看是否与设计值相等，测量其角度是否为 90°，误差均应在允许范围内，并埋设永久性标志。

建筑方格网轴线与建筑物轴线平行或垂直，因此，可用直角坐标法进行建筑物的定位。该法计算简单，测设比较方便，而且精度较高。其缺点是必须按照总平面图布置，其点位易被破坏，而且测设工作量也较大。

由于建筑方格网的测设工作量大，测设精度要求高，因此可委托专业测量单位进行。

4. 施工场地的高程控制测量

（1）施工场地高程控制网的建立。

建筑施工场地的高程控制测量一般采用水准测量方法，应根据施工场地附近的国家或城市已知水准点，测定施工场地水准点的高程，以便纳入统一的高程系统。

在施工场地上，水准点的密度，应尽可能满足安置一次仪器即可测设出所需的高程。而测图时敷设的水准点往往是不够的，因此，还需增设一些水准点。在一般情况下，建筑基线点、建筑方格网点以及导线点也可兼作高程控制点。只要在平面控制点桩面上中心点旁边，设置一个突出的半球状标志即可。

为了便于检核和提高测量精度，施工场地高程控制网应布设成闭合或附合路线。高程控制网可分为首级网和加密网，相应的水准点称为基本水准点和施工水准点。

（2）基本水准点。

基本水准点应布设在土质坚实、不受施工影响、无震动和便于实测的地方，并埋设永久性标志。一般情况下，按四等水准测量的方法测定其高程，而对于为连续性生产车间或地下管道测设所建立的基本水准点，则需按三等水准测量的方法测定其高程。

（3）施工水准点。

施工水准点是用来直接测设建筑物高程的。为了测设方便和减少误差，施工水准点应靠近建筑物。

此外，由于设计建筑物常以底层室内地坪高±0.000 标高为高程起算面，为了施工引测设方便，常在建筑物内部或附近测设±0.000 水准点。±0.000 水准点的位置，一般选在稳定的建筑物墙、柱的侧面，用红漆绘成顶为水平线的“▼”形，其顶端表示±0.000 位置。

12.1.3 建筑物定位

建筑物的定位就是根据设计条件将建筑物四周外廓主要轴线的交点测设到地面上，作为基础放线和细部轴线放线的依据。由于设计条件和现场条件不同，建筑物的定位方法也有所不同。如果设计图上只给出新建筑物与附近原有建筑物或道路的相互关系，而没有提供建筑物定位点的坐标，周围又没有测量控制点、建筑方格网和建筑基线可供利用，则可根据原有建筑物的边线或道路中心线将新建筑物的定位点测设出来。

1. 根据与原有建筑物的关系定位

如图 12-7 所示，拟建建筑物的外墙边线与原有建筑物的外墙边线在同一条直线上，两栋建筑物的间距为 10 m，拟建建筑物四周长轴为 40 m，短轴为 18 m，轴线与外墙边线间距为 0.12 m。

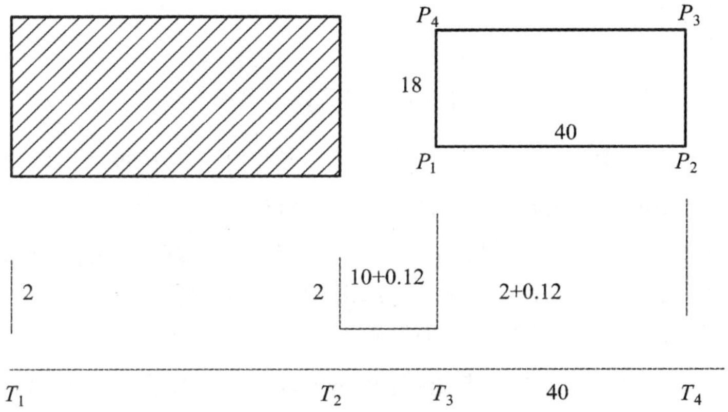

图 12-7 根据与原有建筑物的关系定位

（1）沿原有建筑物的两侧外墙拉线，用钢尺顺线从墙角往外量一段较短的距离（这里设为 2 m），在地面上定出 T_1 和 T_2 两个点，T_1 和 T_2 的连线即为原有建筑物的平行线。

（2）在 T_1 点安置经纬仪，照准 T_2 点，用钢尺从 T_2 点沿视线方向量取 10 m+0.12 m，在地面上定出 T_3 点，再从 T_3 点沿视线方向量取 40 m，在地面上定出 T_4 点，T_3 和 T_4 的连线即为拟建建筑物的平行线，其长度等于长轴尺寸。

（3）在 T_3 点安置经纬仪，照准 T_4 点，逆时针测设 90°，在视线方向上量取 2 m+0.12 m，在地面上定出 P_1 点，再从 P_1 点沿视线方向量取 18 m，在地面上定出 P_4 点。同理，在 T_4 点安置经纬仪，照准 T_3 点，顺时针测设 90°，在视线方向上量取 2 m+0.12 m，在地面上定出 P_2 点，再从 P_2 点沿视线方向量取 18 m，在地面上定出 P_3 点。则 P_1、P_2、P_3 和 P_4 点即为拟建建筑物的 4 个定位轴线点。

（4）在 P_1、P_2、P_3 和 P_4 点上安置经纬仪，检核 4 个大角是否为 90°，用钢尺丈量 4 条轴线的长度，检核长轴是否为 40 m，短轴是否为 18 m。

2. 根据与原有道路的关系定位

如图 12-8 所示，拟建建筑物的轴线与道路中心线平行，轴线与道路中心线的距离见图。

（1）在每条道路上选两个合适的位置，分别用钢尺测量该处道路的宽度，并找出道路中

心点 C_1 、 C_2 、 C_3 和 C_4 。

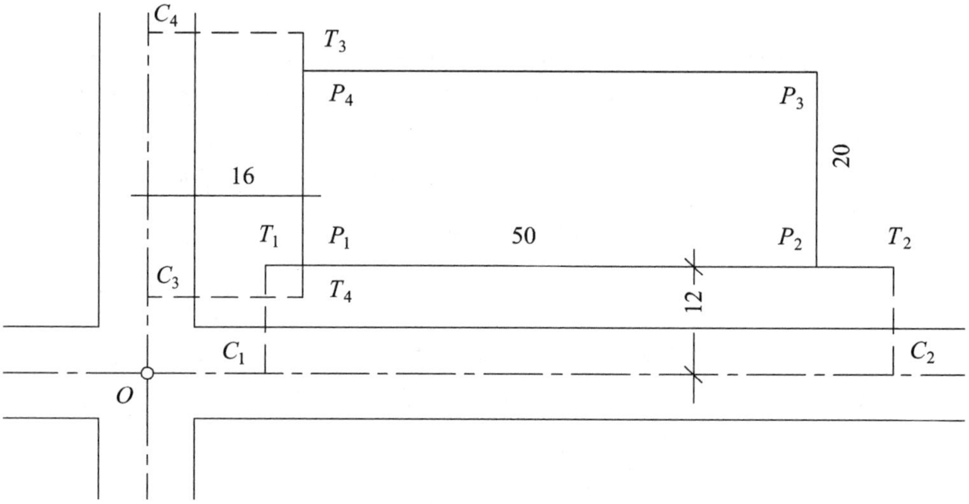

图 12-8　根据与原有道路的关系定位

（2）分别在 C_1 、C_2 两个中心点上安置经纬仪，测设90°，用钢尺测设水平距离 12 m，在地面上得到道路中心线的平行线 T_1T_2 ，同理作出 C_3 和 C_4 的平行线 T_3T_4 。

（3）用经纬仪向内延长或向外延长这两条线，其交点即为拟建建筑物的第一个定位点 P_1 ，再从 P_1 沿长轴方向量取 50 m 作 T_3T_4 的平行线，得到第二个定位点 P_2 。

（4）分别在 P_1 和 P_2 点安置经纬仪，测设直角和水平距离 20 m，在地面上定出点 P_3 和 P_4 。在 P_1 、P_2 、P_3 和 P_4 点上安置经纬仪，检核角度是否为90°，用钢尺丈量 4 条轴线的长度，检核长轴是否为 50 m，短轴是否为 20 m。

12.2　民用建筑物细部放线测量

建筑物的放线是指根据现场已测设好的建筑物定位点，详细测设其他各轴线交点的位置，并将其延长到安全的地方做好标志。然后以细部轴线为依据，按基础宽度和放坡要求用白灰撒出基础开挖边线。

12.2.1　测设细部轴线交点

如图 12-9 所示，A 轴、E 轴、①轴和⑦轴是 4 条建筑物的外墙主轴线，其轴线交点 A_1，A_7，E_1 和 E_7 是建筑物的定位点，这些定位点已在地面上测设完毕，各主次轴线间隔如图 12-9 所示，现欲测设次要轴线与主轴线的交点。

在 A_1 点安置经纬仪，照准 A_7 点，把钢尺的零端对准 A_1 点，沿视线方向拉钢尺，在钢尺上读数等于①轴和②轴间距（4.2 m）的地方打下木桩。打的过程中要经常用仪器检查桩顶是否偏离视线方向，钢尺读数是否还在桩顶上，如有偏移要及时调整。打好桩后，用经纬仪视线指挥在桩顶上画一条纵线，再拉好钢尺，在读数等于轴间距处画一条横线，两线交点即 A 轴与②轴的交点 A_2。

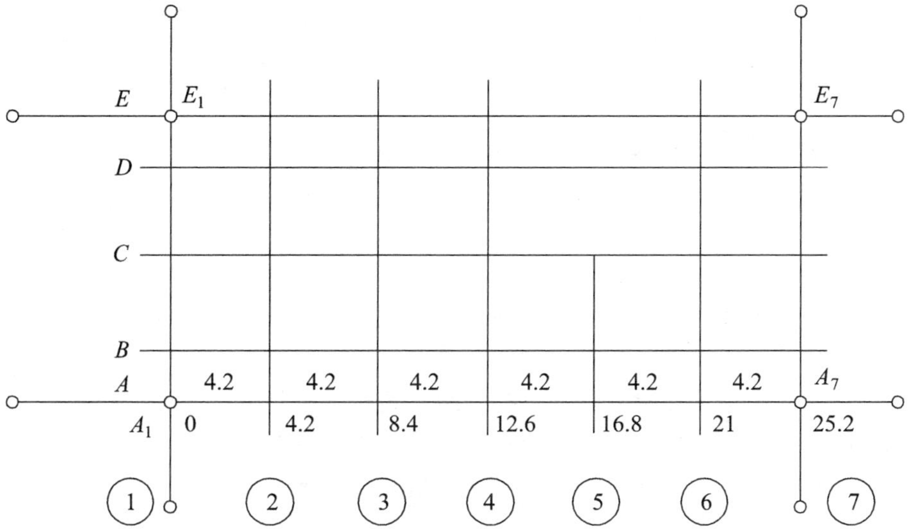

图 12-9　测设细部轴线交点

在测设 A 轴与③轴的交点 A_3 时，方法同上，注意仍然要将钢尺的零端对准 A_1 点，并沿视线方向拉钢尺，而钢尺读数应为①轴和③轴间距（8.4 m），这种做法可以减小钢尺对点误差，避免轴线总长度增长或减短。如此依次测设 A 轴与其他有关轴线的交点。测设完最后一个交点后，用钢尺检查各相邻轴线桩的间距是否等于设计值，误差应小于 1/3 000。

测设完 A 轴上的轴线点后，用同样的方法测设 E 轴、1 轴和 7 轴上的轴线点。

12.2.2　引测轴线

在基槽或基坑开挖时，定位桩和细部轴线桩均会被挖掉，为了使开挖后各阶段施工能准确地恢复各轴线位置，应把各轴线延长到开挖范围以外的地方并做好标志，这个工作称为引测轴线，具体有设置龙门板和轴线控制桩两种形式。

1. 设置龙门板

（1）如图 12-10 所示，在建筑物四角和中间隔墙的两端，距基槽边线 1 ~ 2 m 以外，竖直钉设大木桩，称为龙门桩，并使桩的外侧面平行于基槽。

（2）根据附近水准点，用水准仪将±0.000 标高测设在每个龙门桩的外侧上，并画出横线标志。如果现场条件不允许，也可测设比±0.000 高或低一定数值的标高线，同一建筑物最好只用一个标高，如因地形起伏大用两个标高时，一定要标注清楚，以免使用时发生错误。

（3）在相邻两龙门桩上钉设木板，称为龙门板，龙门板的上沿应和龙门桩上的横线对齐，使龙门板的顶面标高在一个水平面上，并且标高为±0.000，或比±0.000 高低一定的数值，龙门板顶面标高的误差应在±5 mm 以内。

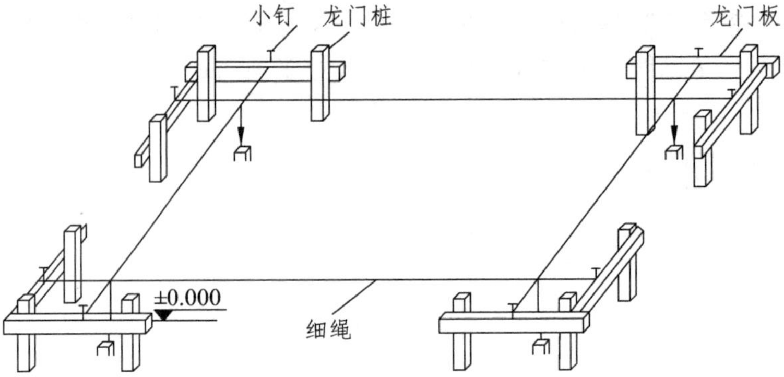

图 12-10　龙门桩与龙门板

（4）根据轴线桩，用经纬仪将各轴线投测到龙门板的顶面，并钉上小钉作为轴线标志，此小钉也称为轴线钉，投测误差应在±5 mm 以内。

（5）用钢尺沿龙门板顶面检查轴线钉的间距，其相对误差不应超过 1/3 000。

恢复轴线时，将经纬仪安置在一个轴线钉上方，照准相应的另一个轴线钉，其视线即为轴线方向，往下转动望远镜，便可将轴线投测到基槽或基坑内。

2. 轴线控制桩

由于龙门板需要较多木料，而且占用场地，使用机械开挖时容易被破坏，因此也可以在基槽或基坑外各轴线的延长线上测设轴线控制桩，作为以后恢复轴线的依据。即使采用了龙门板，为了防止被碰动，对主要轴线也应测设轴线控制桩。

轴线控制桩一般设在开挖边线 4 m 以外的地方，并用水泥砂浆加固。最好是附近有固定建筑物和构筑物，这时应将轴线投测在这些物体上，使轴线更容易得到保护，以便今后能安置经纬仪来恢复轴线。

轴线控制桩的引测主要采用经纬仪法，当引测到较远的地方时，要注意采用盘左和盘右两次投测取中数法来引测，以减少引测误差和避免错误的出现。

12.2.3　撒开挖边线

如图 12-11 所示，先按基础剖面图给出的设计尺寸计算基槽的开挖宽度 $2d$。

$$d = B + mh \qquad (12\text{-}4)$$

式中：B 为基底宽度，可由基础剖面图中查取；h 为基槽深度；m 为边坡坡度的分母。根据计算结果，在地面上以轴线为中线往两边各量出 d，拉线并撒上白灰，即为开挖边线。

如果是基坑开挖，则只需按最外围墙体基础的宽度、深度及放坡确定开挖边线。

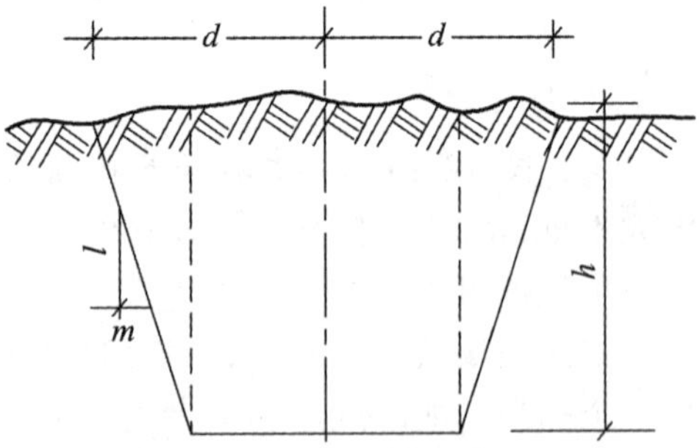

图 12-11　基槽宽度

12.3 民用建筑物基础施工测量

建筑物基础施工测量的内容主要包括：

12.3.1 基槽开挖的深度控制

为了控制基槽开挖深度，当基槽挖到接近槽底设计高程时，应在槽壁上测设一些水平桩，使水平桩的上表面离槽底设计高程为某一整分米数（例如 5 dm），用以控制挖槽深度，也可作为槽底清理和打基础垫层时掌握标高的依据。一般在基槽各拐角处、深度变化处和基槽壁上每隔 3 ~ 4 m 左右测设一个水平桩，然后拉上白线，线下 0.50 m 即为槽底设计高程。

测设水平桩时，以画在龙门板或周围固定地物的±0.000 标高线为已知高程点，用水准仪进行测设，小型建筑物也可用连通水管法进行测设。水平桩上的高程误差应在±10 mm 以内。

12.3.2 基槽底口和垫层轴线投测

待垫层施工完成后，通过轴线控制桩将轴线引测到垫层上，并用墨线弹出墙体或梁、柱轴线以及基础边线，作为基础施工的依据。如为基础大开挖，则首先用上述方法将一条或几条主要轴线引测到垫层上，再用经纬仪和钢尺详细测设其他所有轴线的位置。

12.3.3 基础标高的控制

1. 基槽开挖的深度控制

如图 12-12 所示，设龙门板顶面标高为±0.000，槽底设计标高为-2.1m，水平桩高于槽底 0.50 m，即水平桩高程为-1.6 m，用水准仪后视龙门板顶面上的水准尺，读数 $a = 1.286$ m 则水平桩上标尺的应有读数为：

$$0+1.286-(-1.6) = 2.886\ (\text{m})$$

测设时沿槽壁上下移动水准尺，当读数为 2.886 m 时沿尺底水平地将桩打进槽壁，然后检核该桩的标高，如超限便进行调整，直至误差在规定范围以内。

垫层面标高的测设可以水平桩为依据在槽壁上弹线，也可在槽底打入垂直桩，使桩顶标高等于垫层面的标高。如果垫层需安装模板，可以直接在模板上弹出垫层面的标高线。

如果是机械开挖，一般是一次挖到设计槽底或坑底的标高，因此要在施工现场安置水准仪，边挖边测，随时指挥挖土机调整挖土深度，使槽底或坑底的标高略高于设计标高（一般为 10 cm，留给人工清土）。挖完后，为了给人工清底和打垫层提供标高依据，还应在槽壁或坑壁上打水平桩，水平桩的标高一般为垫层面的标高。

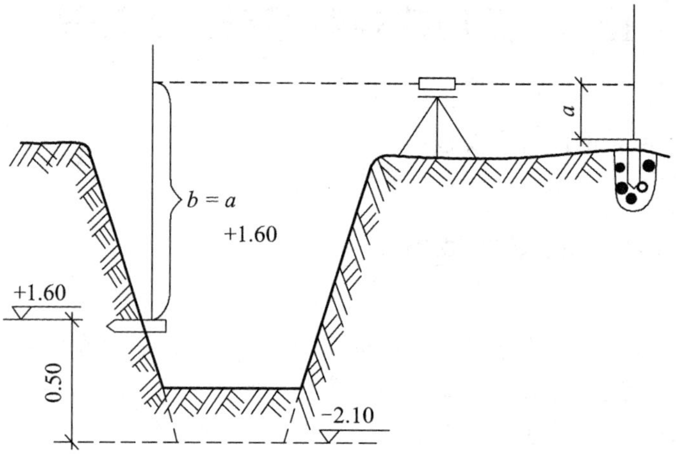

图 12-12　基槽水平桩测设

2. 基槽底口和垫层轴线投测

如图 12-13 所示，基槽挖至规定标高并清底后，将经纬仪安置在轴线控制桩上，瞄准轴线

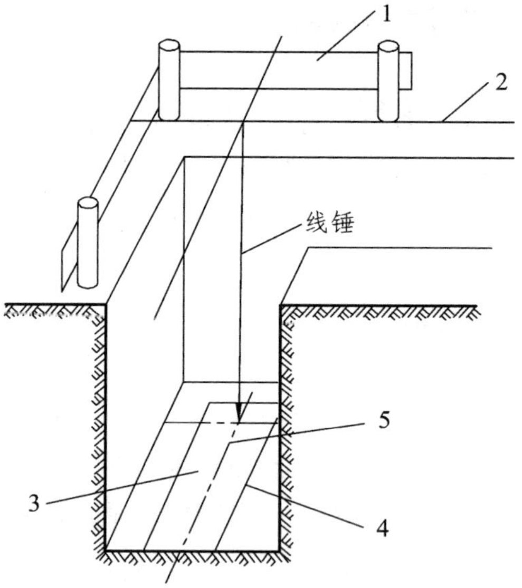

图 12-13　基槽底口和垫层轴线投测

1—龙门板；2—细线；3—垫层；4—基础边线；5—墙中线

另一端的控制桩，即可把轴线投测到槽底，作为确定槽底边线的基准线。垫层打好后，用经纬仪或用拉绳挂垂球的方法把轴线投测到垫层上，并用墨线弹出墙中心线和基础边线，以便砌筑基础或安装基础模板。由于整个墙身砌筑均以此线为准，这是确定建筑物位置的关键环节，所以要严格校核后方可进行砌筑施工。

3. 基础标高的控制

如图 12-14 所示，基础墙（±0.000 以下的砖墙）的标高一般是用基础皮数杆来控制的，基础皮数杆用一根木杆做成，在杆上注明±0.000 的位置，按照设计尺寸将砖和灰缝的厚度分皮从上往下一一画出来，此外还应注明防潮层和预留洞口的标高位置。

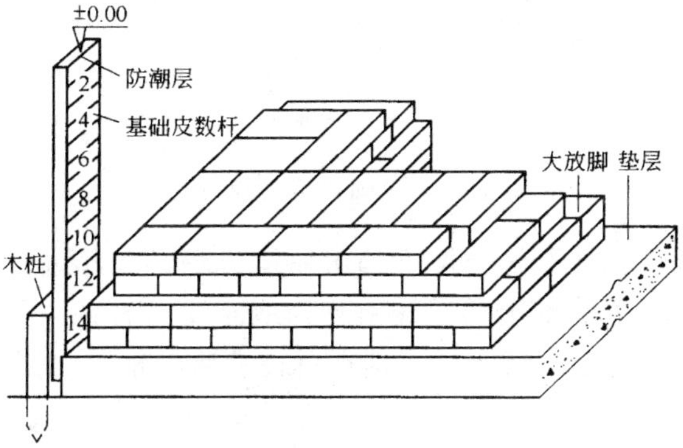

图 12-14 基础皮数杆

立皮数杆时，可先在立杆处打一个木桩，用水准仪在木桩侧面测设一条高于垫层设计标高某一数值（如 10 cm）的水平线，然后将皮数杆上标高相同的一条线与木桩上的水平线对齐，并用大铁钉把皮数杆和木桩钉在一起，作为砌筑基础墙的标高依据。对于采用钢筋混凝土的基础，可用水准仪将设计标高测设于模板上。

基础施工结束后，应检查基础面的标高是否满足设计要求（也可以检查防潮层）。可用水准仪测出基础面上的若干高程，和设计高程相比较，允许误差为 ±10 mm。

12.4 民用建筑物墙体施工测量

墙体施工测量的内容有：墙体轴线测设、墙体标高的测设、二层以上楼层轴线投测和标高传递。

12.4.1 墙体轴线测设

如图 12-15 所示，基础工程结束后，应对龙门板或轴线控制桩进行检查复核，经复核无误后，可根据轴线控制桩或龙门板上的轴线钉，用经纬仪法或拉线法把首层楼房的墙体轴线测设到防潮层上，然后用钢尺检查墙体轴线的间距和总长是否等于设计值，用经纬仪检查外墙轴线 4 个主要交角是否等于 90°。符合要求后，把墙体轴线延长到基础外墙侧面上并弹出墨线及做出标志，作为向上投测各层楼房墙体轴线的依据。同时还应把门、窗和其他洞口的边线也在基础外墙侧面上做出标志。

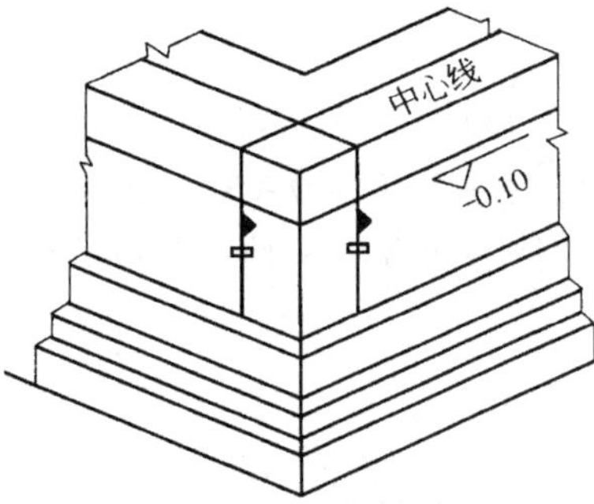

图 12-15　墙体轴线与标高线标注

墙体砌筑前，根据墙体轴线和墙体厚度弹出墙体边线，照此进行墙体砌筑。砌筑到一定高度后，用吊垂线将基础外墙侧面上的轴线引测到地面以上的墙体上，以免基础覆土后看不见轴线标志。如果轴线处是钢筋混凝土柱，则在拆柱模后将轴线引测到桩身上。

12.4.2　墙体标高测设

如图 12-16 所示，墙体砌筑时，其标高用墙身“皮数杆”控制。在皮数杆上根据设计尺寸，按砖和灰缝厚度画线，并标明门、窗、过梁、楼板等的标高位置。杆上标高注记从±0.000 向上增加。

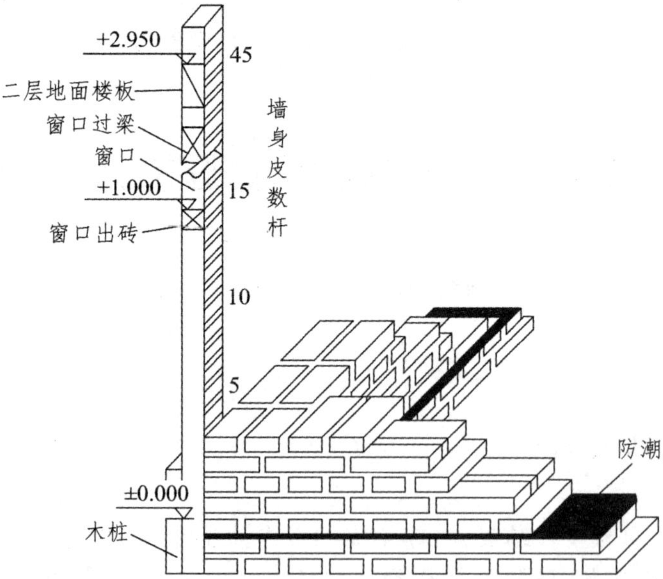

图 12-16　墙身皮数杆

墙身皮数杆一般立在建筑物的拐角和内墙处，固定在木桩或基础墙上。为了便于施工，采用里脚手架时，皮数杆立在墙的外边；采用外脚手架时，皮数杆应立在墙里边。立皮数杆时，先用水准仪在立杆处的木桩或基础墙上测设出±0.000 标高线，测量误差在±3 mm 以内，然后把皮数杆上的±0.000 线与该线对齐，用吊锤校正并用钉钉牢，必要时可在皮数杆上加两根钉斜撑，以保证皮数杆的稳定。

墙体砌筑到一定高度后（1.5 m 左右），应在内、外墙面上测设出+0.50 m 标高的水平墨线，称为“+50 线”。外墙的+50 线作为向上传递各楼层标高的依据，内墙的+50 线作为室内地面施工及室内装修的标高依据。

12.4.3 二层以上楼房墙体施工测量

1. 墙体轴线投测

每层楼面建好后，为了保证继续往上砌筑墙体时，墙体轴线均与基础轴线在同一铅垂面上，应将基础或一层墙面上的轴线投测到楼面上，并在楼面上重新弹出墙体的轴线，检查无误后，以此为依据弹出墙体边线，再往上砌筑。

多层建筑从下往上进行轴线投测的方法是：将较重的垂球悬挂在楼面的边缘，慢慢移动，使垂球尖对准地面上的轴线标志，或者使吊锤线下部沿垂直墙面方向与底层墙面上的轴线标志对齐，吊锤线上部在楼面边缘的位置就是墙体轴线的位置；在此画一条短线作为标志，便在楼面上得到轴线的一个端点，同法投测另一端点，两端点的连线即为墙体轴线。

建筑物的主轴线一般都要投测到楼面上来，弹出墨线后，再用钢尺检查轴线间的距离，其相对误差不得大于 1/3 000，符合要求之后，再以这些主轴线为依据，用钢尺内分法测设其他细部轴线。在困难的情况下至少要测设两条垂直相交的主轴线，检查交角合格后，用经纬仪和钢尺测设其他主轴线，再根据主轴线测设细部轴线。

吊锤线法受风的影响较大，因此应在风小的时候作业，投测时应等待吊锤稳定下来后再在楼面上定点。此外，每层楼面的轴线均应直接由底层投测上来，以保证建筑物的总竖直度，只要注意这些问题，用吊锤线法进行多层楼房的轴线投测的精度是有保证的。

2. 墙体标高传递

在多层建筑物施工中，要由下往上将标高传递到新的施工楼层，以便控制新楼层的墙体施工，使其标高符合设计要求。标高传递一般可有以下两种方法。

（1）利用皮数杆传递标高。

一层楼房墙体砌完并建好楼面后，把皮数杆移到二层继续使用。为了使皮数杆立在同一水平面上，用水准仪测定楼面四角的标高，取平均值作为二楼的地面标高，并在立杆处绘出标高线。立杆时将皮数杆的±0.000 线与该线对齐，然后以皮数杆为标高的依据进行墙体砌筑。如此用同样方法逐层往上传递高程。

（2）利用钢尺传递标高在标高精度要求较高时，可用钢尺从底层的+50 标高线起往上直接丈量，把标高传递到第二层，然后根据传递上来的高程测设第二层的地面标高线，以此为依据立皮数杆。在墙体砌到一定高度后，用水准仪测设该层的+50 标高线，再往上一层的标高可以此为准用钢尺传递，依此类推，逐层传递标高。

12.5　厂房控制网的建立

工业建筑中以厂房为主体，一般工业厂房多采用预制构件，在现场装配的方法施工。厂房的预制构件有柱子、吊车梁和屋架等。因此，工业建筑施工测量的工作主要是保证这些预制构件安装到位。具体任务为：厂房矩形控制网测设、厂房柱列轴线放样、杯形基础施工测量及厂房预制构件安装测量等。

厂房与一般民用建筑相比，柱子多、轴线多，且施工精度要求高，因而对于每幢厂房还应在建筑方格网的基础上，再建立满足厂房特殊精度要求的厂房矩形控制网，作为厂房施工的基本控制。

如图 12-17 所示，*H*、*I*、*J*、*K* 四点是厂房的房角点，从设计图中已知 *H*、*J* 两点的坐标。*S*、*P*、*Q*、*R* 为布置在基础开挖边线以外的厂房矩形控制网的四个角点，称为厂房控制桩。厂房矩形控制网的边线到厂房轴线的距离为 4 m，厂房控制桩 *S*、*P*、*Q*、*R* 的坐标，可按厂房角点的设计坐标，加减 4 m 算得。

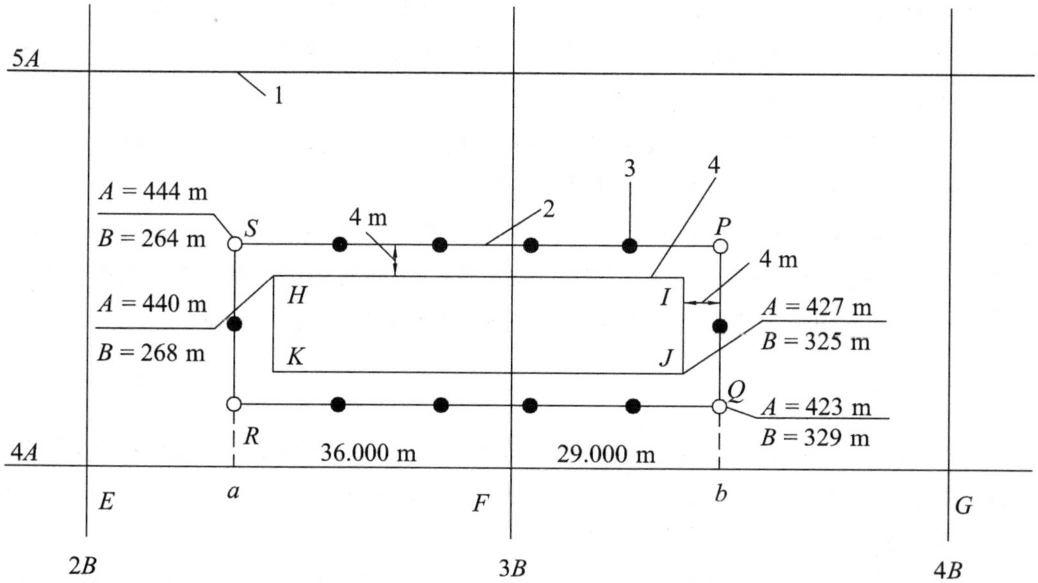

图 12-17　厂房矩形控制网的测设

1—建筑方格网；2—厂房矩形控制网；3—距离指标桩；4— 厂房轴线

1. 计算测设数据

根据厂房控制桩 *S*、*P*、*Q*、*R* 的坐标，计算利用直角坐标法进行测设时，所需测设数据，计算结果标注在图 12-17 中。

2. 厂房控制点的测设

（1）从 F 点起沿 FE 方向量取 36 m，定出 a 点；沿 FG 方向量取 29 m，定出 b 点。

（2）在 a 与 b 上安置经纬仪，分别瞄准 E 与 F 点，顺时针方向测设 90°，得两条视线方向，沿视线方向量取 23 m，定出 R、Q 点。再向前量取 21 m，定出 S、P 点。

（3）为了便于进行细部的测设，在测设厂房矩形控制网的同时，还应沿控制网测设距离指标桩，如图 12-17 所示，距离指标桩的间距一般等于柱子间距的整倍数。

3. 检　查

（1）检查∠S、∠P 是否等于 90°，其误差不得超过±10″。

（2）检查 SP 是否等于设计长度，其误差不得超过 1/10 000。

4. 厂房柱列轴线测设

根据厂房平面图上所注的柱间距和跨距尺寸，用钢尺沿矩形控制网各边量出各柱列轴线控制桩的位置，如图 12-18 中的 1′、2′、…，并打入大木桩，桩顶用小钉标出点位，作为柱基测设和施工安装的依据。丈量时应以相邻的两个距离指标桩为起点分别进行，以便检核。

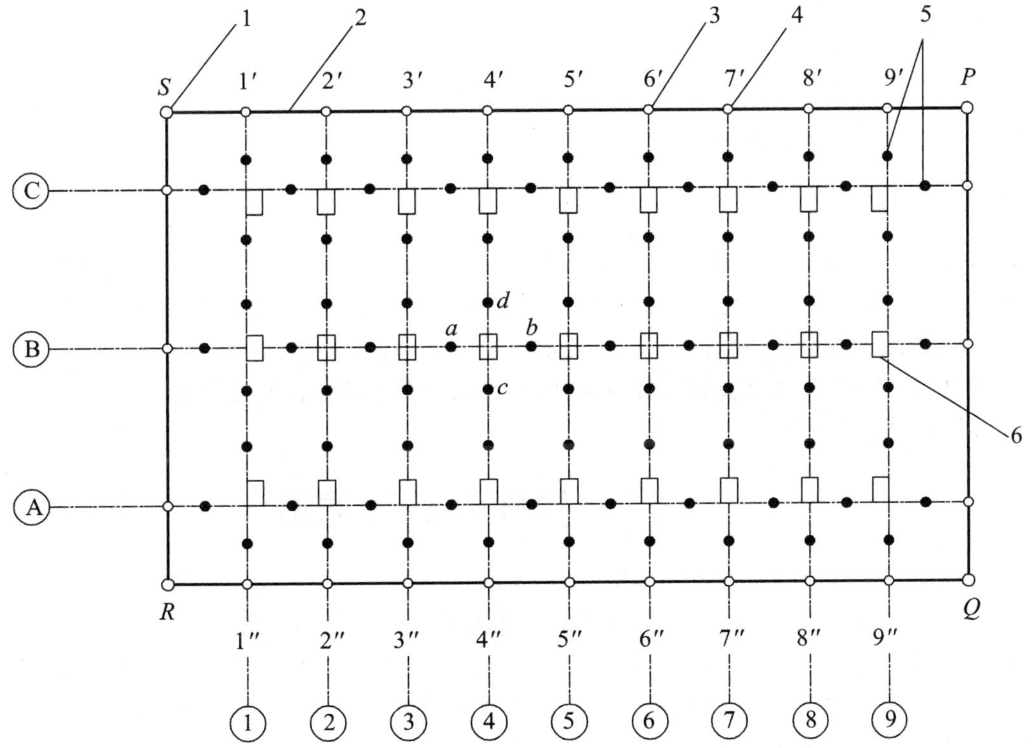

图 12-18　厂房柱列轴线和柱基测量

1—厂房控制桩；2—厂房矩形控制网；3—柱列轴线控制桩
4—距离指标桩；5—定位小木桩；6—柱基础

12.6 柱基的测设

厂房大多数采用的是预制的钢筋混凝土柱，柱基就是混凝土柱子基础，是指柱子与平台结为一个整体的基础。先按基础中心线挖好基坑，安放好模板，在基础与柱身钢筋绑扎后，浇灌基础混凝土至柱底，然后安置柱子（柱身）模板。

1. 柱基定位和放线

（1）安置两台经纬仪，在两条互相垂直的柱列轴线控制桩上，沿轴线方向交会出各柱基的位置（即柱列轴线的交点），此项工作称为柱基定位。

（2）在柱基的四周轴线上，打入四个定位小木桩 a、b、c、d，如图 12-18 所示，其桩位应在基础开挖边线以外，比基础深度大 1.5 倍的地方，作为修坑和立模的依据。

（3）按照基础详图所注尺寸和基坑放坡宽度，用特制角尺，放出基坑开挖边界线，并撒出白灰线以便开挖，此项工作称为基础放线。

（4）在进行柱基测设时，应注意柱列轴线不一定都是柱基的中心线，而一般立模、吊装等习惯用中心线，此时，应将柱列轴线平移，定出柱基中心线。

2. 基坑标高测设

基坑挖到一定深度时，应在基坑四壁，离基坑底设计标高 0.5 m 处，测设水平桩，作为检查基坑底标高和控制垫层的依据。

3. 立模定位

（1）基础垫层打好后，根据基坑周边定位小木桩，用拉线吊垂球的方法，把柱基定位线投测到垫层上，弹出墨线，用红漆画出标记，作为柱基立模板和布置基础钢筋的依据。

（2）立模时，将模板底线对准垫层上的定位线，并用垂球检查模板是否垂直。

（3）将柱基顶面设计标高测设在模板内壁，作为浇灌混凝土的高度依据。

12.7 厂房构件的安装测量

装配式单层工业厂房主要由柱子、吊车梁、屋架和屋面板等构件组成，建造时采用预制构件现场吊装的施工方法。各种构件的吊装必须进行校准测量，以确保各部件能准确无误地就位。

厂房构件测量的主要工作是安装前为构件提供准确位置，安装中对构件位置进行校正，安装后对构件位置进行检查验收。

1. 柱子安装前的准备工作

柱子安装前的准备工作有以下几项：

（1）在柱基顶面投测柱列轴线　柱基拆模后，用经纬仪根据柱列轴线控制桩，将柱列轴线投测到杯口顶面上，如图 12-19 所示，并弹出墨线，用红漆画出“▶”标志，作为安装柱子时确定轴线的依据。如果柱列轴线不通过柱子的中心线，应在杯形基础顶面上加弹柱中心线。

用水准仪在杯口内壁测设一条一般为-0.600 m 的标高线（一般杯口顶面的标高为 -0.500 m），并画出“▼”标志，如图 12-19 所示，作为杯底找平的依据。

（2）柱身弹线。柱子安装前，应将每根柱子按轴线位置进行编号。如图 12-20 所示，在每根柱子的 3 个侧面弹出柱中心线，并在每条线的上端和下端近杯口处画出“▶”标志。根据牛腿面的设计标高，从牛腿面向下用钢尺量出-0.600 m 的标高线，并画出“▼”标志。

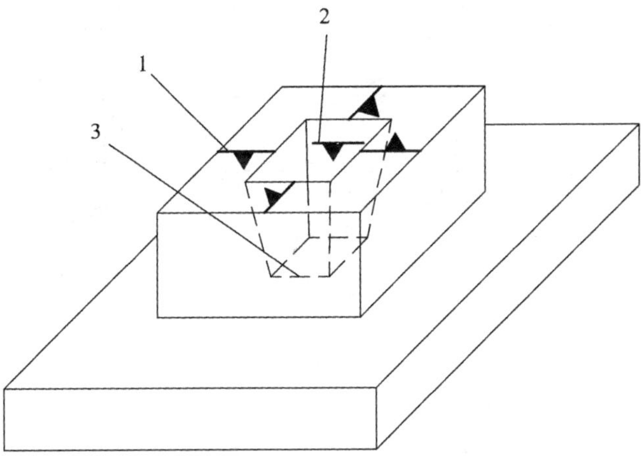

图 12-19　杯形基础

1—柱中心线；2—60 cm 标高线；3—杯底

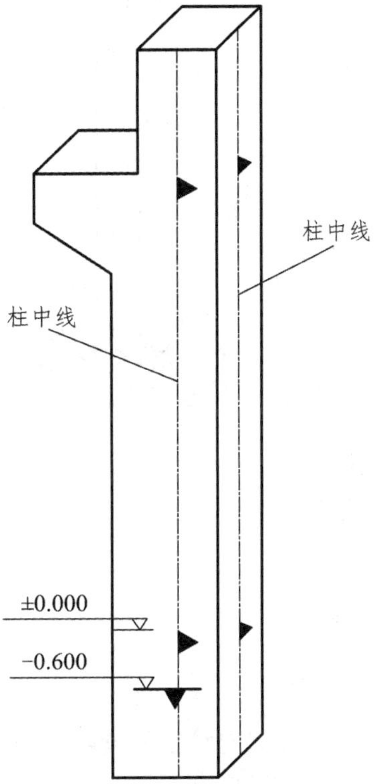

图 12-20　柱身弹线

（3）杯底找平。先量出柱子的-0.600 m 标高线至柱底面的长度，再在相应的柱基杯口内，量出-0.600 m 标高线至杯底的高度，并进行比较，以确定杯底找平厚度，用水泥沙浆根据找平厚度，在杯底进行找平，使牛腿面符合设计高程。

2. 柱子的安装测量

柱子安装测量的目的是保证柱子平面和高程符合设计要求，柱身铅直。柱子中心线应与相应的柱列轴线一致，其允许偏差为±5 mm。牛腿顶面和柱顶面的实际标高应与设计标高一致，其允许误差为±（5 ~ 8 mm），柱高大于 5 m 时为±8 mm。柱身垂直允许误差：当柱高≤5 m 时为±5 mm；当柱高 5 ~ 10 m 时，为±10 mm；当柱高超过 10 m 时，则为柱高的 1/1000，但不得大于 20 mm。

（1）预制的钢筋混凝土柱子插入杯口后，应使柱子三面的中心线与杯口中心线对齐，如图 12-23（a）所示，用木楔或钢楔临时固定。

（2）柱子立稳后，立即用水准仪检测柱身上的±0.000m 标高线，其容许误差为±3mm。

（3）如图 12-21（a）所示，用两台经纬仪，分别安置在柱基纵、横轴线上，离柱子的距离不小于柱高的 1.5 倍，先用望远镜瞄准柱底的中心线标志，固定照准部后，再缓慢抬高望远镜观察柱子偏离十字丝竖丝的方向，指挥用钢丝绳拉直柱子，直至从两台经纬仪中，观测到的柱子中心线都与十字丝竖丝重合为止。

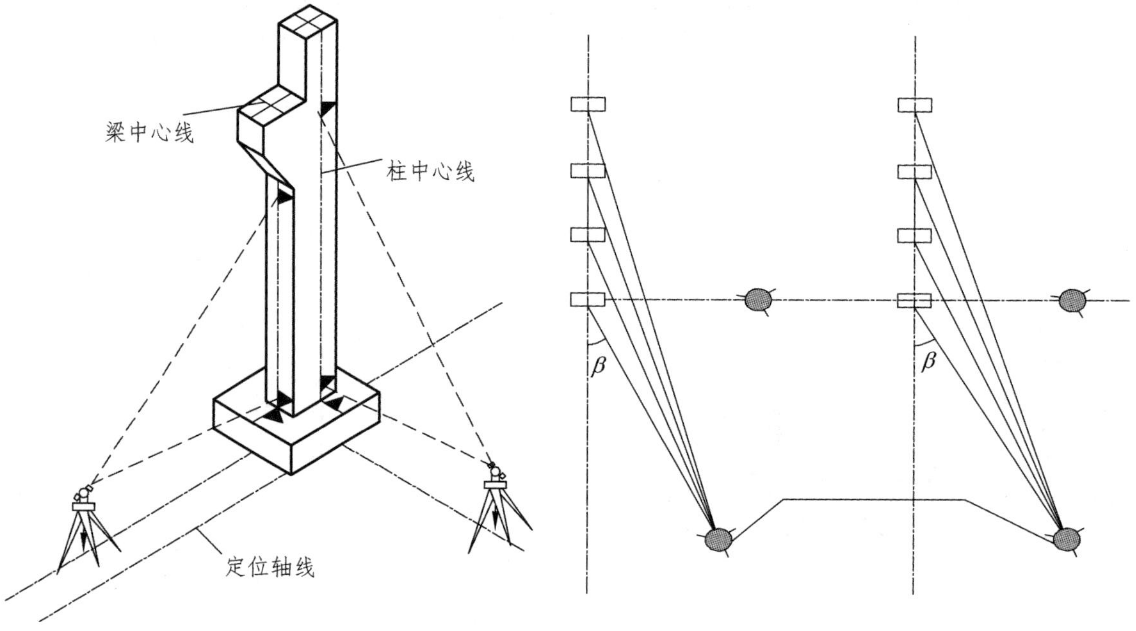

（a）　　　　（b）

图 12-21　柱子垂直度校正

（4）在杯口与柱子的缝隙中浇入混凝土，以固定柱子的位置。

（5）在实际安装时，一般是一次把许多柱子都竖起来，然后进行垂直校正。这时，可把两台经纬仪分别安置在纵横轴线的一侧，一次可校正几根柱子，如图 12-21（b）所示，但仪器偏离轴线的角度，应在 15°以内。

（6）柱子安装测量时应该注意以下几点：所使用的经纬仪必须严格校正，操作时，应使照准部水准管气泡严格居中。校正时，除注意柱子垂直外，还应随时检查柱子中心线是否对准杯口柱列轴线标志，以防柱子安装就位后，产生水平位移。在校正变截面的柱子时，经纬仪必须安置在柱列轴线上，以免产生差错。在日照下校正柱子的垂直度时，应考虑日照使柱顶向阴面弯曲的影响，为避免此种影响，宜在早晨或阴天校正。

3. 吊车梁安装前的准备工作

吊车梁安装测量主要是保证吊车梁中线位置和吊车梁的标高满足设计要求。

（1）在柱面上量出吊车梁顶面标高。根据柱子上的±0.000 m 标高线，用钢尺沿柱面向上量出吊车梁顶面设计标高线，作为调整吊车梁面标高的依据。

（2）在吊车梁上弹出梁的中心线。如图 12-22 所示，在吊车梁的顶面和两端面上，用墨线弹出梁的中心线，作为安装定位的依据。

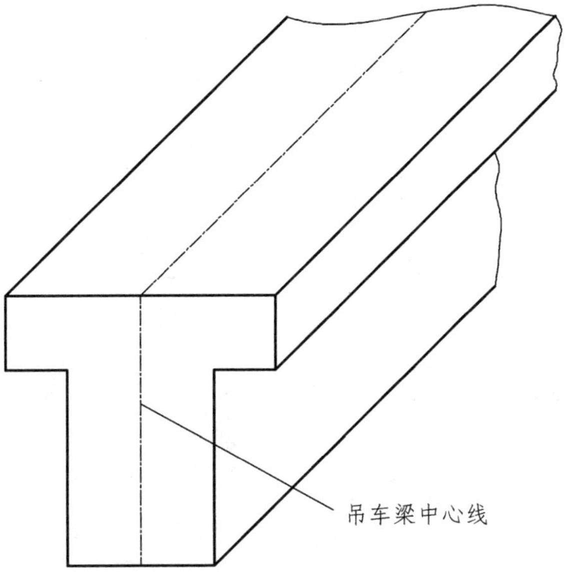

图 12-22　在吊车梁上弹出梁的中心线

（3）在牛腿面上弹出梁的中心线。根据厂房中心线，在牛腿面上投测出吊车梁的中心线，投测方法如下：

如图 12-23（a）所示，利用厂房中心线 A_1A_1，根据设计轨道间距，在地面上测设出吊车梁中心线（也是吊车轨道中心线）$A'A'$和 $B'B'$。在吊车梁中心线的一个端点 A'（或 B'）上安置经纬仪，瞄准另一个端点 A'（或 B'），固定照准部，抬高望远镜，即可将吊车梁中心线投测到每根柱子的牛腿面上，并用墨线弹出梁的中心线。

4. 吊车梁的安装测量

安装时，使吊车梁两端的梁中心线与牛腿面梁中心线重合，使吊车梁初步定位。采用平行线法，对吊车梁的中心线进行检测，校正方法如下：

（1）如图 12-23（b）所示，在地面上，从吊车梁中心线，向厂房中心线方向量出长度 a（1m），得到平行线 $A''A''$和 $B''B''$。

（2）在平行线一端点 A''（或 B''）上安置经纬仪，瞄准另一端点 A''（或 B''），固定照准部，抬高望远镜进行测量。

（3）此时，另外一人在梁上移动横放的木尺，当视线正对准尺上 1 m 刻划线时，尺的零点应与梁面上的中心线重合。如不重合，可用撬杠移动吊车梁，使吊车梁中心线到 $A''A''$（或 $B''B''$）的间距等于 1 m 为止。

吊车梁安装就位后，先按柱面上定出的吊车梁设计标高线对吊车梁面进行调整，然后将水准仪安置在吊车梁上，每隔 3 m 测一点高程，并与设计高程比较，误差应在 3 mm 以内。

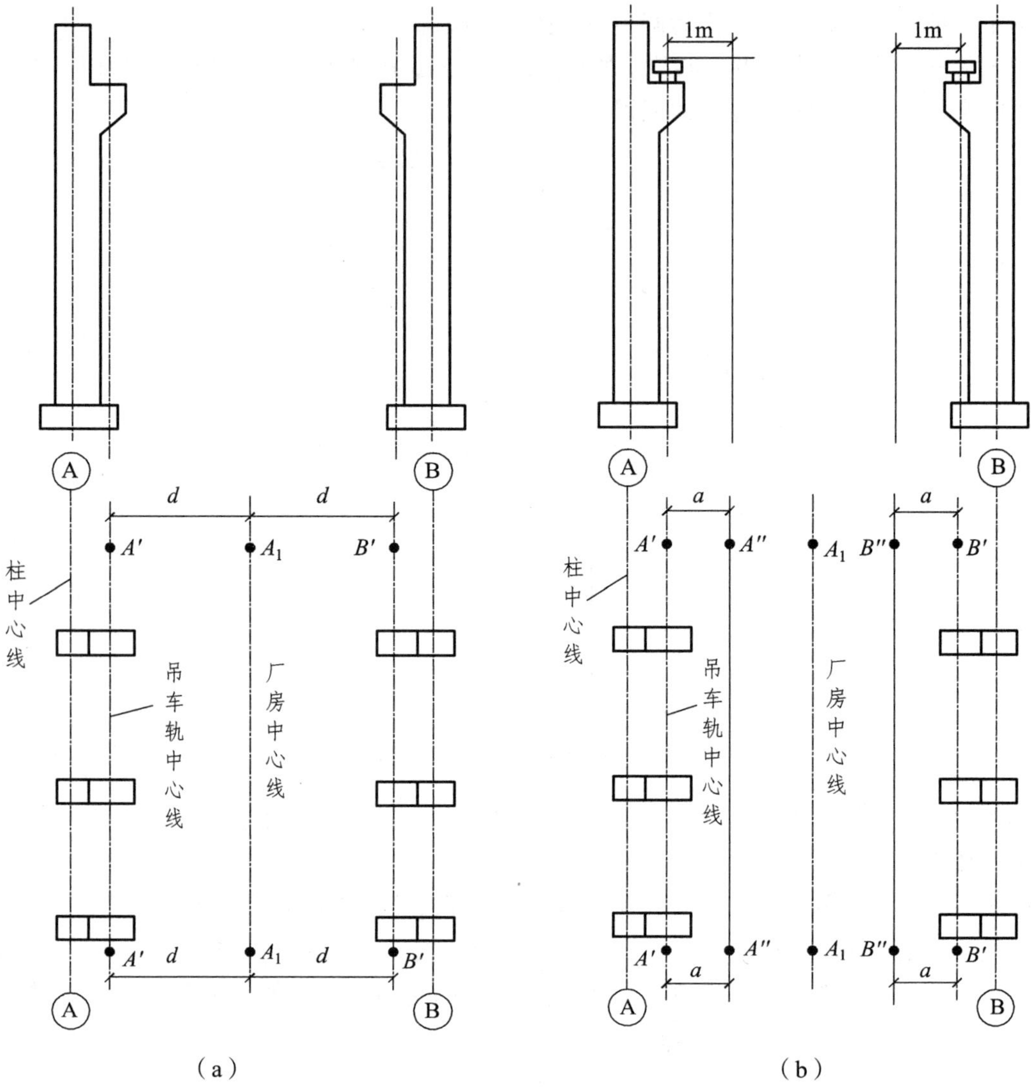

图 12-23　吊车梁的安装测量

5. 屋架安装测量

（1）屋架安装前的准备工作。屋架吊装前，用经纬仪或其他方法在柱顶面上，测设出屋架定位轴线。在屋架两端弹出屋架中心线，以便进行定位。

（2）屋架的安装测量。屋架吊装就位时，应使屋架的中心线与柱顶面上的定位轴线对准，允许误差为 5 mm。屋架的垂直度可用垂球或经纬仪进行检查。用经纬仪检校方法如下：

① 在屋架上安装 3 把卡尺，一把卡尺安装在屋架上弦中点附近，另外两把分别安装在屋架的两端。自屋架几何中心沿卡尺向外量出一定距离，一般为 500 mm，作出标志。

② 在地面上，距屋架中线同样距离处，安置经纬仪，观测 3 把卡尺的标志是否在同一竖直面内，如果屋架竖向偏差较大，则用机具校正，最后将屋架固定。

垂直度允许偏差为：薄腹梁为 5 mm；桁架为屋架高的 1/25。

12.8　烟囱、水塔施工测量

烟囱和水塔的施工测量相近似，现以烟囱为例加以说明。烟囱是截面为圆锥形的高耸构筑物，其特点是基础小、主体高。施工测量工作主要是严格控制其中心位置，保证烟囱主体竖直。

1. 烟囱的定位、放线

（1）烟囱的定位。烟囱的定位主要是定出基础中心的位置。其定位方法如下：

① 按设计要求，利用与施工场地已有控制点或建筑物的尺寸关系，在地面上测设出烟囱的中心位置 O（即中心桩）。

② 如图 12-24 所示，在 O 点安置经纬仪，任选一点 A 作后视点，并在视线方向上定出 a 点，倒转望远镜，通过盘左、盘右分中投点法定出 b 和 B；然后，顺时针测设 90°，定出 d 和 D，倒转望远镜，定出 c 和 C，得到两条互相垂直的定位轴线 AB 和 CD。

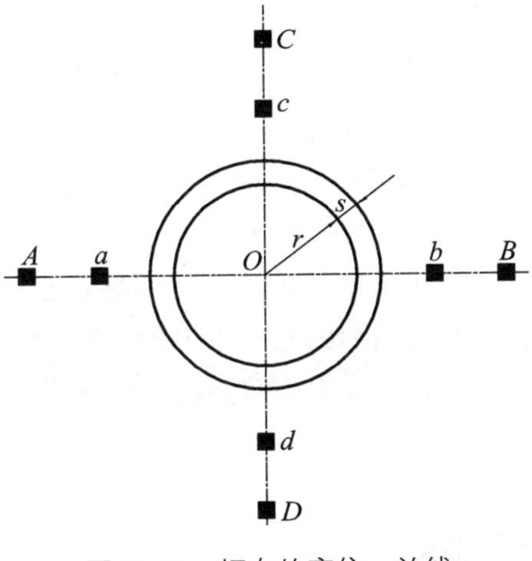

图 12-24　烟囱的定位、放线

③ A、B、C、D 四点至 O 点的距离为烟囱高度的 1 ~ 1.5 倍。a、b、c、d 是施工定位桩，用于修坡和确定基础中心，应设置在尽量靠近烟囱而不影响桩位稳固的地方。

（2）烟囱的放线。以 O 点为圆心，以烟囱底部半径 r 加上基坑放坡宽度 s 为半径，在地面上用皮尺画圆，并撒出灰线，作为基础开挖的边线。

2. 烟囱的基础施工测量

（1）当基坑开挖接近设计标高时，在基坑内壁测设水平桩，作为检查基坑底标高和打垫层的依据。

（2）坑底夯实后，从定位桩拉两根细线，用垂球把烟囱中心投测到坑底，钉上木桩，作为垫层的中心控制点。

（3）浇灌混凝土基础时，应在基础中心埋设钢筋作为标志，根据定位轴线，用经纬仪把烟囱中心投测到标志上，并刻上“+”字，作为施工过程中，控制筒身中心位置的依据。

3. 烟囱筒身施工测量

（1）引测烟囱中心线。在烟囱施工中，应随时将中心点引测到施工的作业面上。

① 在烟囱施工中，一般每砌一步架或每升模板一次，就应引测一次中心线，以检核该施工作业面的中心与基础中心是否在同一铅垂线上。引测方法如下：

在施工作业面上固定一根枋子，在枋子中心处悬挂 8 ~ 12 kg 的垂球，逐渐移动枋子，直到垂球对准基础中心为止。此时，枋子中心就是该作业面的中心位置。

② 另外，烟囱每砌筑完 10 m，必须用经纬仪引测一次中心线。其引测方法如下：

如图 12-24 所示，分别在控制桩 A、B、C、D 上安置经纬仪，瞄准相应的控制点 a、b、c、d，将轴线点投测到作业面上，并做出标记。然后，按标记拉两条细绳，其交点即为烟囱的中心位置，并与垂球引测的中心位置比较，以作校核。烟囱的中心偏差一般不应超过砌筑高度的 1/1 000。

③ 对于高大的钢筋混凝土烟囱，烟囱模板每滑升一次，就应采用激光铅垂仪进行一次烟囱的铅直定位。其定位方法如下：

在烟囱底部的中心标志上，安置激光铅垂仪，在作业面中央安置接收靶。在接收靶上，显示的激光光斑中心，即为烟囱的中心位置。

④ 在检查中心线的同时，以引测的中心位置为圆心，以施工作业面上烟囱的设计半径为半径，用木尺画圆，如图 12-25 所示，以检查烟囱壁的位置。

（2）烟囱外筒壁收坡控制。烟囱筒壁的收坡，是用靠尺板来控制的。靠尺板的形状，如图 12-26 所示，靠尺板两侧的斜边应严格按设计的筒壁斜度制作。使用时，把斜边贴靠在筒体外壁上，若垂球线恰好通过下端缺口，说明筒壁的收坡符合设计要求。

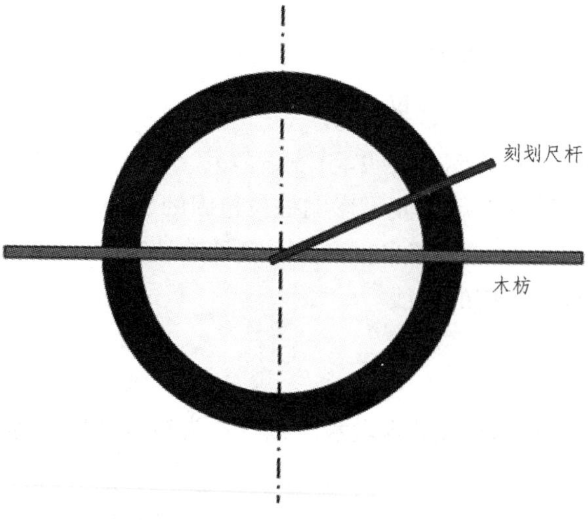

图 12-25　烟囱壁位置的检查

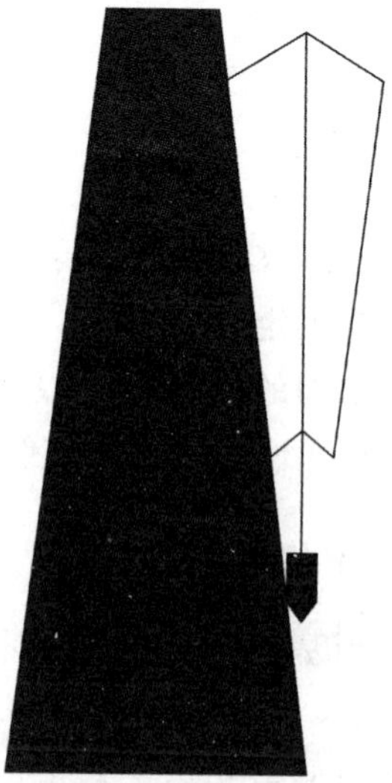

图 12-26　坡度靠尺板

（3）烟囱筒体标高的控制。烟囱筒体标高的控制一般是先用水准仪，在烟囱底部的外壁上，测设出+0.500 m（或任一整分米数）的标高线，以此标高线为准，用钢尺直接向上量取高度。

12.9 建筑物的沉降观测

为保证建筑物在施工、使用和运行中的安全，以及为建筑物的设计、施工、管理及科学研究提供可靠的资料，在建筑物施工和运行期间，需要对建筑物的稳定性进行观测，这种观测称为建筑物的变形观测。

建筑物变形观测的主要内容有建筑物沉降观测、建筑物倾斜观测、建筑物裂缝观测和位移观测等。

建筑物沉降观测是用水准测量的方法，周期性地观测建筑物上的沉降观测点和水准基点之间的高差变化值。

1. 水准基点的布设

水准基点是沉降观测的基准，因此水准基点的布设应满足以下要求：

（1）要有足够的稳定性。水准基点必须设置在沉降影响范围以外，冰冻地区水准基点应埋设在冰冻线以下 0.5 m。

（2）要具备检核条件。为了保证水准基点高程的正确性，水准基点最少应布设 3 个，以便相互检核。

（3）要满足一定的观测精度。水准基点和观测点之间的距离应适中，相距太远会影响观测精度，一般应在 100 m 范围内。

2. 沉降观测点的布设

进行沉降观测的建筑物，应埋设沉降观测点。沉降观测点的布设应满足以下要求：

（1）沉降观测点的位置。沉降观测点应布设在能全面反映建筑物沉降情况的部位，如建筑物四角、沉降缝两侧、荷载有变化的部位、大型设备基础、柱子基础和地质条件变化处。

（2）沉降观测点的数量。一般沉降观测点是均匀布置的，它们之间的距离一般为 10 ~ 20m。

（3）沉降观测点的设置形式如图 12-27 所示。

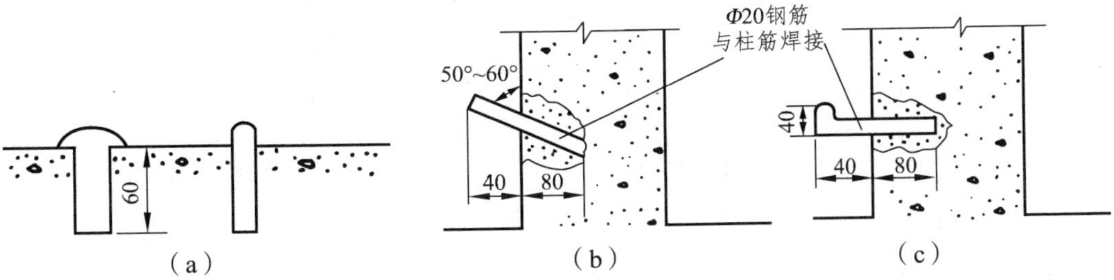

图 12-27　沉降观测点的设置形式

3. 沉降观测

（1）观测周期。

观测的时间和次数，应根据工程的性质、施工进度、地基地质情况及基础荷载的变化情况而定。

① 当埋设的沉降观测点稳固后，在建筑物主体开工前，进行第一次观测。

② 在建（构）筑物主体施工过程中，一般每盖 1 ~ 2 层观测一次。如中途停工时间较长，应在停工时和复工时进行观测。

③ 当发生大量沉降或严重裂缝时，应立即或几天一次连续观测。

④ 建筑物封顶或竣工后，一般每月观测一次，如果沉降速度减缓，可改为 2 ~ 3 个月观测一次，直至沉降稳定为止。

（2）观测方法。

观测时先后视水准基点，接着依次前视各沉降观测点，最后再次后视该水准基点，两次后视读数之差不应超过±1 mm。另外，沉降观测的水准路线（从一个水准基点到另一个水准基点）应为闭合水准路线。

（3）精度要求。

沉降观测的精度应根据建筑物的性质而定。

① 多层建筑物的沉降观测，可采用 DS_3 水准仪，用普通水准测量的方法进行，其水准路线的闭合差不应超过 $\pm 2.0\sqrt{n}$ mm（n 为测站数）。

② 高层建筑物的沉降观测，则应采用 DS_1 精密水准仪，用二等水准测量的方法进行，其水准路线的闭合差不应超过 $\pm 1.0\sqrt{n}$ mm（n 为测站数）。

（4）工作要求。

沉降观测是一项长期、连续的工作，为了保证观测成果的正确性，应尽可能做到“四定”，即固定观测人员，使用固定的水准仪和水准尺，使用固定的水准基点，按固定的实测路线和测站进行。沉降观测记录表见表 12-2 所示。

表 12-2 沉降观测记录表

观测次数	观测时间	各观测点的沉降情况							施工进展情况	荷载情况/kPa
		1			2			…		
		高程/m	本次下沉/mm	累积下沉/mm	高程/m	本次下沉/mm	累积下沉/mm	…		
1	1985-01-10	50.454	0	0	50.473	0	0	…	一层平口	
2	1985-02-23	50.448	−6	−6	50.467	−6	−6		三层平口	400
3	1985-03-16	50.443	−5	−11	50.462	−5	−11		五层平口	600
4	1985-04-14	50.440	−3	−14	50.459	−3	−14		七层平口	700
5	1985-05-14	50.438	−2	−16	50.456	−3	−17		九层平口	800
6	1985-06-04	50.434	−4	−20	50.452	−4	−21		主体完	1100
7	1985-08-30	50.429	−5	−25	50.447	−5	−26		竣工	
8	1985-11-06	50.425	−4	−29	50.445	−2	−28		使用	

续表

观测次数	观测时间	各观测点的沉降情况							施工进展情况	荷载情况/kPa
		1			2			…		
		高程/m	本次下沉/mm	累积下沉/mm	高程/m	本次下沉/mm	累积下沉/mm	…		
9	1986-02-28	50.423	−2	−31	50.444	−1	−29			
10	1986-05-06	50.422	−1	−32	50.443	−1	−30			
11	1986-08-05	50.421	−1	−33	50.443	0	−30			
12	1986-12-25	50.421	0	−33	50.443	0	−30			

注：水准点的高程　BM.1：49.538 mm；BM.2：50.123 mm；BM.3：49.776 mm。

4. 沉降观测的成果整理

（1）整理原始记录。每次观测结束后，应检查记录的数据和计算是否正确，精度是否合格，然后调整高差闭合差，推算出各沉降观测点的高程，并填入“沉降观测表”（表 12-2）中。

（2）计算沉降量。计算内容和方法如下：

① 计算各沉降观测点的本次沉降量：

沉降观测点的本次沉降量=本次观测所得的高程 − 上次观测所得的高程

② 计算累积沉降量：

累积沉降量=本次沉降量+上次累积沉降量

将计算出的沉降观测点本次沉降量、累积沉降量和观测日期、荷载情况等记入“沉降观测表”（表 12-2）中。

（3）绘制沉降曲线。如图 12-28 所示为沉降曲线图。沉降曲线分为两部分，即时间与沉降量关系曲线和时间与荷载关系曲线。

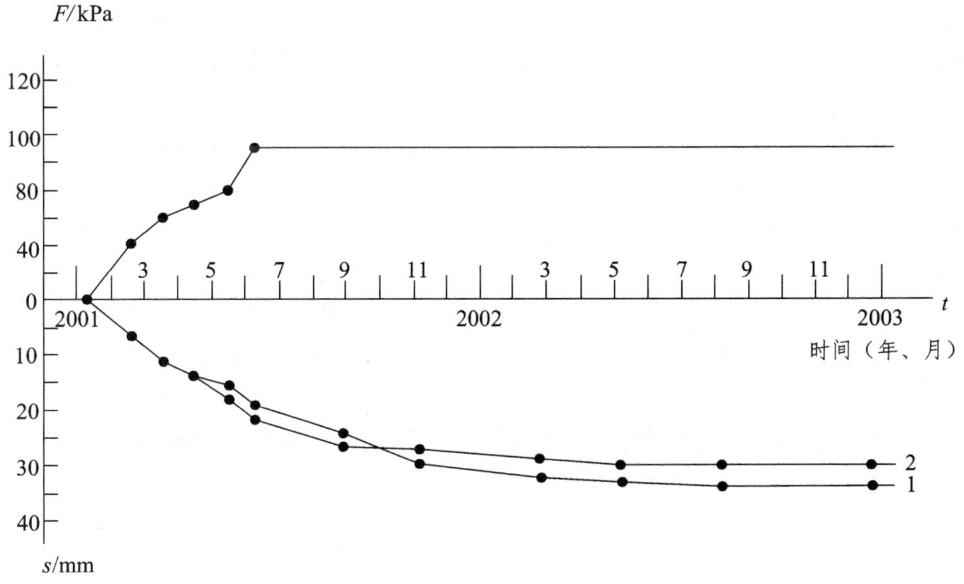

图 12-28　沉降曲线图

① 绘制时间与沉降量关系曲线。首先，以沉降量 s 为纵轴，以时间 t 为横轴，组成直角坐标系。然后，以每次累积沉降量为纵坐标，以每次观测日期为横坐标，标出沉降观测点的位置。最后，用曲线将标出的各点连接起来，并在曲线的一端注明沉降观测点号码，这样就绘制出了时间与沉降量关系曲线，如图 12-28 所示。

② 绘制时间与荷载关系曲线。首先，以荷载为纵轴，以时间为横轴，组成直角坐标系。再根据每次观测时间和相应的荷载标出各点，将各点连接起来，即可绘制出时间与荷载关系曲线，如图 12-28 所示。

12.10 建筑物的倾斜观测

用测量仪器来测定建筑物的基础和主体结构倾斜变化的工作，称为倾斜观测。

12.10.1 一般建筑物主体的倾斜观测

建筑物主体的倾斜观测，应测定建筑物顶部观测点相对于底部观测点的偏移值，再根据建筑物的高度，计算建筑物主体的倾斜度，即

$$i = \tan\alpha = \frac{\Delta D}{H} \tag{12-5}$$

式中 i——建筑物主体的倾斜度；

ΔD——建筑物顶部观测点相对于底部观测点的偏移值（m）；

H——建筑物的高度（m）；

α——倾斜角（°）。

由式（12-5）可知，倾斜测量主要是测定建筑物主体的偏移值 ΔD。偏移值 ΔD 的测定一般采用经纬仪投影法。

如图 12-29 所示，将经纬仪安置在固定测站上，该测站到建筑物的距离，为建筑物高度的 1.5 倍以上。瞄准建筑物 X 墙面上部的观测点 M，用盘左、盘右分中投点法，定出下部的观测点 N。用同样的方法，在与 X 墙面垂直的 Y 墙面上定出上观测点 P 和下观测点 Q。M、N 和 P、Q 即为所设观测标志。

相隔一段时间后，在原固定测站上，安置经纬仪，分别瞄准上观测点 M 和 P，用盘左、盘右分中投点法，得到 N'和 Q'。如果，N 与 N'、Q 与 Q'不重合，如图 12-29 所示，说明建筑物发生了倾斜。

用尺子，量出在 X、Y 墙面的偏移值ΔA、ΔB，然后用矢量相加的方法，计算出该建筑物的总偏移值ΔD，即：

$$\Delta D = \sqrt{\Delta A^2 + \Delta B^2} \tag{12-6}$$

根据总偏移值ΔD 和建筑物的高度 H 用式（12-5）即可计算出其倾斜度 i。

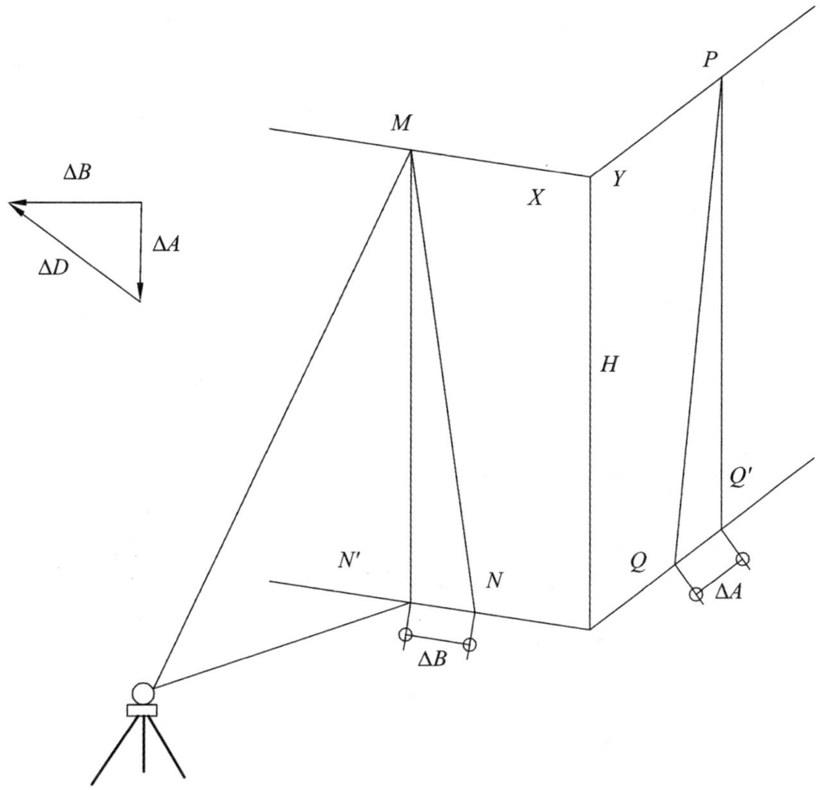

图 12-29　一般建筑物的倾斜观测

12.10.2　圆形建（构）筑物主体的倾斜观测

对圆形建（构）筑物的倾斜观测，是在互相垂直的两个方向上，测定其顶部中心对底部中心的偏移值。

如图 12-30 所示，在烟囱底部横放一根标尺，在标尺中垂线方向上，安置经纬仪，经纬仪到烟囱的距离为烟囱高度的 1.5 倍。

用望远镜将烟囱顶部边缘两点 A、A'及底部边缘两点 B、B'分别投到标尺上，得读数为 y_1、y_1'及 y_2、y_2'，如图 12-30 所示。烟囱顶部中心 O 对底部中心 O'在 y 方向上的偏移值Δy 为：

$$\Delta y = \frac{y_1 + y_1'}{2} - \frac{y_2 + y_2'}{2} \tag{12-7}$$

用同样的方法，可测得在 x 方向上，顶部中心 O 的偏移值Δx 为：

$$\Delta x = \frac{x_1 + x_1'}{2} - \frac{x_2 + x_2'}{2} \tag{12-8}$$

用矢量相加的方法，计算出顶部中心 O 对底部中心 O'的总偏移值ΔD，即

$$\Delta D = \sqrt{\Delta x^2 + \Delta y^2} \tag{12-9}$$

根据总偏移值ΔD和圆形建（构）筑物的高度H用式（12-5）即可计算出其倾斜度i。另外，亦可采用激光铅垂仪或悬吊垂球的方法，直接测定建（构）筑物的倾斜量。

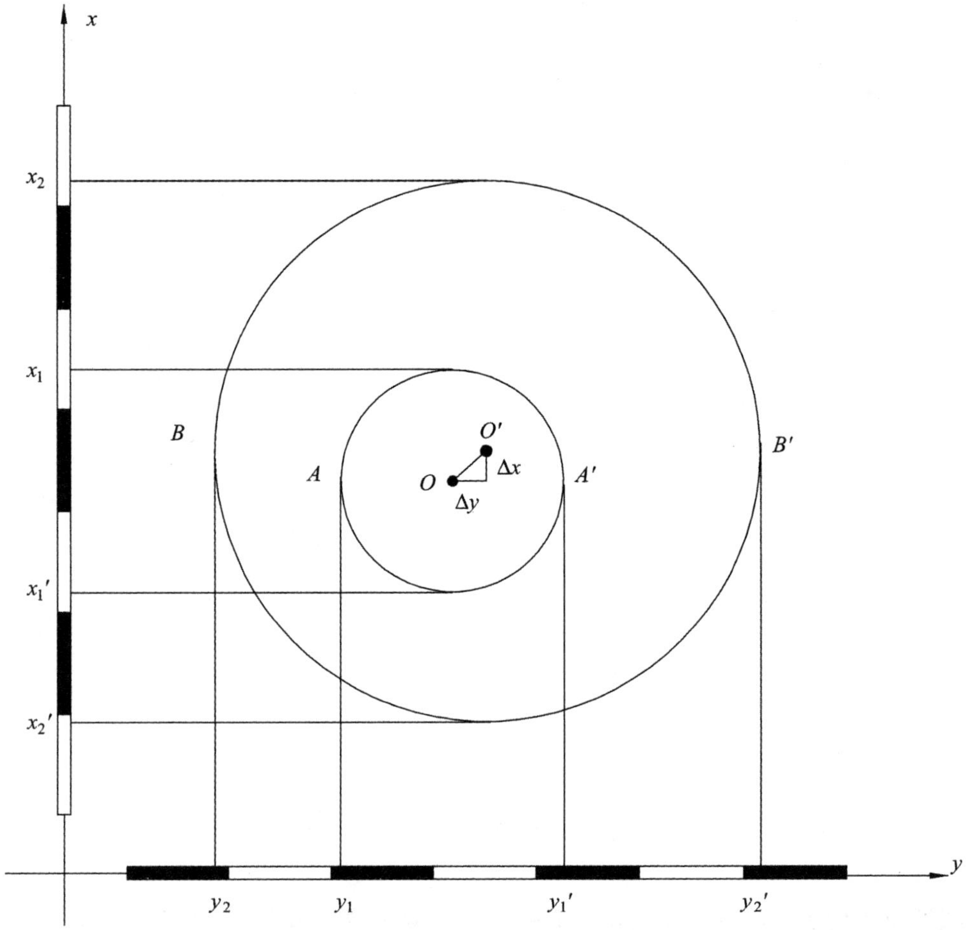

图 12-30　圆形建（构）筑物的倾斜观测

12.10.3　建筑物基础倾斜观测

建筑物的基础倾斜观测一般采用精密水准测量的方法，定期测出基础两端点的沉降量差值 Δh，如图 12-31 所示，再根据两点间的距离 L，即可计算出基础的倾斜度：

$$i = \frac{\Delta h}{L} \tag{12-10}$$

对整体刚度较好的建筑物的倾斜观测，亦可采用基础沉降量差值，推算主体偏移值。如图 12-32 所示，用精密水准测量测定建筑物基础两端点的沉降量差值 Δh，再根据建筑物的宽度 L 和高度 H，推算出该建筑物主体的偏移值 ΔD，即

$$\Delta D = \frac{\Delta H}{L} H \tag{12-11}$$

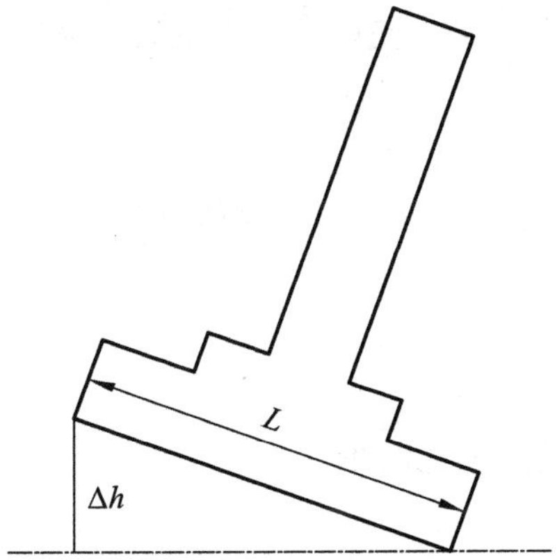

图 12-31　基础倾斜观测

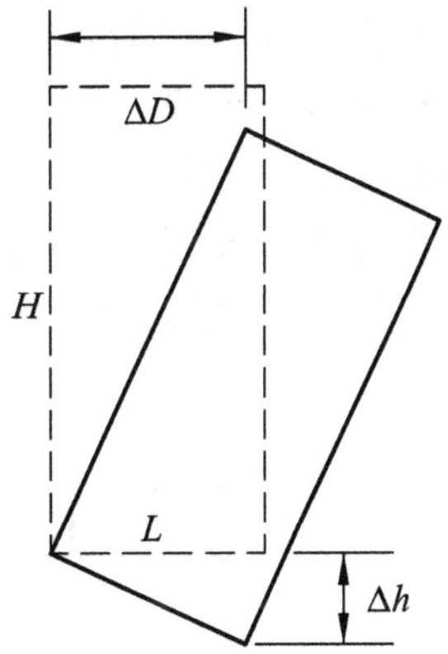

图 12-32　基础倾斜观测测定建筑物的偏移值

12.11　建筑物的裂缝观测

当建筑物出现裂缝之后，应及时进行裂缝观测。

12.11.1　石膏板标志

用厚 10 mm、宽 50 ~ 80 mm 的石膏板（长度视裂缝大小而定），固定在裂缝的两侧。当裂缝继续发展时，石膏板也随之开裂，从而观察裂缝继续发展的情况。

12.11.2　白铁皮标志

如图 12-33 所示，用两块白铁皮，一片取 150 mm×150 mm 的正方形，固定在裂缝的一侧。

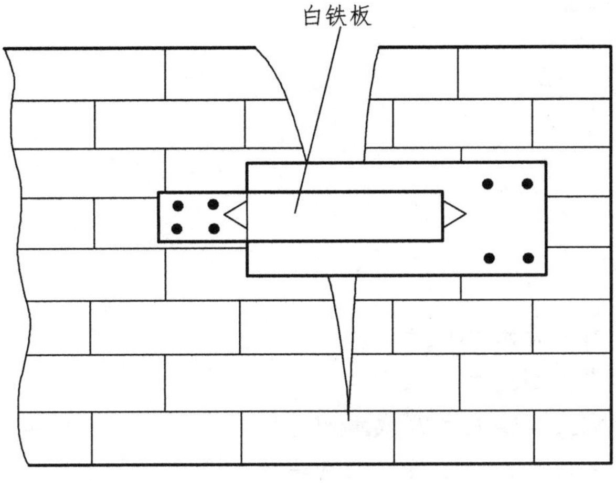

图 12-33　建筑物的裂缝观测

另一片为 50 mm×200 mm 的矩形，固定在裂缝的另一侧，使两块白铁皮的边缘相互平行，并使其中的一部分重叠。

在两块白铁皮的表面，涂上红色油漆。

如果裂缝继续发展，两块白铁皮将被逐渐拉开，露出正方形上，原被覆盖没有油漆的部分，其宽度即为裂缝加大的宽度，可用尺子量出。

12.12 建筑物的位移观测

根据平面控制点测定建筑物的平面位置随时间而移动的大小及方向，称为位移观测。位移观测首先要在建筑物附近埋设测量控制点，再在建筑物上设置位移观测点。

某些建筑物只要求测定某特定方向上的位移量，如大坝在水压力方向上的位移量，这种情况可采用基准线法进行水平位移观测。

先在位移方向的垂直方向上建立一条基准线。如图 12-34 所示，A、B 为控制点，P 为观测点。只要定期测量观测点 P 与基准线 AB 的角度变化值 $\Delta\beta$，即可测定水平位移量。

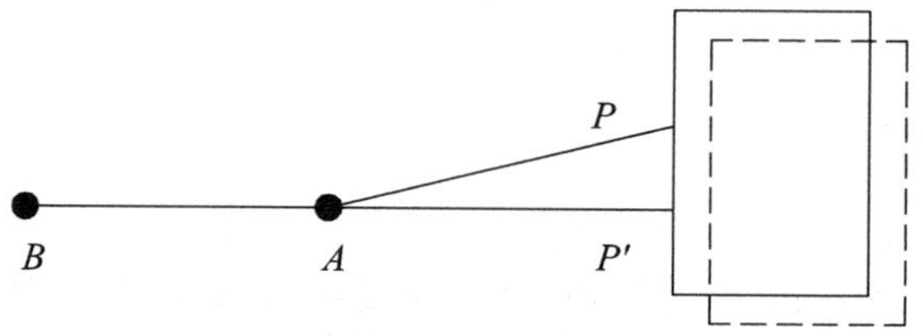

图 12-34 建筑物位移观测

在 A 点安置经纬仪，第一次观测水平角 $\angle BAP=\beta_1$，第二次观测水平角 $\angle BAP'=\beta_2$，两次观测水平角的角值之差即 $\Delta\beta$：

$$\Delta\beta = \beta_2 - \beta_1 \tag{12-12}$$

其位移量可按下式计算：

$$\delta = D_{AP}\frac{\Delta\beta}{\rho} \tag{12-13}$$

练一练

1. 简述施工控制网的布设形式和特点。
2. 建筑基线常用形式有哪几种？
3. 建筑基线的测设方法有哪几种？试举例说明。
4. 施工高程控制网如何布设？布设后应满足什么要求？

参考文献

[1] 武汉测绘科技大学《测量学》编写组. 测量学[M]. 3 版. 北京：测绘出版社，1991.

[2] 同济大学测绘系，清华大学测量教研组. 测量学[M]. 北京：测绘出版社，1991.

[3] 程效军，鲍峰，顾孝烈. 测量学[M]. 5 版. 上海：同济大学出版社，2016.

[4] 周建郑.建筑工程测量技术[M]. 武汉：武汉理工大学出版社，2002.

[5] 金和钟，陈丽华. 工程测量[M]. 杭州：浙江大学出版社，1998.

[6] 钟孝顺，聂让. 测量学[M]. 北京：人民交通出版社，1997.

[7] 李青岳，陈永奇. 工程测量学[M]. 北京：测绘出版社，1995.

[8] 王云江. 工程测量[M]. 杭州：浙江大学出版社，2000.

[9] 中国有色金属工业协会. 工程测量规范：GB 50026—2007[S]. 北京：中国计划出版社，2008.

职业技术教育技能型人才培养“十三五”规划教材

工程测量实训指导

主　编○高　珊　张玉龙　霍如桃
副主编○樊文静　赵　群　陈佰忠

西南交通大学出版社
·成　都·

目　录

测量实训须知

一、实训课的目的与要求

（1）实训课的目的：进一步了解所学测量仪器的构造和性能，巩固和验证课堂上所学的理论知识，掌握仪器的使用方法，提高动手能力，加强实训技能，使理论和实践更好地结合。

（2）实训课要求：实训前均需预习教材相关部分内容并仔细阅读测量实训指导，弄清楚实训内容和过程再动手实训。认真完成规定的任务书，实训结束后及时上交。

（3）实训指导教师要讲明实训内容和任务，学生应认真做好各项实训准备工作。

（4）遵守仪器操作规程，有问题要及时向实训指导教师请教。

（5）要遵守纪律，不无故缺勤。

二、仪器的借领方法

（1）测量仪器室每次应根据实训的任务，按实训小组配备，并填好仪器的借用单，将仪器排列在发放台上。

（2）各实训小组每次借用实训仪器设备，均应遵守测量仪器室的规定，由各组组长对照仪器的借用单清点仪器及附件等，若无问题，由组长在借用单上签名，并将借用单交仪器管理人员，经仪器管理人员认可后方可以将仪器借出仪器室。

（3）初次接触仪器，应在指导教师进行操作、讲解后，再架设仪器进行操作，以免弄坏仪器。

（4）实训完毕应由仪器管理人员暂时验收，由于交还仪器时间过于集中，不可能将仪器详细检查一遍，待下次清点借给他人使用前（最长不超过一周）方可算前者借用手续完毕。

（5）测量仪器属贵重仪器，借出的仪器必须由专人保管，如果发生损坏或遗失，应按照学院的规章制度办理。

三、注意事项

测量仪是国家财产，属于精密贵重仪器，每个人应养成爱护仪器的好习惯。使用仪器时应注意下列事项：

（1）领取仪器时应注意箱盖是否锁好，提手或背带是否牢固。

（2）打开仪器箱前，应将箱子平放后再打开。打开箱盖后，应注意观察仪器及附件在箱中安放的位置，以便用毕后将各部件稳妥地放回原处。

（3）仪器从箱中取出后，应立刻盖好箱盖，以防灰尘进入或零件丢失，迁站时要带走。

严禁坐仪器箱。

（4）仪器置于三脚架上后，应立即将连接螺丝旋紧；不要过紧，以免损坏螺旋；也不要过松，以免仪器脱落。

（5）仪器镜头如有灰尘可用箱内的毛刷或镜头纸擦拭；仪器如果有故障时不允许自行拆卸，应立即请示指导教师进行处理。

（6）使用仪器时，必须先旋松螺旋，未松开时不可强行扭转。各处的制动螺旋，不要拧得过紧。微动螺旋不可旋到尽头。拨动校正螺丝时必须小心，先松后紧，松紧适度。

（7）仪器作检验、校正时，必须在老师指导下进行。

（8）搬动仪器时必须松动制动螺旋，三脚架与仪器的连接螺旋应旋紧，仪器最好直立抱持或夹三脚架于腋下，左手托仪器向上倾斜，绝对禁止将仪器横扛于肩上，长距离搬运时应将仪器装入箱内。

（9）仪器必须有专人看护，烈日下必须打开遮阳伞，以免影响仪器的测量精度。

（10）必须爱护各类仪器工具，注意人身安全，在使用过程中尽量避免意外发生。不得用水准尺、花杆抬物品。

（11）仪器用毕后按原位置装入箱内，箱盖若不能关闭时应查看原因，不可强力按下。放入箱内的仪器各制动螺旋应适度旋紧，以免晃动。

（12）实训结束后，应清点各项工具，以免发生丢失，特别注意清点零星物品。

四、测量记录注意事项

（1）实验的记录必须填在规定的表格内，随测随记，不得转抄。记录者应“回报”读数，以防听错、记错。

（2）所有记录与计算均须用绘图铅笔记录，字体应端正清晰，字体大小只能占记录格的一半，以便留出空隙更改错误。

（3）记录表格上规定的内容及项目必须填写，不得空白。

（4）记录簿上禁止擦拭涂改与挖补，如记错需要改正时，应以横线或斜线划去，不得使原字模糊不清，正确的数字应写在原字上方。

（5）已改过的数字又发现错误时，不准再改，应将该部分成果作废重测。观测结果不能连环涂改。

（6）观测数据应表现其精度及真实性，如水准尺读数读至毫米则应记 1.530 m，不能记成 1.53m。

（7）所有观测记录手簿均不准另行誊抄。记录时要严格要求自己，培养良好的作业习惯，严格遵守作业规定，否则全部成果作废，另行重测。

五、测量仪器操作细则

必须爱护测量仪器，防止其受振动、日晒、雨淋，不应坐在仪器箱子上。

1. 开箱提取仪器

（1）先安置三脚架，将各架腿插入土中，使三脚架稳妥。启箱取出仪器前应看清仪器在箱中的位置，以免装箱时发生困难。

（2）从箱中取出仪器时，不可握拿望远镜，应双手握住基座或远镜望的支架，取出仪器后小心地安置在三脚架上，并立即旋紧仪器与三脚架的中心连接螺旋。

2. 野外作业

（1）仪器上的光学部分（如镜头等）严禁用手帕、纸张等物擦拭，以免损坏镜头上之药膜。

（2）作业时须握住支架转动，不得握住望远镜旋转，使用仪器各螺旋必须十分小心，用力要适度。

（3）转动仪器时，应先松开制动螺旋，再平衡转动。使用微动螺旋时，应先旋紧制动螺旋。动作要准确、轻捷，用力要均匀。

（4）仪器所在地必须时时有人，做到人不离仪器，并防止其他无关人员使弄仪器。

（5）在太阳或细雨下使用仪器时，必须撑伞，特别注意仪器不得受潮。

3. 搬移仪器

（1）搬移仪器前应使望远镜物镜对向度盘中心。若为水准仪，物镜应向后。

（2）搬移仪器时先检查一下连接螺旋，必须一手握住仪器的基座或支架，一手抱住三脚架，竖向稳妥地搬移，不得横放在肩上或横抱在胸前，以免损坏仪器，当距离较长时，必须装箱搬移。

（3）搬移仪器时须带走仪器箱及有关工具。

4. 使用完毕

（1）应清除仪器及箱子上的灰尘、脏物和三脚架上的泥土，将基座的脚螺旋处于大致相同的高度。

（2）测距仪、电子经纬仪、全站仪、GPS 等电子测量仪器，在野外更换电池时，应先关闭仪器的电源；装箱之前，也必须先关闭电源，才能装箱。

（3）松连接螺旋，卸下仪器装入箱子后，应该松开有关的制动螺旋。

（4）箱门要关紧，并立即扣上门扣或上锁。

（5）工作完毕应检点一切附件与工具，以防遗失。

5. 其他工具

（1）水准尺、花杆等木制品不可受横向压力，以免弯曲变形，也应该轻取轻放；切勿将仪器工具贴靠树上、墙上或电线杆上，以防跌损。

（2）一切仪器工具必须保持完整、清洁，不得任意放置，并需由专人保管，小件工具如测钎、垂球等尤应防止遗失。

一切仪器工具若发生故障，应及时向指导教师或实验室工作人员报告，不得自行处理，若有损坏，遗失应写书面检查，进行登记、酌情赔偿。

项目一　水准测量

知识目标：

1. 掌握水准仪的操作方法。
2. 掌握水准路线计算方法。
3. 掌握四等水准测量观测方法。

能力目标：能操作水准仪完成普通水准测量和四等水准测量并进行内业计算。

素质目标：培养规范操作习惯，良好职业行为，信息处理能力，团队协作意识，语言表达能力，创新能力及实际操作能力。

任务一　水准仪的认识与操作

一、实训目的

（1）了解 DS_3 型水准仪的构造，熟悉各部件的名称、功能及作用。

（2）初步掌握其使用方法，学会在水准尺上的读数。

二、实验器具

每组借领 DS_3 型水准仪 1 套、水准尺 1 对。

三、实训内容

（1）熟悉 DS_3 型水准仪各部件的名称及作用。

（2）学会使用圆水准整平仪器。

（3）学会瞄准目标，消除视差及利用望远镜的中丝在水准尺上的读数。

（4）学会测定地面两点的高差。

（5）实践课时为 2 学时。

四、实训步骤

1. 安置仪器

张开三脚架，使架头大致水平，高度适中，将脚架稳定（踩紧）。然后用连接螺旋将水准仪固定在三脚架上。

2. 了解水准仪各部件的功能及使用

（1）调节目镜，使十字丝清晰；旋转物镜调焦螺旋，使物像清晰。

（2）转动脚架螺旋使圆水准气泡居中；转动微倾螺旋使水准管气泡居中或符合。

（3）用准星和缺口粗略照准目标；旋紧水平制动螺旋，转动水平微动螺旋精确照准目标。

3. 粗略整平练习

仪器的粗略整平是用脚螺旋使圆水准器的气泡居中。不论圆水准器在任何位置，先用任意两个脚螺旋使气泡移到通过圆水准器零点并垂直于这两个脚螺旋连线的方向上，如下图中气泡自 a 移到 b，如此可使仪器在这两个脚螺旋连线的方向处于水平位置。然后单独用第三个脚螺旋使气泡居中，如此使原两个脚螺旋连线的垂线方向亦处于水平位置，从而使整个仪器置平。如仍有偏差可重复进行。操作时必须记住以下三条要领：

（1）先旋转两个脚螺旋，然后旋转第三个脚螺旋。

（2）旋转两个脚螺旋时必须作相对地转动，即旋转方向应相反。

（3）气泡移动的方向始终和左手大拇指移动的方向一致。

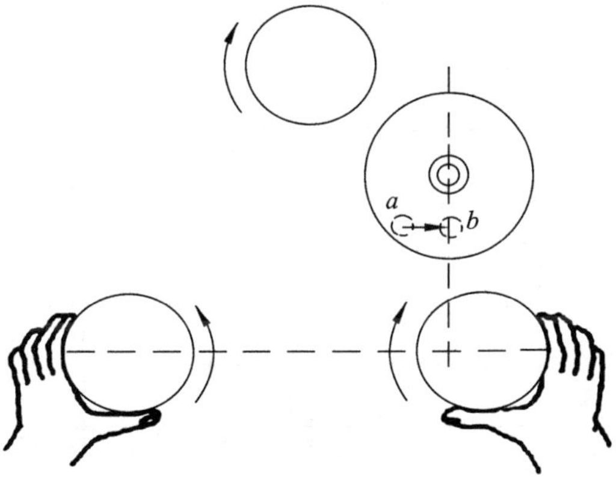

粗略整平示意图

4. 读数练习

粗略整平仪器后，用准星和缺口瞄准水准尺。旋紧水平制动螺旋。分别调节目镜和物镜调焦螺旋，使十字丝和物像都清晰。此时物像已投影到十字丝平面上，视差已完全消除。转动微倾螺旋，使十字丝竖丝对准尺面，转动微倾螺旋精平，用十字丝的中丝读出米数、分米数和厘米数，并估读到毫米，记下四位读数。

5. 高差测量练习

（1）在仪器前后距离大致相等处各立一根水准尺，分别读出中丝所截取的尺面读数，记录并计算两点间的高差。

（2）不移动水准尺，改变水准仪的高度，再测两点间的高差，两点间的高差之差不应大于 5 mm。

五、注意事项

（1）读取中丝读数前，应消除视差，符合水准气泡必须严格符合。

（2）微动螺旋和微倾螺旋应保持在中间运行，不要旋到极限。

（3）观测者的身体各部位不得接触脚架。

（4）水准尺必须有人看管，不能立在墙边或放在地上，以免损坏水准尺。

（5）及时填写任务书，发现问题要马上向指导教师汇报，不能自行处理。

六、上交材料

（1）每人上交合格的水准仪的认识与操作记录表 1 份。

（2）每组上交任务书 1 份。

水准仪的认识与操作记录表

仪器号：　　　　天气：　　　　观测者：

日　期：　　　　成像：　　　　记录者：

安置仪器次数	测点	后视读数/m	前视读数/m	高差/m	高程/m
第一次					
第二次					
第三次					
第四次					
第五次					
第六次					

任务二　普通水准测量

一、实训目的

（1）掌握普通水准测量的观测、记录、计算与校正。
（2）熟悉水准路线的布设形式。

二、实训器具

DS_3 型水准仪 1 台、水准尺 1 对、尺垫 1 对、记录夹 1 个、测伞 1 把。

三、实训内容

（1）做闭合水准路线测量或附合水准线路测量（至少要观测 4 个测站）。
（2）观测精度满足要求后，根据观测结果进行水准路线高差闭合的调整和高程计算。
（3）实训课时为 2 学时。

四、实训步骤

从指定水准点出发按普通水准测量的要求施测一条闭合（或附合）水准路线，每人轮流观测两站，然后计算高差闭合差和高差闭合差的允许值。若高差闭合差在允许范围之内，则对闭合差进行调整，最后算出各测站改正后高差。若闭合差超限，则应返工重测。

五、技术规定

（1）前、后视距应大致相等，视线长度不超过 100 m。

（2）限差要求 $f_k = \pm 40\sqrt{L}(\text{mm})$ 或 $f_k = \pm 12\sqrt{n}(\text{mm})$

式中 L——水准路线长度(km)；
n——测站数。

六、注意事项

（1）每次读数前水准管气泡严格居中。

（2）注意用中丝读数，不要读成上、下丝的读数，读数前要消除视差。

（3）后视的尺垫在水准仪搬动之前不得移动。仪器迁站时，前视的尺垫不能移动。在已知高程点上和待定高程点上不得放尺垫。

（4）水准尺必须扶直，不得前后左右倾斜。

七、上交材料

（1）每人上交合格的普通水准测量记录 1 份、水准测量路线成果计算表 1 份。

（2）每组上交任务书 1 份。

普通水准测量记录

日期＿＿＿＿＿＿天气＿＿＿＿＿＿班级＿＿＿＿＿＿小组＿＿＿＿＿＿

仪器型号＿＿＿＿＿地点＿＿＿＿＿＿观测者＿＿＿＿＿记录者＿＿＿＿＿＿

测站	测点	后视读数 a	前视读数 b	高差/m	高程/m
辅助计算					

水准测量路线成果计算表

日期＿＿＿＿＿＿＿＿班级＿＿＿＿＿＿＿＿小组＿＿＿＿＿＿＿＿计算者

点名	测站（n）	距离/m	观测高差/m	改正数/m	改正后高差/m	高　程/m
Σ						
$f=$ $f_{容}=$						

任务三　四等水准测量

一、实训目的

（1）掌握四等水准测量的观测、记录、计算及校核方法。

（2）熟悉掌握四等水准测量的主要技术要求、水准路线的布设及闭合差的计算。

二、实训器具

DS_3 水准仪 1 台，双面水准尺 1 对、尺垫 2 个、记录板 1 块、测伞 1 把。

三、实训内容

（1）用四等水准测量的方法观测一条闭合水准路线。

（2）进行高差闭合差的调整与高程计算。

（3）实训课时为 4 学时。

四、实训步骤

1. 观　测

选择一条闭合水准路线，按下列顺序进行逐站观测：

（1）照准后视尺黑面，精平后，读取下、上、中三丝读数，记入手簿，然后照准后视尺红面，读取中丝读数，记入手簿。

（2）照准前视尺，重新填平，读黑面尺下、上、中三丝读数，再读红面中丝读数，记入手簿，以上观测顺序简称为“后、后、前、前”。

2. 记　录

将观测数据记入表中相应栏中，并及时算出前后视距差、视距累计差、红黑面读数差、红黑面高差及其差值。每项计算均有限差要求，当符合限差要求后，方可迁站，直至测量完成。

3. 内业计算

（1）计算线路总长度。

（2）根据各站的高差中数，计算高差闭合差。

（3）当高差闭合差符合限差要求时，进行闭合差的调整及计算各待定点的高程。

五、技术要求

（1）黑、红面读数差（即 K+黑−红）不得超过±3 mm。

（2）一测站红、黑面高差之差不得超过±5 mm。

（3）前、后视距差不得超过 3 m，全程累计差不得超过 10 m。

（4）视线高度以三丝均能在尺上读数为准，实现长度小于 100 m。

（5）高差闭合差应不超过 $\pm 20\sqrt{L}$ mm 或 $\pm 8\sqrt{n}$ 。

六、注意事项

（1）在观测的同时，记录员应及时进行测站计算核验，符合要求方可搬站，否则应重测。

（2）仪器未搬站时，后视尺不得移动；仪器搬站时，前视尺不得移动。

七、上交资料

（1）每人上交四等水准测量观测记录表一份、水准测量路线成果计算表一份。

（2）每组上交任务书一份。

四等水准测量记录表

测自__________至__________　　仪器______________　　观测__________

时间始__________末__________　　天气______________　　记录__________

测站编号	后尺 上丝	前尺 上丝	方向及尺号	标尺读数		K+黑-红	高差中数	备注
	后尺 下丝	前尺 下丝		黑面	红面			
	后距	前距						
	视距差 d	$\sum d$						
			后					
			前					
			后-前					
			后					
			前					
			后-前					
			后					
			前					
			后-前					
			后					
			前					
			后-前					
			后					
			前					
			后-前					
			后					
			前					
			后-前					
			后					
			前					
			后-前					
			后					
			前					
			后-前					

水准测量路线成果计算表

日期______________班级______________小组______________计算者

点名	测站（n）	距离/m	观测高差/m	改正数/m	改正后高差/m	高　程/m
Σ						

f=

$f_{容}$=

任务四　二等水准测量

一、实训目的

（1）掌握二等水准测量的观测、记录、计算及校核方法。
（2）熟悉掌握二等水准测量的主要技术要求，水准路线的布设及闭合差的计算。

二、实训器具

水准仪 1 台，水准尺 1 对、尺垫 2 个、记录板 1 块、测伞 1 把。

三、实训内容

（1）用二等水准测量的方法观测一条闭合水准路线。
（2）进行高差闭合差的调整与高程计算。
（3）实训课时为 6 学时。

四、实训步骤

1. 观　测

选择一条闭合水准路线，采用单程观测，奇数站观测水准尺的顺序为后—前—前—后，偶数站观测水准尺的顺序为前—后—后—前。

水准测量各测段测站数必须为偶数。

2. 记　录

将观测数据记入表中相应栏中，并及时算出前后视距差、视距累计差、两次读数之差及其高差。每项计算均有限差要求，当符合限差要求后，方可迁站，直至测量完成。

3. 内业计算

高程误差配赋计算，按照测绘规定的“4 舍 6 进、5 看奇偶”的取舍原则，距离取位到 0.1 m，高差及其改正数取位到 0.000 01 m，高程取位到 0.001 m。计算格式见高程误差配赋表（示例）。表中必须写出闭合差和闭合差允许值。

五、技术要求

（1）观测按相应的测量标准（严禁采用仪器自身二等水准程序测量进行观测记录）。

（2）记录手簿应记录完整，符合规定。

（3）计算时高差取位到 0.000 01 m，高程取位到 0.001 m。

（4）测量限差要求按表“二等水准测量技术要求”执行。

二等水准测量技术要求

视线长度/m	前后视距差/m	前后视距累积差/m	视线高度/m	两次读数所得高差之差/mm	数字水准仪重复测量次数	测段、环线闭合差
≥3 且 ≤50	≤1.5	≤6.0	≤2.80 且 ≥0.35	≤0.6	≥2 次	$\leqslant 4\sqrt{L}$

注：L 为闭合路线的总长度（km）。

六、注意事项

（1）在观测的同时，记录员应及时进行测站计算核验，符合要求方可搬站，否则应重测。

（2）仪器未搬站时，后视尺不得移动；仪器搬站时，前视尺不得移动。

七、上交资料

（1）每人上交四等水准测量观测记录表一份、水准测量路线成果计算表一份。

（2）每组上交任务书一份。

二等水准测量手簿

测站编号	后距	前距	方向及尺号	标尺读数		两次读数之差	备注
	视距差	累积视距差		第一次读数	第二次读数		
			后				
			前				
			后-前				
			h				
			后				
			前				
			后-前				
			h				
			后				
			前				
			后-前				
			h				
			后				
			前				
			后-前				
			h				
			后				
			前				
			后-前				
			h				
			后				
			前				
			后-前				
			h				
			后				
			前				
			后-前				
			h				
			后				
			前				
			后-前				
			h				

注：高差要写正负号，高差中数保留 6 位小数，测段高差按“奇进偶不进”保留 5 位小数。

二等水准测量手簿

测站编号	后距	前距	方向及尺号	标尺读数		两次读数之差	备注
	视距差	累积视距差		第一次读数	第二次读数		
			后				
			前				
			后-前				
			h				
			后				
			前				
			后-前				
			h				
			后				
			前				
			后-前				
			h				
			后				
			前				
			后-前				
			h				
			后				
			前				
			后-前				
			h				
			后				
			前				
			后-前				
			h				
			后				
			前				
			后-前				
			h				
			后				
			前				
			后-前				
			h				

注：高差要写正负号，高差中数保留 6 位小数，测段高差按“奇进偶不进”保留 5 位小数。

二等水准测量高程误差配赋表示例

点名	测段编号	距离/m	观测高差/m	改正数/m	改正后高差/m	高程/m
Σ						
			$W=$		$W_{允}=$	

注：高差和改正数保留 5 位小数，待定点高程推算后保留 3 位小数

考核方案 1——高差测量

一、操作程序及标准

（一）技术标准

（1）在规定的时间内（2 min）完成仪器的整平。

（2）在规定的时间内（3 min）完成高差的测量，并记录在手簿上。

（3）在规定的时间内（1 min）完成高差的计算。

（4）测得的高差与理论高差之差满足规范要求（≤6 mm）。

（二）作业方法

在地面上给出两个点（A、B），欲测 A、B 之间的高差值，需先安置水准仪于 A、B 两点大概中间位置，进行整平，在 A、B 两点竖立水准尺，读取水准尺读数并记录，然后计算 A、B 两点间高差。其观测步骤如下：

（1）旋转照准部先照准后视尺，读取后视读数，记录在观测手簿上。

（2）旋转照准部照准前视尺，读取前视读数，记录在观测手簿上。则 A、B 两点之间高差等于后视读数减去前视读数。

（3）计算测得的高差与理论值之差。

二、考核时间

见高差测量评分记录表。

班级：________________　　姓名：________________　　专业：________________

高差测量评分记录表

项　目	违规项目	扣分值	违规扣分
水准测量 （20分）	1. 三脚架安放（高低、开角、架头等）符合要求，违规者	扣5分	
	2. 测量中气泡必须居中，违规者	扣5分	
	3. 测量程序规范，违规者（如仪器箱没合上）	扣5分	
	4. 独立完成，如有同学提醒	违规一次扣5分	
	5. 考试中不听从指挥	违规一次扣5分	
读数和记录 （30分）	1. 原始数据记录 ——厘米和毫米的读数不得涂改 ——其他观测值不得连环改正，不得就字改字，不得用橡皮擦除	涂改一处扣10分	
	2. 编造水准数据	总分记为0分	
	3. 不会读数	总分记为0分	
	4. 读数不准确	每一处扣10分	
	5. 手簿记录位置不符合要求	每一处扣5分	
	6. 必须注明专业、班级、学号、姓名，未注明的	每一处扣5分	
水准计算 （20分）	1. 计算结果未按标准单位计算，每一处	扣5分	
	2. 计算错误，每一处	扣5分	
	3. 计算完整，每一测站无论计算到哪一步，但未计算完的	每一处扣5分	
	4. 测得高差与理论值之差，每超过1mm	扣1分	
考试用时 （30分）	考试最长用时10 min，超出成绩无效。 按照每位同学完成时间分档给出分数：用时最少的满分30分	分档给分	

测站	测点	后视读数 a/mm	前视读数 b/mm	高差/mm

考核方案 2——四等水准测量

一、测量要求

（1）小组成员轮流完成指定闭合路线的四等水准测量，具体技术要求及评分标准见细则。
（2）观测时前、后视距离必须根据上、下丝读数计算，上、下丝读数应记录在手簿中；
（3）观测顺序为“后—后—前—前”。

二、操作要求

（1）各组观测路线的点位由监考教师事先确定，各组现场抽签确定点组。记录必须用有监考教师盖章的记录手簿。
（2）测量员、记录员、扶尺员必须轮换，每人观测一测站、记录一测站并计算。
（3）现场完成计算，计算结果取位至 0.001m。
（4）仪器的操作应符合要求，水准测量迁站时仪器不需装箱。
（5）各小组独立作业，不允许妨碍或阻挡其他小组的观测，经劝告不听者成绩为零。
（6）计时方法：监考教师宣布开始，计时开始，到完成计算、上交成果计时结束。
（7）不准用编程计算器。

三、技术要求

（1）观测按相应的测量标准要求执行。
（2）手簿记录应完整，符合规定。
（3）记录和计算按规范执行。在计算表中应注明总视距和总高差。观测限差见下表。

四等水准测量基本技术要求表

视线长度/m	前后视距累计视距差/m	任一测站前后视视距差/m	黑红面读数之差/mm	黑红面所测高差较差/mm
≤85	≤10.0	≤3.0	≤±3.0	≤±5.0

注：（1）L 为水准路线长度（km）。
（2）四等水准观测视线高度应满足三丝都能读数。
（3）测站观测限差超限，在本测站发现即重测。

四、评分标准

以每位同学完成作业的速度、观测质量和成果质量评定成绩，见下表。

专业____________ 班级____________ 学号____________ 姓名____________

四等水准测量评分表（100 分）

<table>
<tr><th>项　目</th><th>违规项目</th><th>扣分值</th><th>违规扣分</th></tr>
<tr><td rowspan="4">水准测量（20 分）</td><td>1. 记录者必须回报读数，每一测站记录者未回报读数</td><td>扣 5 分</td><td></td></tr>
<tr><td>2. 搬站时，水准仪不必装箱，但应保持仪器和脚架在一竖直状态，否则每出现一次</td><td>扣 5 分</td><td></td></tr>
<tr><td>3. 水准尺不准拖在地上，否则每出现一次</td><td>扣 5 分</td><td></td></tr>
<tr><td>4. 其他违规操作如坐仪器箱等</td><td>违规一次扣 5 分</td><td></td></tr>
<tr><td rowspan="4">记录（30 分）</td><td>1. 原始数据记录
——厘米和毫米的读数不得涂改
——其他观测值不得连环改正，不得就字改字，不得用橡皮擦除</td><td>涂改一处扣 10 分</td><td></td></tr>
<tr><td>2. 编造水准数据</td><td>总分计为 0</td><td></td></tr>
<tr><td>3. 手簿记录位置不符合要求</td><td>每一处扣 5 分</td><td></td></tr>
<tr><td>4. 必须注明专业、班级、学号、姓名，未注明的</td><td>每一处扣 5 分</td><td></td></tr>
<tr><td rowspan="4">水准计算（30 分）</td><td>1. 计算结果未按标准单位计算，每一处</td><td>扣 5 分</td><td></td></tr>
<tr><td>2. 计算错误，每一处</td><td>扣 5 分</td><td></td></tr>
<tr><td>3. 每测站计算完整，每一测站无论计算到哪一步，但未计算完的</td><td>每一处扣 5 分</td><td></td></tr>
<tr><td>4. 每测站前后视差：≤±5 m
红黑面读数：≤±5 mm
红黑面所测高差之差：≤±8 mm</td><td>每项超限扣 10 分</td><td></td></tr>
<tr><td>比赛用时（20 分）</td><td colspan="2">比赛最长用时 15 min，超出成绩无效。
按每位同学完成时间分挡给出分数，用时最少的满分 20 分</td><td></td></tr>
</table>

<table>
<tr><td rowspan="4">测站编号</td><td rowspan="2">后尺</td><td>上丝</td><td rowspan="2">前尺</td><td>上丝</td><td rowspan="4">方向及尺号</td><td colspan="2">标尺读数</td><td rowspan="4">$K+$黑−红</td><td rowspan="4">高差中数</td><td rowspan="4">备注</td></tr>
<tr><td>下丝</td><td>下丝</td><td rowspan="3">黑面</td><td rowspan="3">红面</td></tr>
<tr><td colspan="2">后　距</td><td colspan="2">前　距</td></tr>
<tr><td colspan="2">视距差 d</td><td colspan="2">$\sum d$</td></tr>
<tr><td rowspan="4"></td><td colspan="2"></td><td colspan="2"></td><td>后</td><td></td><td></td><td></td><td rowspan="3"></td><td rowspan="4"></td></tr>
<tr><td colspan="2"></td><td colspan="2"></td><td>前</td><td></td><td></td><td></td></tr>
<tr><td colspan="2"></td><td colspan="2"></td><td>后−前</td><td></td><td></td><td></td></tr>
<tr><td colspan="2"></td><td colspan="2"></td><td colspan="5"></td></tr>
</table>

项目二　角度测量

知识目标：

1. 掌握全站仪的操作。
2. 掌握水平角的测量和计算。
3. 掌握竖直角的测量和计算。

能力目标：能操作全站仪完成角度测量和计算。

素质目标：培养规范操作习惯，良好职业行为，信息处理能力，团队协作意识，语言表达能力，创新能力及实际操作能力。

任务一　全站仪的认识与操作

一、实训目的

了解全站仪的基本构造及各部件的功能。

二、实训内容

（1）练习仪器的对中、整平、照准、读数（要求对中误差不超过 3 mm，整平误差不超过 1 格）。

（2）测量两个方向间的水平角。

（3）实训课时为 6 学时。

三、实训器具

全站仪 1 台、测钎 2 根、记录表格。

四、实训步骤

1. 安置全站仪

将全站仪从箱中取出，装到三脚架上，拧紧中心连接螺丝。然后熟悉仪器构造和各部分功能，正确使用制动螺旋、微动螺旋、调焦螺旋和脚螺旋。

2. 练习对中和整平

用对中器对中的具体操作方法如下。

（1）对中。

① 将三脚架安置在测站上，使架头大致水平。

② 调整仪器的三个脚螺旋，使光学对中器的中心标志对准测站点（不要求气泡居中）。

③ 伸缩三脚架腿使照准部圆水准器或管状水准器气泡大致居中（不必严格居中）。

（2）整平。

如右图所示，使照准部水准管轴平行于两个脚螺旋的连线，转动这两个脚螺旋使水准管气泡居中，将照准部旋转 90°，转动另一脚螺旋使水准管气泡居中，在这两个位置上来回数次，直到水准管气泡在任何方向都居中为止。若整平后发现对中有偏差，可松开中心连接螺旋，移动照准部再进行居中，拧紧后仍需要重新整平仪器，这样反复几次，就可以对中整平了。

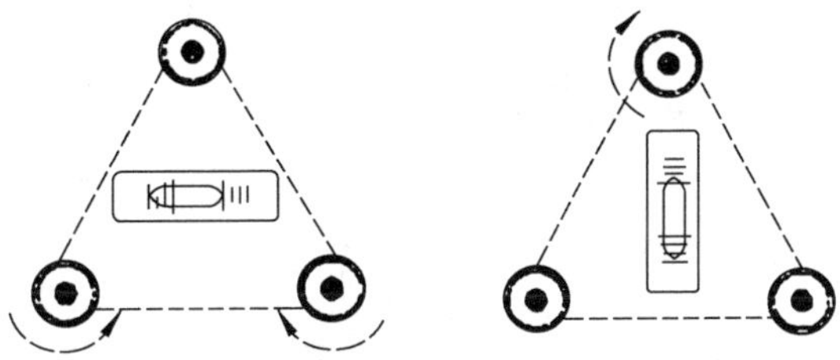

经纬仪整平示意图

3. 测量两个方向间的水平角

按【电源】键开机显示以前设置的温度和气压。上下转动望远镜进入基本测量状态（绝对编码度盘不需此项操作）。

角度测量是测定测站至两目标间的水平夹角，同时可测定相应视线的天顶距，设地面上有 A、B、C 三点，A 为测站点，测定 $\angle BAC$ 的步骤如下：

在测站点安置仪器，开机进入基本测量模式；

将仪器望远镜瞄准起始目标点 B；

按【角度】键全站仪显示角度测量菜单，将起始方向值置成零；

将全站仪望远镜瞄准目标点 C，全站仪屏幕即显示所测角度；

在水平角测量时可以将起始方向置成零，也可以将起始方向设置成所需的方向值，其方法是在照准第一目标后，在基本测量模式下按【角度】键，全站仪显示角度测量菜单，输入所需的方向值后按回车键即可。输入格式为：例如角度值为 90º02′06″时应输入 90.0206。

五、注意事项

（1）仪器从箱中取出前，应看好它的放置位置，以免装箱时不能恢复到原位。

（2）仪器在三脚架上未固定好前，手必须握住仪器，不得松手，以防仪器跌落。

（3）转动望远镜或照准部之前，必须先松开制动螺旋，用力要轻；一旦发现转动不灵，要及时检查原因，不可强行转动。

（4）当一个人操作时，其他组员只能用语言帮助，不能多人操作同一台仪器，以免发生仪器跌落的危险。

（5）仪器装箱后，要及时上锁，以防存在事故危险。

六、上交资料

每人上交全站仪的认识与操作任务书一份。

任务二　测回法观测水平角

一、实训目的

掌握测回法观测水平角的记录及计算。

二、实训器具

全站仪 1 台、测钎 2 根、记录表格。

三、实训内容

（1）练习用测回法观测水平角。

（2）实训课时为 4 学时。

四、实训要求

（1）每人至少测两测回。

（2）对中误差小于 3 mm，水准管气泡偏离不应超过 1 格。

（3）第一测回对 0°，其他测回改变 $180°/n$。

（4）上、下半测回角值不超过 36″，各测回角值差不超过 24″。

五、实训步骤

（1）将仪器安置在测站上，对中、整平后，盘左照准左目标，使起始读数略大于 0°02′，将起始读数记入手簿；松开制动螺旋，顺时针转动照准部，照准右目标，读数并记入手簿，称为上半测回。

（2）倒转望远镜，盘右再照准右边目标，读数并记入手簿；松开制动螺旋，逆时针旋转照准部照准左目标，读数并记入手簿，称为下半测回。

（3）测完第一测回后，应检查水准管气泡是否偏离；若气泡偏离值小于 1 格，则可测第二测回。第二测回开始前，起始读数要设置在 90°02′左右，再重复第一测回的各步骤。当两个测回间的测回差不超过 24″时，再取平均值。

六、注意事项

（1）一测回观测过程中，当水准管气泡偏离值大于 1 格时，应整平后重测。

（2）观测目标不应过粗或过细，否则以单丝平分目标或双丝夹住目标均有困难。

七、上交资料

（1）每人上交测回法观测水平角记录表一份。

（2）每人上交测回法观测水平角任务书一份。

测回法观测水平角记录表

日期__________天气__________班级__________小组__________

仪器型号________地点________观测者__________记录者__________

测站	盘位	目标	水平度盘读数/(° ′ ″)	半测回角值/(° ′ ″)	一测回角值/(° ′ ″)	备注

续表

测站	盘位	目标	水平度盘读数/(°　′　″)	半测回角值/(°　′　″)	一测回角值/(°　′　″)	备注

任务三　全圆方向法观测水平角

一、实训目的

初步掌握全圆方向法观测水平角的观测、记录、计算方法。

二、实训器具

全站仪 1 台、测钎 4 根、记录表格（自备计算器）。

三、实训内容

（1）练习全圆方向法观测水平角。
（2）实训课时为 4 学时。

四、实训要求

（1）每人观测一个测回，4 个方向，测回起始读数变动数值仍用公式 $180°/n$ 计算。
（2）要求半测回归零不大于 24″，各测回同一方向值互差不大于 24″。

五、实训步骤

（1）将仪器安置在测站上，对中、整平后，选择一个通视良好、目标清晰的方向作为起始方向（零方向）。

（2）盘左观测。先照准起始方向（称为 A 点），设置度盘读书为 0°02′左右，并记入手簿；然后顺时针转动照准部依次瞄准 B、C、D、A 点，读书并计入手簿。A 点两次读数之差称为上半测回归零差，其值应小于 24″。

（3）倒转望远镜，盘右观测。从 A 点开始，逆时针依次瞄准 D、C、B、A，读数并记入手簿。A 点两次读数差称为下半测回归零差，其值也应小于 24″。

（4）根据观测结果计算 $2C$ 值和各方向平均读数，再计算归零后的方向值。

（5）同一测站、同一目标、各测回归零后的方向值之差应小于 24″。

六、上交资料

每人上交全圆方向法观测水平角任务书一份。

全圆方向法观测水平角记录表

日期________　天气________　班级________　小组________

仪器型号________　地点________　观测者________　记录者________

测站	目标	水平度盘读数		$2C=L-(R\pm180°)$	平均读数 $=[L+(R\pm180°)]/2$	归零后方向值	各测回归零方向值平均值
		盘左（L）	盘右（R）				
		° ′ ″	° ′ ″	″	° ′ ″	° ′ ″	° ′ ″

任务四　竖直角观测

一、实训目的

（1）了解竖直度盘与望远镜的转动关系以及竖盘指标与竖盘指标水准管的关系。
（2）掌握竖直角的观测、记录及指标差和竖直角的计算。

二、实训器具

全站仪 1 台、记录表格。

三、实训内容

（1）用盘左、盘右观测一高处目标进行竖直角的练习。
（2）实训课时为 2 学时。

四、实训要求

（1）每人照准一目标观测两个测回。
（2）两测回的竖直角及指标差之差均小于 24″。

五、实训步骤

（1）盘左照准目标，用竖直指标水准管的微倾螺旋使竖盘指标水准管气泡居中，读取竖盘读数，记入手簿。
（2）盘右瞄准目标，再次使竖盘气泡居中，读数记入手簿。
（3）按公式 $x=(L+R-360°)/2$ 算出指标差；

六、上交资料

（1）每人上交竖直角观测记录表 1 份。
（2）每人上交竖直角观测任务书 1 份。

竖直角观测记录表

日期______________ 天气______________ 班级______________ 小组______________

仪器型号__________ 地点______________ 观测者______________ 记录者______________

测站	测点	盘位	竖盘读数	竖直角	平均角值	备注
			° ′ ″	° ′ ″	° ′ ″	

考核方案 3——水平角测量

一、操作程序及标准

（一）技术标准

（1）在规定的时间内完成仪器的对中整平。

（2）在规定的时间内完成水平角的测量，并记录在手簿上。

（3）在规定的时间内完成水平角的计算。

（4）两个半测回的精度满足规范要求（小于等于 30″）。

（二）作业方法

在地面上给出三个点（*A*、*O*、*B*），测∠*AOB* 的角度值，需先安置全站仪于角顶点 *O* 上，进行对中、整平，在 *A*、*B* 两点竖立标杆或测钎作为照准标志，即可进行测角。其观测步骤如下：

（1）用盘左位置顺时针旋转照准部，使望远镜照准左侧观测点 *A*，固定制动螺旋，旋转照准部微动螺旋，使十字丝交点精确瞄准 *A* 点，置盘或置零，记录在表格内。

（2）松开照准部制动螺旋，按顺时针方向转动照准部右侧观测点 *B*，固定制动螺旋，旋转微动螺旋，精确瞄准 *B* 点，读取水平读盘读数，记录在表格中。则水平角等于右观测点读数减去左观测点读数，即水平角。

（3）纵向转动望远镜成盘右位置，先瞄准右侧观测点 *B*，读取水平读盘读数，记入记录表格中。再顺时针方向旋转照准部，瞄准左侧观测点 *A*，读取水平度盘读数记入记录表格中。则水平角为 *B* 点读数减去 *A* 点读数。

盘左位置观测所测得的角度值为上半测回，盘右位置所测得的角度值为下半测回，上下半测回合称为一个测回。

二、考核评分标准（见水平角测量评分记录表）

角度测量评分表（100 分）

班级______________ 学号______________ 姓名______________小组______________

项　目	违规项目	扣分值	违规扣分
基本操作（20 分）	1. 三脚架安放（高低、开角、架头等）符合要求，违规者	扣 5 分	
	2. 测量中气泡必须居中， ——对中误差：超过 5 mm，重新对中 ——整平偏差：超过 2 格，重新整平违规者	总分记为 0 分	

续表

项　目	违规项目	扣分值	违规扣分
基本操作（20分）	3. 测量程序规范，违规者	扣5分	
	4. 独立完成，如有同学提醒	违规一次扣5分	
记录（20分）	1. 不得改动秒值，不得连环改正，不得就字改字，不得用橡皮擦除。违规者	涂改一处扣10分	
	2. 编造数据，违规者	总分记为0分	
	3. 记录规范，违规者	每一处扣5分	
	4. 必须注明专业、班级、学号、姓名，未注明的	每一处扣5分	
计算（20分）	1. 计算结果未按要求计算	每一处扣5分	
	2. 计算错误	每一处扣5分	
	3. 计算完整，每一测站无论计算到哪一步，但未计算完的	每一处扣5分	
测量精度（20分）	半测回角值之差的绝对值不超过30″	超过1秒扣1分	
考试用时（20分）	按照每位同学完成时间分挡给出分数，用时最少的满分20分。 考试到达15 min时，所有同学必须上交考试成果	按时间分挡给分	

测站	盘位	目标	水平度盘读数 /(° ′ ″)	半测回角值 /(° ′ ″)	一测回角值 /(° ′ ″)	备注

项目三　全站仪操作及应用

知识目标：

1. 掌握全站仪的操作。
2. 掌握全站仪测图方法。
3. 掌握全站仪测量点的平面位置。

能力目标：能操作全站仪完成坐标测量和基本测图工作。

素质目标：培养规范操作习惯，良好职业行为，信息处理能力，团队协作意识，语言表达能力，动手、创新能力及实际操作能力。

任务一　闭合导线测量

一、实训目的

（1）熟悉导线的布设方法。

（2）掌握罗盘仪定向的方法。

（3）掌握全站仪导线测量。

二、实训器具

全站仪 1 台、罗盘仪 1 台、脚架 1 个、棱镜杆 1 根、棱镜 1 个、测伞 1 把、自备橡皮、铅笔、草图记录本。

三、实训内容

（1）布设导线，并做好标志。

（2）假设导线起始坐标，起始边坐标方位角用罗盘仪测定。

（3）用测回法完成闭合导线的转折角测量。

（4）用全站仪完成导线边长距离测量。

（5）画出草图，记录数据。

四、实训步骤

（1）踏勘选点与建立标志。选点要恰当，标志要清晰。一般点的个数为小组人数。

（2）导线边长测量。采用往返测量的方法，其较差的相对误差不得超过 1/200。

（3）测量转折角，严格按照测绘法的观测程序作业，上、下半测回角度值差≤±36″，对中误差 < 3 mm，水准管气泡偏差 < 1 格。

（4）用罗盘仪测定起始边的坐标方位角。

（5）导线内业计算。

五、注意事项

（1）在作业前应做好准备工作，将全站仪的电池充足电。

（2）使用全站仪时，应严格遵守操作规程，注意爱护仪器。

（3）外业数据采集后，应及时将全站仪数据导出到计算机中并备份。

（4）草图绘制应清晰，点号应与记录表中的点号一致。

（5）小组每个成员应轮流操作，掌握在一个测站上进行外业数据采集的方法。

六、上交资料

（1）每人上交草图一份。

（2）每组提交导线转折角度记录和计算表、距离往返测量数值和其相对误差计算结果。

（3）每组上交任务书一份。

闭合导线外业测量记录

日期＿＿＿＿＿＿＿＿天气＿＿＿＿＿＿＿＿班级＿＿＿＿＿＿＿＿小组＿＿＿＿＿＿＿＿

仪器型号＿＿＿＿＿＿＿＿地点＿＿＿＿＿＿＿＿观测者＿＿＿＿＿＿＿＿记录者＿＿＿＿＿＿＿＿

<table>
<tr><th>测站</th><th>盘位</th><th>目标</th><th>水平度盘读数/
（°　′　″）</th><th>半测回角值/
（°　′　″）</th><th>一测回角值/
（°　′　″）</th><th>距离/m</th><th>平均
距离/m</th></tr>
<tr><td rowspan="4"></td><td rowspan="2"></td><td></td><td></td><td rowspan="2"></td><td rowspan="4"></td><td></td><td rowspan="2"></td></tr>
<tr><td></td><td></td><td></td></tr>
<tr><td rowspan="2"></td><td></td><td></td><td rowspan="2"></td><td></td><td rowspan="2"></td></tr>
<tr><td></td><td></td><td></td></tr>
<tr><td rowspan="4"></td><td rowspan="2"></td><td></td><td></td><td rowspan="2"></td><td rowspan="4"></td><td></td><td rowspan="2"></td></tr>
<tr><td></td><td></td><td></td></tr>
<tr><td rowspan="2"></td><td></td><td></td><td rowspan="2"></td><td></td><td rowspan="2"></td></tr>
<tr><td></td><td></td><td></td></tr>
</table>

续表

测站	盘位	目标	水平度盘读数/(° ′ ″)	半测回角值/(° ′ ″)	一测回角值/(° ′ ″)	距离/m	平均距离/m

闭合导线数据计算表

点名	观测角/(°′″)	改正数/(″)	改正后角值/(°′″)	坐标方位角/(°′″)	距离/m	增量计算值/m		改正后增量/m		最后坐标	
						Δx	Δy	(Δx)	(Δy)	x	y
Σ											
辅助计算	$f_\beta =$ $f_{\beta容} =$ $f_x =$ $f_y =$ $f =$ $k =$ $k_{容} =$										

任务二　全站仪测量坐标

一、实训目的

（1）掌握全站仪的常规设置和基本操作。
（2）熟悉一种全站仪的测距、测角、坐标测量等功能。

二、实训器具

全站仪 1 台、棱镜 2 个、记录板 1 块、测伞 1 把。

三、实训内容

（1）全站仪的基本操作与使用。
（2）进行坐标测量。
（3）实训课时为 4 学时。

四、实训步骤

1. 已知点建站

将全站仪所在已知点的数据和后视点的数据输入全站仪（要求输入测站点点号、坐标、代码、仪器高），以便全站仪调用内部坐标测量和施工测设程序，进行坐标测量和施工测设。当全站仪在已知点上架设时必须选择第一项进行建站，否则全站仪默认上一个已知点的数据，测出的坐标和测设数据都是错误的。

2. 快速建站

选择快速项，是将全站仪架设在未知点上默认 X=0、Y=0、Z=0；也可将全站仪架设在已知点上进行建站。后视可有可无，方位角也可假定，是一种独立坐标系的建站方法。

3. 坐标测量

将全站仪所在已知点的数据和后视点的数据输入全站仪（要求输入测站点点号、坐标、代码、仪器高、棱镜高、棱镜常数、大气改正值或温度、气压值），以便全站仪调用内部坐标测量程序，进行坐标测量。

4. 坐标测设（*XYZ*）

选择坐标测设 *XYZ* 项，要求输入测设点点号。然后要求输入测设点 *X*、*Y*、*Z* 坐标。输入测设点 *X*、*Y*、*Z* 坐标后，则显示目标点与测设点的差值。按照屏幕上的指示移动棱镜，再按【测量】键进行测量，直至测设结束。

五、注意事项

观测时，应仔细检查仪器的各项参数设置，禁止将望远镜照准太阳。

六、上交材料

每人上交全站仪观测记录表一份，每组上交全站仪测量任务书一份。

全站仪观测记录表

日期________ 天气________ 班级________ 小组________

仪器型号________ 地点________ 观测者________ 记录者________

测站点号：______；测站点坐标：（______，______，______）

后视点号：______；

后视点坐标：（______，______，______）或　后视点方向：________

仪器高 i=________　反光镜高 v=________

点号	X	Y	H	附注

导线点示意图如下：

考核方案4——全站仪测量坐标

坐标测量评分表（100分）

专业：____________ 学号：______________ 姓名：____________

项目	违规项目	扣分值	违规扣分
导线操作30分	1. 对中整平违反以下限差，按以下标准采取分段扣分。 ——对中误差：超过5mm，重新对中 ——整平偏差：超过2格，重新整平 ——没有对中整平且不马上改正，执意进行观测	 扣5分 扣5分 总分计为0分	
	2. 对中整平时，平移仪器后，未拧紧对接螺旋就观测的，立即提醒	扣5分	
	3. 由他人帮忙记录的	扣10分	
	4. 测量方法不正确的	扣5分	
	5. 其他违规操作如坐仪器箱、棱镜放地上、仪器周围打闹、仪器旁边无人看守等，每违规一次	扣5分	
手簿记录20分	1. 原始数据记录 ——角度分的个位和秒的读数不得涂改，不得就字改字 ——其他观测值不得连环改正，不得用橡皮擦除每涂改一处	扣5分	
	2. 不得编造数据，否则	总分计为0分	
	3. 记录簿记录必须注明班级、组号、观测员姓名，每缺少一项	扣5分	
测量精度20	1. 测量精度符合要求，每超过1cm	扣5分	
	2. 最后测量数据必须等老师检查完后才能关机，否则	总分计为0分	
用时30	每测站的观测时间最多不能超过15 min，超出的视为本次考试不及格，符合要求的按照本班每位同学完成时间分挡给出分数：用时最少的满分20分		

测站点号：________；测站点坐标：（_____，_____，_____）

后视点号：________；

后视点坐标：（_____，_____，_____）或　后视点方向：__________

仪器高 i=__________ 反光镜高 v=__________

点号	X	Y	H	附注

项目四　GPS 操作及应用

知识目标：

1. 掌握 GPS 的操作。
2. 掌握 GPS 测图方法。
3. 掌握 GPS 测量点的平面位置和高程。

能力目标：能操作 GPS 完成坐标测量和基本测图工作。

素质目标：培养规范操作习惯，良好职业行为，信息处理能力，团队协作意识，语言表达能力，创新能力及实际操作能力。

任务　1：500 数字测图

一、实训目的

（1）掌握 GPS 的常规设置和基本操作。
（2）掌握 GPS 坐标测量等功能。

二、实训器具

（1）GNSS：基站及流动站主机、电子手簿、基站脚架、配套对中杆、传输数据线等。
（2）安装有数字测图软件（CASS7.0 版本及以上自行安装）的笔记本计算机 1 台。

三、实训内容

（1）GPS 的基本操作与使用。
（2）进行坐标测量。
（3）实训课时为 4 学时。

四、实训步骤

（1）用 GPS 测量控制点和碎部点的坐标。
（2）绘制草图。
（3）用 CASS 软件绘制平面图。

五、注意事项

（1）图根控制点的数量不作要求，地面可不做标志，图上可以不表示控制点。
（2）按规范要求表示等高线和高程注记点，等高距为 0.5 m。
（3）绘图：按图式要求进行点、线、面状地物绘制和文字、数字、符号注记。注记的文字字体采用仿宋体。
（4）图廓整饰内容：采用任意分幅（四角坐标注记坐标单位为米，取整至 50 m）、图名、测图比例尺、内图廓线及其四角的坐标注记、外图廓线、坐标系统、高程系统、等高距、图式版本和测图时间。（图上不注记测图单位、接图表、图号、密级、直线比例尺、附注及其作业员信息等内容）

六、上交材料

（1）原始测量数据文件（dat 格式）。
（2）野外草图和 dwg 格式的地形图数据文件。

野外测量草图

项目五　基本放样

知识目标：

1. 掌握全站仪的操作方法。
2. 掌握全站仪测图方法。
3. 掌握全站仪测量点的平面位置。

能力目标：能操作全站仪完成坐标测量和基本测图工作。

素质目标：培养规范操作习惯，良好职业行为，信息处理能力，团队协作意识，语言表达能力，创新能力及实际操作能力。

任务一　用水准仪进行设计高程的测设

一、实训目的

掌握用水准仪进行设计高程的测设。

二、实训器具

水准仪 1 台、钢尺 1 把、木桩 1 个、计算器 1 台（自备）、记录板、测伞 1 把。

三、实训内容

（1）计算点的设计高程的测设数据并测设。

（2）实训课时为 2 学时。

四、实训要求

（1）按所给的假定条件和数据，先计算出测设数据前视标尺读数。

（2）根据计算出的测设元素进行测设，要求每组测设两个点。

（3）计算完毕和测设完毕后，都必须进行认真的校核。

五、实训步骤

（1）在现场选定一点 A，假设其高程为 HA=72.338 m。
（2）需要测设点 P_1 的设计高程 HP_1=73.678 m，P_2 的设计高程 HP_2=73.237 m。
（3）计算点 1 和点 2 的测设数据。
（4）进行测设。

六、上交资料

每组上交测设设计高程的任务书一份。
测设数据的计算：

$$b_1 = H_A + a_1 - H_{P1} =$$
$$b_2 = H_A + a_2 - H_{P2} =$$

测设后经检查，点 1 与点 2 的高差 $H_{P2} - H_{P1} =$ 。
与已知值相差 mm。

任务二 用前方交会法测设点的平面位置

一、实训目的

掌握用前方交会法测设点的平面位置的方法。

二、实训器具

全站仪 1 台、测钎数个、木桩数个、计算器 1 台（自备）、记录板 1 个、测伞 1 把。

三、实训内容

（1）计算点的平面位置的（前方交会法）测设数据。
（2）用前方交会法测设的方法、步骤。
（3）实训课时为 2 学时。

四、实训要求

如右图所示。

（1）按所给的假定条件和数据，先计算出测设元素 α_{AP1}、α_{BP1}、β_{1_1}、β_{1_2}、α_{AP2}、α_{BP2}、β_{2_1}、β_{2_2}（施工测设中，β_{1_1}、β_{1_2}、β_{2_1}、β_{2_2} 分别相当于图中的 β_1、β_2、β_3、β_4）。

（2）根据计算出的测设元素进行测设，要求每组测设 2 个点。

（3）计算完毕和测设完毕后，都必须进行认真的校核。

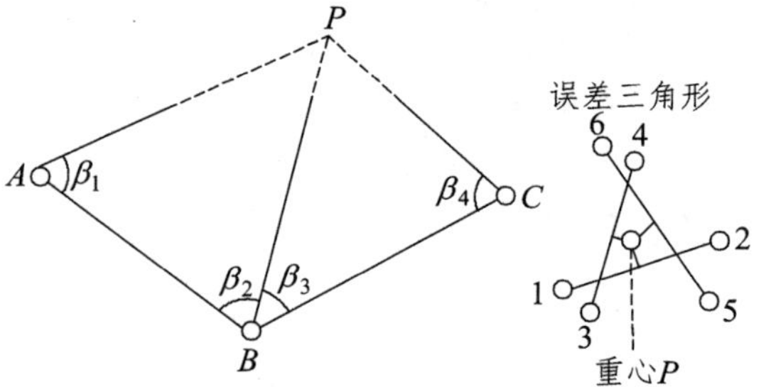

前方交会法测设 P 点示意图

五、实训步骤

（1）在现场选定两点 A、B 在一条直线上，将全站仪安置在 A（10.000，10.000）点，用全站仪量出 B（10.000，30.000）点。

（2）已知建筑物轴线上点 P_1 和点 P_2 的距离为 2.000 m，其设计坐标为：P_1（20.000，20.000），P_2（20.000，22.000）。

（3）计算点 P_1 和点 P_2 的测设数据。

（4）进行测设。

六、上交资料

每组上交用前方交会法测设点的平面位置的任务书一份。

测设数据的计算：

$\alpha_{AP_1} =$

$\alpha_{BP_1} =$

$\beta_{1_1} = \alpha_{AB} - \alpha_{AP_1} =$

$\beta_{1_2} = \alpha_{BP_1} - \alpha_{BA} =$

$\alpha_{AP_2} =$

$\alpha_{BP_2} =$

$\beta_{2_1} = \alpha_{AB} - \alpha_{AP_2} =$

$\beta_{2_2} = \alpha_{BP_2} - \alpha_{BA} =$

测设后经检查，点 P_1 与点 P_2 的距离 d_{12}= 与已知值 2.000 m 相差 mm。

任务三　测设圆曲线

一、实训目的

掌握用偏角法测设圆曲线的方法。

二、实训器具

全站仪 1 台、棱镜 1 个、计算器 1 台（自备）、记录板 1 个、测伞 1 把。

三、实训内容

（1）练习偏角法测设圆曲线的方法、步骤。
（2）实训课时为 2 学时。

四、实训要求

（1）每 5 m 弧长测设一个细部点。

（2）当从 ZY 及 YZ 向曲中点 QZ 测设曲线时，由于测设误差的影响，半条曲线的最后一点不会正好落在控制桩 QZ 上，假设落在 QZ 上，则 QZ 至 QZ' 的距离称为闭合差 f。

（3）闭合差的允许值是分纵向闭合差 f_x 与横向闭合差 f_y 来考虑的。若纵向（沿线路方向）闭合差 f_x 小于 1/2 000、横向（沿曲线半径方向）闭合差 f_y 小于 10cm 时，可根据曲线上各点到 ZY（或 YZ）的距离，按长度比例进行分配。

五、实训步骤

（1）计算测设数据。
（2）测设曲线主点。
（3）测设细部点。

六、上交资料

（1）每人上交计算表一份。
（2）每组上交圆曲线的测设任务书一份。

任务四　测设圆曲线

日期：　　年　　月　　日　　　　地点：　　　　计算：　　　　检核：

一、已知资料

转向角 α =　　　　半径 R=　　　　JD 里程=

二、计算数据

1. 曲线要素

T =

L =

E_0 =

q =

2. 主点里程

ZY 点里程=

QZ 点里程=

YZ 点里程=

3. 细部点坐标计算

细部点里程	曲线长	圆心角	X	Y

4. 现场检核

横向闭合差：______≤0.1 m。纵向闭合差：______≤$\frac{l}{2000}$。

任务五　带缓和曲线的综合曲线的测设

一、实训目的

（1）掌握缓和曲线测设要素的计算。
（2）掌握缓和曲线主点里程桩号的计算。
（3）掌握缓和曲线主点的测设方法。
（4）掌握用偏角法进行带缓和曲线的详细测设，如下图。

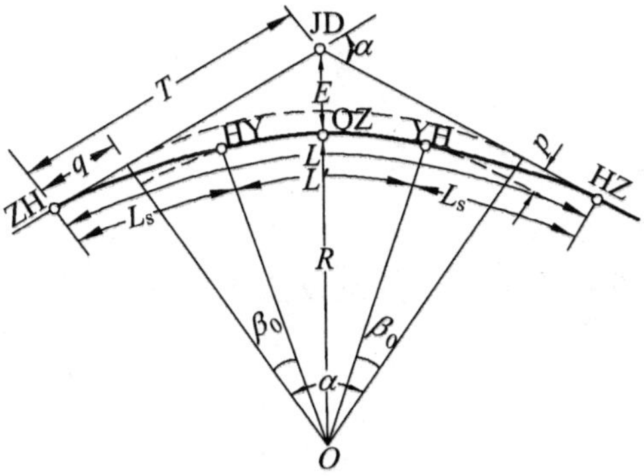

综合曲线测设示意图

二、实训器具

全站仪 1 台、棱镜 1 个、对中杆 1 个、计算器（自备）、记录板 1 个、测伞 1 把。

三、实训内容

（1）根据给定的数据计算测设要素和主点里程。
（2）测设带缓和曲线的曲线主点。
（3）用偏角法进行带缓和曲线的曲线的详细测设。

四、实训要求

（1）缓和曲线部分每 5 m 弧长测设一个细部点，圆曲线部分每 10 m 弧长测设一个细部点。

当从 HY 及 YH 向曲中点 QZ 测设曲线时，由于测设误差的影响，半条曲线的最后一点不会正好落在控制桩 QZ 上，假设落在 QZ 上，则 QZ 至 QZ′的距离称为闭合差 f。

（2）闭合差的允许值是分纵向闭合差 f_x 与横向闭合差 f_y 来考虑的。纵向（沿线路方向）闭合差 f_x 小于 1/2 000，横向（沿曲线半径方向）闭合差 f_y 小于 10 cm。

五、实训步骤

（1）主点测设。

（2）详细测设。

① ZH 或 HZ 处安置仪器，完成对中、整平工作。

② 后视 ZD，输入测站点和后视点坐标。

③ 输入细部点坐标，放样细部点。

六、上交资料

（1）每人上交用计算表一份。

（2）每组上交带缓和曲线的综合曲线的测设任务书一份。

l_0= m，α= ，α_0=5 ，R= m，ZH 点坐标为（ ， ），ZH 点里程为 。

缓和曲线常数计算

缓和曲线倾角

$$\beta_0 = \frac{l_0}{2R} \cdot \frac{180°}{\pi}$$

圆曲线的内移值

$$P = \frac{l_0^2}{24R}$$

切线外移量

$$m = \frac{l_0}{2}$$

综合曲线要素计算

切线长度

$$T = (R+P)\tan\frac{\alpha}{2} + m$$

曲线长度

$$L = R(\alpha - 2\beta_0) \cdot \frac{\pi}{180°} + 2l_0 = R\alpha\frac{\pi}{180°} + l_0$$

外矢距

$$E = (R+P)\sec\frac{\alpha}{2} - R$$

切曲差

$$D = 2T - L$$

曲线主点里程计算

ZH $_{里程}$=JD $_{里程}$−T

HY $_{里程}$=ZH $_{里程}$+l_0

QZ $_{里程}$=HY $_{里程}$+$(\frac{L}{2}-l_0)$

YH $_{里程}$=QZ $_{里程}$+$(\frac{L}{2}-l_0)$

HZ $_{里程}$= YH $_{里程}$+l_0

第一段缓和曲线部分坐标计算表

计算公式：$X_i = X_{ZH} + (l_i - \frac{l_i^5}{40R^2 l_0^2})\cos\alpha_0 - (\frac{l_i^3}{6Rl_0})\sin\alpha_0$

$Y_i = Y_{ZH} + (l_i - \frac{l_i^5}{40R^2 l_0^2})\sin\alpha_0 + (\frac{l_i^3}{6Rl_0})\cos\alpha_0$

里程桩号	l_i/m	$\frac{l_i^5}{40R^2 l_0^2}$	$\frac{l_i^3}{6Rl_0}$	$\cos\alpha_0$	$\sin\alpha_0$	X_i	Y_i

圆曲线部分坐标计算表

计算公式：$X_i = X_{ZH} + (R\sin\varphi_i + m)\cos\alpha_0 - [R(1-\cos\varphi_i) + P]\sin\alpha_0$

$Y_i = Y_{ZH} + (R\sin\varphi_i + m)\sin\alpha_0 + [R(1-\cos\varphi_i) + P]\cos\alpha_0$　　$\varphi_i = \frac{180°}{\pi R}(l_i - l_0) + \beta_0$

里程桩号	l_i/m	φ_i	$R\sin\varphi_i + m$	$[R(1-\cos\varphi_i)+P]$	$\cos\alpha_0$	$\sin\alpha_0$	X_i	Y_i

考核方案 5——圆曲线测设

1. 考核内容

（1）根据给定的单圆曲线的转角、圆曲线的半径，计算出各测设元素（切线长 T、曲线长 L、外距 E、切曲差 D）。

（2）完成该工作的和放样，并在实地标定所测设的点位。

（3）对中误差≤±3 mm，水准管气泡偏差<1 格。

2. 考核要求

（1）操作仪器严格按观测程序作业，用不能编程的科学计算器进行计算。

（2）记录、计算完整、清洁，字体工整，无错误。

（3）实地标定的点位清晰。

3. 考核标准

见圆曲线测设评分表。

4. 考核说明

（1）考核过程中任何人不得提示，各人应独立完成仪器操作、记录、计算及校核工作。

（2）主考人有权随时检查是否符合操作规程及技术要求，但应相应折减所影响的时间。

（3）若有作弊行为，一经发现一律按零分处理，不得参加补考。

（4）考核前考生应准备好钢笔或圆珠笔、计算器，考核者应提前找好扶尺人。

（5）考核时间自架立仪器开始，至递交记录表并拆卸仪器放进仪器箱为终止。

（6）考核仪器经纬仪为 DJ_2 型或全站仪。

（7）数据记录、计算及校核均填写在相应记录表中，记录表不可用橡皮擦修改，记录表以外的数据不作为考核结果。

（8）主考人应在考核结束前检查并填写仪器对中误差及水准管气泡偏差情况，在考核结束后填写考核所用时间并签名。

圆曲线测设评分表（100 分）

专业：__________ 学号：__________ 姓名：__________ 总分：__________

项目	违规项目	扣分值	违规扣分
曲线测设操作（40 分）	1. 对中整平违反以下限差，按以下标准采取分段扣分。 ——对中误差：超过 5mm ——整平偏差：超过 2 格 没有对中整平经监考老师提醒不改正，执意进行下步操作的	 扣 5 分 扣 5 分 总分计 0	
	2. 在他人提醒下进行仪器操作的	扣 5 分	
	3. 检核点坐标与计算的坐标差纵轴方向、横轴方向均应小于 1cm，每超过 1cm	扣 5 分	
	4. 测设方法不正确（包括设置测站、后视的方法不正确）	扣 5 分	
	5. 其他违规操作如坐仪器箱、棱镜放地上、仪器周围打闹、仪器旁边无人看守等，每一次	5 分	
	6. 监考教师还没进行检核，棱镜位置已经改变的	5 分	
曲线计算 40 分	1. 计算表中数据不得就字改字，每一处	扣 5 分	
	2. 曲线测设数据应计算完整，无论计算到哪一步，但未计算完的，每少一处	扣 5 分	
	3. 计算结果每错一处	扣 5 分	
	4. 计算结果没有取到 0.001m，每一处	扣 5 分	
	5. 由他人提醒完成计算的	扣 5 分	
	6. 计算结果存在编造数据的，每一处	总分计为 0	
考试用时 20 分	每位同学所用时间不能超过 30 min，超出者视为本次考试不及格，按照本专业每位同学完成时间分挡给出分数：用时最少的满分 20 分，每超出 1 min	扣 1 分	

圆曲线测设计算表

专业：__________ 学号：__________ 姓名：__________

已知某圆曲线转向角 α= ° ′ ″，半径 R= m，JD 里程为 DK1+ ，详细测设点里程为 DK1+ ，试：

（1）求曲线要素。

（2）求主点里程。

（3）求利用切线支距法计算详细测设点的坐标。